机械设备故障诊断实用技术

杨国安　编著

中国石化出版社

内 容 提 要

本书内容包括故障诊断技术的数学基础、机械振动基础、振动监测参数及标准、信号处理基础、旋转机械的故障诊断、现场动平衡技术、往复压缩机的故障诊断、齿轮的故障诊断、滑动轴承的故障诊断、滚动轴承的故障诊断、电动机的故障诊断等。本书较全面地介绍了机械设备故障诊断的基础知识，深入浅出，突出实用性。

本书可供从事企业设备管理维护人员参考，也可作为高等院校相关专业研究生、本科生的学习参考书。

图书在版编目（CIP）数据

机械设备故障诊断实用技术 / 杨国安编著 .—北京：中国石化出版社，2007（2022.2 重印）

ISBN 978-7-80229-370-0

Ⅰ. 机… Ⅱ. 杨 … Ⅲ. 机械设备－故障诊断 Ⅳ. TH17

中国版本图书馆 CIP 数据核字（2007）第 096573 号

中国石化出版社出版发行

地址：北京市东城区安定门外大街 58 号

邮编：100011　电话：(010)57512500

发行部电话：(010)57512575

http://www.sinopec-press.com

E-mail：press@sinopec.com

北京艾普海德印刷有限公司印刷

全国各地新华书店经销

*

787×1092 毫米 16 开本 19 印张 477 千字

2019 年 8 月第 1 版　2022 年 2 月第 7 次印刷

定价：48.00 元

前　　言

设备诊断技术是在设备管理和维修的基础上发展起来的。我国自1979年才初步接触开发诊断技术，1984年开始真正在企业推广振动故障诊断，那时的仪器非常简陋，只能测量振动的位移、速度和加速度，没有频谱分析功能，随着技术的发展，到后来拥有了能够进行手动分析振动频率的仪器。仪器虽然简陋，不能够自动记录振动谱图，但当时对于从事现场故障诊断的人员来说，可以在现场随时分析振动频率成分，工程师们已经很满足了，这样的仪器简单、实用，可以解决绝大部分现场的振动问题。20世纪末，随着计算机技术的发展，彻底改变了振动分析的软、硬件面貌，各种具有数据采集、分析、诊断功能的仪器被相继开发出来，各种专家系统也不断涌现，给工程技术人员提供了更有效的手段来分析解决问题。但问题也相继出现，现场工程技术人员由于受到专业知识的限制，面对琳琅满目的分析功能、界面、曲线，知其然不知其所以然。专家系统由于受到样本数量的影响，其可靠性、准确性也受到质疑。近年来，编者和现场从事设备管理工作的工程技术人员广泛交流，觉察到当前故障诊断工作的推广应用最大的障碍是从事故障诊断技术的现场人员知识缺乏和结构不合理。他们懂得设备的结构、运行机制，却对时、频变换不清楚。应该讲，故障诊断技术背后有严谨的数学知识作支撑，众多学科相互渗透构成了故障诊断技术的知识体系。有人说故障诊断就是传感器，有人说是信号处理，有人说是数据挖掘、专家系统等。这就充分说明了故障诊断技术知识结构的交叉性和多样性。编者近年来曾多次为中国石化设备管理维护人员办学习班和讲座，也曾为中国石油、新疆自治区等企业培训故障诊断技术人员，和他们的亲密接触丰富了编者，也使编者感到出版这样一本书的必要性和迫切性。

本书的目的是要对故障诊断技术的基础知识、机理、方法、理论基础和应用技术加以简单的解释说明。尽力用一目了然的方式明确地说明关于故障诊断技术的一切。本书的宗旨是能用图形说明的尽量不去用文字解释，能用文字解释的不用数学去推演，用到的数学也尽量是初等的。本书参考了大量文献，包括网络上的一些优秀资源，并通过现场培训班的不断使用而完善。

故障诊断技术不能立足于投入大量的资金和最现代化的仪器设备，首要的任务是充实现场工程技术人员的知识储备，包括理论和实际的经验，现在从事故障诊断的人员，通过望、闻、问、切能对设备的运行状况作出评价的越来越少。当振动异常的时候，对于常见故障，能借助仪器得出诊断结论，能够对问题给出合理解释的人才越来越缺乏。故障诊断工作的决定因素在人，不在仪器。仪器仅仅是人的工具，如果人不行，再好的仪器也无用；好的仪器有了有准备的人才能够发挥作用。真正掌握了故障诊断技术，加上得力的仪器设备，才能使设备维护人员大有用武之地，而成为别人无法替代的人才！

本书在编写过程中，我的研究生刘占涛、张冬、黄聪、王泽栋、郭乃明、宋征、殷鑫同学做了大量的整理编辑工作，向他们表示感谢！本书内容参考了大量近期出版的相关文献，编者对有关作者表示衷心感谢。

由于时间仓促和编者水平有限，该书虽经反复整改，内容的深度和广度仍显不足，其中错误和不妥之处恳请读者批评指正，编者深表谢意。编者网址：www. ygazd. cn，E-mail：yangga@ mail. buct. edu. cn。

谨以此书献给辛勤工作在机械设备故障诊断现场的工程技术人员！

编　者

目　　录

第1章　概　　述

1.1　机械设备故障诊断的意义

机械设备故障诊断技术(Mechanical Fault Diagnosis)是利用测取机械设备在运行中或者相对静态条件下的状态信息，通过对所测得信号进行分析和处理，并结合诊断对象的历史状态，来定量识别机械设备及其零部件的实时技术状态，并预知有关异常故障和预测未来的技术状态，从而确定必要对策的技术。

总体来讲，机械设备故障诊断技术的发展，大致可以分为4个阶段：

(1) 事后维修：在19世纪，当时机械设备本身的技术水平和复杂程度都还很低，因此采用事后维修的方式。

(2) 定期维修(计划维修)：20世纪初到20世纪50年代，随着大生产的发展，机械本身的复杂程度也有了提高，机械设备故障或事故对生产的影响显著增加，在这种情况下，出现了定期维修的方式。这个时期，机械设备故障诊断技术处于孕育阶段。

(3) 状态维修(视情维修)：20世纪60~70年代，随着现代计算机技术、数据处理技术等的发展，机械设备诊断技术在欧美一些国家得到了发展，出现了更科学的按设备状态进行维修的方式。

(4) 智能维修：进入20世纪80年代以后，人工智能技术和专家系统、神经网络等开始发展，并在实际工程中应用，使机械设备诊断技术达到了智能化的程度。虽然这个阶段发展历史并不长，但是已有研究结果表明，机械设备诊断技术具有十分广阔的应用前景。

机械设备故障诊断技术的实施包括两个部分，其一是简易诊断技术，主要是由现场作业人员实施初级技术诊断，对设备的运行状态迅速而有效地作出概括评价，其主要手段是经验评价方法；其二是精密诊断技术，主要是由专业技术人员实施的高级精密技术，对简易诊断技术所测得的信息进行深入细致的分析和处理，从而确定故障的性质、类别、部位、原因、程度乃至发展趋势等各种情况的技术，此项技术即为机械设备故障诊断技术的关键之所在。

1.2　机械设备故障诊断技术所包含的内容

机械设备故障诊断技术根据诊断的目的及所选取的诊断方法不同其实施过程也有所不同，但基本过程是相同的，主要包括：机械设备状态信号特征的获取、故障特征的提取、故障诊断、维修决策的形成，其实施过程如图1-1所示。

机械设备状态信号是机械设备异常或故障信息的载体，选用一定的方法和检测系统采集最能反映诊断对象状态特征的信号，是故障诊断技术实施过程中不可缺少的环节。能够真实、充分地采集到足够数量而且客观反映诊断对象状况的状态信号，是故障诊断技术成功与否的关键，否则，其他部分再完善也将是无效的。状态信号的获取方法主要有：振动、温度、压力、转速、光谱、铁谱、声发射、激光测试等等，通过这些方法测取相应的参数。

当识别故障之后，必须进一步对设备的异常或故障及其危险程度作出评价，以便研究和确定维修的具体形式，即所谓的维修决策。随着现代科学技术的发展，机械设备的精密化、自动化以及复杂化程度的日益增加，当初仅仅用于简单技术和手工艺的维修技术渐渐发展成一门跨学科的系统化的学科——设备维修工程。随着经济的发展，维修工程日益受到各行各业管理者和科学研究者的重视。维修技术被作为当前可持续发展战略的关键技术。

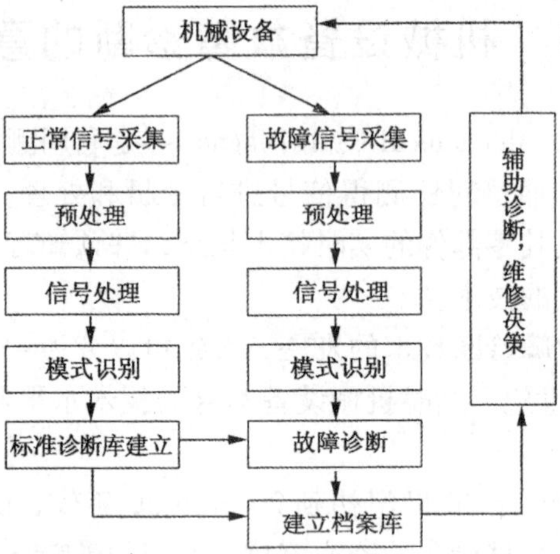

图 1－1　机械设备故障诊断的实施过程

1.3　设备故障诊断技术的发展与展望

机械设备故障诊断技术首先来自军事上的需要，在第二次世界大战初期问世，当时能用仪器进行设备参数的测定，然后相继开发了快速多功能自动监测仪器。最初主要是以振动法诊断旋转机械，后来，依次用声发射法(AE 法)诊断静止设备，用红外线法诊断热态设备，用油液分析法诊断润滑系统和液压系统，用电流、电压法诊断电缆，用气体分析法诊断变压器等，于是诞生了多种诊断技术。但是不管是哪一种诊断方法都包括设备状态监测和故障诊断两个过程，两者既有密切联系又有区别。设备状态监测是指对设备某些特征参数(如振动、噪声、温度、压力等)进行测取，将测定值和规定的门限值进行比较，以便判别设备的工作状态是否正常。设备故障诊断不仅要对设备是否正常作出简单诊断，还要对设备产生故障的原因、部位和严重程度作出判断，为设备管理维修决策提供依据。从设备管理全过程来看，状态监测是基础，所采集的数据应该是准确可靠的，而故障诊断是在状态监测基础上的深入和发展。

机械设备诊断技术是建立在多种基本技术的基础上，并融合多种学科理论的新兴综合性学科。因此，该学科具有基础理论较新、体系边界模糊、实施技术繁多、工程应用广泛、发展日趋迅速以及与高新技术发展密切相关等特点。

在国内外对故障诊断技术理论基础、技术方法及诊断装置大量研究开发的基础上，随着电子计算机技术、现代测试技术、信号处理技术以及信号识别技术等不断向故障诊断领域渗透，故障诊断技术逐渐跨入实用系统化的时代。20 世纪 80 年代开始，利用计算机对机械设备故障进行有效的辅助监测和辅助诊断已成为重要的诊断手段，国内外对计算机诊断系统都积极地进行研制并应用于实际机组。

尽管机械设备诊断技术已取得了长足的发展，但它是一门正在发展的新型学科，还没有达到完善的水平，主要表现在：

（1）理论与实际相脱离。故障诊断是一门实践性极强的技术，目前从事机械设备故障诊断研究人员多为高校或研究单位，他们对现场设备缺乏深入研究，而现场技术人员又没有足够的时间和技术基础，将所观察、检测到的现象上升到理论加以分析、归纳、总结。

（2）仪器和被检设备相脱离。

（3）智能诊断系统以点概全。检测多数比较单一，且精度低；精密信号分析仪价格贵，一般只对振动进行分析，由于其专业程度高，现场的使用人员很难正确使用。

近 30 年来，机械设备故障诊断技术不断汲取现代科学技术发展的新成果，从理论到实际应用都有了迅速的发展，至今已成为集数学、物理、力学、化学、电子技术、计算机技术、信息处理、人工智能等各种现代化科学技术为一体的新兴交叉学科。其故障机理的研究、人工智能专家系统和神经网络、故障诊断装置的开发研究都在飞速发展，具有十分广阔的前景。反映当代故障诊断技术的发展有以下几个主要方向：

（1）诊断装置系统化。为实现诊断自动化，把分散的故障诊断装置系统化，并使之与电子计算机相结合实现自动采集信号、提取特征、识别状态；能以显示、打印、绘图等各种方式输出诊断报告。

（2）诊断装置的集成化。随着电子集成化程度的提高，电子元器件的尺寸越来越小，便携式计算机的发展给诊断装置集成化提供了保证。

（3）服务于现场的诊断系统。检测装置集成化，使得现场测试仪器的功能越来越强，许多原来必须在实验室的分析现在可以在现场完成。现场诊断系统具有实时、直观、测量次数不受限制，不需要原始数据和转换过程的优点。

（4）智能化专家系统。故障诊断专家系统是一种拥有人工智能的计算机系统，它不但具有系统诊断技术的全部功能，而且它还将多专家的经验、智慧和思想方法同计算机的巨大运算和分析能力相结合，组成共享的知识库。这是故障诊断技术的高级形式，其研制与应用是必然的趋势。

（5）标准化的定时诊断。第一代的故障诊断装置以针对个别部位随机诊断为主，而今后凡重要的故障诊断均向标准化的定时诊断发展。

（6）机械应具有适应性。第二代故障诊断装置要求被检测的机械设备具有适应性，如设计有诊断插座、窥视孔或在相关部位布置好传感器，以确保实施状态监测和故障诊断的方便和快捷。

（7）“机械设备故障诊所”的建立。随着维修制度的变化，合理的预知维修将逐步取代定时维修，因而有可能建立“机械设备诊所”。目前国外已开展此类业务，例如对数控机床实行遥控技术，可在“诊所”利用专线进行遥测，并将被测信号处理、分析后与“诊所”的标准进行比较，从而得到诊断结果。

（8）建立机械设备故障数据库。随着计算机网络的发展，使得大型机械设备数据库的建立成为可能。这个数据库将包括设备的使用维修档案，为设备故障诊断提供必要资料。随着故障诊断技术的广泛应用，数据库的大型化和公用化将是发展趋势。

综上所述，机械设备故障诊断技术的发展趋势是“四化”：不解体化、高精度化、智能化、网络化。

第 2 章　故障诊断技术的数学基础

2.1　傅里叶级数及傅里叶变换

2.1.1　傅里叶级数与离散频谱

一、周期信号与傅里叶级数

根据傅里叶级数的理论，任何周期性信号均可展开为若干简谐信号的叠加。设 $x(t)$ 为周期信号，则有

$$\begin{aligned} x(t) &= a_0 + \sum_{n=1}^{\infty}(a_n\cos 2\pi n f_0 t + b_n \sin 2\pi n f_0 t) \\ &= A_0 + \sum_{n=1}^{\infty} A_n \sin(2\pi n f_0 t + \phi_n) \end{aligned} \tag{2-1}$$

式(2－1)的右端称为傅里叶级数。其中，A_0 为静态分量；f_0 为基波频率；nf_0 为第 n 次谐波($n=1,2,\cdots$)；$A_0=a_0$；$A_n=\sqrt{a_n^2+b_n^2}$为第 n 次谐波的幅值；$\phi_n=\arctan\frac{a_n}{b_n}$为第 n 次谐波的初相值。

$$\left.\begin{aligned} a_0 &= \frac{1}{T}\int_0^T x(t)\mathrm{d}t \\ a_n &= \frac{2}{T}\int_0^T x(t)\cos 2\pi n f_0 t \mathrm{d}t \quad (n=1,2,\cdots) \\ b_n &= \frac{2}{T}\int_0^T x(t)\sin 2\pi n f_0 t \mathrm{d}t \quad (n=1,2,\cdots) \end{aligned}\right\} \tag{2-2}$$

式中，$T=\frac{1}{f_0}$为基本周期；$\omega_0=\frac{2\pi}{T}$为圆频率；a_0、a_n 和 b_n 称为傅里叶级数的描述系数。

二、傅里叶级数的复指数展开式

傅里叶级数也可以写成复指数函数形式。根据欧拉公式：

$$e^{\pm j2\pi ft} = \cos 2\pi ft \pm j\sin 2\pi ft \tag{2-3}$$

有：

$$\cos 2\pi ft = \frac{1}{2}(e^{-j2\pi ft} + e^{j2\pi ft}) \tag{2-4}$$

$$\sin 2\pi ft = j\frac{1}{2}(e^{-j2\pi ft} - e^{j2\pi ft}) \tag{2-5}$$

因此式(2－1)可改写成：

$$x(t) = a_0 + \sum_{n=1}^{\infty}\left[\frac{1}{2}(a_n + jb_n)e^{-j2\pi n f_0 t} + \frac{1}{2}(a_n - jb_n)e^{j2\pi n f_0 t}\right] \tag{2-6}$$

令：

$$C_0 = a_0 \tag{2-7a}$$

$$C_n = \frac{1}{2}(a_n - jb_n) \tag{2-7b}$$

$$C_{-n} = \frac{1}{2}(a_n + jb_n) \tag{2-7c}$$

则

$$x(t) = C_0 + \sum_{n=1}^{\infty} C_{-n} e^{-j2\pi n f_0 t} + \sum_{n=1}^{\infty} C_n e^{j2\pi n f_0 t}$$

或

$$x(t) = \sum_{n=-\infty}^{\infty} C_n e^{j2\pi n f_0 t} \quad (n = 0, \pm 1, \pm 2, \cdots) \tag{2-8}$$

这就是傅里叶级数的复指数函数形式。将式(2-2)代入式(2-7b)，即得

$$C_n = \frac{1}{T}\int_{-\frac{T}{2}}^{\frac{T}{2}} x(t) e^{-j2\pi n f_0 t} \mathrm{d}t \tag{2-9}$$

2.1.2 傅里叶级数与连续频谱

一、非周期信号与傅里叶变换

周期为 T 的信号 $x(t)$ 其频谱是离散的。当 $x(t)$ 的周期 T 趋于无穷大时，则该信号成为非周期信号。周期信号频谱谱线的频率间隔 $\Delta f = f_0 = \frac{1}{T}$，当周期 T 趋于无穷大时，其频率间隔 Δf 趋于无穷小，所以非周期信号的频谱是连续的。

设一周期信号 $x(t)$，在 $\left(-\frac{T}{2}, \frac{T}{2}\right)$ 区间以傅里叶级数表示为：

$$x(t) = \sum_{n=-\infty}^{+\infty} C_n e^{j2\pi n f_0 t}$$

式中，$C_n = \frac{1}{T}\int_{-\frac{T}{2}}^{\frac{T}{2}} x(t) e^{-j2\pi n f_0 t} \mathrm{d}t$ 。

将 C_n 代入上式则得：

$$x(t) = \sum_{n=-\infty}^{+\infty} \left[\frac{1}{T}\int_{-\frac{T}{2}}^{\frac{T}{2}} x(t) e^{-j2\pi n f_0 t} \mathrm{d}t\right] e^{j2\pi n f_0 t}$$

当 T 趋于∞时，频率间隔 Δf 成为 $\mathrm{d}f$，离散谱中相邻的谱线紧靠在一起，nf_0 就变成连续变量 f，符号 $\sum$ 就变成积分符号 $\int$ 了，于是得到傅里叶积分：

$$\begin{aligned} x(t) &= \int_{-\infty}^{+\infty} \mathrm{d}f \left[\int_{-\infty}^{+\infty} x(t) e^{-j2\pi f t} \mathrm{d}t\right] e^{j2\pi f t} \\ &= \int_{-\infty}^{+\infty} \left[\int_{-\infty}^{+\infty} x(t) e^{-j2\pi f t} \mathrm{d}t\right] e^{j2\pi f t} \mathrm{d}f \end{aligned} \tag{2-10}$$

上式中方括号里的积分，由于时间 t 是积分变量，故积分之后仅是 f 的函数，记作$X(f)$。

$$X(f) = \int_{-\infty}^{\infty} x(t) e^{-j2\pi f t} \mathrm{d}t \tag{2-11}$$

$$x(t) = \int_{-\infty}^{\infty} X(f) e^{+j2\pi f t} \mathrm{d}t \tag{2-12}$$

在数学上称一个函数与另一个函数的一一对应关系为变换。称式(2－11)中的 $X(f)$ 为 $x(t)$ 的傅里叶变换，称式(2－12)中的 $x(t)$ 为 $X(f)$ 的傅里叶逆变换，两者互称为傅里叶变换，即：

$$x(t) \underset{IFT}{\overset{FT}{\rightleftharpoons}} X(f)$$

把 $f=\dfrac{\omega}{2\pi}$ 代入式(7－10)，则式(2－11)、式(2－12)变成

$$X(\omega) = \frac{1}{2\pi}\int_{-\infty}^{+\infty} x(t)e^{-j\omega t}\mathrm{d}t \qquad (2-13)$$

$$x(t) = \int_{-\infty}^{+\infty} X(\omega)e^{j\omega t}\mathrm{d}\omega \qquad (2-14)$$

式(2－11)和式(2－13)的关系为：

$$X(f) = 2\pi X(\omega) \qquad (2-15)$$

二、傅里叶变换的主要性质

傅里叶变换存在一些重要的性质，通过这些性质可进一步提示信号的时域特性和频域特性之间的内在联系，强化变换的物理概念，并简化运算，在现代工程技术应用中具有重要的意义。其主要性质如下：

(1) 线性性质。若 $x(t) \rightleftharpoons X(f)$ 则：$ax(t) \rightleftharpoons aX(f)$ （齐次性）

若 $x_1(t) \rightleftharpoons X_1(f)$，$x_2(t) \rightleftharpoons X_2(f)$ 则：

$[x_1(t)+x_2(t)] \rightleftharpoons [F_1(f)+F_2(f)]$ （叠加性）

综合二者则：$[a_1x_1(t)+a_2x_2(t)] \rightleftharpoons [a_1X_1(f)+a_2X_2(f)]$

(2) 时移性质。若 $x(t) \rightleftharpoons X(f)$ 则：$x(t\pm t_0) \rightleftharpoons X(f)e^{\pm j2\pi f t_0}$

(3) 频移性质。若 $x(t) \rightleftharpoons X(f)$ 则：$x(t)e^{\pm j2\pi f_0 t} \rightleftharpoons X(f\mp f_0)$

(4) 时间展缩性质。设 $x(t) \rightleftharpoons X(f)$，$a$ 为不等于零常数，则：$x(at) \rightleftharpoons \dfrac{1}{|a|}X\left(\dfrac{f}{a}\right)$

当时间尺度压缩($a>1$)时[图 2－1(a)]，频谱的频带加宽，幅值压低；当时间尺度扩展($a<1$)时[图 2－1(c)]，其频谱变窄，幅值增高。

(5) 时间微分性质。若 $F[f(t)]=F(f)$ 则：

$$F\left[\frac{\mathrm{d}^n f(t)}{\mathrm{d}t^n}\right] = (j2\pi f)^n F(f) \qquad (2-16)$$

上式说明，时域函数的微分加强频谱的高频分量并消失了直流分量，此外所有分量都有 $\pi/2$ 的相移。

(6) 时间积分性质。若 $F[f(t)]=F(f)$ 则：

$$F\left[\int_{-\infty}^{t} L\int_{-\infty}^{t(n)} f(t)\mathrm{d}t^{(n)}\right] = \frac{1}{(j2\pi f)^n}F(f) \qquad (2-17)$$

上式说明，时域函数的积分削弱了高频分量，并使每个分量产生 $-\pi/2$ 相移。

(7) 卷积定理。若 $F[f_1(t)]=F_1(f)$，$F[f_2(t)]=F_2(f)$ 则：

$$F[f_1(t)*f_2(t)] = F_1(f)\cdot F_2(f) \qquad (2-18)$$

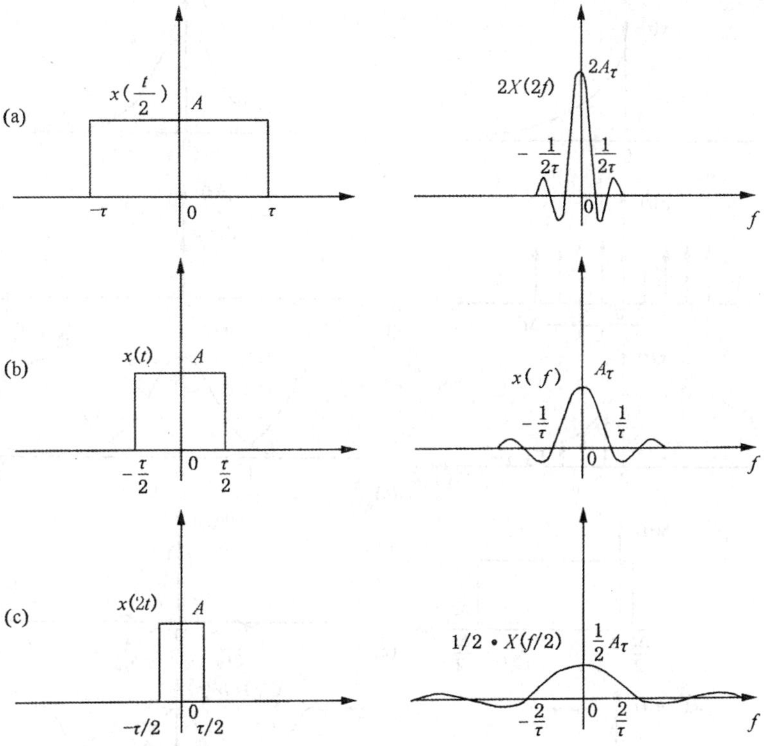

图 2－1　傅里叶变换的伸缩性质

2.1.3　离散傅里叶变换(DFT)及其快速算法(FFT)

一、DFT 的数学描述及理论公式

傅里叶变换及其逆变换都不适合用数字计算机计算。要进行数字计算机处理，必须将连续信号离散化，无限长数据有限化，即要进行采样和截断。这种有限个离散数据的傅里叶变换，称为有限离散傅里叶变换，简称 DFT。

由图解推理可见，要导出 DFT 的数学关系式，只需对连续傅里叶变换的每一步进行适当的修正，并用相应的数学关系描述即可，见图 2－2。这里不进行推导直接引用。离散傅里叶正变换为

$$X\left(\frac{n}{NT}\right) = \sum_{k=0}^{N-1} x(kT)e^{-j2\pi nk/N} \quad (n = 0,1,2,\cdots,N-1) \qquad (2-19)$$

式中　$x(kT)$——波形的采样值；

N——采样点数；

T——采样间隔；

n——频域离散值的序列号；

k——时域离散值的序列号。

离散傅里叶的逆变换为：

$$x(kT) = \frac{1}{N}\sum_{k=0}^{N-1} e^{j2\pi nk/N} \quad (n = 0,1,2,\cdots,N-1) \qquad (2-20)$$

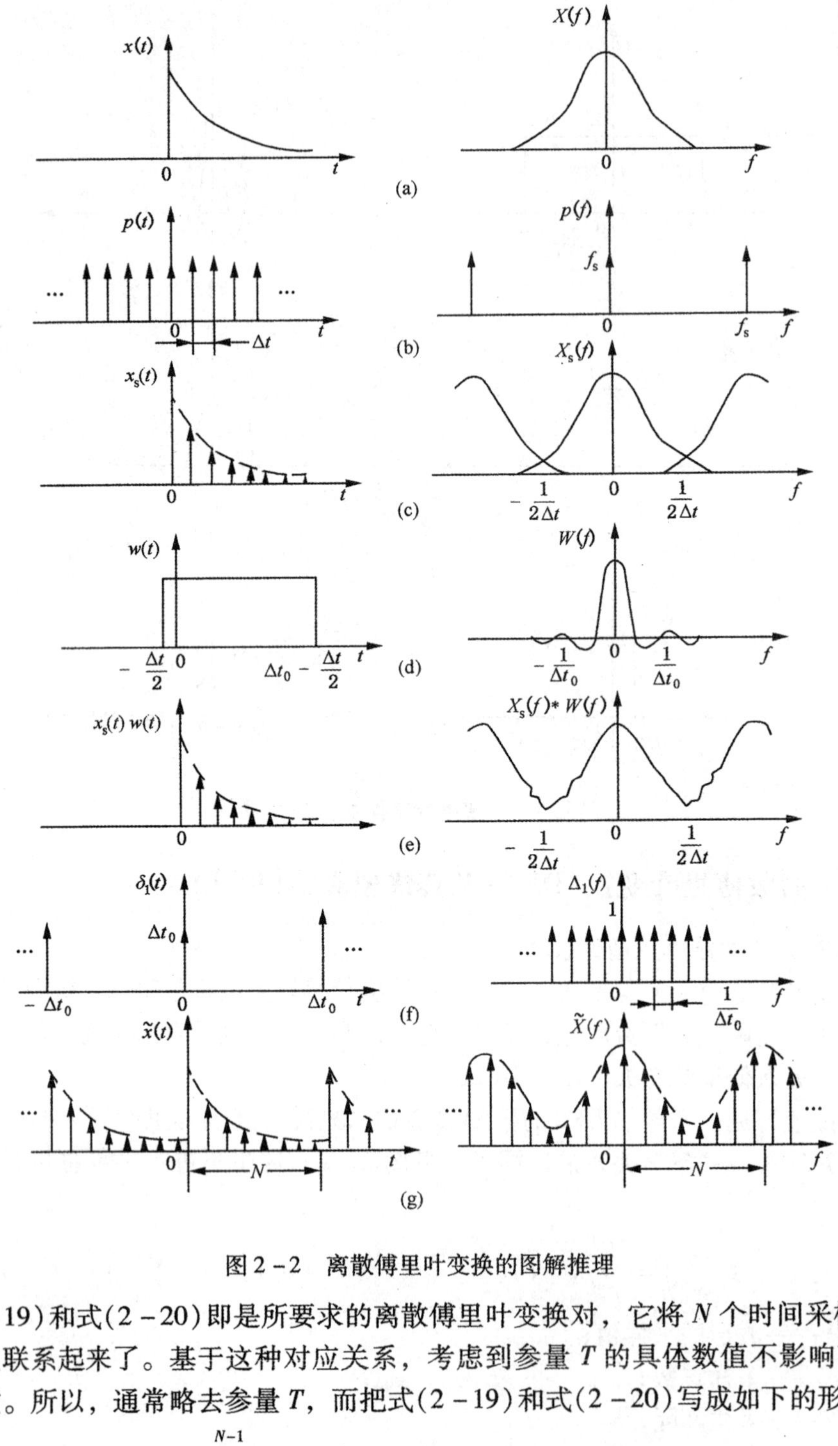

图 2-2　离散傅里叶变换的图解推理

式(2-19)和式(2-20)即是所要求的离散傅里叶变换对，它将 N 个时间采样点和 N 个频率采样点联系起来了。基于这种对应关系，考虑到参量 T 的具体数值不影响离散傅里叶变换的实质。所以，通常略去参量 T，而把式(2-19)和式(2-20)写成如下的形式：

$$X(n)=\sum_{k=0}^{N-1}x(k)W_N^{nk}\qquad(n=0,1,2,\cdots,N-1)$$

$$x(k)=\frac{1}{N}\sum_{k=0}^{N-1}X(n)W_N^{-nk}\qquad(k=0,1,2,\cdots,N-1)\qquad(2-21)$$

式中，$W_n=e^{-j2\pi/N}$。

当然，在需要具体计算离散频率值时，还需引入参量 T 的具体值进行计算。

二、快速傅里叶变换(FFT)

如果直接应用上式计算离散傅里叶变换，将花费很多时间，因此很长的一段时间里 DFT 的使用受到了限制。直到 1965 年美国的 J. W. Cooley 和 J. W. Turkey 提出了一种离散的傅里叶变换的快速算法，即 FFT(Fast Fourier Transformation)，才使得 DFT 的计算工作量大为减少。

快速傅里叶变换(FFT)是实施离散傅里叶变换的一种及其迅速而有效的算法。FFT 算法通过仔细选择和重新排列中间结果，在速度上较之离散傅里叶变换有明显的优点。忽略数学计算中精度的影响时，无论采用的是 FFT 还是 DFT，结果都一样。对有关 FFT 的算法感兴趣的读者可参考《数字信号处理》相关书籍。

2.2 随机过程的基本概念

1. 总体样本集合

要了解随机信号就必须进行全面观察。每次得到的观察结果都是不同的。由所有可能的观察结果构成的集合为总体样本集合。显然，总体样本集合包含了随机振动的全部信息。理论上总体样本集合中元素的数量是无穷多的。

2. 样本函数

总体样本集合的每一个元素就是一个样本函数。它是一次观察的结果。在时间上的区域应是无穷的。实际中常用有限时间的样本记录来近似。

3. 样本记录

要得到无穷时间跨度的样本函数是不可能的，因此常用有限时间段的观察结果来近似。有限时间段的观察结果即是样本记录。

4. 随机过程

是描述随机事件在时间上发生过程的函数。它与总体样本集合相对应。总体样本集合中的每一个样本函数，就是随机过程的一个物理实现。随机过程在某一时刻的取值是一个随机变量。从数理统计的理论可知：离散的随机过程是许多随机变量的集合。$\{x(t),\ t\in T\}$ 中 T 表示时间的变化范围。对固定的时刻 t，$x(t)$ 是一个普通的随机变量。这些随机变量的总体就构成了一个随机过程。

随机过程是时间的函数，但它不同于一般函数，它在给定时刻的值不是一个数值，而是一个随机变量。一个随机过程是随机现象可能产生的全部样本函数的集合(总体)，而一个样本函数是随机过程的一个物理现实。

5. 平稳随机过程

若总体样本集合中的各个样本函数在某一时刻的平均值及其他的全部统计特征参数(如概率密度函数、方差、自协方差函数、自相关函数、高阶距等)均不随时间的变化而变化，则称该随机过程 $\{x(t)\}$ 为强平稳的或严格平稳的。这一条件太严格，当只满足平均值不随时间变化时，该随机过程称为是弱平稳的。正常工作的机械系统其信号是平稳的或弱平稳的。

显然对一随机过程的总体样本集合，在某一时刻 t_1 上计算所有样本的统计参数值，就得到 t_1 时刻的统计参数值。当 t_1 变化时计算的所有统计参数值不变，这样的随机过程就是平稳的随机过程。

6. 非平稳随机过程

总体样本集合中的各个样本函数在某一时刻的平均值及其他统计特征参数均随时间的变化而变化。对过渡状态和异常状态下的机械系统其信号是非平稳的。对于非平稳随机过程，统计特性只能由组成随机过程的各个样本函数的总体平均来确定。

7. 各态历经随机过程

平稳随机过程也可以用总体样本集合中某一样本函数的时间平均来确定其特性。当所有特征参数都不随时间的变化而变化时，这种平稳的随机过程称为是各态历经的。对于各态历经的随机过程，在任意时刻各样本函数的取值情况一定和一个样本函数沿着时间轴的取值情况相同。随机过程的所有特征参数可以用一个样本函数沿时间的平均，来代替随机过程总体样本集合的平均。“各态历经”意味着“时间平均”，同时也等于“总体平均”。这时每个样本函数在概率意义上能代表所有其他的样本函数，从而可以用任何一个样本函数按时间平均。即由随机过程求得的统计特性与每个样本的统计特性相等。一个样本函数就可以描述整个随机过程了。

同样，当从各个样本函数对时间平均所得到的所有统计特性，包括高阶统计特性都相等时，这个平稳过程就叫做强各态历经过程。强各态历经过程一定是弱各态历经的，而弱各态历经过程不一定是强各态历经的。

各态历经过程都是平稳过程，但平稳过程不一定是各态历经过程。

8. 平稳样本记录

上面所说的平稳概念，是随机过程的总体平均而言的。实践中经常称随机现象中的单个时间历程记录数据为平稳的或非平稳的。这里所指平稳性的解释与前稍有不同。如果称单个时间历程记录是平稳的，一般就意味着在有限时间区间内计算所得的性质，不随时间区间的选择而明显地大于正常统计抽样所预计的变化。

为了进一步理解这一点，这里考虑随机过程$\{x(t)\}$中相应于k的样本函数中得到的样本记录$\{x_k(t)\}$。假定在不同的短时间区间上计算得到的统计参数不随时间段的变化而变化时，称单个样本记录为平稳的。因此，只要能验证单个样本记录的平稳性，就可有效地认为此记录所在的随机过程能否满足平稳性和各态历经性的条件。

9. 正态随机过程

当随机过程的每一个随机变量都服从正态分布，随机过程的各阶矩函数只取决于均值和方差时，称此随机过程为正态随机过程或 Gauss 随机过程。正态随机过程是随机过程的一个特例。工程上对于受许多因素影响，并且每种影响因素的作用都相当时所形成的随机过程，一般都服从正态分布。

10. 白噪声

白噪声是一个平稳的、正态的、各态历经的和零均值的随机过程。在信号处理中占有重要的意义。白噪声的频带很宽，而我们测试的机械信号的频带往往是有限的。所以，测量到的信号中高频部分就可认为是白噪声干扰。白噪声也是随机过程的一个特例。

2.3 时域分析的数学基础

2.3.1 相关分析的数学原理

实际中我们经常要比较两个机械信号的相似性。有时两个比较的机械信号在变化快慢上相差大，显然没有相似之处。有时两个比较的机械信号起伏变化趋势差不多，只是幅值大小不同。这样的两个信号看起来就比较相似。为了定量地描述信号的相似性，设有机械信号 x_n 和 y_n，我们取某个适当的数 α，使 x_n 和 $\alpha y_n(N_1 \leqslant n \leqslant N_2)$ 相接近。衡量 x_n 和 αy_n 的接近程度可采用误差能量的方法评价。设

$$Q = \frac{1}{N_2 - N_1 + 1}\sum_{n=N_1}^{N_2}(x_n - \alpha y_n)^2 \tag{2-22}$$

要使 Q 达最小，即要求使 $\mathrm{d}Q/\mathrm{d}\alpha = 0$，即：

$$\begin{aligned}\frac{\mathrm{d}Q}{\mathrm{d}\alpha} &= \frac{1}{N_2 - N_1 + 1}\sum_{n=N_1}^{N_2}2(x_n - \alpha y_n)(-y_n) \\ &= \frac{2}{N_2 - N_1 + 1}\left(-\sum_{n=N_1}^{N_2}x_n y_n + \alpha\sum_{n=N_1}^{N_2}y_n^2\right) \\ &= 0\end{aligned}$$

$$\alpha = \sum_{n=N_1}^{N_2}x_n y_n \Big/ \sum_{n=N_1}^{N_2}y_n^2 \tag{2-23}$$

把 α 代入 Q 的关系式即可得到：

$$Q = \frac{1}{N_2 - N_1 + 1}\left[\sum_{n=N_1}^{N_2}x_n^2 - \left(\sum_{n=N_1}^{N_2}x_n y_n\right)^2 \Big/ \sum_{n=N_1}^{N_2}y_n^2\right]$$

由此可得到相对误差的能量：

$$\frac{Q}{\dfrac{1}{N_2 - N_1 + 1}\displaystyle\sum_{n=N_1}^{N_2}x_n^2} = 1 - \rho_{xy}^2(N_1, N_2) \tag{2-24}$$

其中，

$$\rho_{xy}(N_1, N_2) = \sum_{n=N_1}^{N_2}x_n y_n \Big/ \sqrt{\sum_{n=N_1}^{N_2}x_n^2\sum_{n=N_1}^{N_2}y_n^2} \tag{2-25}$$

由许瓦兹不等式知，

$$\left|\sum_{n=N_1}^{N_2}x_n y_n\right| \leqslant \sqrt{\sum_{n=N_1}^{N_2}x_n^2\sum_{n=N_1}^{N_2}y_n^2}$$

因此，

$$|\rho_{xy}(N_1, N_2)| \leqslant 1$$

当 $|\rho_{xy}(N_1, N_2)|$ 越接近 1 时，相对误差能量越小，x_n 和 αy_n 比较相近。特别地当 $|\rho_{xy}(N_1, N_2)| = 1$ 时，相对误差能量为 0。这说明 x_n 和 αy_n 完全线性相关。

当 $|\rho_{xy}(N_1, N_2)|$ 越接近 0 时，相对误差能量越大，x_n 和 αy_n 越不相近。特别地当 $|\rho_{xy}(N_1, N_2)| = 0$ 时，相对误差能量为最大。这说明 x_n 和 αy_n 完全不相似。因此，我们称 $\rho_{xy}(N_1, N_2)$ 为 x_n 和 αy_n 在范围 $[N_1, N_2]$ 上的相关系数。称

$$\begin{aligned}\rho_{xy} &= \lim_{\substack{N_1 \to -\infty \\ N_2 \to \infty}}\rho_{xy}(N_1, N_2) \\ &= \lim_{\substack{N_1 \to -\infty \\ N_2 \to \infty}}\sum_{n=N_1}^{N_2}x_n y_n \Big/ \sqrt{\sum_{n=N_1}^{N_2}x_n^2\sum_{n=N_1}^{N_2}y_n^2}\end{aligned} \tag{2-26}$$

为 x_n 和 y_n 的相关系数。

当 x_n 和 y_n 的能量有限时，$\sum_{n=-\infty}^{\infty} x_n^2 < \infty$，$\sum_{n=-\infty}^{\infty} y_n^2 < \infty$，

$$\rho_{xy} = \sum_{n=-\infty}^{\infty} x_n y_n / \sqrt{\sum_{n=-\infty}^{\infty} x_n^2 \sum_{n=-\infty}^{\infty} y_n^2} \tag{2-27}$$

有时我们有称 $R_{xy} = \sum_{n=-\infty}^{\infty} x_n y_n$ 为未标准化的相关系数。它也是衡量 x_n 和 y_n 线性相关的一种度量。

实际中往往需要将两个信号在时移中考查它们的相关性。把信号 y_n 延迟时间 τ 得到 $y_{n-\tau}$，这时它们的相关系数为：$R_{xy} = \sum_{n=-\infty}^{\infty} x_n y_{n-\tau}$，当 τ 由 $-\infty$ 到 $+\infty$ 时 $R_{xy}(\tau)$ 就是 τ 的函数。观察 $R_{xy}(\tau)$ 的变化就可了解信号 y_n 延迟时间 τ 后与 x_n 的相关性。

2.3.2 自相关函数的定义及性质

按上面的理论我们可定义由时间历程 $x(t)$ 按时间平均计算的各态历经随机过程的自相关函数为

$$R_x(\tau) = \lim_{T\to\infty} \frac{1}{T}\int_0^T x(t)x(t+\tau)\,\mathrm{d}t \tag{2-28}$$

$R_x(\tau)$ 是 $x(t)x(t+\tau)$ 在足够长的观测时间 T 内的平均值。它描述了 $x(t)$ 与 $x(t+\tau)$ 之间的相互关系，是相关性的数量描述。

自相关函数具有明显的物理意义。假如 $x(t)$ 表示系统在一定激励下的振动响应，则 $x(t_1)$ 可看作是 $x(t_2)=x(t_1+\tau)$ 的一个“初始”状态。所以，取决于激励和系统动态参数的 $x(t_2)$ 同时可看作取决于 $t_2-t_1=\tau$ 和 $x(t_1)$ 的值及其他一些量。

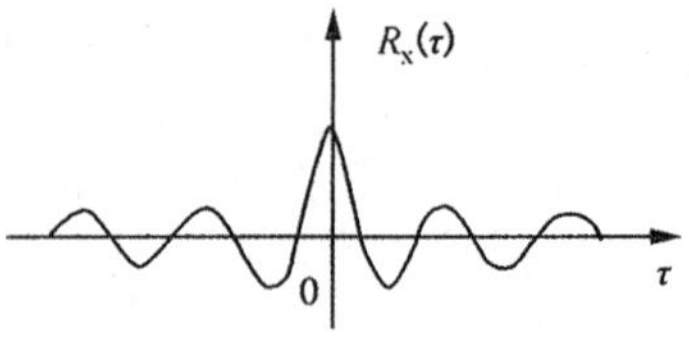

图 2-3　自相关曲线图

随机数据典型的自相关函数图如图 2-3。

假如自相关曲线不随 τ 的增大而衰减并趋近常数值，则表明随机信号中混有周期信号，其频率就等于 $R_x(\tau)$ 曲线后部分的波动频率。

在实际中经常用标准自相关函数表示为：

$$\rho(\tau) = \frac{R(t,t+\tau)}{\sigma(t)\sigma(t+\tau)} \tag{2-29}$$

随机振动 $x(t)$ 的自相关函数 $R_x(\tau)$ 有如下性质：

(1) $R_x(\tau)$ 为实函数。

(2) $R_x(\tau)=R_x(-\tau)$，即 $R_x(\tau)$ 为偶函数。

(3) $R_x(0)=\varphi_x^2$，φ_x^2 是 $x(t)$ 的均方值，$R_x(\tau)$ 取最大值，且等于其方差。

(4) $|R_x(\tau)| \leqslant R_x(0)$，$R_x(\tau)$ 在 $\tau=0$ 处取得最大值。

(5) 当 $x(t)$ 的均值为零时，$R_x(\pm\infty)=0$。当 $\tau\to\infty$ 时 $X(t)$ 和 $X(t+\tau)$ 不相关。

(6) $R(\tau)$ 值的范围是 $\mu_x^2-\sigma_x^2 \leqslant R_y(\tau) \leqslant \mu_x^2+\sigma_x^2$。

(7) 自相关函数的频率保持性。若平稳机械信号若含有周期成分，则它的自相关函数中亦含有周期成分且其周期与信号的周期相同。

2.3.3 互相关函数的定义和性质

按照前面的理论，互相关函数可定义为：若 $x(t)$ 是随机过程的一个样本函数，而 $y(t)$

是另一个随机过程的样本函数，则这两组随机数据的互相关函数为：

$$R_{xy}(\tau) = \lim_{T\to\infty}\frac{1}{T}\int_0^T x(t)y(t+\tau)\mathrm{d}t \tag{2-30}$$

式中 T——样本长度；

τ——某一时间间隔，如图 2-4 所示。

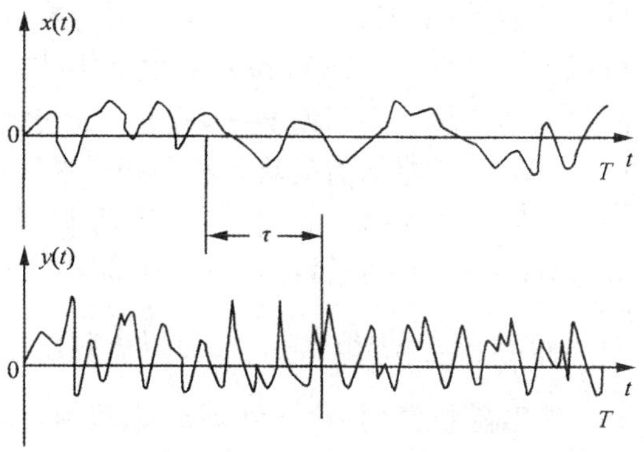

图 2-4　互相关的两个样本函数

互相关函数 $R_{xy}(\tau)$ 是 τ 的函数，它描写两组数据值之间的依赖关系。某一 τ 值时 $R_{xy}(\tau)$ 可理解为图形 $x(t)$ 与将 $y(t)$ 向左平移 τ 所得图形 $y(t+\tau)$ 的相似性的描述。

有时我们也用互协方差函数 $C_{xy}(t)$ 来表示 $x(t)$ 和 $y(t)$ 之间的相互关系，若 $x(t)$ 和 $y(t)$ 的均值函数分别为 u_x 和 u_y，则有：

$$\begin{aligned} C_{xy}(\tau) &= E\{[x(t)-u_x][y(t+\tau)-u_y]\} \\ &= \lim_{T\to\infty}\frac{1}{T}\int_0^T \{[x(t)-u_x][y(t+\tau)-u_y]\}\mathrm{d}t \end{aligned} \tag{2-31}$$

而在实际中经常用标准化互相关函数 $\rho_{xy}(\tau)$，可以表示为：

$$\rho_{xy}(\tau) = \frac{C_{xy}(\tau)}{\sigma_x\sigma_y} \tag{2-32}$$

平稳机械信号的互相关函数 $R_{xy}(\tau)$ 是实函数，既可以为正也可以为负，但它与自相关函数不同，不是偶函数，且在 $\tau=0$ 时不一定是最大值。它的性质如下：

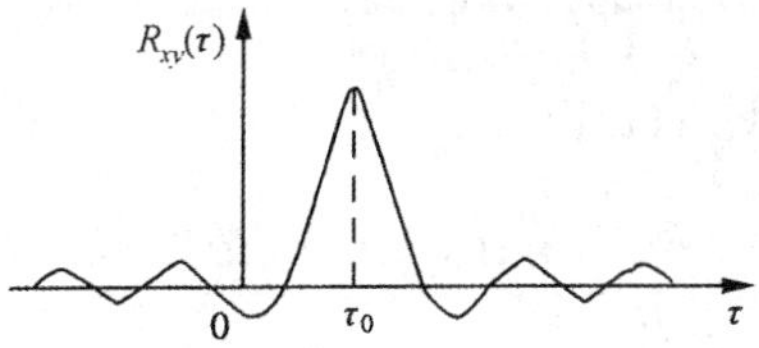

图 2-5　互相关图

（1）$R_{xy}(\tau)$ 是实值函数，可正可负，当 $R_{xy}(\tau)=0$ 时称 $x(t)$ 和 $y(t)$ 不相关。$x(t)$ 互相关图如图 2-5 所示。在 τ_0 处互相关有最大峰值，表示在 $x(t)$ 与 $y(t+\tau_0)$ 有最大的相关性。

（2）$R_{xy}(\tau)$ 的大小范围是 $\mu_x\mu_y-\sigma_x\sigma_y \leqslant R_{xy}(\tau) \leqslant \mu_x\mu_y+\sigma_x\sigma_y$，且 $[R_{xy}(\tau)]^2 \leqslant R_x(0)R_y(0)$。

（3）$R_{xy}(\pm\infty)\to\mu_x\mu_y$，通常我们都使被处理常数据零均值化，这时 $R_{xy}(\pm\infty)\to 0$。因为对于一般随机过程，当 $\tau\to\pm\infty$ 时，$x(t)$ 与 $y(t+\tau)$ 不存在相关性。

（4）反对称性，即有：$R_{xy}(-\tau)=R_{yx}(\tau)$；互相关函数 $R_{xy}(\tau)$ 中的下标 x 与 y 的次序不能颠倒，因为：

$$\begin{aligned} R_{xy}(\tau) &= \lim_{T\to\infty}\frac{1}{T}\int_0^T x(t)y(t+\tau)\mathrm{d}t \\ &= \lim_{T\to\infty}\frac{1}{T}\int_0^{T+\tau} x(t_1-\tau)y(t_1)\mathrm{d}t_1 \\ &= R_{yx}(-\tau) \end{aligned}$$

式中，$t_1=t+\tau_0$。

（5）对随机信号 $x(t)$ 和 $y(t)$，若它们之间没有同频的周期成分，那么当时移 τ 很大时就彼此无关，即 $\rho_{xy}(\tau)\to 0$ 而 $R_{xy}(\tau)\to\mu_x\mu_y$。图 2-6 所示的互相关函数在某时间 τ_0 处 $R_{xy}(\tau)$ 出现最大

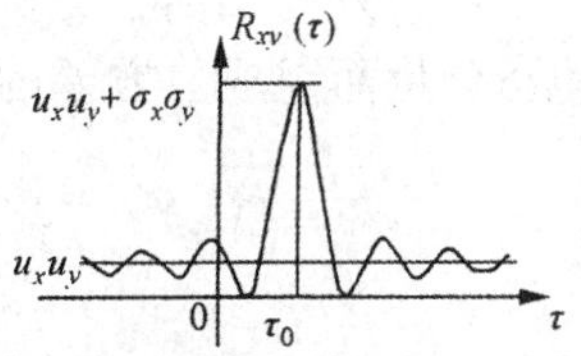

图 2-6　互相关函数图

值，它表示 $x(t)$ 和 $y(t)$ 在 $\tau=\tau_0$ 时存在某种联系，而在其他时间 τ 则没有这种联系，或者可以说，它反映了 $x(t)$ 和 $y(t)$ 之间主传输通道的滞后时间。而如果两个信号中具有频率相同的周期分量，则即使 $\tau\to\infty$ 也会出现该频率的周期成分。

(6) 两个零均值且具有相同频率的周期信号，其互相关函数中保留了这两个信号的圆频率 ω 相应的幅值 x_0 和 y_0 以及相位差 φ 的信息。即：若两个周期信号表示为 $x(t)=x_0\sin(\omega t+\theta), y(t)=y_0\sin(\omega t+\theta-\varphi)$，其中 θ 为 $x(t)$ 相对于 $t=0$ 时刻的相位角，φ 为 $x(t)$ 和 $y(t)$ 的相位差，则可以得到两个信号的互相关函数 $R_{xy}(\tau)=\frac{1}{2}x_0y_0\cos(\omega t-\varphi)$。

离散随机序列 $x(n)$ 和 $y(n)$ 之间的互相关函数和互协方差计算公式为：

$$\begin{cases} R_{xy}(m) = \dfrac{1}{N-m}\sum\limits_{n=1}^{N-m} x(n)\cdot y(n+m) \\ C(m) = R_{xy}(m) - \mu_x\mu_y \end{cases} \tag{2-33}$$

2.4 幅值域分析的数学基础

实际测量的机械信号往往是确定性信号和随机信号的组合。因此，一般的机械信号可以看作是随机信号。对随机信号的幅值域分析是以信号幅值为自变量研究信号的幅值特征，信号的幅值分布情况，以及其他幅值特征参数，如概率分布密度、概率分布函数等。通过幅值域可求得 6 种主要的统计参数：1)均值；2)均方值或均方根值；3)方差(或标准差)；4)概率分布密度函数；5)概率分布函数；6)联合概率密度函数。

1. 平均值

动态测试数据的平均值就是这个振动量的时间平均。平均值的计算公式为：

$$\mu_x = \lim_{T\to\infty}\frac{1}{T}\int_0^T x(t)\,dt \text{ 或 } \mu_x = \lim_{T\to\infty}\frac{1}{T}\int_{-\frac{T}{2}}^{\frac{T}{2}} x(t)\,dt$$

式中，T 是取平均的时间间隔，在实际中 T 不可能取成无穷，所以算出的 μ_x 值必然包含统计误差，故只能作为真值的一种估计值。

2. 均方值和方差

样本时间记录 $x(t)$ 的均方值就是这个量的平方的时间平均值，常用符号 ψ_x^2 表示。其公式如下所示：

$$\psi_x^2 = \lim_{T\to\infty}\frac{1}{T}\int_0^T x^2(t)\,dt \text{ 或 } \psi_x^2 = \lim_{T\to\infty}\frac{1}{T}\int_{-\frac{T}{2}}^{\frac{T}{2}} x^2(t)\,dt \tag{2-34}$$

如果只对有限长的记录取时间平均，则仅是其均方值的估计值。均方值的正平方根，一般称为均方根值(有效值 x_{rms})。若 $x(t)$ 的均值为零则均方值等于方差，因为方差定义为：

$$\sigma_x^2 = \lim_{T\to\infty}\frac{1}{T}\int_0^T [x(t)-\mu_x]^2\,dt \tag{2-35}$$

可见方差相当于随机数据的动态分量或波动分量。故一个随机数据可看成由静态分量加动态分量而组成。方差的正平方根称为标准差，展开式(2-35)可得

$$\begin{aligned}\sigma_x^2 &= \lim_{T\to\infty}\frac{1}{T}\int_0^T x^2(t)\,dt - \lim_{T\to\infty}\frac{1}{T}\int_0^T 2\mu_x x(t)\,dt + \lim_{T\to\infty}\frac{1}{T}\int_0^T \mu_x^2\,dt \\ &= \lim_{T\to\infty}\frac{1}{T}\int_0^T x^2(t)\,dt - \lim_{T\to\infty}\frac{1}{T}\int_0^T \mu_x^2\,dt = \psi_x^2 - \mu_x^2 \end{aligned} \tag{2-36}$$

3. 概率密度函数

(a) 概率函数

如图 2-7 所示，各态历经过程的样本函数 $x(t)$ 的值落在 x 和 $(x+\Delta x)$ 范围内的概率可用下式表示，即：

$$P_{prb}[x \leqslant x(t) \leqslant x+\Delta x] = \lim_{T\to\infty}\frac{\Delta T}{T} \tag{2-37}$$

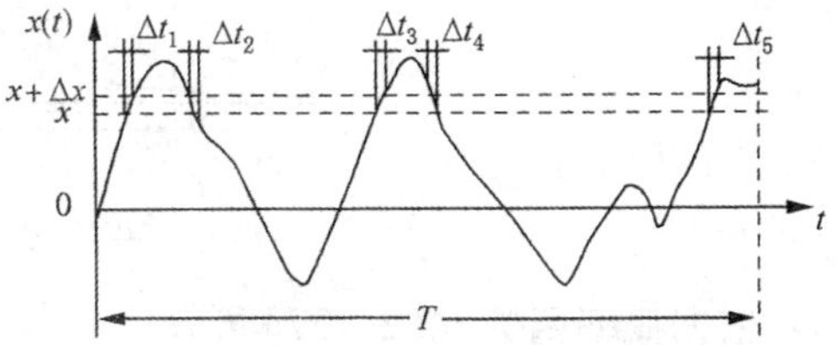

图 2-7　概率测量

式中，$\Delta t = \sum_{i=1}^{n}\Delta t_i$ 为 $x(t)$ 落在间隔 $x \sim x+\Delta x$ 内的总时间；T 为总的观察时间。

(b) 概率分布函数

如图 2-8(a)所示，对于各态历经的随机数据，$x(t)$ 的值小于或等于振幅 δ 的概率为

$$P(x) = P_{rob}[x(t) \leqslant \delta] = \lim_{T\to\infty}\frac{\Delta t[x(t) \leqslant \delta]}{T} \tag{2-38}$$

式(2-38)表示的概率函数，称为概率分布函数。

根据式(2-38)，由于 δ 必定有某个下限(可以是负无穷大)使 $x(t)$ 总是大于它，因此，在 δ 变得越来越小时，概率分布函数 $P(x)$ 的值总会达到零。同样，由于 δ 值必然有一个上限使 $x(t)$ 总是不能超过它，因此，在 δ 变得越来越大时，$P(x)$ 的值总会达到1。所以概率分布函数曲线由 0～1 之间变化，如图 2-8(b)所示。

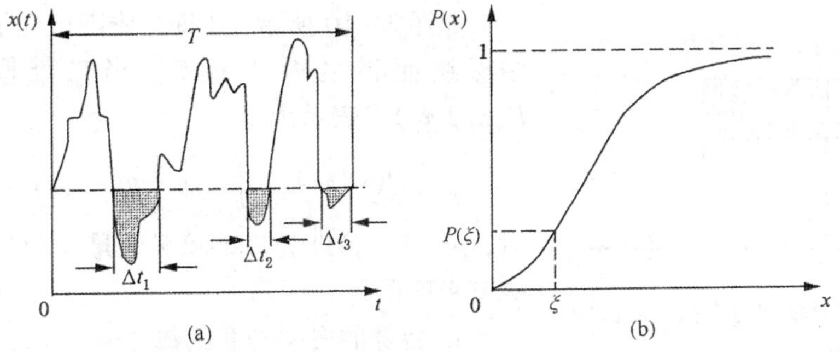

图 2-8　概率分布函数

(c) 概率密度函数

上述概率分布函数变化曲线，虽然只限制在 0～1 之间变化，但可有不同的形状代表不同概率结构的数据。为了区分，一般用分布函数的斜率来描述其概率结构数据的不同。即

$$p(x) = \frac{\mathrm{d}P(x)}{\mathrm{d}x} \tag{2-39}$$

这样得到的函数称为概率分布密度函数。其变化曲线如图 2-9 所示，式(2-39)亦可写成如下的关系：

$$P(x) = \lim_{\Delta x\to 0}\frac{P(x+\Delta x) - P(x)}{\Delta x} \tag{2-40}$$

式中　$P(x)$——$x(t)$ 瞬时值小于 x 水平的概率分布函数；

$P(x+\Delta x)$——$x(t)$ 瞬时值小于 $x+\Delta x$ 水平的概率分布函数。

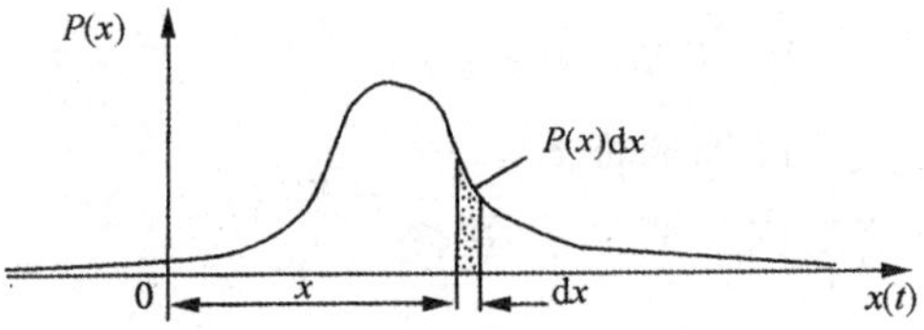

图 2－9 概率密度函数曲线

依据概率函数式(2－37)可知

$$P_{rob}[x \leqslant x(t) < x+\Delta x] = P(x+\Delta x) - P(x) = \lim_{T\to\infty}\frac{\Delta t}{T}$$

所以式(2－40)可写成

$$P(x) = \lim_{\Delta x\to 0}\frac{1}{\Delta x}\left[\lim_{T\to\infty}\frac{\Delta t}{T}\right] \quad (2-41)$$

(d) 二维联合概率密度函数

当两个随机样本记录 $x_1(t)$、$x_2(t)$ 的取值由实验结果而定，且对任意实数 x_1 和 x_2，$x_1(t)$ 的取值小于 x_1 以及同时 $x_2(t)$ 的取值小于 x_2 有确定的概率，则称 $x_1(t)$、$x_2(t)$ 为二维随机变量。且

$$P(x_1, x_2) = P_{rob}(x_1(t) < x_1, x_2(t) < x_2) \quad (2-42)$$

就是二维概率分布函数。

例如，对于实数：$a_1 \leqslant a_2$，$b_1 \leqslant b_2$，则有

$$P(a_2, b_2) + P(a_1, b_1) - P(a_2, b_1) - P(a_1, b_2) = A \geqslant 0$$

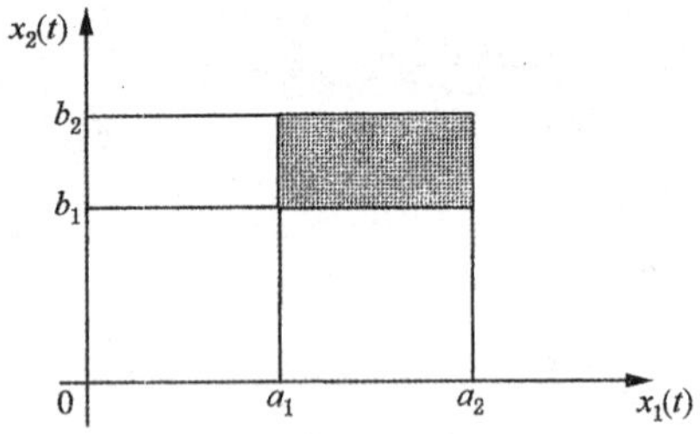

图 2－10 二维概率分布函数的区间

如图 2－10 所示，A 即二维随机变量的取值落在图中影线面积之内的概率。当二维概率分布函数 $P(x_1, x_2)$ 可表示为

$$P(x_1, x_2) = \int_{-\infty}^{x_1}\int_{-\infty}^{x_2} p(x_1, x_2)\mathrm{d}x_1\mathrm{d}x_2 \quad (2-43)$$

时，$p(x_1, x_2)$ 即为二维随机变量 $x_1(t)$、$x_2(t)$ 的二维概率密度函数。

4. 特殊的概率密度函数

(a) 正态(高斯)噪声

描述实际中一大类随机物理现象的数据，差不多都可以用如下的概率密度函数进行精确的近似：

$$p(x) = \frac{1}{\sqrt{2\pi}\cdot\sigma_x}\exp\left[-\frac{(x-\mu_x)^2}{2\sigma_x^2}\right] \quad (2-44)$$

式中，μ_x 和 σ_x 分别是数据的均值和标准差。此关系式是在 1733 年作为生物概率函数的极限提出来的，一般称为正态或高斯概率密度函数。高斯概率密度曲线和概率分布曲线如图 2－11所示。

高斯概率密度曲线的特点是：

(1) 单峰，峰 $x=\mu_x$ 处，曲线以 x 轴为渐近线。当 $x\to\pm\infty$ 时，$p(x)\to 0$。

(2) 曲线以 $x=\mu_x$ 为对称轴。

(3) $x=\mu_x\pm\sigma_x$ 为曲线的拐点。

(4) $P_{rob}[\mu_x-\sigma_x \leqslant x(t)<\mu_x+\sigma_x]=0.68$。

即$(\mu_x-\sigma_x,\ \mu_x+\sigma_x)$范围内$p(x)$曲线下的面积与$p(x)$曲线下总面积之比为0.68。

$$P_{rob}[\mu_x-2\sigma_x \leqslant x(t)<\mu_x+2\sigma_x]=0.95$$

$$P_{rob}[\mu_x-3\sigma_x \leqslant x(t)<\mu_x+3\sigma_x]=0.995$$

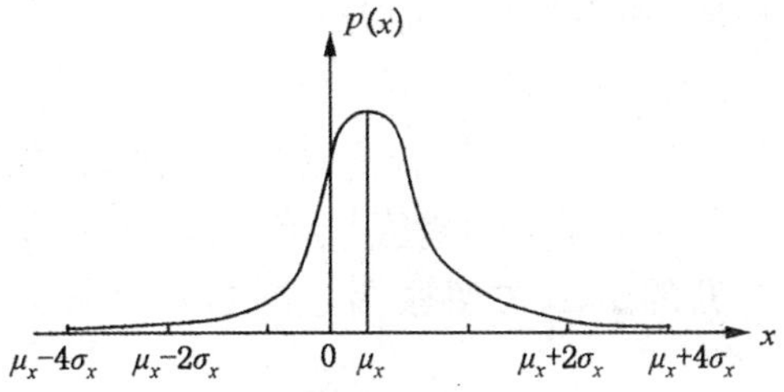

(a) 高斯概率密度曲线

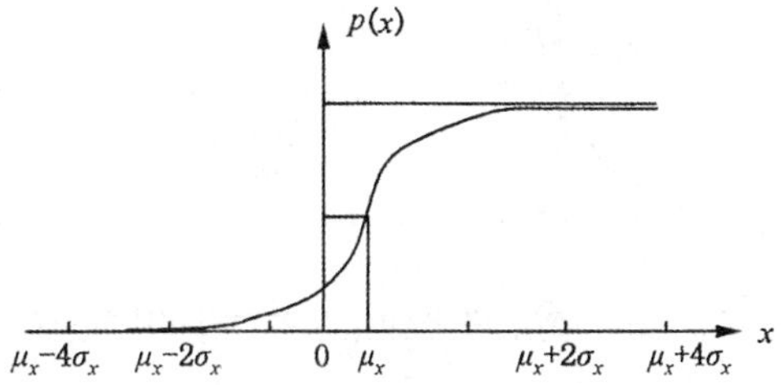

(b) 高斯概率分布曲线

图2-11　高斯函数的概率密度曲线和分布曲线

(b) 正弦波

对于一个正弦波，由于对任何未来瞬间的精确振幅可以用$x(t)=A\sin(2\pi ft+\varphi)$完全确定，因此，理论上没必要研究它的概率分布问题。但是，如果假定相角φ是一个在$\pm\pi$间服从均匀分布的随机变量，则可把正弦函数看作一个随机过程。假定均值为零，正弦随机过程的概率密度函数为：

$$p(x)=\begin{cases}\dfrac{1}{\pi}\sqrt{(2\sigma_x^2-x^2)^{-1}} & |x|<A\\ 0 & |x|\geqslant A\end{cases} \tag{2-45}$$

式中，$\sigma=A/\sqrt{2}$是正弦波的标准差。当$\sigma=1$时，正弦波的标准化概率密度函数如图2-12所示。

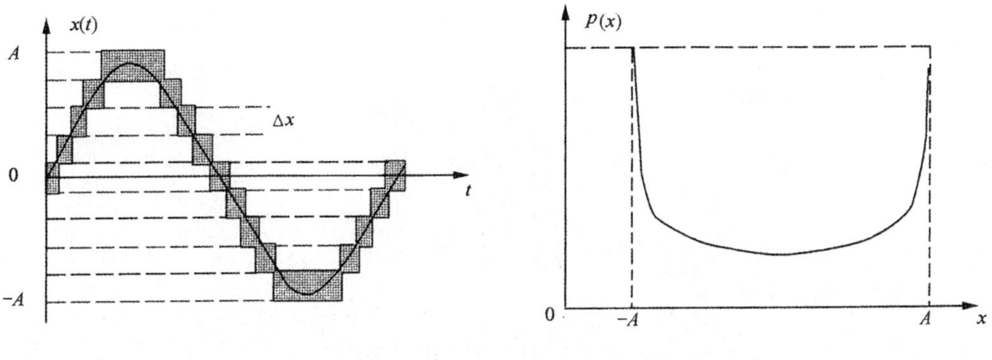

图2-12　正弦波的概率密度函数

(c) 高斯噪声加正弦波

现在考虑具有$x(t)=n(t)+s(t)$形式的平稳（各态历经）随机时间历程。其中$n(t)$是高斯随机噪声，$s(t)=s\sin(2\pi ft+\varphi)$是一个正弦波。假定$n(t)$和$s(t)$都具有零均值，则可以证明$x(t)$的概率密度函数为：

$$p(x)=\frac{1}{\sigma_n\pi\sqrt{2\pi}}\int_0^{\pi}\exp\left[-\left(\frac{x-s\cos\varphi}{4\sigma_n}\right)^2\right]\mathrm{d}\varphi \tag{2-46}$$

式中，σ_n 是高斯噪声 $x(t)$ 的标准差，s 和 φ 分别是正弦波的振幅和相位。图 2－13 画出了正弦波方差与噪声方差取各种比值 $R=\sigma_s^2/\sigma_n^2$ 时的 $p(x)$。由图可见，$R=0$ 相当于只有高斯噪声；$R=\infty$ 相当只有正弦波；而 $R=4$（或除 0，∞ 外各种值）相当于正弦加噪声。

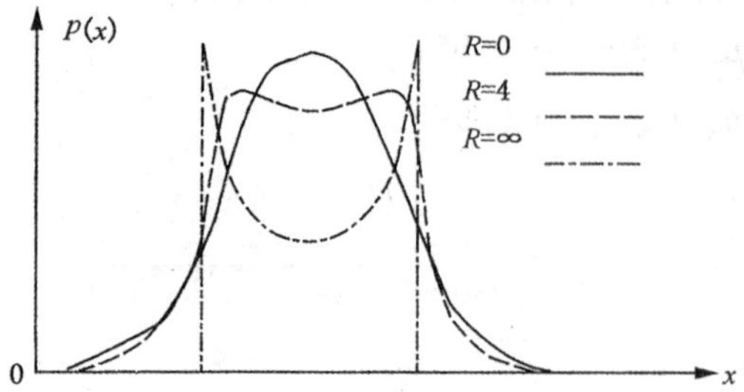

图 2－13　高斯噪声加正弦波的概率密度函数

5. 带因次型指标

若随机过程 $x(t)$ 符合平稳、各态历经条件且均值为零，则设 x 为幅值，$p(x)$ 为幅值的概率密度。常见的带因次型振幅诊断参数计算公式如下：

（a）均值计算公式

$$\mu_x = \frac{1}{n}\sum_{i=1}^{n} x(t_i) \quad 或 \quad \mu_x = \int_{-\infty}^{\infty} xp(x)\mathrm{d}x$$

（b）均方值和方差计算公式

$$D_x = \frac{1}{n}\sum_{i=1}^{n}[x(t_i) - \mu_x]^2$$

$$D_x = \int_{-\infty}^{\infty}[x(t) - \mu_x]^2 p(x)\mathrm{d}x$$

$$\psi_x^2 = \frac{1}{n}\sum_{i=1}^{n}[x(t_i)]^2$$

$$\psi_x^2 = \int_{-\infty}^{\infty}[x(t)]^2 p(x)\mathrm{d}x$$

（c）偏斜度（skewness）的计算

$$\alpha_3 = \sum_{i=1}^{n}[x(t_i - \mu_x)]^3$$

$$a_3 = \int_{-\infty}^{\infty} x^3 p(x)\mathrm{d}x$$

（d）峭度（kurtosis）的计算

$$\alpha_4 = \sum_{i=1}^{n}[x(t_i) - \mu_x]^4$$

$$a_4 = \int_{-\infty}^{\infty} x^4 p(x)\mathrm{d}x$$

（e）方根幅值的计算

$$x_r = \left[\int_{-\infty}^{\infty} |x|^{1/2} p(x)\mathrm{d}x\right]^2$$

（f）均方幅值的计算

$$x_{rms} = \left[\int_{-\infty}^{\infty} |x|^2 p(x)\mathrm{d}x\right]^{1/2}$$

（g）峰值的计算

$$\hat{x} = E[\max|x(t)|]$$

6. 无因次型（无量纲指标）

无因次型振幅诊断参数具有对幅值和频率变化不敏感的特点，它们只依赖于概率密度函

数 $p(x)$ 的形状。一般无因次型振幅诊断参数定义成如下的形式：

$$\zeta_x = \frac{[\int_{-\infty}^{\infty} |x|^l p(x)\mathrm{d}x]^{1/l}}{[\int_{-\infty}^{\infty} |x|^m p(x)\mathrm{d}x]^{1/m}} \tag{2-47}$$

由式(2-48)的一般定义，可以得到如下的一些指标：

(a) 波形指标 $l=2$，$m=1$

$$K = \frac{x_{rms}}{\bar{x}}$$

(b) 峰值指标 $l\to\infty$，$m=2$

$$c = \frac{x_p}{x_{rms}}$$

(c) 脉冲指标 $l\to\infty$，$m=1$

$$I = \frac{x_p}{\bar{x}}$$

(d) 裕度指标 $l\to\infty$，$m=1/2$

$$L = \frac{x_p}{x_r}$$

2.5 频域分析的数学基础

一、谱密度函数

1. 自功率谱密度函数

按照傅里叶变换理论，假设随机信号 $x(t)$ 的自相关函数 $R_x(\tau)$ 绝对可积，则可定义自功率谱密度函数

$$S(\omega) = \frac{1}{2\pi}\int_{-\infty}^{\infty} R_x(\tau)e^{-j\omega\tau}\mathrm{d}\tau \tag{2-48}$$

式中 $j=\sqrt{-1}$；

ω——圆频率；

$S(\omega)$——$R_x(\tau)$ 的傅里叶变换。

根据傅里叶积分理论，$S(\omega)$ 的逆变换为 $R_x(\tau)$，

$$R_x(\tau) = \int_{-\infty}^{\infty} S(\omega)e^{j\omega\tau}\mathrm{d}\omega \tag{2-49}$$

因为 $R_x(\tau)$ 是 τ 的偶函数，而

$$e^{\pm j\omega\tau} = \cos\omega\tau \pm j\sin\omega\tau \tag{2-50}$$

$\sin\omega\tau$ 是 τ 的奇函数，故：

$$S(\omega) = \frac{1}{2\pi}\int_{-\infty}^{\infty} R_x(\tau)\cos\omega\tau\mathrm{d}\tau \tag{2-51}$$

由 $R_x(\tau)$ 是实数，可知 $S(\omega)$ 是 ω 的偶函数。

考虑到 $\tau=0$ 的特殊情况，可看出自功率谱密度函数 $S(\omega)$ 的物理意义：

$$R_x(0) = \psi_x^2 = \int_{-\infty}^{\infty} S(\omega)\mathrm{d}\omega = \sigma_x + \mu_x^2 \tag{2-52}$$

由此可以看出，信号 $x(t)$ 的自功率谱函数曲线和频率轴所包围的面积就是信号的均方值，或者为信号的方差加上信号均值的平方。

在实验中常采用以赫兹(Hz)为单位的频率 f，$f=\dfrac{\omega}{2\pi}$

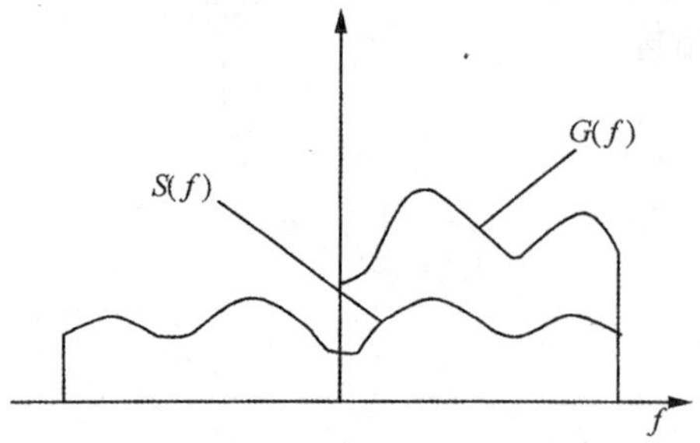

图 2－14 单边谱与双边谱

令

$$\begin{cases} G(f)=2S(f) & (f\geqslant 0) \\ G(f)=0 & (f<0) \end{cases} \tag{2-53}$$

这里 $G(f)$ 叫做单边谱，其中 f 为正值，$S(f)$ 叫做双边谱，其中 f 包括正值与负值。如图 2－14 所示。

2. 互功率谱密度函数

和自功率谱密度函数相似，两组随机数据的互谱密度函数可从互相关函数的傅里叶变换直接求得。若 $x(t)$、$y(t)$ 表示两个各态历经随机过程的样本函数，$R_{xy}(\tau)$ 是其互相关函数，当绝对可积条件

$$\int_{-\infty}^{\infty} |R_{xy}(\tau)| \mathrm{d}\tau < \infty$$

成立时，则可定义双边互谱密度

$$S_{xy}(\omega) = \frac{1}{2\pi}\int_{-\infty}^{\infty} R_{xy}(\tau) e^{-j\omega t}\mathrm{d}\tau \tag{2-54}$$

式中 ω——振动圆频率，取值范围是($-\infty$，∞)。与式(2－54)相应的逆变换是：

$$R_{xy}(\tau) = \int_{-\infty}^{\infty} S_{xy}(\omega) e^{j\omega t}\mathrm{d}\omega \tag{2-55}$$

由于 $R_{xy}(\tau)$ 不是偶函数，所以双边互谱密度函数 $S_{xy}(\omega)$ 可表示为：

$$\begin{aligned} S_{xy}(\omega) &= \frac{1}{2\pi}\int_{-\infty}^{\infty} R_{xy}(\tau)\cos\omega\tau\mathrm{d}\tau - \frac{j}{2\pi}\int_{-\infty}^{\infty} R_{xy}(\tau)\sin\omega\mathrm{d}\tau \\ &= C'_{xy}(\omega) - j\theta'_{xy}(\omega) \end{aligned} \tag{2-56}$$

式中

$$C'_{xy}(\omega) = \frac{1}{2\pi}\int_{-\infty}^{\infty} R_{xy}(\tau)\cos\omega\tau\mathrm{d}\tau \tag{2-57}$$

是 ω 的偶函数。

$$\theta'_{xy}(\omega) = \frac{1}{2\pi}\int_{-\infty}^{\infty} R_{xy}(\tau)\sin\omega\tau\mathrm{d}\tau \tag{2-58}$$

是 ω 的奇函数。$C'_{xy}(\omega)$ 与 $\theta'_{xy}(\omega)$ 的单位是 $\dfrac{xy}{\omega}$ 的单位。

在实验工作中经常使用的单边互谱，其频率 f 只取正值，单位 Hz，单边互谱密度函数定义为：

$$
\begin{cases} G_{xy}(f) = 2S_{xy}(f) & (f \geqslant 0) \\ G_{xy}(f) = 0 & (f < 0) \end{cases} \tag{2-59}
$$

3. 凝聚函数

平稳随机信号 $x(t)$ 与 $y(t)$ 之间的凝聚函数(也叫相干函数)和 $\gamma_{xy}^2(f)$ 定义为:

$$
\gamma_{xy}^2(f) = \frac{|G_{xy}(f)|^2}{G_x(f) \cdot G_y(f)} \tag{2-60}
$$

其中自谱 $G_x(f)$ 与 $G_y(f)$ 非零，且无 δ 函数。因此为避免在原点出现 δ 函数，应事先从数据中消除非零均值。显然 $\gamma_{xy}^2(f)$ 是频率的函数，且为实数。

实际上，凝聚性是相关性的另一种说法。因为它是与相关函数的傅里叶变换有关的一个量。由式(2-61)不难证明:

$$
0 \leqslant \gamma_{xy}^2(f) \leqslant 1 \tag{2-61}
$$

$\gamma_{xy}^2(f) = 1$ 时称 $x(t)$ 与 $y(t)$ 是凝聚的，表示它们之间完全相关；$\gamma_{xy}^2(f)$ 越小表示 $x(t)$ 与 $y(t)$ 之间的相关性越小，即越不凝聚。当 $x(t)$ 与 $y(t)$ 统计独立时，称 $x(t)$ 与 $y(t)$ 是不凝聚的。

二、频率响应函数

设 $Y(f)$ 是 $y(t)$ 的傅里叶变换，$X(f)$ 是 $x(t)$ 的傅里叶变换。在随机信号处理中，频响函数常用互谱密度函数与自谱密度函数之比来计算。

$$
H(f) = \frac{X^*(f)Y(f)}{X^*(f)X(f)} = \frac{G_{xy}(f)}{G_x(f)} \tag{2-62}
$$

利用 $G_{xy}(f)$ 和 $G_x(f)$ 的多次采样平均或者进行频率平滑都可以大大减小 $H(f)$ 的随机误差，提高 $H(f)$ 的测量精度，不过平滑会使分辨力下降。

由于 $H(f)$ 是一个复数，它可写成 $H(f) = |H(f)| e^{-j\phi(f)}$，式中 $|H(f)|$ 是系统的增益因子，也称幅频特性，表示输出对输入幅值的增益。$\phi(f)$ 是系统的相位因子，表示输出对输入的相位差。

三、相干谱

随机信号 $x(t)$ 和 $y(t)$ 之间的相干函数 $\gamma_{xy}^2(f)$ 定义为

$$
\gamma_{xy}^2(f) = \frac{|G_{xy}(f)|^2}{G_x(f)G_y(f)} \tag{2-63}
$$

相干谱 $G_{r2 \cdot y}(f)$ 定义为

$$
G_{r2 \cdot y}(f) = \gamma_{xy}^2(f) \cdot G_y(f) \tag{2-64}
$$

式中，$G_x(f)$ 是 $x(t)$ 的自功率谱密度函数；$G_y(f)$ 是 $y(t)$ 的自功率谱密度函数；$G_{xy}(f)$ 是 $x(t)$ 与 $y(t)$ 间的互谱密度函数。

式(2-64)要求 $G_x(f)$ 与 $G_y(f)$ 非零，且不包括 δ 函数。

四、倒频谱

已知时域信号 $x(t)$ 经过傅里叶变换可变为频域函数 $X(f)$ 或功率谱密度函数 $G_x(f)$。当频谱图上呈现出复杂的周期结构时，如果再进行一次对数的功率谱密度函数傅里叶逆变换并取平方，则可得到倒频谱函数 $C_p(q)$(Power Cepstrum)，其数学表达式为:

$$
C_p(q) = |F^{-1}\{\log G_x(f)\}|^2 \tag{2-65}
$$

倒频谱也可这样的表述:“对数功率谱的功率谱”。式(2-65)被定义为 $x(t)$ 信号的功率倒频谱。工程上常用的是取式(2-65)的开方，即：

$$C_a(q) = \sqrt{C_p(q)} = |F^{-1}\{\log G_x(f)\}| \tag{2-66}$$

式中，$C_a(q)$称为幅值倒频谱，有时简称倒频谱。

倒频谱中自变量q称为倒频率，它具有与自相关函数$R_x(\tau)$中的自变量τ相同的时间量纲(因为倒频谱是傅里叶正变换，积分变量是频率f而不是时间τ，故倒频谱$C_a(q)$的自变量q具有时间的量纲)。单位为s或ms。q值大者称为高倒频率，表示谱图上的快速波动。q值小者称为低倒频率，表示谱图上的缓慢波动。

倒频谱是频域函数的傅里叶再变换，与相关函数不同只差对数加权。对功率谱函数取对数的目的，是使变换以后的信号能量格外集中，同时还可解析卷积(褶积)成分，易于对原信号的识别。

第3章 机械振动基础

3.1 概 述

3.1.1 机械振动与振动诊断

从广义的意义上说，如果表征一种运动的物理量时而增大时而减小的反复变化，就可以称这种运动为振动。又若变化着的物理量是一些机械量或力学量，例如物体的位移、速度、加速度、应力及应变等等，这种振动便称为机械振动。各种机器设备是由许多零部件和各种各样的安装基础所组成，这些都可认为是一个弹性系统。某些条件或因素可能引起这些物体在其平衡位置附近做微小的往复运动。

研究振动问题时，一般将研究对象（如一部机器、一种结构）称为系统；把外界对系统的作用或机器自身运动产生的力，称为激励或输入；把机器或结构在激励作用下产生的动态行为，称为响应或输出。振动分析（理论或实验分析）就是研究这三者间的相互关系，如图3-1所示。

图3-1

所谓振动诊断，就是对正在运行的机械设备或给非工作状态的系统某种激励，测其振动响应，对由测量响应得到的各种数据进行分析处理，然后将结果与事先制订的某一标准进行比较，进而判断系统内部结构的破坏、裂纹、开焊、磨损、松脱及老化等各种影响系统正常运行的故障。依此采取相应的对策来消除故障，保证系统安全运行。振动诊断还包含对其环境的预测，即已知系统的输出及系统的参数（质量、刚度、阻尼等）来确定系统的输入，以判断系统环境的特性，如寻找振源等问题的研究。当前振动诊断已应用于各种系统，如各种往复机械系统、各种旋转机械系统、各种建筑结构及海洋平台等。

3.1.2 工程中常见的振动问题

振动有其有利的方面，如工业上常采用的振动筛选、振动沉桩、振动运输以及按振动理论设计的测量传感器、地震仪等即为这方面的典型例子，但在机械工程的各领域内更多的是存在不利的方面。

高速旋转的汽轮机、压缩机等旋转机械，由于旋转质量的不平衡、轴承的刚度、滚珠的缺陷、滑动轴承的油膜振荡等因素影响都会引起振动。

往复机械的活塞、连杆，由于受到脉动的气体压力在往复运动时就会产生惯性力与惯性力矩的作用，可使其产生往复振动和扭转振动。

齿轮和齿轮箱等各种零件，由于不均衡的传递力矩作用、安装上的误差、制造精度误差等，不仅会引起这些零件的局部或整体振动，还会产生很大的噪声，危害人的身体健康。

由于振动，机器在使用中会产生巨大的反复变动的交变载荷，这不但会降低机器的使用寿命和可靠性，而且还会发生严重的破坏事故。如发电机组断轴、过程装备中的离心压缩机自激振动等会给生产造成很大的经济损失。

上述这些振动问题常常是造成机械和结构恶性破坏和失效的直接原因。例如，1940 年美国的 Tacoma Narrows 吊桥在中速风载下，因卡门漩涡引起桥身扭转和上下振动而坍塌。1872 年日本海南电厂的一台 66 万 kW 汽轮发电机组，在试车中因发生异常振动而全机毁坏，长达 51m 的主轴断裂飞散，联轴器及汽轮机叶片竟穿透厂房飞落至百米以外。据统计，我国因运输车辆振动使包装不妥的产品受损、失效和破坏所造成的经济损失一年达数亿元。超出规范标准的振动，缩短机器寿命，影响机械加工质量，降低机械及电子产品的使用性能，甚至产生公害，污染环境。

3.1.3 振动的分类

为了便于分析讨论振动问题，有必要对振动加以分类。机械振动可根据不同的特征作如下的分类。

1. 按产生振动的原因分类

（1）自由振动——当系统的平衡被破坏，只靠其弹性恢复力来维持的振动。

（2）强迫振动——在外界激振力的持续作用下，系统被迫产生的振动。

（3）自激振动——系统在输入和输出之间具有反馈特性，并有能源补充而产生的振动。

2. 按振动的规律分类(图 3－2)

（1）确定性振动——能用简单函数或这些简单函数的简单组合表达其运动规律的振动。

（2）随机振动——不能用简单函数或这些简单函数的简单组合来表达其运动规律，而只能用统计方法来研究的非周期性振动，也称非确定性振动。

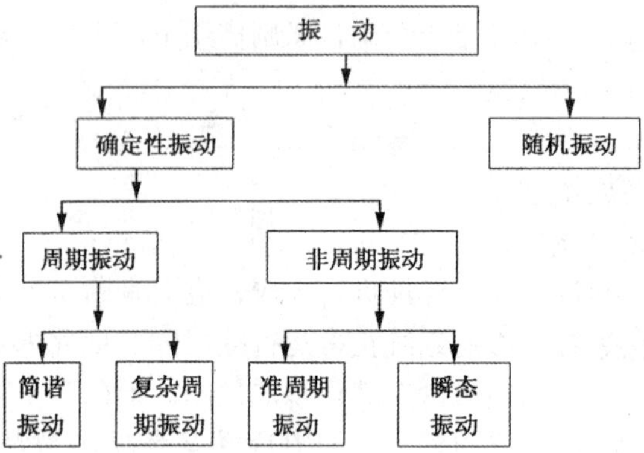

图 3－2 振动的分类

3. 按振动系统的结构参数的特性分类

(1)线性振动——系统的惯性力、阻尼力、弹性恢复力分别与加速度、速度、位移成线性关系，能用常系数线性微分方程描述的振动。

(2)非线性振动——系统的阻尼力或弹性恢复力具有非线性性质，只能用非线性微分方程描述的振动。

4. 按振动系统的自由度数目分类

（1）单自由度系统振动——确定系统在振动过程中任何瞬时的几何位置只需要一个独立坐标的振动。

（2）多自由度系统振动——确定系统在振动过程中任何瞬时的几何位置需要多个独立坐标的振动。

5. 按振动位移的特性分类

（1）扭转振动——振动体上的质点只作绕轴线的振动。

（2）纵向振动——振动体上的质点只作沿轴线方向的振动。

（3）横向振动——振动体上的质点只作垂直轴线方向的振动。

纵向振动与横向振动又可统称为直线振动。

3.1.4 简谐振动及其表示方法

能够以函数关系表示的振动，按其运动的表现形式可以分为周期振动和非周期性振动，形式最简单也最基本的一种周期振动是简谐振动。

一、简谐振动及其特征

简谐振动是指机械系统的某个物理量(位移、速度、加速度)按时间的正弦(或余弦)函数规律变化的振动。这是周期振动的最简单而又极重要的一种形式。

简谐振动的数学表达式是：

$$x = A\sin\left(\frac{2\pi}{T}t + \varphi\right) \tag{3-1}$$

式中 A——振幅，表示物体离开平衡位置的最大位移；

T——周期，若用 $t+T$，$t+2T$，…，$t+nT$ 等代替上式中的 t，则所得的 x 值不变。故每隔时间 T，运动就完全重复一次，所以 T 是振动的周期。

令 $\omega = \dfrac{2\pi}{T} = 2\pi f$，称为“圆频率”或“角频率”。则式(3－1)可写成：

$$x = A\sin(\omega t + \varphi) \tag{3-2}$$

式中 $\omega t+\varphi$——相位角，它是决定振动物体在 t 时刻运动状态的重要物理量；

φ——初相位，即 $t=0$ 的相位，表示振动物体的初始位置。

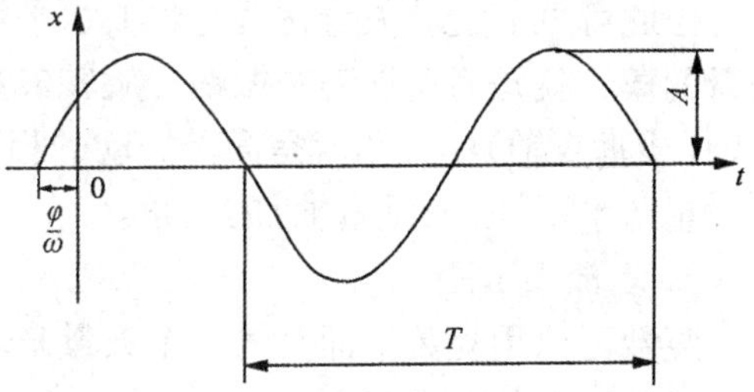

图 3－3 简谐振动

式(3－2)也可用图 3－3 表示。

对简谐振动的位移表达式(3－2)式求一阶和二阶导数，即得简谐振动的速度和加速度表达式：

$$v = \dot{x} = A\omega\cos(\omega t + \varphi) = A\omega\sin\left(\omega t + \varphi + \frac{\pi}{2}\right) \tag{3-3}$$

$$a = \ddot{x} = -A\omega^2\sin(\omega t + \varphi) = A\omega^2\sin(\omega t + \varphi + \pi) \tag{3-4}$$

比较(3－2)、(3－3)和(3－4)式，可以看出：

(1) 只要位移是简谐函数，则速度和加速度也是简谐函数，而且与位移具有相同的频率；

(2) 速度的相位比位移的相位超前$\dfrac{\pi}{2}$，加速度的相位比位移的相位超前 π；

(3) 因为 $\ddot{x} = -\omega^2 x$，这就表明，简谐振动的加速度与位移恒成正比而方向相反，即加速度始终指向平衡位置。这是简谐振动的运动学特征。

二、简谐振动的矢量表示法和复数表示法

1. 矢量表示法

简谐振动可以用旋转矢量在坐标轴上的投影来表示。

如图 3－4 所示，从始点 O 作矢量$\overrightarrow{OP}$，其模为 A，以等角速度 ω 旋转，矢量的起始位置与水平轴的夹角为 φ。在任一瞬时，矢量与水平轴的夹角则为 $\omega t+\varphi$。

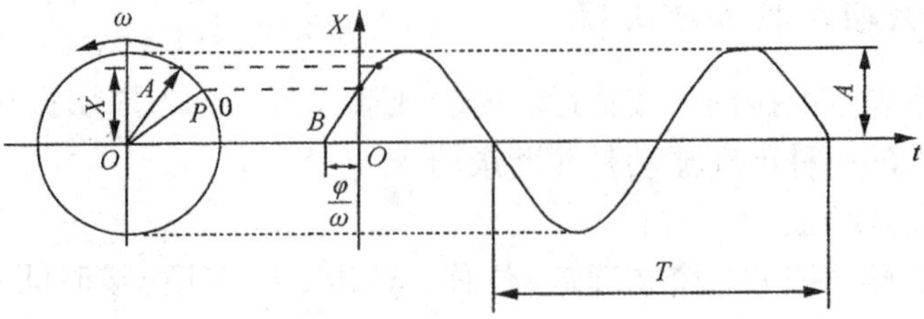

图 3－4　简谐振动的矢量表示法

这一旋转矢量在垂直轴上的投影即为：

$$x = A\sin(\omega t + \varphi) \tag{3-5}$$

这一旋转矢量在水平轴上的投影则为：

$$x = A\cos(\omega t + \varphi) \tag{3-6}$$

由此可见，旋转矢量在垂直轴或水平轴上的投影，均可用来表示简谐振动。而这一旋转矢量的模，就是简谐振动的振幅；旋转矢量的角速度就是简谐振动的圆频率；旋转矢量与水平轴(或垂直轴)的夹角就是简谐振动的相位角；而简谐振动的初相位角，则是 $t=0$ 时刻旋转矢量与水平轴(或垂直轴)的夹角。

2. 复数表示法

复数可以用复数平面上的一个矢量来表示，如图 3－5 所示。长度为 A 的矢量 $\overline{OP}$ 在实数轴和虚数轴上的投影分别为 $A\cos\theta$ 及 $A\sin\theta$，故矢量 $\overline{OP}$ 就代表了下列复数：

$$Z = A(\cos\theta + i\sin\theta) \tag{3-7}$$

而 $\overline{OP}$ 的长度就代表了这一复数的模 A，$\overline{OP}$ 与实数轴的夹角就是这一复数的复角 θ。

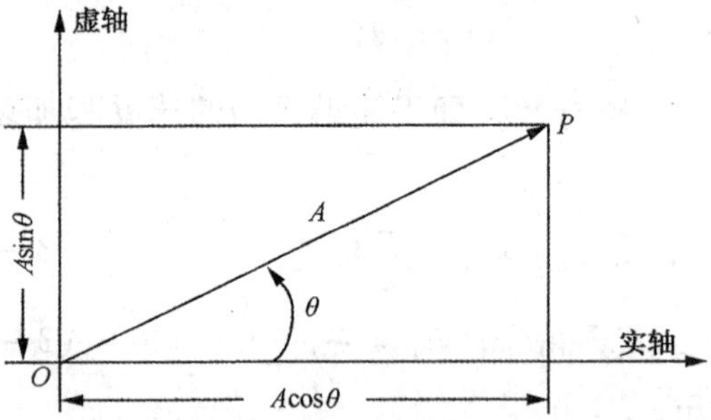

图 3－5　复数的矢量表示

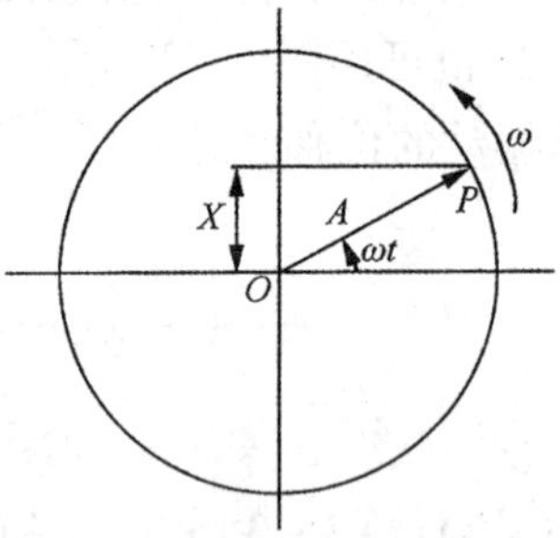

图 3－6　复数旋转矢量

若使 $\overrightarrow{OP}$ 绕 O 点以等角速度 ω 在复平面内逆时针旋转，就成为一个复数旋转矢量(图 3－6)。它在任一瞬间的复角 $\theta=\omega t$。故这一旋转矢量的复数表达式即为：

$$Z = A(\cos\omega t + i\sin\omega t) \tag{3-8}$$

根据欧拉公式：

$$e^{i\theta} = \cos\theta + i\sin\theta \tag{3-9}$$

则前式可改写成：

$$Z = Ae^{i\omega t} \tag{3-10}$$

如前所述，任一简谐振动都可以用一个旋转矢量在直角坐标上的投影来表示。因此，同样可以用一个复数旋转矢量在复平面的实轴或虚轴上的投影来表示一个简谐振动。也就是说，可以用复数来表示简谐振动。即：

$$x = A\sin\omega t = I_m Z = I_m[Ae^{i\omega t}] \tag{3-11}$$

式中，符号 $I_m Z$ 表示取复数 Z 的虚数部分。（当然，也可以取复数 Z 的实数部分来表示简谐振动，只不过此时的简谐振动是用余弦函数表示而已。）为了书写方便，今后对复数 $Ae^{i\omega t}$ 不作特别说明时，即表示取其虚数部分，这样可以省略符号 I_m。

所以，简谐振动的复数表达式是：

$$x = Ae^{i\omega t} \tag{3-12}$$

若初相位不为零，则上式应改写成：

$$x = Ae^{i(\omega t+\varphi)} = Ae^{i\varphi}\cdot e^{i\omega t} = \bar{A}e^{i\omega t} \tag{3-13}$$

式中，$\bar{A}=Ae^{i\varphi}$，称为复振幅。

3.2 单自由度系统的振动

研究单自由度系统的振动有着实际意义，因为工程上有许多问题通过简化，用单自由度系统的振动理论就能得到满意的结果。单自由度系统的基本概念又有着普遍意义，多自由度系统和无限自由度系统的振动，在特殊的坐标系中考察时，显示出与单自由度系统类似的形态。

3.2.1 单自由度系统的自由振动

一、无阻尼自由振动

一个系统只在初始时受到外界干扰，然后就靠系统本身的弹性恢复力维持的振动，称为自由振动。单自由度系统的自由振动是一种简谐振动，单自由度系统是研究多自由度系统的基础。无阻尼单自由度系统的运动微分方程

$$m\ddot{x} + kx = 0 \tag{3-14}$$

其解为

$$x = A\sin(\omega t + \varphi) \tag{3-15}$$

其中 A 为振幅，φ 为相位角，由运动的初始条件决定。

在系统作自由振动时，不论受到什么样的初始干扰，均将以一定的频率作振动。这种频率只决定于系统本身固有的物理性质，称为固有圆频率，其计算公式为

$$\omega = \sqrt{\frac{k}{m}} \tag{3-16}$$

振动频率

$$f = \frac{\omega}{2\pi} = \frac{1}{2\pi}\sqrt{\frac{k}{m}} \tag{3-17}$$

周期

$$T = \frac{1}{f} = 2\pi\sqrt{\frac{m}{k}} \tag{3-18}$$

设振动的初始条件为 $t=0$ 时，$x=x_0$，$\dot{x}=\dot{x}_0$

$$A = \sqrt{x_0^2 + \left(\frac{\dot{x}_0}{\omega}\right)^2} \tag{3-19}$$

$$\varphi = \arctan \frac{x_0 \omega}{\dot{x}_0} \tag{3-20}$$

因此自由振动的固有频率和周期仅决定于系统本身的物理性质：质量 m 和弹簧刚度 k，与初始条件无关。

二、有阻尼自由振动

1. 阻尼的作用与分类

无阻尼自由振动只是一种理想情况，它的振幅不随时间而衰减，系统受到激励后，振动将永远维持下去。但实际上，一切自由振动都是会衰减的，它的振幅随时间的增加而逐渐减小，最后振动便停止了。这是因为系统在振动过程中，要受到各种阻力的影响，这些阻力的方向始终与振动体运动方向相反，因而对系统作负功，不断消耗系统的能量，从而使振动受到遏止，并逐渐平息。在振动中，这些阻力统称为阻尼。

阻尼大致可以分为下列几种：

（1）干摩擦阻尼

两个干燥表面互相压紧并作相对运动时所产生的阻尼称为干摩擦阻尼。其阻力大小取决于摩擦副的材料和法向压力，即

$$F = \mu N \tag{3-21}$$

式中 μ——摩擦副两接触面之间的摩擦系数；

N——摩擦副两接触面之间的法向压力。

（2）黏滞阻尼

物体以中等速度在流体中运动时所产生的阻尼称为黏滞阻尼。有润滑油的滑动面之间产生的阻尼就是这种阻尼。其阻力与速度的一次方成正比，即

$$F_\theta = c\dot{x} \tag{3-22}$$

式中 c——黏性阻尼系数，它取决于运动物体的形状、尺寸及润滑剂介质的黏性，N·s/cm。

但当物体以较大速度在流体中运动时(如 3m/s 以上)，阻力将与速度的平方成正比，即

$$F = b\dot{x}^2$$

式中 b——常数。

（3）结构阻尼

材料在变形过程中由内部晶体之间的摩擦所产生的阻尼称为结构阻尼，其阻力大小决定于材料的性质。

在实际的振动系统中，阻尼往往不止一种。但由于黏滞阻尼在数学处理上最为方便(在中速运动时，阻力于速度呈线性关系，故又称为线性阻尼)，分析振动问题时可使大大简化。所以通常都假设系统为黏滞阻尼(黏性阻尼)。这种假设对阻尼较小的振动系统是接近真实情况的。在遇到非黏性阻尼时，则可用等效黏性阻尼的办法来做近似计算。

2. 系统的动力学模型和运动微分方程

单自由度有阻尼振动系统的力学模型如图 3-7 所示，与无阻尼自由振动系统相比，只是多了一个缓冲器。当质量块 m 静止时，缓冲器不起作用。当质量块运动时，缓冲器就产生阻力 $c\dot{x}$，其方向与质量块的速度方向相反。

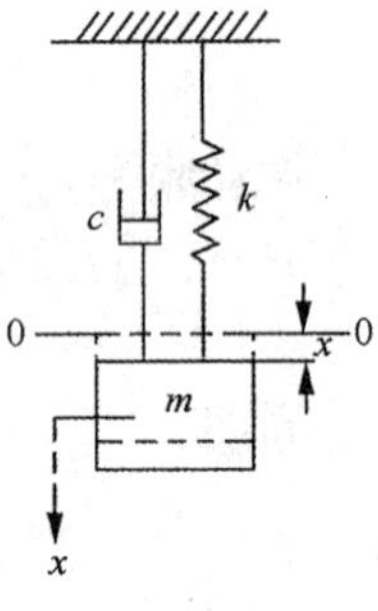

图 3-7 单自由度有阻尼振动系统的力学模型

当质量块离开静平衡位置0—0的距离为 x 时，作用于质量块上的力有弹性恢复力 kx 及阻尼力 $c\dot{x}$。现取平衡位置为坐标原点，质量块振动位移 x 为广义坐标，且方向向下为正，则根据牛顿运动定律可得：

$$m\ddot{x} = -c\dot{x} - kx$$

即

$$m\ddot{x} + c\dot{x} + kx = 0 \tag{3-23}$$

令

$$\omega_n^2 = \frac{k}{m}$$

$$\alpha = \frac{c}{2m} \tag{3-24}$$

则式(3－23)可改写为：

$$\ddot{x} + 2\alpha\dot{x} + \omega_n^2 x = 0 \tag{3-25}$$

上式即为单自由度系统有阻尼自由振动的运动微分方程式，也是一个齐次二阶常系数线性微分方程式。故可设其解为：

$$x = e^{st}$$

代入式(3－25)可求得这一微分方程式的特征方程：

$$s^2 + 2\alpha s + \omega_n^2 = 0 \tag{3-26}$$

这一方程的两个根为：

$$\left.\begin{aligned} s_1 &= -\alpha + \sqrt{\alpha^2 - \omega_n^2} \\ s_2 &= -\alpha - \sqrt{\alpha^2 - \omega_n^2} \end{aligned}\right\} \tag{3-27}$$

故微分方程式(3－25)的通解为：

$$\begin{aligned} x &= c_1 e^{s_1 t} + c_2 e^{s_2 t} \\ &= e^{-\alpha t}\left(c_1 e^{\sqrt{\alpha^2-\omega_n^2}\cdot t} + c_2 e^{-\sqrt{\alpha^2-\omega_n^2}\cdot t}\right) \end{aligned} \tag{3-28}$$

上式就是单自由度有阻尼自由振动的运动方程式(时间历程)，其性质取决于根式

$$\sqrt{\alpha^2 - \omega_n^2}$$

为了下面讨论的方便，先引起一个无量纲的量 ξ，称为相对阻尼系数，或阻尼比(damping－ratio)。

$$\xi = \frac{\alpha}{\omega_n} \tag{3-29}$$

现在分以下三种情况来讨论单自由度有阻尼自由振动的运动性质。

(1) 强阻尼状态(过量阻尼状态)

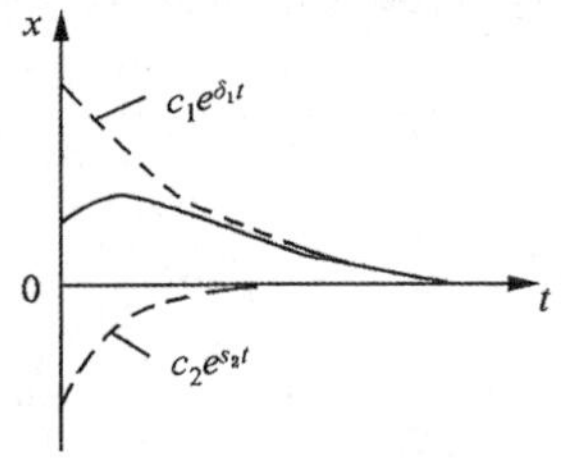

图 3－8　蠕变地返回平衡位置的运动

当 $\alpha>\omega_n$，或 $\xi>1$ 时，称为强阻尼状态。此时，$\sqrt{\alpha^2-\omega_n^2}>0$，是实根。但 $\sqrt{\alpha^2-\omega_n^2}<\alpha$，故(3－28)式中两个指数函数的指数 s_1 及 s_2 均为负值，所以 e^{s_1t} 及 e^{s_2t} 是两根下降的指数曲线。式(3－28)所表示的位移对时间的影响就是这两条曲线之和。图 3－8 所示是当 $c_1>0$ 和 $c_2<0$ 的情况。但不管 c_1 和 c_2 的值多少，运动只是蠕变地返回到平衡位置。当 $t\to\infty$ 时，$x\to0$，即位移 x 已不是周期函数。因此这种运动已不具有振动的性质。这是因为当 $\alpha>\omega_n$ 时，阻尼已极为巨大的缘故。实际上，并不需要很长的时间运动就会停止。

(2) 临界阻尼状态

当 $\alpha=\omega_n$，或 $\xi=1$ 时，称为临界阻尼状态。此时特征方程(3－26)式有重根，即：

$$s_1=s_2=-\alpha$$

故微分方程式(3－25)的通解为：

$$x=(c_1+c_2t)e^{-\alpha t} \tag{3-30}$$

式中等式右边第一项 $c_1e^{-\alpha t}$ 也是一根下降的指数曲线。第二项则可用麦克劳林级数展开成以下形式：

$$c_2te^{-\alpha t}=\frac{c_2}{\frac{e^{\alpha t}}{t}}=\frac{c_2}{\frac{1}{t}+\alpha+\frac{\alpha^2t}{2!}+\frac{\alpha^3t^2}{3!}+L+\frac{\alpha^nt^{n-1}}{n!}}$$

从上式可以看出，当时间 t 增长时，第二项 $c_2te^{-\alpha t}$ 也趋近于零。

因此式(3－30)所表示的运动也不是振动，也是一个逐渐回到平衡位置的非周期运动。这是系统从振动过渡到不振动的临界情况，故此时的黏性阻尼系数称为临界黏性阻尼系数(Critical visous damping cofficient)，简称临界阻尼，以 c_0 表示。

因为

$$\alpha=\omega_n \text{ 即} \frac{c_0}{2m}=\sqrt{\frac{k}{m}}$$

所以

$$c_0=2m\sqrt{\frac{k}{m}}=2\sqrt{km} \tag{3-31}$$

可见，临界阻尼 c_0 之值只决定于系统本身的物理性质。

又

$$\xi=\frac{\alpha}{\omega_n}=\frac{\frac{c}{2m}}{\omega_n}=\frac{c}{c_0} \tag{3-32}$$

所以相对阻尼系数 ξ 也就是系统的实际阻尼系数与临界阻尼系数的比值，故也称为阻尼比。

(3) 弱阻尼状态

当 $\alpha<\omega_n$，或 $\xi<1$ 时，称为弱阻尼状态。此时特征方程式(3－26)有一对共轭复根，即：

$$s_1=-\alpha+i\sqrt{\omega_n^2-\alpha^2}$$

$$s_2 = -\alpha - i\sqrt{\omega_n^2 - \alpha^2}$$

故微分方程(3－25)式的通解为：

$$x = e^{-\alpha t}(b_1 \sin\sqrt{\omega_n^2 - \alpha^2}\cdot t + b_2 \cos\sqrt{\omega_n^2 - \alpha^2}\cdot t)$$

$$= Ae^{-\alpha t}\sin(\sqrt{\omega_n^2 - \alpha^2}\cdot t + \varphi) \tag{3-33}$$

令

$$\omega_d = \sqrt{\omega_n^2 - \alpha^2} \tag{3-34}$$

则

$$x = Ae^{-\alpha t}\sin(\omega_d t + \varphi) \tag{3-35}$$

式中　ω_d——有阻尼固有圆频率，或衰减振动的圆频率。

A 和 φ 是待定常数，由运动的初始条件决定。设 $t=0$ 时，$x=x_0$，$\dot{x}=\dot{x}_0$，则

$$A = \sqrt{x_0^2 + \left(\frac{\dot{x} + \alpha x_0}{\omega_d}\right)^2} = \sqrt{\frac{\dot{x}_0^2 + 2\alpha \dot{x}_0 x_0 + \omega_n^2 x_0^2}{\omega_n^2 - \alpha^2}} \tag{3-36}$$

$$\varphi = \arctan\frac{x_0\omega_d}{\dot{x}_0 + \alpha x_0} = \arctan\frac{x_0\sqrt{\omega_n^2 - \alpha^2}}{\dot{x}_0 + \alpha x_0} \tag{3-37}$$

将与代入式(3－35)，即得到系统对于初始条件的响应。

3. 振动特性

(1) 有阻尼自由振动的运动规律

如前所述，在系统存在阻尼的情况下，自由振动不再是简谐振动。根据阻尼的大小，又可分为下列 3 种情况：

(a) 在弱阻尼状态下，系统对于初始条件的响应由式(3－35)表示。而此式中包含有两个因素，一个是下降的指数曲线，一个是正弦曲线。故系统振动已不再是等幅的简谐振动，而是振幅被限制在曲线 $\pm Ae^{-\alpha t}$ 之内的、且随时间而不断衰减的衰减振动、或称“似简谐运动”，如图 3－9 所示。

(b) 在临界阻尼状态下，系统的运动已不是振动，而是一个逐渐回到平衡位置的非周期运动。

(c) 在强阻尼状态下，系统的运动也不是振动，也是一个逐渐回到平衡位置的非周期运动。

上述三种情况下系统的运动如图 3－10 所示。

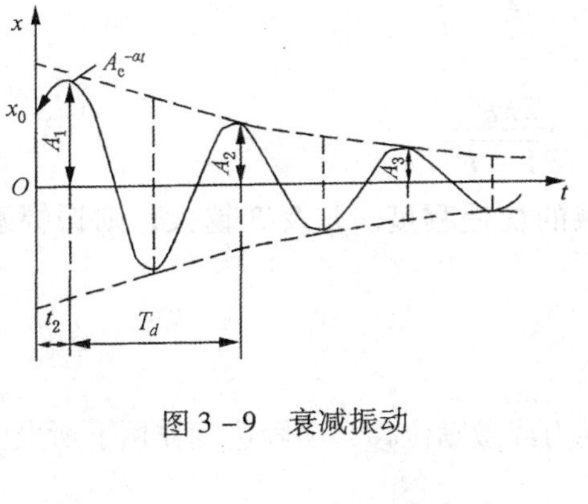

图 3－9　衰减振动

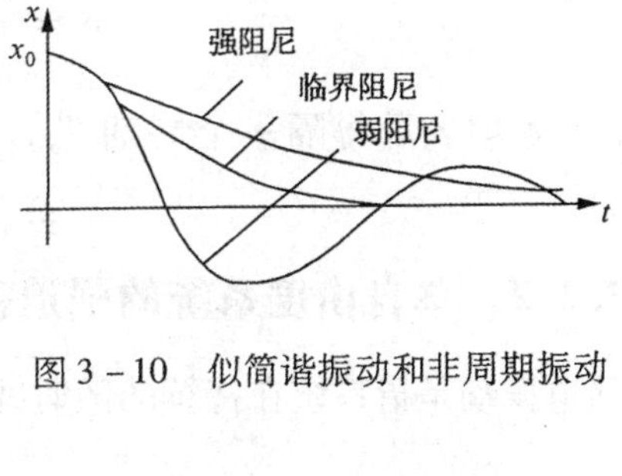

图 3－10　似简谐振动和非周期振动

(2) 有阻尼自由振动的固有频率和周期

如前所述，只有在弱阻尼状态下系统才作衰减振动，才存在频率和周期。衰减振动的固有圆频率、固有频率和周期分别为

$$\omega_d = \sqrt{\omega_n^2 - \alpha^2} \tag{3-38}$$

$$f_d = \frac{\sqrt{\omega_n^2 - \alpha^2}}{2\pi} \tag{3-39}$$

$$T_d = \frac{2\pi}{\sqrt{\omega_n^2 - \alpha^2}} = T \cdot \frac{1}{\sqrt{1 - \left(\frac{\alpha}{\omega_n}\right)^2}} \tag{3-40}$$

式中，$T = \frac{\omega_n}{2\pi}$，是无阻尼自由振动的周期。

可以看出，由于阻尼的存在，使系统的固有频率下降了，振动的周期延长了。但在一般工程问题中，α 都比 ω_n 小得多，即多属于小阻尼的情况，对系统的固有频率和周期的影响很小。因此在小阻尼的情况下，可以近似地认为有阻尼自由振动的频率和周期与无阻尼自由振动的频率和周期相等。

(3) 有阻尼自由运动的振幅

只有系统作衰减振动时才存在振幅，而且振幅是随着时间不断衰减的，其顺次各个振幅是:

$$t = t_1 \text{ 时}, A_1 = Ae^{-\alpha t_1} \tag{3-41}$$

$$t = t_1 + T_d \text{ 时}, A_2 = Ae^{-\alpha(t_1 + T_d)} \tag{3-42}$$

$$t = t_1 + 2T_d \text{ 时}, A_3 = Ae^{-\alpha(t_1 + 2T_d)} \tag{3-43}$$

…… ……

可见，相邻两振幅之比是个常数，即

$$\eta = \frac{A_i}{A_{i+1}} = e^{\alpha T_d} \tag{3-44}$$

式中，η 为减幅系数，或振幅衰减率，而 α 为衰减系数(decay coefficient)。在工程上通常取上式的自然对数，以避免取指数值的不便。即

$$\delta = \ln \frac{A_i}{A_{i+1}} = \ln e^{\alpha T_d} = \alpha T_d \tag{3-45}$$

式中，δ 为对数减幅，或对数衰减率(logarithmic decrement)。

若将 $T_d = \frac{2\pi}{\sqrt{\omega_n^2 - \alpha^2}}$ 代入上式，则得:

$$\delta = \frac{2\pi\alpha}{\sqrt{\omega_n^2 - \alpha^2}} = \frac{2\pi\xi}{\sqrt{1 - \xi^2}} \tag{3-46}$$

η 及 δ 均表示每隔一个周期 T_d，振幅 A 衰减的快慢程度。η 及 δ 越大，则振幅衰减越快。

3.2.2 单自由度系统的强迫振动

强迫振动是指系统在持续的随时间变化的激励力或激励位移、激励速度作用下所发生的

振动。激励按来源可分为两类，一类是力激励，它可以是直接作用机械运动部件上的力，也可以是旋转机械或往复运动机械中由于不平衡而引起的惯性力，另一类是由于支承运动而导致的位移激励、速度激励以及加速度激励。

按随时间变化的规律分类，激励又可以分为简谐激励、周期激励以及任意激励。简谐激励下系统的响应由初始条件引起的自由振动、伴随强迫振动发生的自由振动以及等幅的稳态强迫振动三部分组成。前两部分由于阻尼的存在，是逐渐衰减的瞬态振动，称为瞬态响应；第三部分是与激励同频率、同时存在的简谐振动，称为稳态响应。瞬态响应只存在于振动的初始阶段，该阶段称为过渡阶段。当激励频率与系统固有频率很接近时，将发生共振现象。系统对周期激励的响应通常指稳态响应，可以借助周期激励的谐波分析来研究。在任意激励或者作用时间极短的脉冲激励下，系统通常没有稳态响应，只有瞬态响应，它可以通过脉冲响应或阶跃响应来分析。激励一旦去除，系统即按自身的固有频率作自由振动。

一、简谐强迫振动

系统在简谐激振力 $F=F_0\sin\omega' t$ 作用下的微分方程为

$$m\ddot{x}+r\dot{x}+Kx=F_0\sin\omega' t \tag{3-47}$$

这个单自由度强迫振动微分方程的全解分为两部分：一个通解和一个特解。通解是对应于有阻尼自由振动的齐次方程的解，前面已经讨论过，在弱阻尼情况下，它是一个衰减振动，只在振动开始后的一段时间才有意义，所以称为瞬态振动。一般情况下可以不考虑。

特解表示系统在简谐力激振下产生的强迫振动。它是一种持续等幅振动，称为稳态振动。从微分方程非齐次项是正弦函数这一性质，可知特解形式也是简谐函数。它的频率与激振力频率一致。其形式为

$$x(t)=B\sin(\omega' t-\psi) \tag{3-48}$$

令 $2\alpha=\frac{r}{m}$，$\omega^2=\frac{K}{m}$，$q=\frac{F_0}{m}$则通过方程运算可得

$$B=\frac{q}{\sqrt{(\omega^2-\omega'^2)^2+4\alpha^2\omega'^2}} \tag{3-49}$$

$$\tan\psi=\frac{2\alpha\omega'}{\omega^2-\omega'^2} \tag{3-50}$$

代回式(3－48)得

$$x(t)=\frac{q}{\sqrt{(\omega^2-\omega'^2)^2+4\alpha^2\omega'^2}}\sin(\omega' t-\psi) \tag{3-51}$$

这就是在简谐激振力作用下系统的位移响应，分析式(3－49)、式(3－50)、式(3－51)可以得到强迫振动的一些带有普遍性质的特点。

(1) 在简谐激振力作用下，强迫振动是简谐振动，振动的频率与激振力的频率相同。

(2) 强迫振动的振幅和相位差都只取决于系统本身的物理性质和激振力的大小和频率，与初始条件无关。初始条件只影响系统的瞬态振动。

二、简谐强迫振动理论的应用

1. 旋转机械

在旋转机械中，如在通风机、电动机、水泵、离心压缩机、汽轮机等，由于偏心质量而引起强迫振动是很普遍的现象。依据以上所列微分方程分析知，要减少振动就要使质量分布尽可能均匀，使旋转轴对称而没有偏心距。

2. 支承运动(支座)

由于支承点的运动，系统产生强迫振动。如机器振动引起的仪表振动，会影响到精密仪器设备不能正常工作，或降低其灵敏度和精确度。因此要依据上列公式进行分析，采取必要的减振措施。

3. 转轴的横向振动

转轴的振动有两类，转轴的横向振动和扭转振动。转轴弯曲所产生的振动，亦即垂直于轴线的振动称为转轴的横向振动；转轴扭转所产生的振动，亦即绕轴线的振动称为扭转振动。转轴在某些转速或其附近运转时，将引起剧烈的横向弯曲振动，甚至会造成转轴和轴承的破坏，而当转速在这些转速的一定范围之外时，运转趋于平稳，这些引起剧烈振动的特定转速称为该轴的临界转速。这种现象是由于共振的结果，在轴的设计中对于高速轴应进行这项验算。

(1) 单圆盘转轴的横向振动及其临界转速

单圆盘转轴的横向振动的临界转速在数值上接近于系统横向自由振动的固有频率，在工程上通常不加区分共振和临界转速时支承的剧烈振动现象。

它的临界角速度 ω 为

$$\omega = \sqrt{\frac{k}{m}} \tag{3-52}$$

式中 m——圆盘的质量；

k——圆盘处轴的刚度系数。

(2) 双圆盘转轴的横向振动及其临界速度

利用影响系数法得到频率方程式

$$\begin{vmatrix} \alpha_{11}m_1\omega^2 - 1 & \alpha_{12}m_2\omega^2 \\ \alpha_{21}m_1\omega^2 & \alpha_{22}m_2\omega^2 - 1 \end{vmatrix} = 0 \tag{3-53}$$

由此求得两个临界速度，所以对于一些高速旋转机械应使其转速远离其各阶临界转速，以免发生共振现象导致机器的损坏和事故的发生。

4. 其他周期强迫振动

前面所讨论的问题都是在振动系统上仅作用一个简谐激振力或一种简谐运动所引起的强迫振动。这种情况在实际问题中还是比较少见的。许多情况下是系统受到一种非简谐的周期性激振力或支承运动的作用。

按照级数理论，任何一个周期函数，只要满足一定的条件，都可以展开成傅氏级数。把一个周期函数展开成傅氏级数，亦即展开成一系列简谐函数之和，称为谐波分析。谐波分析是函数分析中一种常用的方法，应用于振动理论便可以把一个周期振动分解为一系列简谐振动的叠加。设周期激振函数 $F(t)$

$$F(t) = F(t \pm nT) \quad (n = 1,2,3,\cdots,n) \tag{3-54}$$

即可表达为

$$\begin{aligned} F(t) &= \frac{a_0}{2} + a_1\cos\omega t + a_2\cos2\omega t + \cdots + b_1\sin\omega t + b_2\sin2\omega t + \cdots \\ &= \frac{a_0}{2} + \sum_{j=1}^{n}(a_j\cos j\omega t + b_j\sin j\omega t) \end{aligned} \tag{3-55}$$

一个振动波所需要的时间仍称为周期 $T=\frac{2\pi}{\omega}$，$f_0=\frac{1}{T}$称为基频。上式表明一个复杂的周期激振函数可以分解成一系列具有基频整数倍的许多简谐函数的叠加。

如果 $F(t)$ 可表达为一个已知函数式，上式的各项系数可以通过下式求得

$$a_0=\frac{2}{T}\int_0^T F(t)\,\mathrm{d}t \tag{3-56}$$

$$a_j=\frac{2}{T}\int_0^T F(t)\cos j\omega t\,\mathrm{d}t \tag{3-57}$$

$$b_j=\frac{2}{T}\int_0^T F(t)\sin j\omega t\,\mathrm{d}t \tag{3-58}$$

一个有阻尼的弹簧质量系统在周期激振力 $F(t)$ 作用下的微分方程为

$$\begin{aligned} m\ddot{x}+r\dot{x}+Kx &= F(t) \\ &= \frac{a_0}{2}+\sum_{j=1}^{n}(a_j\cos j\omega t+b_j\sin j\omega t) \end{aligned} \tag{3-59}$$

式中，第一项$\frac{a_0}{2}$表示一个常力，它只影响系统的静平衡位置。微分方程的全解可分成两部分：一部分是有阻尼的自由振动的齐次解，这部分振动在阻尼作用下经过一段时间后就会衰减掉。另一部分是稳态振动的非齐次特解，是周期性等幅振动。对于线性系统，稳态振动的解可以按照叠加原理，将上式右边的任何一项单独地按简谐激振力求其特解，然后把所有特解叠加起来，就得到系统在周期激振力作用下的稳态响应。

5. 非周期强迫振动

系统在周期激振下的响应在不考虑初始阶段的瞬态振动时，它是周期性的稳态振动。但在许多实际问题中，对系统的激振并非是周期性的，而是任意的时间函数，或者是在极短时间间隔内的冲击作用(如冲击力、地震波等)。在这种情况下，系统通常没有稳态振动，而只有瞬态振动。在激振作用停止后，系统按固有频率继续作自由振动。系统在任意激振下的振动状态，包括激振作用停止后的自由振动，称为任意激振的响应。周期激振是任意激振的一种特例。

3.3 多自由度系统的振动

3.3.1 多自由度系统概述

所有机械系统都是由具有散布质量和弹性的元件组成的，但在很多系统中，质量和弹性的分布却是极不均匀的，有些元件具有较大的质量和刚度，另一些元件则具有较小的质量和较大的柔度。这种系统可以抽象为一个由一些散质量和弹性元件组合而成的多自由度系统的模型，通常这种模型称为集中质量系统。

利用数学方法求解多自由度系统，具有 N 个自由度的线性系统所产生的运动，是由 N 个二阶联立微分方程组来支配的。除了在一些极为特殊的情况下，这些运动微分方程都是耦合的。由于求多自由度系统的数值解所需要的全部计算量相当大，这便使得数字计算机的应用成为必不可少的了。

3.3.2 系统运动微分方程

一、运动微分方程

由牛顿第二定律导出运动微分方程。如图 3－11 所示，我们假定每个质量都被限制只做铅直运动，并且每个质量上作用的外力为 P_i。作用在每个质量上的重力与弹簧初始形变所引起的力自相平衡。因此，我们只考虑上述二者之外的动态力。

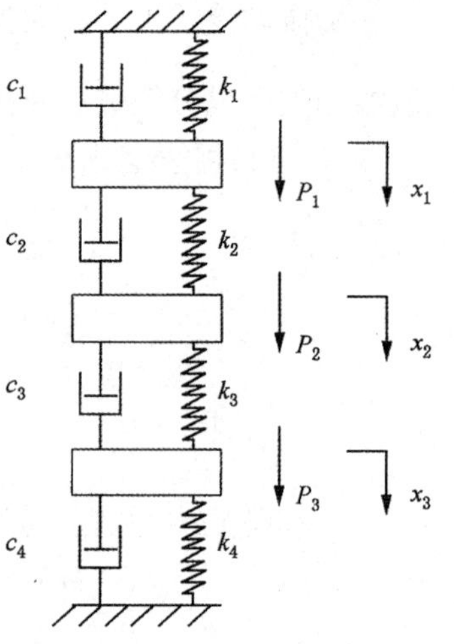

图 3－11 三自由度质量—弹簧系统

各个质量的位置用 x_1，x_2 和 x_3 表示，它们是从各自的平衡位置来量取，方向向下为正。根据图 3－11 所示图可求得其运动微分方程，图中假定 $x_3 > x_2 > x_1$ 和 $x'_3 > x'_2 > x'_1$，并且都是正的。这样假设并不会失去一般性，因为符号的变化将自动地考虑在内。

对每个自由体运用牛顿第二定律得：

$$\begin{cases} m_1x''_1 = P_1 - k_1x_1 - c_1x'_1 + k_2(x_2 - x_1) + c_2(x'_2 - x'_1) \\ m_2x''_2 = P_2 - k_2(x_2 - x_1) - c_2(x'_2 - x'_1) + k_3(x_3 - x_2) + c_3(x'_3 - x'_2) \\ m_3x''_3 = P_3 - k_3(x_3 - x_1) - c_3(x'_3 - x'_2) - k_4x_3 - c_4x'_3 \end{cases} \tag{3-60}$$

展开并整理后，可以写成

$$\begin{cases} m_1x''_1 + (c_1 + c_2)x'_1 + (k_1 + k_2)x'_1 - k_2x_2 - c_2x_2 = P_1 \\ m_2x''_2 + (c_2 + c_3)x'_2 + (k_2 + k_3)x_2 - k_2x_1 - c_2x'_1 - k_3x_3 - c_3x_3 = P_2 \\ m_3x''_3 + (c_3 + c_4)x'_3 + (k_3 + k_4)x_3 - k_3x_2 - c_3x'_2 = P_3 \end{cases} \tag{3-61}$$

式(3－61)表明系统的运动受三个二阶常系数微分方程的支配。和两个自由度中出现过的情况一样，这些方程是耦合的，因为每个方程都含有一个以上的因变量，所以它们必须联立起来求解。要求出微分方程的解 $x_1(t)$，$x_2(t)$，$x_3(t)$，就需要求出这三个位移中每一个的齐次解和特解，而这些解对任意的时间值都能同时满足那三个微分方程。

二、微分方程的矩阵形式

1. 强迫振动的运动微分方程的矩阵形式

式(3－61)可以用矩阵形式表达为：

$$[M]\{x''\} + [C]\{x'\} + [K]\{x\} = \{P\} \tag{3-62}$$

其中各矩阵分别为列阵

$$\{x\} = \begin{bmatrix} x_1 \\ x_2 \\ x_3 \end{bmatrix}, \{x''\} = \begin{bmatrix} x''_1 \\ x_2'' \\ x''_3 \end{bmatrix}, \{P\} = \begin{bmatrix} P_1 \\ P_2 \\ P_3 \end{bmatrix}$$

及系数矩阵

$$[M] = \begin{bmatrix} m_1 & 0 & 0 \\ 0 & m_2 & 0 \\ 0 & 0 & m_3 \end{bmatrix} \qquad [C] = \begin{bmatrix} c_1 + c_2 & -c_2 & 0 \\ -c_2 & c_2 + c_3 & -c_3 \\ 0 & -c_3 & c_3 + c_4 \end{bmatrix}$$

$$[k]=\begin{bmatrix} k_1+k_2 & -k_2 & 0 \\ -k_2 & k_2+k_3 & -k_3 \\ 0 & -k_3 & k_3+k_4 \end{bmatrix}$$

$[M]$，$[K]$分别称为质量矩阵及刚度矩阵。

外力 P_1，P_2 和 P_3 可以是随时间变化的任意函数，式(3－62)是系统在激振外力作用下的强迫振动方程。

2. 自由振动微分方程的矩阵形式

当外力不存在时，式(2－62)就变成系统的自由振动方程式，即

$$[M]\{x''\}+[C]\{x'\}+[K]\{x\}=\{0\} \tag{3-63}$$

其中零矩阵为$\{0\}=\begin{bmatrix}0\\0\\0\end{bmatrix}$

3.3.3 固有频率及振型的概念

振型是弹性体或弹性系统自身固有的振动形式，可用质点在振动时的相对位置即振动曲线来描述。由于多质点体系有多个自由度，故可出现多种振型，同时有多个自振频率，其中与最小自振频率(又称基频)相应的振型为基本振型，又称第一阶振型。此外，按自振频率递增还有第二、第三……阶振型，分别对应于确定频率的方程的第二、三……个根。

前面已经介绍了单自由度系统自由振动时固有频率的计算方法，它仅决定于系统本身的物理性质，质量 m 和刚度 K，与初始条件无关。

$$p=\sqrt{\frac{k}{m}}$$

两自由度系统具有两个不同数值的固有频率。当系统按其中任一固有频率作自由振动时，称为主振动。主振动是一种简谐振动。系统作主振动时，任何瞬时各点位移之间具有一定的相对比值，即整个系统具有确定的振动形态，称为主振型。主振型和固有频率一样只决定于系统本身的物理性质，而与初始条件无关。主振型是一切多自由度系统以及弹性体振动的重要特征。

多自由度系统具有多个固有频率，对应于各阶固有频率对应着不同的振型。无阻尼多自由度系统振动微分方程

$$[M]\{\ddot{x}\}+[K]\{x\}=\{0\} \tag{3-64}$$

我们设上式的解具有下述形式

$$x_i=A_i\sin(pt+\varphi)\qquad (i=1,2,3,\cdots,n) \tag{3-65}$$

将其代回原微分方程，用矩阵形式表示为

$$[K]\{A\}-p^2[M]\{A\}=\{0\} \tag{3-66}$$

式中，$[M]$为质量矩阵，$[K]$为刚度矩阵，$\{A\}$是 n 阶列阵。

$$\{A\}=\begin{bmatrix}A_1\\A_2\\\vdots\\A_n\end{bmatrix}$$

方程(3－66)具有非零解的条件是系数行列式等于零，可得关于p^2的n次代数方程式

$$p^{2n}+a_1p^{2(n-1)}+a_2p^{2(n-2)}+\cdots+a_{n-1}p^2+a_n=0 \tag{3-67}$$

上式称为特征方程式，我们称p^2的n个根为特征值，也就是多自由度系统的各阶固有频率p的平方值。

求得各阶固有频率后，代回原方程可求得对应于固有频率的n个振幅值间的比例关系，称为振幅比。这说明当系统按某一阶固有频率做简谐振动时，各幅值之间具有确定的相对比值，或者说系统有一定的振动形态，即确定的振型。

3.4 随机振动

3.4.1 概述

前面我们研究的都是确定性振动。所谓确定性，是指它的规律可以用时间的确定函数来描述。自然界和工程上还存在另一类振动，它们不能用时间的确定函数来描述，但又具有一定的统计规律性，因而在数学上可以用随机过程加以描述。这类振动称为随机振动。所谓随机，是指非确定而且具有统计规律。

随机振动与确定性振动的本质区别在于它一般指的不是单个现象，而是一个包含着大量现象的集合；从集合中的单个现象来看似乎是杂乱的，但从总体来看却存在着一定的统计规律性。因此，它虽然不能用时间的确定函数来描述，但能用统计特性来描述。

不论是确定性振动还是随机振动问题，总的说来，无非是从激励、响应以及系统特性三者之中，在已知两者的情形下来确定第三者。不过在确定性振动问题中，系统的激励与响应之间有着确定的函数关系；而在随机振动问题中，我们只能满足于确定它们的统计特性之间的关系。

在随机振动理论中，功率谱法占有极为重要的地位。因为对于常参数线形系统来说，激励谱与响应谱之间有着十分简明的关系。

3.4.2 随机振动的激励－响应关系

一、随机振动响应的一些基本概念

一个振动系统在受到随机激励时，它的响应也是随机的。我们考察的系统本身是定则的，而且只限于稳定的常参数线形系统。所谓常参数系统是指系统本身的特性是不随时间变化的。所谓线性系统是指适用叠加原理的系统。正是在这基础上，我们可以把一个任意的确定输入分解成一系列冲量微元的和，或者利用傅里叶变换把这一输入展开成一系列傅里叶分量的和，然后分别考察各个单个的冲量或傅里叶分量对系统的作用结果，最后再把它们叠加起来得出系统总的响应。因此，对于常参数线性系统来说，它的响应特性就可以用脉冲响应或者频率响应来描述。所谓的脉冲响应是指系统对单位脉冲的响应，它表征系统在时域的响应特性。所谓频率响应是指系统对各个单位输入的傅里叶响应特性，它表征系统在频域的响应特性。二者由傅里叶变换确立着对应关系。

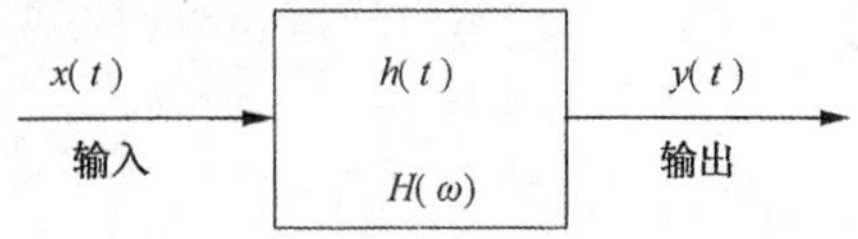

图3－12

二、线性系统在平稳随机激励作用下的响应

设系统具有确定的脉冲响应$h(t)$与频率特性$H(\omega)$，如图3－12所示。系统上作用有平稳过程

$\{x(t)\}$，它的统计特性是已知的。我们来考察系统输出过程$\{y(t)\}$的统计特性。这时，对应与输入的一个样本 $x(t)$，可以得到输出的一个样本 $y(t)$：

$$y(t) = \int_{-\infty}^{\infty} h(\tau)x(t-\tau)\mathrm{d}\tau \tag{3-68}$$

1. 平均值

对式(3-68)求集合平均，有

$$\begin{aligned} E[y(t)] &= E\left[\int_{-\infty}^{\infty} h(\tau)x(t-\tau)\mathrm{d}\tau\right] \\ &= \int_{-\infty}^{\infty} h(\tau)E[x(t-\tau)]\mathrm{d}\tau \end{aligned} \tag{3-69}$$

对于平稳过程

$$E[y(t)] = \mu_x\int_{-\infty}^{\infty} h(\tau)\mathrm{d}t \tag{3-70}$$

因为

$$\int_{-\infty}^{\infty} h(\tau)\mathrm{d}\tau = H(0)$$

故有

$$E[y(t)] = \mu_y = \mu_x H(0) \tag{3-71}$$

可见，当输入是平稳过程时，输出平均值与输入平均值只差一个常数乘子，所以，当输入平均为零时，输出平均值也必定为零。这个结论对于多个输入与多个输出的情形也是适用的。

2. 自相关

输出的自相关定义为

$$\begin{aligned} E[y(t)y(t+\tau)] &= E\left[\int_{-\infty}^{\infty} h(\lambda_1)x(t-\lambda_1)\mathrm{d}\lambda_1\int_{-\infty}^{\infty} h(\lambda_2)x(t+\tau-\lambda_2)\mathrm{d}\lambda_2\right] \\ &= E\left[\int_{-\infty}^{\infty}\int_{-\infty}^{\infty} h(\lambda_1)h(\lambda_2)x(t-\lambda_1)x(t+\tau-\lambda_2)\mathrm{d}\lambda_1\mathrm{d}\lambda_2\right] \\ &= \int_{-\infty}^{\infty}\int_{-\infty}^{\infty} h(\lambda_1)h(\lambda_2)E[x(t-\lambda_1)x(t+\tau-\lambda_2)]\mathrm{d}\lambda_1\mathrm{d}\lambda_2 \end{aligned} \tag{3-72}$$

由平稳的假设，有

$$E[x(t-\lambda_1)x(t+\tau-\lambda_2)] = R_x(\tau+\lambda_1-\lambda_2)$$

于是，

$$R_y(\tau) = \int_{-\infty}^{\infty}\int_{-\infty}^{\infty} h(\lambda_1)R_x(\tau+\lambda_1-\lambda_2)h(\lambda_2)\mathrm{d}\lambda_1\mathrm{d}\lambda_2 \tag{3-73}$$

注意到这一积分不依赖于自然时间 t 而仅仅依赖于时差 τ。所以在平稳过程激励下，输出过程的相关函数亦是“平稳”的。事实上，由于平稳输入的所有统计特性都不依赖于时间的起点，所以输出过程亦必然如此。

3. 自谱

对式(3-73)进行傅里叶变换后，可得

$$S_y(\omega) = \frac{1}{2\pi}\int_{-\infty}^{\infty} R_y(\tau)e^{-j\omega\tau}\mathrm{d}\tau$$

$$=\frac{1}{2\pi}\int_{-\infty}^{\infty}e^{-j\omega\tau}\left[\int_{-\infty}^{\infty}\int_{-\infty}^{\infty}h(\lambda_1)R_x(\tau+\lambda_1-\lambda_2)h(\lambda_2)\mathrm{d}\lambda_2\mathrm{d}\lambda_1\right]\mathrm{d}\tau \tag{3-74}$$

考虑到平稳性，再考虑式(3－71)，有

$$\int_{-\infty}^{\infty}h(\lambda_1)e^{j\omega\lambda_1}=H(-\omega)=H^*(\omega)$$

于是有

$$S_y(\omega)=H^*(\omega)H(\omega)S_x(\omega)=|H(\omega)|^2S_x(\omega) \tag{3-75}$$

这是随机输入－输出关系中最重要的一个结果。就是说，只要知道系统的幅频特性 $|H(\omega)|$ 与输入谱，那么输出谱就可由式(3－75)简单得确定。

4. 均方值

知道了输出的功率谱 $S_y(\omega)$，求输出的均方值：

$$\varphi_y^2=\int_{-\infty}^{\infty}S_y(\omega)\mathrm{d}\omega=\int_{-\infty}^{\infty}|H(\omega)|^2S_x(\omega)\mathrm{d}\omega \tag{3-76}$$

当 $\mu_y=0$ 时，上述 φ_y^2 就等于方差 σ_y^2。

5. 互相关

现在来看输入与输出过程的互相关。

$$\begin{aligned}R_{xy}(\tau)&=E[X(t)Y(t+\tau)]\\&=E\left[x(t)\int_{-\infty}^{\infty}h(\lambda)x(t+\tau-\lambda)\mathrm{d}\lambda\right]\\&=\int_{-\infty}^{\infty}h(\lambda)E[x(t)x(t+\tau-\lambda)\mathrm{d}\lambda]\\&=\int_{-\infty}^{\infty}h(\lambda)R_x(\tau-\lambda)\mathrm{d}\lambda\end{aligned} \tag{3-77}$$

可见，输入与输出的互相关等于脉冲响应与输入自相关的卷积积分。

看一特殊情形，当输入是理想白噪声时，有

$$R_x(\tau)=2\pi S_0\delta(\tau)$$

将它代入式(3－77)，可得

$$R_x(\tau)=2\pi S_0h(\tau)$$

这是一个很有意义的结果，它可以用于实验测定系统的脉冲响应函数。

6. 互谱

对式(3－77)求傅里叶变换，可得

$$\begin{aligned}S_{xy}(\omega)&=\frac{1}{2\pi}\int_{-\infty}^{\infty}R_{xy}(\tau)e^{-j\omega\tau}\mathrm{d}\tau\\&=\frac{1}{2\pi}\int_{-\infty}^{\infty}\int_{-\infty}^{\infty}h(\tau)R_x(\tau-\lambda)e^{-j\omega\tau}\mathrm{d}\lambda\mathrm{d}\tau\\&=\frac{1}{2\pi}\int_{-\infty}^{\infty}h(\lambda)e^{-j\omega\lambda}\mathrm{d}\lambda\cdot\int_{-\infty}^{\infty}R_x(\tau-\lambda)e^{-j\omega(\tau-\lambda)}\mathrm{d}(\tau-\lambda)\\&=H(\omega)S_x(\omega)\end{aligned} \tag{3-78}$$

就是说，输入输出的互谱等于系统的频率特性与输入自谱的乘积。这也是输入输出关系的一个重要结果。与式(3－75)相比较，可见它保存了 $H(\omega)$ 的相位信息。就是说，只要知道 $S_x(\omega)$ 与 $S_{xy}(\omega)$，就可以由此确定系统的频率特性 $H(\omega)$，包括它的相频特性。

按式(3－75)与式(3－78)，系统输入与输出的谱相干函数可求得为

$$
\begin{aligned}
v_{xy}^2(\omega) &= \frac{|S_{xy}(\omega)|^2}{S_x(\omega)S_y(\omega)} \\
&= \frac{|H(\omega)S_x(\omega)|^2}{S_x(\omega)|H(\omega)|^2 S_x(\omega)} = 1
\end{aligned}
\tag{3-79}
$$

可见，在线性系统的假设下，输入输出的谱相干函数必定等于1。相反地，如果上述谱相干函数不等于1，就意味着这一假设可能有问题。所以谱相干函数用来检测系统的非线性度。

第 4 章　振动监测参数及标准

4.1　振动诊断标准的制定依据

4.1.1　振动诊断标准的参数类型

通常我们用来描述振动的 3 个参数是位移、速度和加速度。一般情况下，低频振动采用位移，中频振动采用速度，高频振动采用加速度。而在实际测量中，可由所测振动谱来确定“最佳参数”。如图 4－1 所示，是两种振动描述的同一部机器的同一工况下的振动谱，如从每个谱的底部画一条直线，就会发现谱峰的相对高度是一样的，故两者都可用于状态监测，但是参数Ⅰ给出的是一个水平方向的谱，所需要的动态范围小，因此可选为“最佳参数”，其动态范围已包括了信号各分量的大小。但是对于参数Ⅱ的情况，为了描述所有分量的变化，就必须采用大得多的动态范围Ⅱ。

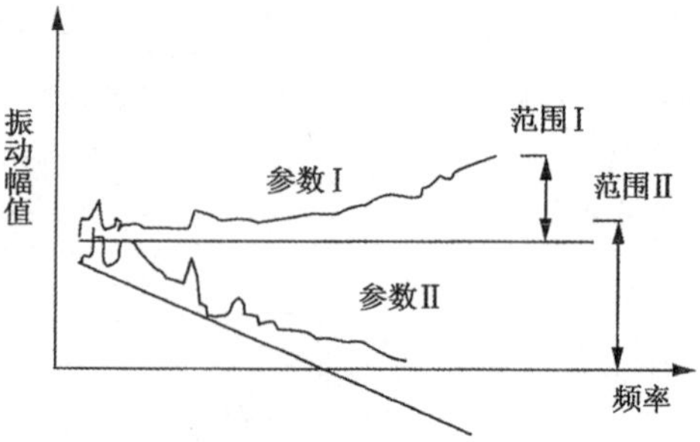

图 4－1　两个不同参数描述的振动谱

诊断参数在选择时主要应根据监测目的而选择，如需要关注的是设备零部件的位置精度或变形引起的破坏时，则应选择振动位移的峰值（或峰－峰值），因峰值反映的是位置变化的极限值；如关注的是惯性力造成的影响时，则应选择加速度，因为加速度与惯性力成正比；如关注的是零件的疲劳破坏，则应选择振动速度的均方根值，因为疲劳寿命主要取决于零件的变形能量与载荷的循环速度，振动速度的均方根值正好是它们的反映。

对于大多数的机器设备，最佳参数是速度，这也就是为什么有很多诊断标准，如 ISO 2372 、ISO 3945 及 VDI 2056 等都采用该参数的原因，当然也有一些标准，根据设备的高、低频工作状态，分别选用振幅（位移）和加速度。

4.1.2　振动诊断标准的理论依据

各种旋转机械的振源主要来自设计制造、安装调试、运行维修中的一些缺陷和环境影响。振动的存在必然会引起结构损伤及材料疲劳，这种损伤并非静力学的超载破坏，多属于动力学的振动疲劳，它在相当短的时间产生，并迅速发展扩大，因此十分值得重视。

美国的齿轮制造协会（AGMA），曾对滚动轴承提出了一条机械发生振动时的预防损伤曲线，如图 4－2 所示。

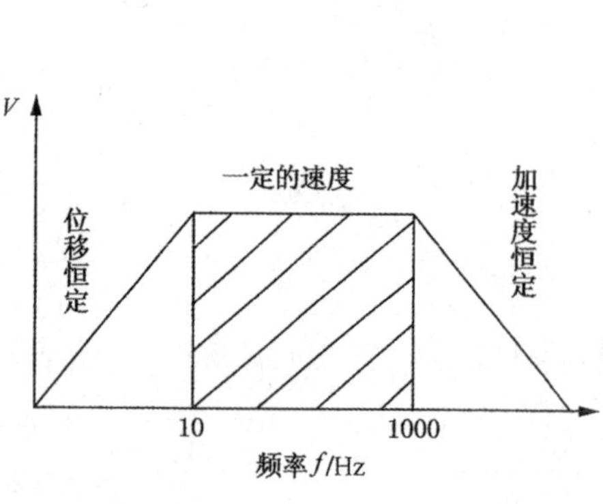

图 4－2　机械预防损伤曲线

图中可见，在低频区(10Hz 以下)是以位移作为振动标准，中频(10Hz ~ 1kHz)是以速度作为振动标准，而在高频区(1kHz 以上)则以加速度作为振动标准。

从理论证明，振动部件的疲劳是与振动速度成正比，而振动所产生的能量与振动速度的平方成正比，由于能量传递的结果造成了磨损和其他缺陷，因此，在振动诊断判定标准中，是以速度为准比较适宜。

而对于低频振动，主要应考虑由于位移造成的破坏，其实质是疲劳强度的破坏，而非能量性的破坏；但对于 1kHz 以上的高频振动，则主要应考虑冲击脉冲以及原件共振的影响。

4.1.3 振动诊断标准的分类

根据标准制定方法的不同，振动诊断标准通常分为 3 类。

1. 绝对判断标准

它是根据对某类设备长期使用、观察、维修与测试后的经验总结，并在规定了正确的测定方法后制定的，在使用时必须掌握标准的适用范围和测定方法。目前应用较广的振动标准有：

ISO 2372 《机器振动的评价标准基础》

ISO 3945 《振动烈度的现场测定与评定》

CDA/MS/NVSH 107 《轴承振动测量的判据》

VDI 2056 《振动烈度判据》

2. 相对判定标准

它是对同一台设备，在同一部位定期进行参数测定，并按时间先后进行比较，以正常状态下的测定值作为原始值，而根据实测值与该值的倍数进行判定的方法。

它也还是面对过去设备购置时，检修完成后以及正常状态下的振动值，通过现在发展的增长倍数。在判定设备状态的方法上所谓的相对判定标准。

在日本根据经验，用相对判定方法，曾提出异常发生时的振动值≥1.6×初始值，并还制定了一个不同相对标准的对比表，见表 4－1。

表 4－1　三个振动标准的对比

标准号	机械设备分类				振动烈度等级分类			
ISO 2372	Ⅰ	Ⅱ	Ⅲ	Ⅳ	A	B	C	D
VDI 2056	K	M	G	T	良	可	尚可	不可
BS 4675	K	M	G	T	好	可以	还可以	不允许

3. 类比判定标准

类比判定标准是把数台型号相同的整台机械设备或零部件在外载荷、转速以及环境因素等都相同的条件下的被测量值进行比较，依此区分这些同类设备或零部件所处的工况状态。严格地说，这并不是一种判断标准，只是形式逻辑推理中求异法的一个应用。而且，类比判断方法只能区分各机械设备或零部件所处工况状态的差异，并不能回答哪些是良好的运行状态。哪些偏离了良好的运行状态这一诊断的最根本问题。

总之，判断标准是机械设备故障的简易诊断和精密诊断的一个十分复杂而根本的问题，直至目前，人们还没有找到一个适用于任意场合的通用标准，一个真正有效的判断标准的制定，需要经过大量的、长期的反复实验才能完成。而且，对于一个已制定的标准，随着时间的推移，可能还需要随时予以修正。在以上 3 种标准中，优先考虑使用绝对判断标准。

4.1.4 振动诊断标准的制定方法

在生产维修现场，如能同样取得设备正常及异常情况的数据，并用以制定诊断标准，这当然是最理想的，然而在一般情况下，两方面都能取得的情况并不多，这就要从正常时的数据出发，来制定它的振动诊断标准。其步骤如下：

（1）在设备是正常时，并且处于稳定状态下，对其进行 $N(\geq 2)$ 次以上的振动值测定。

（2）计算它的平均值 μ_0 及其标准偏差 σ_0

$$\mu_0 = (x_1 + x_2 + \cdots + x_N)/N \tag{4-1}$$

$$\sigma_0 = \sqrt{\sum_{i=1}^{N}(x_i - \mu_0)^2/(N-1)} \tag{4-2}$$

（3）再用下式计算它的判定标准 x_e

$$x_e = \mu_0 + 3\sigma_0 \tag{4-3}$$

从以上用统计方法所推出的为设备的注意量级，据该量级即可推出危险量级。一般情况危险量级约为注意量级的 3 倍左右。

在低频领域(1kHz 以下)的危险量级为

$$x_d = 3\mu_0 + 9\sigma_0 \tag{4-4}$$

在高频领域(10kHz 以上)的危险量级为

$$x_d = 6\mu_0 + 18\sigma_0 \tag{4-5}$$

制定振动标准国际上有两个较权威的组织，即国际标准化组织(ISO）和国际电工委员会(IEC）。我国于 1985 年成立了全国机械振动与冲击标准化技术委员会(CSBTS/ TC53）与国际上 ISO/ TC108 对口，具体负责我国振动标准的制定和修改工作。各国标准化组织如表 4 -2 所示。

表 4 -2 各国标准化组织

序号	简　称	组　织	备　注
1	ISO	国际标准化组织	
2	IEC	国际电工委员会	
3	ANSI	美国全国标准化协会	
4	API	美国石油学会	
5	DIN	德国标准委员会	
6	VDI	德国工程师协会	
7	BSI	英国标准化	
8	TOCT	苏联标准化协会	苏联
9	CSBTC	中国机械振动与冲击标准化	已列入国家标准体系
10	CDA/MS	加拿大政府标准化部门	
11	AGMA	美国齿轮制造协会	

4.2 振动量及其量级

振动量的表示有绝对单位制与相对单位制。绝对单位制能够客观地评定振动的大小，一般用 mks 制表示，即：

位移 x 的单位以 m 表示；

速度 v 的单位以 m/s 表示；

加速度 a 的单位以 m/s^2 表示。

工程上位移单位常以微米(μm)表示，速度单位以厘米/秒(cm/s)表示，加速度单位以重力加速度 g(980cm/s^2)来表示。

相对单位制用“级”来表示，级又可分为算术级和几何级两种形式。算术级又称为倍数级，用一倍、二倍、十倍、百倍等表示。几何级又称为对数级，以分贝(dB)表示。

机械设备的振动监测技术通常多采用分贝，使数量级大大缩小，同时使计算过程简化，使乘除关系变成加减运算。

ISOR 1683 标准规定，

振动力级： $L_F = 20\lg(F/F_0), F_0 = 10^{-6}\text{N}$ (4-6)

振动位移级： $L_X = 20\lg(X/X_0), X_0 = 10^{-12}\text{m}$ (4-7)

振动速度级： $L_V = 20\lg(V/V_0), V_0 = 10^{-15}\text{m/s}$ (4-8)

振动加速度级： $L_a = 20\lg(a/a_0), a_0 = 10^{-16}\text{m/s}^2$ (4-9)

4.3 机械设备振动标准

4.3.1 常用机械设备的振动标准——ISO 2372

可以说所有的结构物和机器在任何时候都在振动着，只要振动不影响机器的工作精度及其工作寿命，不产生过大的噪声，或未对周围环境产生过大的不良影响等，这些振动是允许的。因此，为了衡量机器的运行质量就需要制定一个标准来确定允许的振动烈度，即确定振动烈度的界限。

机器的振动烈度定义为：在机器表面的重要位置上(如轴承、安装点处等)沿垂向、纵向、横向所测得的振动速度的最大有效值。测点的布置如图 4-3。对于振动速度为 $V(t) = V_p\cos\omega t$的简谐振动，其振动速度有效值用下式计算：

$$V_{rm} = \sqrt{\frac{1}{T}\int_0^T V^2(t)\,\mathrm{d}t} \tag{4-10}$$

式中，T——简谐振动的周期，$T = \dfrac{2\pi}{\omega}$。

若机器的振动系由几个不同频率的简谐振动复合而成，则振动速度的有效值可由下式求得：

$$V_{rms} = \sqrt{V_{1rms} + V_{2rms} + \cdots + V_{nrms}^2} \tag{4-11}$$

式中，V_{1rms}，V_{2rms}，…，V_{nrms} 分别为第 1，2，…，n 个的简谐分量的峰值。

实际上，振动速度 $V_{rms} = 20 \sim 30$mm/s 的有效值可用具有平方检波特性的电子仪器测量并直接显示，因此在应用时是很方便的。

ISO 2372 中规定了转速为 600～12000r/s 的机器在 10～1000Hz 的频率范围内机械振动烈度的范围，它将振动速度有效值从 0.11mm/s(人体刚有振动的感觉)到 71mm/s 的范围内分为 15 个量级，相邻两个烈度量级的比约为 1∶1.6，即相差 4dB。这是由于对于大多数机

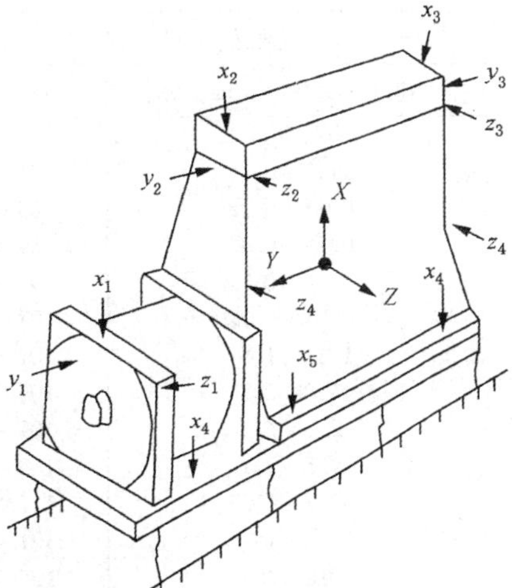

图 4-3 柴油机振动测点分布图

器的振动来说 4dB 之差意味着振动响应有了较大的变化。有了振动烈度量级的划分就可以用它表示机器的运行质量。为了便于实用，将机器运行质量分成 4 个等级：

A 级——机械设备正常运转时的振级，此时称机器的运行状态“良好”。

B 级——已超过正常运转时的振级，但对机器的工作尚无显著的影响，此种运行状态是“容许”的。

C 级——机器的振动已经到了相当剧烈的程度，导致机器只能勉强维持工作，此时机器的运行状态称为“可容忍”的。

D 级——机器的振动级已达到使机器不能正常工作，此种机器的振级是不允许的。

显然，不同的机械设备由于工作要求、结构特点、动力特性、功率容量、尺寸大小以及安装条件等方面的区分，其对应于各等级运行状态的振动烈度范围必然是各不相同的。所以对各种机械设备是不能用同一标准来衡量的，但也不可能对每种机械设备专门制定一个标准。为了便于实用，ISO 2372 将常用的机械设备分为 6 大类，令每一类的机械设备用同一标准来衡量其运行质量。

第一类：在其正常工作条件下与整机连接成一整体的发动机和机器的零件（如 15kW 以下的发动机）。

第二类：设有专用基础的中等尺寸的机器（如 15 ~ 75kW 的发动机）及刚性固定在专用基础上的发动机和机器（300kW 以下）。

第三类：安装在测振方向上相对较硬的、刚性的和重的基础上的具有旋转质量的大型原动机和其他大型机器。

第四类：安装在测振方向上相对较软的基础上具有旋转质量的大型原动机和其他大型机器（如透平发动机）。

第五类：安装在测振方向相对较硬的基础上具有不平衡惯性力的往复式机器和机械驱动系统。

第六类：安装在测振方向相对较软的基础上具有不平衡惯性力的往复式机器和机械驱动系统等。

通过大量的实验得到了前 4 类机械设备的运行质量与振动烈度量级的对应关系，如表 4 - 3所示。

表 4 - 3　常用机械设备的振动标准——ISO 2372

振动烈度的分级范围		机械设备的类别			
振动速度的有效值/(mm/s)	分贝(dB)	第一类	第二类	第三类	第四类
0.071 ~ 0.112	71 ~ 81				
0.112 ~ 0.18	81 ~ 85				
0.18 ~ 0.28	85 ~ 89	良好			
0.28 ~ 0.45	89 ~ 93		良好		
0.45 ~ 0.71	93 ~ 97			良好	
0.71 ~ 1.12	97 ~ 101	容许			良好
1.12 ~ 1.8	101 ~ 105		容许		
1.8 ~ 2.8	105 ~ 109	可容忍		容许	
2.8 ~ 4.5	109 ~ 113		可容忍		容许
4.5 ~ 7.1	113 ~ 117			可容忍	
7.1 ~ 11.2	117 ~ 121				可容忍
11.2 ~ 18	121 ~ 125	不允许			
18 ~ 28	125 ~ 129		不允许		
28 ~ 45	129 ~ 133			不允许	
45 ~ 71	133 ~ 137				不允许

至于第五类、第六类的机械设备，特别是往复式发动机由于结构不同，其振动特性变化很大，往往允许有较强烈的振动（如 $V_{rms}=20\sim30\text{mm/s}$）而不影响其运行质量。而安装在弹性基础上的机器受到隔振作用，由安装点传到周围物体的作用力是很小的，在这种情况下机器的振动将大于安装在刚体基础上的振动，在高转速的电动机上测得的振动速度有效值可达50mm/s或更大。在上述情况下用振动绝对量级来衡量机器的运行质量显然是不恰当的；就是对于第一至第四类机器，由于实际情况是千变万化的，表中所示的机器运行质量与振动烈度的关系也只能作为参考。实践表明，比较可靠准确的办法是用振动烈度的相对变化来表示机器的运行质量。可以考虑以机器“良好”运行状态的量级为参考值，在此基础上若增大2.5倍（8dB），表明机器的运行状态已有重要变化，此时机器虽尚能进行工作，实际上已处于不正常状态；若从参考状态的基础上增大10倍（20dB），就说明该机器已需进行修理；再继续增大，机器就将处于不允许状态。上述振动烈度相对变化与机器运行质量间的关系常用于以振动信号进行故障诊断时的判据。

4.3.2 振动标准介绍

一、旋转机械振动标准

1. 旋转机械绝对判断标准（表4－4～表4－9）

表4－4 ISO 2372和ISO 3495机械振动标准

振动强度范围			ISO 2372				ISO 3495	
分级范围	V_{rms}/(mm/s)	dB	Ⅰ级	Ⅱ级	Ⅲ级	Ⅳ级	刚性基础①	挠性基础①
0.28	0.28	89	A	A	A	A	优	优
0.45	0.45	93						
0.71	0.71	97						
1.12	1.12	101	B					
1.8	1.8	105		B				
2.8	2.8	109	C		B		良	
4.5	4.5	113		C		B		良
7.1	7.1	117	D		C		可	
11.2	11.2	121		D		C		可
18	18	125			D		不可	
28	28	129				D		不可
45	45	133						
71		137						

注：（1）ISO 2372振动标准中，把诊断对象分为4个等级：

Ⅰ级：小型机械，15kW以下电动机等；

Ⅱ级：中型机械，15～75kW电动机等；

Ⅲ级：刚性安装的大型机械（600～1200r/min）；

Ⅳ级：挠性安装的大型机械（600～1200r/min）。

（2）A、B、C、D及“优”、“良”、“可”、“不可”代表对设备状态的评价等级：

A—良好，B—允许，C— 较差；D—不允许。

（3）采用ISO 2372标准时，要考虑被诊断设备的功率大小、基础型式、转速范围等约束条件；采用ISO 3495标准时，要考虑基础特性。

（4）标准ISO 2372和ISO 3495所采用的诊断参数为速度有效值（V_{rms}）。

① 支承基础分刚性与柔性两类，我国机电部标准中规定，当支承系统的一阶固有频率低于机组的主频率时属于刚性基础，反之属于挠性基础。

表 4－5　VDI 2056 机械振动标准

<table>
<tr><th rowspan="2">振动烈度 V_{rms}/(mm/s)</th><th colspan="4">机械类型</th></tr>
<tr><th>K 类</th><th>M 类</th><th>G 类</th><th>T 类</th></tr>
<tr><td>0.28</td><td rowspan="3">良好</td><td rowspan="4">良好</td><td rowspan="5">良好</td><td rowspan="6">良好</td></tr>
<tr><td>0.45</td></tr>
<tr><td>0.71</td></tr>
<tr><td>1.12</td><td rowspan="2">可用</td></tr>
<tr><td>1.8</td><td rowspan="2">可用</td></tr>
<tr><td>2.8</td><td rowspan="2">还允许</td><td rowspan="2">可用</td></tr>
<tr><td>4.5</td><td rowspan="3">还允许</td><td rowspan="3">可用</td></tr>
<tr><td>7.1</td><td rowspan="5">不允许</td><td rowspan="2">还允许</td></tr>
<tr><td>11.2</td></tr>
<tr><td>18.0</td><td rowspan="3">不允许</td><td rowspan="3">不允许</td><td rowspan="2">还允许</td></tr>
<tr><td>28.0</td></tr>
<tr><td>45.0</td><td>不允许</td></tr>
</table>

注：(1) VDI 2056 振动标准把机器类型分为 4 类：

K 类——小型电动机，原动机与工艺机单独传动，功率不超过 15kW；

M 类——中型电动机，功率为 15～75kW。如有专门底座，功率可达 300kW；

G 类——大型电动机，原动机和工作机，安装在刚性和重型基础上；

T 类——大型原动机，大型涡轮发电机组等，安装在刚性很小的结构底座上。

(2) 对设备状态评价分为 4 个等级：“良好”、“可用”、“还允许”、“不允许”。

(3) 采用本标准主要考虑机器的功率大小及基础、底座特性等因素。

(4) 诊断参数为速度有效值(V_{rms})。

表 4－6　BS 4675 机械振动标准

<table>
<tr><th>诊断对象
诊断参数 V_{rms}/(mm/s)</th><th>K 组</th><th>M 组</th><th>G 组</th><th>T 组</th></tr>
<tr><td>45</td><td rowspan="5">不允许</td><td rowspan="5">不允许</td><td rowspan="5">不允许</td><td rowspan="3">不允许</td></tr>
<tr><td>25</td></tr>
<tr><td>18</td></tr>
<tr><td>11.2</td><td rowspan="2">还可以</td></tr>
<tr><td>7.1</td></tr>
<tr><td>4.5</td><td rowspan="3">还可以</td><td rowspan="2">还可以</td><td rowspan="2">还可以</td><td rowspan="2">可以</td></tr>
<tr><td>2.8</td></tr>
<tr><td>1.8</td><td rowspan="3">可以</td><td rowspan="2">可以</td><td rowspan="6">好</td></tr>
<tr><td>1.12</td><td rowspan="2">可以</td></tr>
<tr><td>0.71</td><td rowspan="4">好</td></tr>
<tr><td>0.45</td><td rowspan="3">好</td><td rowspan="3">好</td></tr>
<tr><td>0.28</td></tr>
<tr><td>0.18</td></tr>
</table>

注：(1) BS 4675 机械振动标准把诊断对象分为 K、M、G、T 4 组，其意义与 VDI 2056 振动标准中的字母意义相同。

(2) 对设备状态的评价分为 4 个等级：“好”、“可以”、“还可以”、“不允许”。

(3) 采用本标准时，先要根据机器的功率大小，基础型式将其归入某一组，再将测值与标准对照判别其状态。

(4) BS 4675 机械振动标准的诊断参数为速度有效值(V_{rms})。

表 4－7　GB/T 11347—1989 大型旋转机械振动烈度现场测量与评定

振动烈度 V_{rms}/(mm/s)	支承类别：刚性支承	支承类别：挠性支承
0.46	A	A
0.71	A	A
0.12	A	A
1.8	B	A
2.8	B	B
4.6	C	B
7.1	C	C
11.2	D	C
18.0	D	D
28.0	D	D
46.0	D	D
71.0	D	D

注：(1) GB/T 11347—1989 国家标准将诊断对象按其基础特性分为两类：刚性支承与挠性支承。

(2) 本标准适用于转速为 600～12000r/min 的大型旋转机械。

(3) 对机械的状态评价分为 A、B、C、D 4 个等级。

A——新支付使用的机器；

B——机器可以长期运行；

C——机器尚可短期运行；

D——停机，不允许运行。

(4) 本标准诊断参数为速度有效值(V_{rms})。

表 4－8　ISO 2372 和 ISO 3495 标准的速度阈值

ISO 2372(适用于转速 10～200r/s，信号频率在 10～1000Hz 范围内的旋转机械)						ISO 3495(适用于转速为 10～200r/s 的大型机器)	
振动烈度		小型机器 (≤15kW)	中型机器 (15～75kW)	大型机器	透平机	支承类别	
范围	V_{max}/(mm/s)					刚性支承	挠性支承
0.28	0.28	A	A	A	A	好	好
0.45	0.45	A	A	A	A	好	好
0.71	0.71	B	A	A	A	好	好
1.12	1.12	B	B	A	A	好	好
1.8	1.8	C	B	B	A	满意	好
2.8	2.8	C	C	B	B	满意	满意
4.5	4.5	D	C	C	B	不满意	满意
7.1	7.1	D	D	C	C	不满意	不满意
11.2	11.2	D	D	D	C	不能接受	不满意
18	18	D	D	D	D	不能接受	不能接受
28	28	D	D	D	D	不能接受	不能接受
	45	D	D	D	D	不能接受	不能接受

表 4-9　ISO 3945—1997，600～1200r/min 的旋转机械振动烈度推荐值

支承型式	V_{rms}/(mm/s)											
	0.15	0.17	1.12	1.8	2.8	4.5	7.1	11.2	18	28	45	71
刚性支承	优				良		尚可		不允许			
挠性支承	优					良		尚可		不允许		

2. 旋转机械相对判断标准(表 4-10～表 4-12)

表 4-10　旋转机械振动诊断相对标准

振动频率＼实测值与初始值之比	1	2	3	4	5	6	7
低频振动(≤1000Hz)	良好	注意			危险		
高频振动(>1000Hz)	良好			注意			危险

注：(1) 本标准的判断依据：实际测量振动值与其初始值之比；所测振动信号的频率范围。

(2) 标准将设备状态的评判分为 3 个等级："良好"、"注意"、"危险"。

表 4-11　相对判断标准的状态阈值(表中数值为被测值关于原始基值的倍数)

机　构	低 频 诊 断			高 频 诊 断		
	良好	注意	危险	良好	注意	危险
旋转机械	<2	2～4	>4	<3	3	6
齿轮	<2	2～4	>4	<3	3	6
滚动、滑动轴承	<2	2～6	>6	<3	3	6

表 4-12　ISO 2372 建议的相对判断标准

频率范围	<1000Hz	>4000Hz
注意区	2.5 倍(8dB)	6 倍(16dB)
异常区	10 倍(20dB)	100 倍(40dB)

二、电动机振动标准(表 4-13～表 4-14)

表 4-13　ISO 2373 和 DIN 45665 电动机振动标准

质量等级	转速/(r/min)	电动机中心高 $H=80\sim400$mm，允许最大值 V_{rms}/(mm/s)		
		$8<H<132$	$132<H<225$	$225<H<400$
N(正常值)	600～3600	1.8	2.8	4.5
R(良好级)	600～1800	0.71	1.12	1.8
	1800～3600	1.12	1.8	2.8
S(特佳级)	600～1800	0.45	0.71	1.12
	1800～3600	0.71	1.12	1.8

注：(1) 本标准把电动机按其中心高度分为 3 类，中心高度越大，振动阈值越大。

(2) 电动机状态分为 3 个等级：正常、良好、特佳。

(3) 本标准是指电动机在空转状态下的阈值。

(4) 诊断参数为速度有效值(V_{rms})。

表 4-14 GB 10068.1~2—1998 电动机振动速度有效值阈值 mm/s

标准转速/(r/min)	弹性悬置			刚性安装
	轴中心高 H/mm			
	45~132	>132~255	>255~440	>400
600~1800	2.8	2.8	2.8	2.8
1800~3600	1.8	2.8	4.5	2.8

三、汽轮机及汽轮发电机组振动标准(表 4-15~表 4-21)

表 4-15 水电部汽轮发电机组振动标准(轴承双振幅允许值)

转速/(r/min)	标准(D_{P-P}/μm)		
	优	良	合格
1500	30 以下	50 以下	70 以下
3000	20 以下	30 以下	50 以下
≤5000	10 以下	30 以下	50 以下

注:(1)本表准规定测点位置在轴承处的垂直和水平方向。

(2)阈值的大小取决于汽轮机的转速,转速越大,振动位移允许越小。

(3)状态评判分为 3 个等级:优、良、合格。

(4)诊断参数为位移峰峰值。

表 4-16 API—611 振动标准

转子转速/(r/min)	振动容许值(双振幅)/μm	
	轴承	轴(轴承附近)
4000 以下	25	50
4000~6000	18	37.5

表 4-17 API—613 振动标准

齿轮最高转速/(r/min)	振动容许值(双振幅)/μm			
	空负荷工厂试验		带负荷工厂试验	
	轴承	轴(轴承附近)	轴承	轴(轴承附近)
8000 以下	25	50	18	37.5
8000~12000	18	37.5	12.5	25
12000 以上	18 以下	37.5 以下	12.5 以下	25 以下

表 4-18 VDI—2059 汽轮发电机组转轴振动标准 μm

等级	转子工作转速/(r/min)				
	1000	1500	1800	3000	3600
良好	76	62	57	44	40
报警	142	116	106	82	75
停机	209	170	156	121	110

表 4-19 国际电工委员会提出的汽轮机振动标准

测点	转速/(r/min)						
	1000	1500	1800	3000	3600	6000	7200
轴承振动/μm	75	50	40	25	21	12	6
转轴振动/μm	150	100	80	50	42	25	12

表 4-20 我国水电部颁布的汽轮机发电机组许用振动值

汽轮发电机转速/(r/min)	轴承双振幅许用值/mm		
	优等	良好	合格
1500	<0.03	<0.05	<0.07
3000	<0.02	<0.03	<0.05

表 4-21 IEC 汽轮机振动标准

标准(D_{P-P}/ μm)	转速/(r/min)				
	≤1000	1500	3000	3600	≥6000
轴承上	75	50	25	21	12
轴上(靠近轴承)	150	100	50	44	20

注:(1)本标准按转速将汽轮机分为5类,即转速增大,汽轮机允许振幅减小。
(2)表中分别列出两种测量方式的标准值,即测量轴承与测量轴,轴振动允许值约为轴承振动的2倍。
(3)诊断参数为位移峰峰值。

四、离心鼓风机和压缩机振动标准(表4-22~表4-24)

表 4-22 离心鼓风机和压缩机振动标准

标准(D_{P-P}/μm)	转速/(r/min)			
	≤3000	≤6500	≤10000	≥10000~16000
主轴轴承	≤50	≤40	≤30	≤20
齿轮轴承	—	≤40	≤40	≤30

注:(1)本标准按转速将离心鼓风机和压缩机分为4类,转速越高,允许振动值越小。
(2)测点部位分两种型式:主轴轴承和齿轮箱轴承,后者振动值允差略高于前者。
(3)诊断参数为振动位移峰峰值(双幅)。

表 4-23 大型离心式、轴流式鼓风机振动判别标准(JB/TQ 433—85)

V_{rms}/(mm/s)	状态判别
≤1.5	良好
≤2.8	允许
≤4.5	较差

表 4-24 一般离心式、轴流式通风机振动判别标准(JB/TQ334—87)

V_{rms}/(mm/s)	状态判别
≤5.0	良好
≤6.3	合格

五、往复式机械振动标准(表4-25~表4-26)

表 4-25 GB/T 7777—1987 往复式活塞压缩机机械振动测量与评价

压缩机类型	压缩机结构型式	振动烈度 V_{rms}/(mm/s)
I	对称平衡型	18.0
II	角度式(L形,V形,W形,扇形,对置式)	28.0
III	立式,卧式	45.0
IV	非固定式	71.0

注:本标准按压缩机的结构类型,规定了往复式压缩机振动烈度的允许最大值。

表 4－26　ISO 10816 给出的往复式机械的振动评价阈值（振动频段 2 ～1000Hz）

<table>
<tr><th rowspan="2">振动烈度</th><th colspan="3">总体振动有效值允许值</th><th colspan="7">机械振动分级</th></tr>
<tr><th>位移/m</th><th>速度/（mm/s）</th><th>加速度/（m/s）</th><th>1</th><th>2</th><th>3</th><th>4</th><th>5</th><th>6</th><th>7</th></tr>
<tr><td>1.1</td><td>≤17.8</td><td>≤1.12</td><td>≤1.76</td><td rowspan="4">A/B</td><td rowspan="5">A/B</td><td rowspan="6">A/B</td><td rowspan="7">A/B</td><td rowspan="8">A/B</td><td rowspan="9">A/B</td><td rowspan="10">A/B</td></tr>
<tr><td>1.8</td><td>≤28.3</td><td>≤1.78</td><td>≤2.79</td></tr>
<tr><td>2.8</td><td>≤44.8</td><td>≤2.82</td><td>≤4.42</td></tr>
<tr><td>4.5</td><td>≤71.0</td><td>≤4.46</td><td>≤7.01</td></tr>
<tr><td>7.1</td><td>≤113</td><td>≤7.07</td><td>≤11.1</td><td>C</td></tr>
<tr><td>11</td><td>≤178</td><td>≤11.2</td><td>≤17.6</td><td rowspan="7">D</td><td>C</td></tr>
<tr><td>18</td><td>≤283</td><td>≤17.8</td><td>≤27.9</td><td rowspan="6">D</td><td>C</td></tr>
<tr><td>28</td><td>≤448</td><td>≤28.2</td><td>≤44.2</td><td rowspan="5">D</td><td>C</td></tr>
<tr><td>45</td><td>≤710</td><td>≤44.6</td><td>≤70.1</td><td rowspan="4">D</td><td>C</td></tr>
<tr><td>71</td><td>≤1125</td><td>≤70.7</td><td>≤111</td><td rowspan="3">D</td><td>C</td></tr>
<tr><td>112</td><td>≤1784</td><td>≤112</td><td>≤176</td><td rowspan="2">D</td><td>C</td></tr>
<tr><td>180</td><td>＞1784</td><td>＞112</td><td>＞176</td><td>D</td></tr>
</table>

六、涡轮机、透平机振动标准（表 4－27～表 4－28）

表 4－27　API－611 通用蒸汽涡轮机振动标准

转子转速/（r/min）	振动允许值（双振幅）/μm	
	轴承	轴（轴承附近）
4000 以下	25	50
4000～6000	18	37.5

表 4－28　IEC 蒸汽透平机振动标准　　μm

测　点	转速/（r/min）						
	1000	1500	1800	3000	3600	6000	7200
轴承振动	75	50	40	25	21	12	6
转轴振动	150	100	80	50	42	25	12

七、泵类（表 4－29～表 4－30）

表 4－29　GB 10889—1989 泵的分类

振动烈度范围	中心高/mm		
	≤225	＞225～550	＞550
	转速/（r/min）		
第一类	≤180	≤1000	—
第二类	＞1800～4500	＞1000～1800	＞600～1500
第三类	＞4500～12000	＞1800～4500	＞1500～3600
第四类	—	＞4500～12000	＞3600～12000

注：（1）卧式泵的中心高规定为泵的轴线到泵的底座上平面间的距离。

（2）立式泵本来没有中心高，为了评价它的振动级别，取一个相当尺寸作为立式泵的中心高；即把立式泵的出口法兰密封面到泵轴线间的投影距离规定为它的相当中心高。

表 4-30　GB 10889—1989 泵的振动标准

<table>
<tr><th colspan="2">振动烈度度范围</th><th colspan="4">振　动　级　别</th></tr>
<tr><th>振动烈度等级</th><th>振动烈度分级界线/(mm/s)</th><th>第一类</th><th>第二类</th><th>第三类</th><th>第四类</th></tr>
<tr><td>0.28</td><td rowspan="13">0.28
0.45
0.71
1.12
1.8
2.8
4.5
7.1
11.2
18
28
45</td><td rowspan="3">A</td><td rowspan="4">A</td><td rowspan="5">A</td><td rowspan="6">A</td></tr>
<tr><td>0.45</td></tr>
<tr><td>0.71</td></tr>
<tr><td>1.12</td><td rowspan="2">B</td></tr>
<tr><td>1.8</td><td rowspan="2">B</td></tr>
<tr><td>2.8</td><td rowspan="2">C</td><td rowspan="2">B</td></tr>
<tr><td>4.5</td><td rowspan="2">C</td><td rowspan="2">B</td></tr>
<tr><td>7.1</td><td rowspan="6">D</td><td rowspan="2">C</td></tr>
<tr><td>11.2</td><td rowspan="5">D</td><td rowspan="2">C</td></tr>
<tr><td>18</td><td rowspan="4">D</td></tr>
<tr><td>28</td><td rowspan="3">D</td></tr>
<tr><td>45</td></tr>
<tr><td>71</td></tr>
</table>

注：A—优；B—良；C—合格；D—不合格。

八、部分金属切削机床振动标准（表 4-31）

表 4-31　部分金属切削机床振动标准（美国）

机床类型	位移允许值 D_{P-P}/μm	机床类型	位移允许值 D_{P-P}/μm
螺纹磨床	0.25～1.5	无心磨床	1.00～2.5
仿形磨床	0.76～2.0	镗床	1.52～2.5
外圆磨床	0.76～2.5	普通车床	5.00～25.4
平面磨床	0.76～5.0		

注：（1）本标准规定：测量位移在轴承的垂直和水平方向；测定转速在规定验收转速下或加工使用转速下测量。

（2）不同的机床类型其判别阈值不同。

（3）诊断参数为振动位移（即双振幅 D_{P-P}）。

九、行业设备判断标准（表 4-32）

表 4-32　部分化工设备的振幅标准

序号	设 备 类 别	设备转速/(r/min)	允许全振幅/mm	标 准 代 号
1	活塞式压缩机① （基础振动）	<200 200～400 ≥400	0.25 0.15 0.10	HGJ 1018—79
2	汽轮机	—	0.02	HGJ 1019—79
3	离心压缩机	—	0.015	HGJ 1020—79
4	离心式冷冻机	—	0.015	HGJ 1021—79
5	螺杆式压缩机	—	0.05	HGJ 1022—79

续表

序号	设备类别	设备转速/(r/min)	允许全振幅/mm	标准代号
6	离心式通(鼓)风机	1000 1500 2000 2500 3000 4000	0.12 0.11 0.10 0.09 0.06 0.05	HGJ 1024—79
7	轴流式通风机	—	0.15	HGJ 1025—79
8	柱塞泵	<200 200~400 >400	0.20 0.15 0.10	HGJ 1027—79
9	深井泵	1500 3000	0.12 0.06	HGJ 1030—79
10	低温泵	1500 3000	0.038 0.025	HGJ 1032—79
11	高速泵	—	0.03	HGJ 1033—79
12	清水泵及金属耐蚀泵	<750 1500 3000	0.24 0.12 0.06	HGJ 1033—79
13	离心式热油泵	1500 3000	0.09 0.06	HGJ 1034—79
14	多极离心泵	5000 3000	0.09 0.06	HGJ 1035—79
15	SZ 型水环式真空泵	—	0.09	HGJ 1038—79
16	行星齿轮增速器	—	0.01②	HGJ 1041—79
17	齿轮减速器	—	0.08	HGJ 1042—79
18	行星摆线针轮减速器	—	0.08	HGJ 1043—79
19	沉降式离心机	主轴承 差速器尾轴 进料口 双轴承箱 机座	空载/负荷 0.02/0.04 0.20/0.30 0.05/0.10 0.02/0.04 0.025/0.05	HGJ 1044—79

注：(1) 化工行业制定的机械振动标准门类比较齐全，主要是旋转机械，也有往复机械，齿轮减速器。影响振动的因素除考虑了设备转速影响，少数机械还考虑了载荷的影响。本标准适用于现场设备巡检或测试时参考。

(2) 测量参数为位移峰峰值。

① 30MPa 活塞式压缩机的转速 < 200r/min 时，允许振动全幅为 0.20mm。

② 此为参考值。

十、不同机械的轴承振动判断标准(表 4-33)

表 4-33　管道和机器振动速度现场判据

管道(在两支架中心测量)	机器(在轴承壳体上测量)	现场评估
<15.3	<5.1	基本可以接受
15.3~38.1	5.1~12.7	恶化，应进行应急处理
38.1~76.2	12.7~25.4	危险，考虑停机修理

注：(1) 本标准着重考虑了测点位置选择，可以作为现场初步评估。

(2) 本标准把管道和机器的振动状态分为 3 个等级：可接受、恶化和危险。

(3) 诊断参数为速度有效值(单位：mm/s)。

十一、多种机型混合的振动标准(即综合型标准)(表 4－34)

表 4－34　轴承振动测量值的判据(10～10000Hz)

(摘自加拿大政府文件 CAD/MS/NVSH107 维护振动极限)

用于下列机器的总振动速度有效值的允许值	新机器				旧机器(全速、全功率)			
	长寿命①		短寿命②		检查界限置③		修理界限值④	
	V/dB⑤	V/(mm/s)	V/dB⑤	V/(mm/s)	V/dB⑤	V/(mm/s)	V/dB⑤	V/(mm/s)
燃气轮机								
(＞20 000hp *)	138	7.9	145	18	145	18	150	32
(6～20 000hp)	128	2.5	135	5.6	140	10	145	18
(≤5 000hp)	118	0.79	130	3.2	135	1.6	140	10
汽轮机								
(＞20 000hp)	125	1.8	145	18	145	18	150	32
(6～20 000hp)	120	1.0	135	5.6	145	18	150	32
(≤5 000hp)	115	0.56	130	3.2	140	10	145	18
压气机								
(自由活塞)	140	10	150	32	150	32	155	56
(高压空气、空调)	133	4.5	140	10	140	10	145	18
(低压空气)	123	1.4	135	5.6	140	10	145	18
(电冰箱)	115	0.56	135	5.6	140	10	145	18
柴油发电机组	123	1.4	140	10	145	18	150	32
离心机								
油分离器	123	1.4	140	10	145	18	150	32
齿轮箱								
(＞10 000hp)	120	1.0	140	10	145	18	150	32
(10～10 000hp)	115	0.56	135	5.6	145	18	150	32
(≤10hp)	110	0.32	130	3.2	140	18	145	18
锅炉(辅助)	120	1.0	130	3.2	135	5.6	140	10
发电机组	120	1.0	130	3.2	135	5.6	140	10
泵								
(＞5hp)	123	1.4	135	5.6	140	10	145	18
(≤5hp)	118	0.79	130	3.2	135	5.6	140	10
风扇								
(＜1800r/min)	120	1.0	130	3.2	135	5.6	140	18
(＞1800r/min)	115	0.56	130	3.2	135	5.6	140	10
电动机								
(＞5hp 或 1200r/min)	108	0.25	125	1.8	130	3.2	135	5.6
(≤5hp 或 1200r/min)	103	0.14	125	1.8	130	3.2	135	5.6
变流机								
(＞1kVA)	103	0.14			115	0.56	120	1.0
(≤1kVA)	100	0.10			110	0.32	115	0.56

注：(1) 本标准确定的频率范围较宽，所包括的机器类型较多，因此适用范围较广。

(2) 标准除着重考虑功率因素外，还考虑了转速、工作寿命、机器的新旧程度等多种因素，准确性较大，可作为制定相对标准的参考。

① 长寿寿命为 1000～10000h。

② 短寿寿命约为 100～1000h。

③ 达到此值时，应进行检查，同时要进行频繁的倍频分析并与下一行的数据进行比较。

④ 任何一个倍频分量达到此值时应立即进行修理。

⑤ 参考值 10^{-6}mm/s。

* hp——马力，1hp＝745.700W。

十二、管道振动判断标准(表 4-35)

表 4-35　管道和机器振动速度现场判据 V_{rms}　　mm/s

管　道 (在管道两支架的中心测量)	机　器 (在轴承壳体上测量)	现　场　评　估
<15.3	<5.1	基本上可以接受
15.3~38.1	5.1~12.7	恶化，应进行应急修理
38.1~76.2	12.7~25.4	危险，考虑停机修理

注：(1) 本标准着重考虑了测点位置选择，可作为现场初步估计。
(2) 本标准把管道和机器的振动状态分为三个等级："可接受"、"恶化"和"危险"。
(3) 诊断参数为速度有效值(V_{rms})。

十三、齿轮判定标准(图 4-4，表 4-36~表 4-37)

本标准来自国外，只能算是一个实例。

(1) 本标准分两个频段确定判别参数及其阈值：测量频率在 1000Hz 以下，用速度作诊断参数，且其标准值不随频率增大而变化；当测量频率在 1000Hz 以上，用加速度作为诊断参数，且标准值随频率增大而减小。

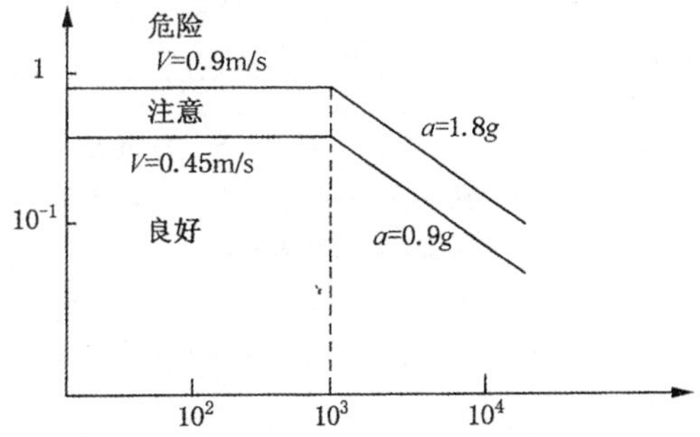

图 4-4　齿轮箱判定标准实例

(2) 齿轮状态分三个等级：良好、注意和危险。

表 4-36　齿轮箱维护振动极限

总振动速度均方根值的允许值	新　齿　轮　箱		旧齿轮箱(全速、全功率)	
	长寿命/(mm/s)	短寿命/(mm/s)	检查界限值/(mm/s)	修理界限值/(mm/s)
>10000hp	1.0	10	18	32
10~10000hp	0.56	5.6	18	32
≤10hp	0.32	3.2	10	38

表 4-37　API-613 振动标准

齿轮最高转速/(r/min)	振动容许值(双振幅)/μm			
	空负荷工厂试验		带负荷工厂试验	
	轴　承	轴 (轴承附件)	轴　承	轴 (轴承附件)
<8000	25	50	18	37.5
8000~12000	18	37.5	12.5	25
>12000	<18	<37.5	<12.5	<25

十四、滚动轴承判定标准

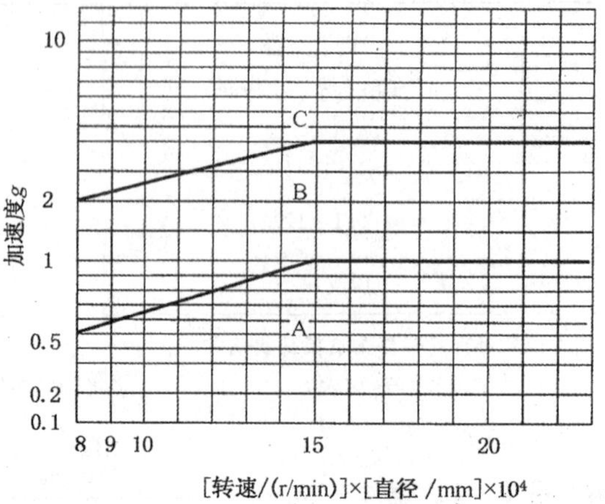

图 4－5　国外某公司用于诊断滚动轴承的加速度标准

注：(1) 应用本标准时，须根据纵坐标(转速×轴颈直径)和横坐标(实测的轴承加速度值来确定轴承的状态；

(2) 标准把轴承分成 3 个等级：A(良)、B(注意)、C(危险)；

(3) 测量参数采用加速度 g。

4.4　振动与冲击标准简介

振动与冲击标准是重要的技术文件，它所包括的内容为：

(1) 有关振动、冲击及其测试技术、设备的统一名词术语；

(2) 振动与冲击的测量技术、测量仪器设备的技术要求及仪器的校准方法等；

(3) 平衡及各种隔振、消振措施的技术要求和方法；

(4) 各种机器设备的振动分级与评定，

(5) 人在机器、运载物和建筑物中所受振动与冲击的限度；

(6) 其他。

振动与冲击标准的作用是便于国家有关部门及生产工厂对机器、仪器设备进行有效的质量管理和控制，有助于用户根据具体要求选用合适的设备，并对设备的可靠性、工作质量、维护状态进行正确的评定，采用相应的对策保证生产的正常进行。标准亦有助于保护公共财产和人身的安全，有助于发展国内和国际的贸易等。

一个好的标准应概括标准使用者的共同意见，简单明了，便于使用，没有漏洞和模棱两可之处。

有关振动与冲击标准化的国际组织是国际标准公约组织(ISO)振动与冲击的国际标准，到 1988 年底 TC108 已公布了国际标准 34 个。

目前，我国已经正式通过的振动与冲击国家标准有下列 10 个，还有一批标准正在制定或审批中。

GB 2298—1980　机械振动，冲击名词术语

GB 2807—1981　电动机振动测定方法

GB 4201—1984　通用卧式平衡机校验法

GB 6075—1985　制定机器振动标准的基础

GB 6444—1986　平衡词汇

GB 6557—1986　挠性转子的机械平衡

GB 6558—1986　挠性转子平衡的评定准则

GB 7221—1967　现场平衡设备的说明和评价

GB 8540—1987　振动与冲击隔离器，确定特性要求导则

第5章　信号处理基础

5.1　信号处理的基础知识

信号或动态数据的处理与分析，是设备故障诊断的前提和基础。本章所说的信号是指测量信号，它是对系统的某物理量，如位移、速度、加速度、应力、应变等进行观测获得的数据。

测量信号可按照信号的特性进行分类，见图5－1。

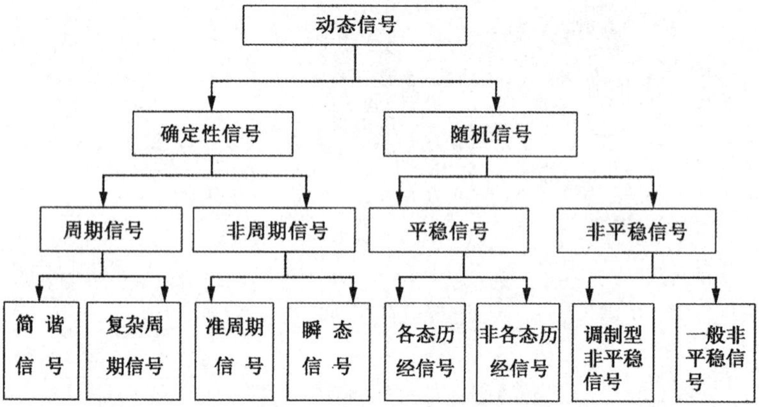

图5－1　信号的分类

如果描述系统的状态变量可以用确定的时间函数来表述，则称这样的物理过程是确定性的，而描述它们的测量数据就是确定性信号，见图5－2。

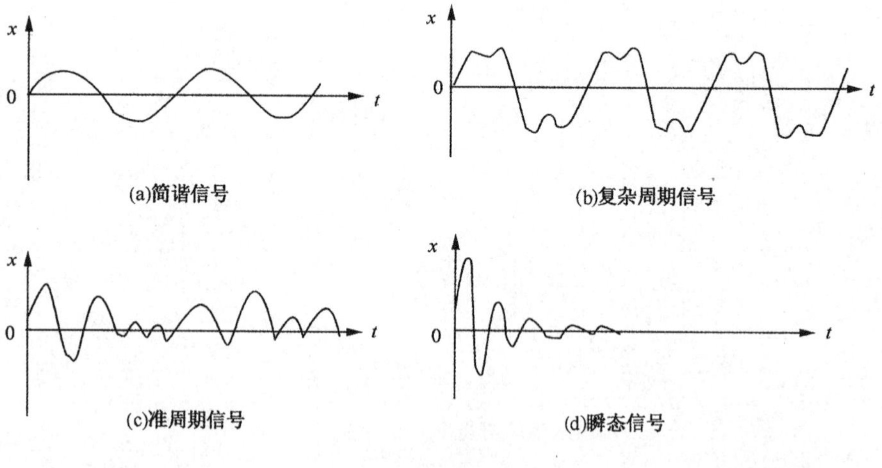

图5－2　确定性信号

周期信号包括简谐信号和复杂周期信号。表述简谐信号的基本物理量是频率、振幅和初相位；复杂周期信号可借助傅里叶级数展成一系列离散的简谐分量之和，其中任两个分量的频率比都是有理数。

非周期信号包括准周期信号和瞬态信号。准周期信号也是由一些不同离散频率的简谐信号合成的信号，但它不具有周期性，组成它的简谐分量中总有一个分量与另一个分量的频率比为无理数；瞬态信号的时间函数为各种脉冲函数或衰减函数，如有阻尼自由振动的时间历程就是瞬态信号，瞬态信号可借助傅里叶变换而得到确定的连续频谱函数。

如果描述系统状态的状态变量不能用确定的时间函数来表述，无法确定状态变量在某时刻的确切数值，其物理过程具有不可重复性和不可预知性，则称这样的物理过程是随机的，而描述它们的测量数据就是随机信号，在数学上称为随机过程 随机信号虽然具有不确定性，但却具有一定的统计规律性，可借助概率论和随机过程理论来描述。

在工程实践中，通常是在相同的条件下，对某台设备(或同一型号的设备)进行大量的重复试验所得的试验数据进行统计分析，来研究其规律性。随机试验各次观测所得的时间历程函数的集合总体(母体、系集)就表达了该随机过程，并记为 $X(t)$，其中的时间函数称为样本函数(子样，样本)。随机过程的随机性是通过各个样本函数之间的区别以及这种区别的不可预测性体现出来的。因此，从理论上讲，要由许许多多乃至无穷的、且时间区间应为无限长的样本函数组成的总体才能完整地表述随机过程。但在信号处理和分析时，我们只能获得有限数目的(n 个)、有限长度的样本记录，即：

$$X(t) = \{x_1(t)x_2(t)\cdots x_n(t)\cdots\} \tag{5-1}$$

若随机信号 $X(t)$ 的概率结构不随时间原点的选取而变化，则称 $X(t)$ 为平稳随机信号；反之，称为非平稳随机信号，有关随机过程的知识可参阅相关书籍。

5.2 常用传感器及原理

5.2.1 传感器及其分类

人通过感官来接收外界的信号，并将所接收的信号送入大脑，进行分析处理后获取有用的信息。对现有的或者正在发展中的机械电子装置来说，电子计算机相当于人的大脑（常称电脑），而相应于人的感官部分的装置就是传感器。所以说，传感器是人类感官的扩展和延伸，借助传感器，人类可以去探测那些无法直接用感官获取的信息。

传感器是一种获取信息的装置。它的定义是：借助于检测元件接收一种形式的信息，并按一定的规律将所获取的信息转换成另一种信息的装置。它获取的信息可以为各种物理量、化学量和生物量，而转换后的信息也可以有各种形式。但目前，传感器转换的大多为电信号。因而从狭义上讲，传感器定义为，把外界输入的非电信号转换成电信号的装置。所以一般也称传感器为变换器、换能器和探测器，其输出的电信号继续输送给后续的配套的测量电路及终端装置，以便进行电信号的调理、分析、记录或显示等等。在一个自动化系统中，首先要能检测到信息，才能去进行自动控制，因此传感器是首当其冲的装置。

传感器一般由敏感器件与其他辅助器件组成。敏感器件是传感器的核心，它的作用是直接感受被测物理量，并将信号进行必要的转换输出。如应变式压力传感器的弹性膜片是敏感元件，它的作用是将压力转换为弹性膜片的形变，并将弹性膜片的形变转换为电阻的变化而输出。

传感器的种类繁多，在工程测试中，一种物理量可以用不同类型的传感器来检测；而同一种类型的传感器也可测量不同的物理量。对机械工程中常用的传感器基本类型见表5-1。

表5-1 机械工程中常用的传感器

传感器类型	名称	被测量	变换量
机械式	弹性转换元件	力、压力、温度	力、压力、温度-位移
电气式	电阻式传感器	位移	位移-电阻
	电阻丝应变片	力、位移、应变	形变-电阻
	半导体应变片	力、加速度	形变-电阻
	电容式传感器	位移	位移-电容
	电涡流传感器	位移	位移-自感
	电感式传感器	位移、力	位移-自感
	差动变压器	位移、力	位移-互感
	压电元件	力、加速度	力-电荷
	压磁元件	力、扭矩	力-磁导率
	热电偶	温度	温度-电势
	霍尔元件	位移	位移-电势
	光敏晶体管	转速、位移	光-电流
	热敏电阻	温度	温度-电阻

传感器的分类方法很多，按被测物理量来分，可分为位移传感器、速度传感器、加速度传感器、力传感器、温度传感器等。

下面重点介绍机械状态监测和故障诊断中的几种常用传感器。

1. 电阻应变式传感器

电阻应变式传感器简称电阻应变计，它是用高电阻率的细金属丝，绕成如图5-3所示的栅状敏感元件1，用黏结剂牢固地黏在基底2、4之间，敏感元件两端焊上较粗的引线3。当将电阻应变计用特殊胶剂粘在被测构件的表面上时，则敏感元件将随构件一起变形，其电阻值也随之变化，而电阻的变化与构件的变形保持一定的线性关系，进而通过相应的二次仪表系统即可测得构件的变形。通过应变计在构件上的不同粘贴方式及电路的不同联接，即可测得应力、变形、扭矩等机械参数。

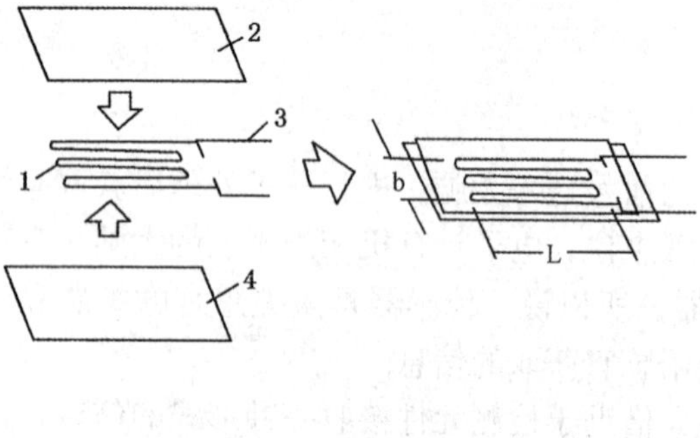

图5-3 电阻应变计组成

1—敏感元件；2、4—基底；3—引线

金属电阻应变片的工作原理，是基于金属导体的应变效应，即金属导体在外力作用下发生机械变形时，其电阻值随着它所受机械变形(伸长或缩短)的变化而发生变化的现象。

若金属丝的长度为L，截面积为S，电阻率为ρ，其未受力时的电阻为R，则：

$$R = \rho \frac{L}{S} \tag{5-2}$$

式中 R——金属丝的电阻值，Ω；

ρ——金属丝的电阻率，$\Omega \cdot mm^2/m$；

L——金属丝的长度，m；

S——金属丝的截面积，mm^2。

如果金属丝沿轴向方向受拉力而变形，其长度 L 变化 dL，截面积 S 变化 dS，电阻率变化 $d\rho$，因而引起电阻 R 变化 dR。将式(5-2)微分，整理可得：

$$\frac{dR}{R} = \frac{dL}{L} - \frac{dS}{S} + \frac{d\rho}{\rho} \tag{5-3}$$

对于圆形截面有：$S = \pi r^2$

所以

$$\frac{dS}{S} = 2\frac{dr}{r} \tag{5-4}$$

$dL/L = \varepsilon$ 为金属丝轴向相对伸长，即轴向应变；而 dr/r 则为电阻丝径向相对伸长，即径向应变，两者之比即为金属丝材料的泊松系数 μ，有：

$$\frac{dr}{r} = -\mu\frac{dL}{L} = -\mu\varepsilon \tag{5-5}$$

将式(5-5)代入式(5-4)得：

$$\frac{dS}{S} = -2\mu\varepsilon \tag{5-6}$$

将式(5-6)代入式(5-3)，并整理得：

$$\frac{dR}{R} = (1+2\mu)\varepsilon + \frac{d\rho}{\rho} \tag{5-7}$$

或

$$K_0 = \frac{dR/R}{\varepsilon} = (1+2\mu) + \frac{d\rho/\rho}{\varepsilon} \tag{5-8}$$

K_0称为金属丝的灵敏系数，其物理意义是：单位应变所引起的电阻相对变化。由式(5-8)可以明显看出，金属材料的灵敏系数受两个因素影响：一个是受力后材料的几何尺寸变化所引起的，即$(1+2\mu)$项；另一个是受力后材料的电阻率变化所引起的，即$(d\rho/\rho)/\varepsilon$项。对于金属材料$(d\rho/\rho)/\varepsilon$项比$(1+2\mu)$项小得多。大量实验表明，在电阻丝拉伸比例极限范围内，电阻的相对变化与其所受的轴向应变是成正比的，即 K_0为常数

$$K_0 = (1+2\mu) = 常数$$

通常金属电阻丝的 $K_0 = 1.7 \sim 3.6$ 之间。

应变计的主要参数有：

(1) 几何参数：表距 L 和丝栅宽度 b，制造厂常用 $b \times L$ 表示。

(2) 电阻值：应变计的原始电阻值。

(3) 灵敏系数：表示应变计变换性能的重要参数。

(4) 其他表示应变计性能的参数(工作温度、滞后、蠕变、零漂以及疲劳寿命、横向灵敏度等)。

金属电阻应变片分为丝式、箔式两种。金属丝电阻应变片的典型结构见图5-4。它主要由粘合层1、3，基底2、盖片4，敏感栅5，引出线6构成。

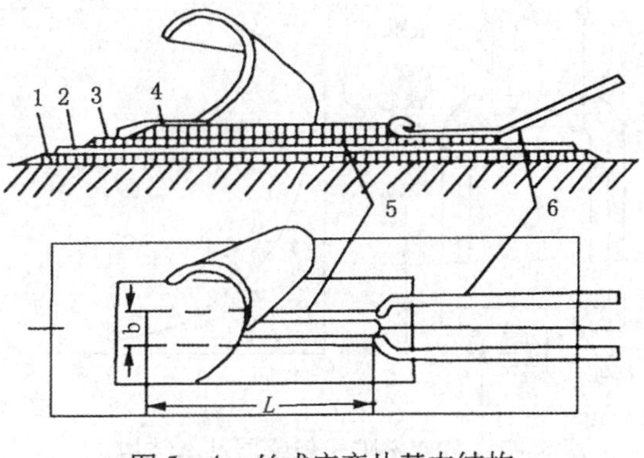

图5-4　丝式应变片基本结构

金属箔式应变片的敏感栅，则是用栅状

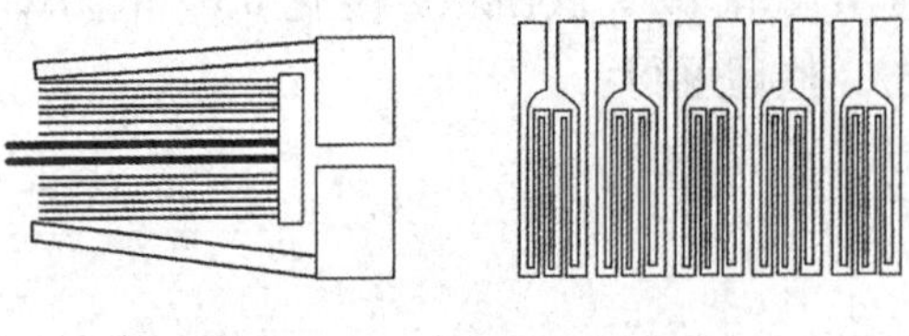

图 5-5　箔式应变片基本结构

金属箔片代替栅状金属丝。金属箔栅采用光刻技术制造，适用于大批量生产。由于金属箔式应变片具有线条均匀、尺寸准确、阻值一致性好、传递试件应变性能好等优点，因此，目前使用的多为金属箔式应变片，其结构见图 5-5。

电阻应变式传感器的应用主要体现在以下两个方面：

(1) 将应变片粘贴于被测构件上，直接用来测定构件的应变和应力。例如，为了研究或验证机械、桥梁、建筑等某些构件在工作状态下的应力、变形情况，可利用形状不同的应变片，粘贴在构件的预测部位，可测得构件的拉、压应力、扭矩或弯矩等，从而为结构设计、应力校核或构件破坏的预测等提供可靠的实验数据。

(2) 将应变片贴于弹性元件上，与弹性元件一起构成应变式传感器。这种传感器常用来测量力、位移、加速度等物理参数。在这种情况下，弹性元件将得到与被测量成正比的应变，再通过应变片转换为电阻变化的输出。典型应用见图 5-6。图中所示为加速度传感器，由悬臂梁、质量块、基座组成。测量时，基座固定在振动体上，振动加速度使质量块产生惯性力，悬臂梁则相当于惯性系统的"弹簧"，在惯性力作用下产生弯曲变形。因此，梁的应变在一定的频率范围内与振动体的加速度成正比。

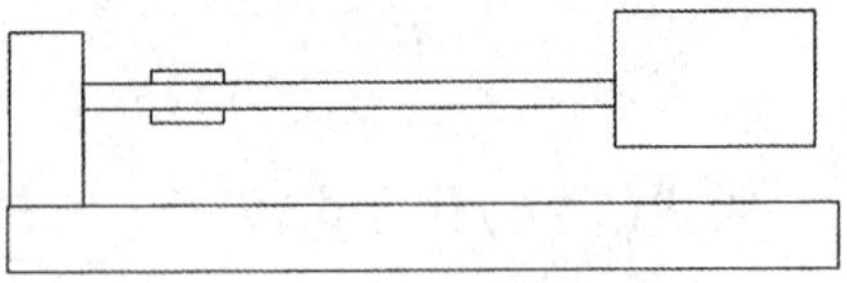

图 5-6　加速度传感器

2. 可变磁阻式电感传感器

可变磁阻式传感器的结构原理如图 5-7 所示，它由线圈、铁芯及衔铁组成。在铁芯和衔铁之间有空气隙 δ。根据电磁感应定律，当线圈中通以电流 i 时，产生磁通 ϕ_m，其大小与电流成正比，即

$$W\phi_m = Li \tag{5-9}$$

式中　W——线圈匝数；

L——线圈电感，H。

根据磁路欧姆定律，磁通 ϕ_m 为：

$$\phi_m = \frac{Wi}{R_m} \tag{5-10}$$

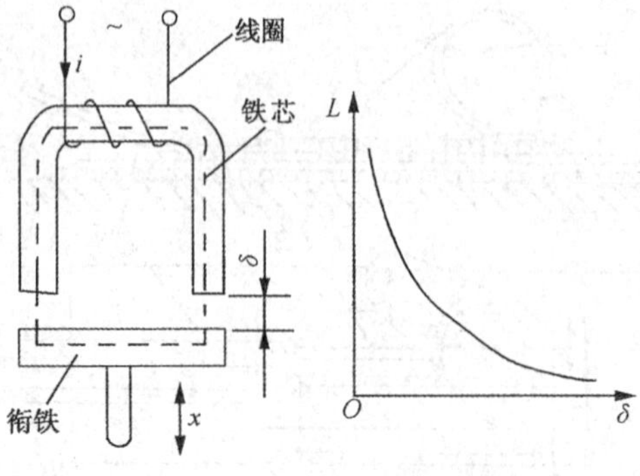

图 5-7　可变磁阻式传感器基本结构

式中　Wi——磁动势；

R_m——磁阻。

所以，线圈电感(自感)可用下式计算：

$$L = W^2/R_m \tag{5-11}$$

如果空气隙 δ 较小，而且不考虑磁路的铁损时，则磁路总磁阻为：

$$R_m = \frac{l}{\mu s} + \frac{2\delta}{\mu_0 s_0} \tag{5-12}$$

式中　l——导磁体（铁芯）的长度，m；

μ——铁芯导磁率，H/m；

s——铁芯导磁横截面积，m^2；

δ——空气隙长度，m；

μ_0——空气导磁率，$\mu_0 = 4\pi \times 10^{-7}$(H/m)；

s_0——空气隙导磁横截面积，m^2。

因为$\mu \gg \mu_0$，则

$$R_m \approx \frac{2\delta}{\mu_0 s_0} \tag{5-13}$$

因此，自感L可写为：

$$L = \frac{W^2 \mu_0 s_0}{2\delta} \tag{5-14}$$

上式表明，自感L与气隙δ成反比，而与气隙导磁截面积s_0成正比。当固定s_0不变，变化δ时，L与δ呈非线性(双曲线)关系，如图5-7所示。此时，传感器的灵敏度为

$$S = \frac{dL}{d\delta} = -\frac{W^2 \mu_0 s_0}{2\delta^2} \tag{5-15}$$

灵敏度S与气隙长度的平方成反比，δ愈小，灵敏度愈高。由于S不是常数，故会出现非线性误差，为了减小这一误差，通常规定δ在较小的范围内工作。例如，若间隙变化范围为(δ_0，$\delta_0 + \Delta\delta$)，则灵敏度为

$$S = -\frac{W^2 \mu_0 s_0}{2\delta^2} = -\frac{W^2 \mu_0 s_0}{2(\delta_0 + \Delta\delta_0)^2} \approx -\frac{W^2 \mu_0 s_0}{2\delta_0^2}\left(1 - 2\frac{\Delta\delta}{\delta_0}\right) \tag{5-16}$$

由上式可以看出，当$\Delta\delta \ll \delta_0$时，由于

$$1 - 2\frac{\Delta\delta}{\delta_0} \approx 1$$

故灵敏度S趋于定值，即输出与输入近似成线性关系。实际应用中，一般取$\Delta\delta/\delta_0 \leqslant 0.1$。这种传感器适用于较小位移的测量，一般约为0.001～1 mm。

如将δ固定，变化空气隙导磁截面积s_0时，自感L与s_0呈线性关系，如图5-8所示。

几种常用可变磁阻式传感器的典型结构有：可变导磁面积型、差动型、单螺管线圈型、双螺管线圈差动型。双螺管线圈差动型，较之单螺管线圈型有较高灵敏度及线性，被用于电感测微计上，其测量范围为±2mm，最高分辨力为0.5μm。这种传感器的线圈接于电桥上，构成两个桥臂，线圈电感L_1、L_2随铁芯位移而变化，其输出特性如图5-9所示。

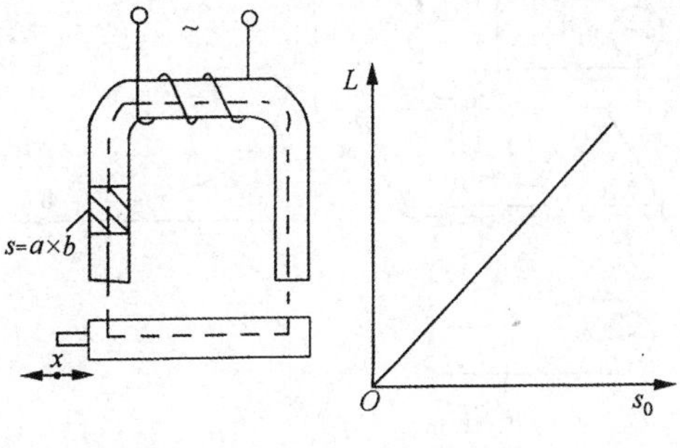

图5-8　变面积式自感传感器原理图

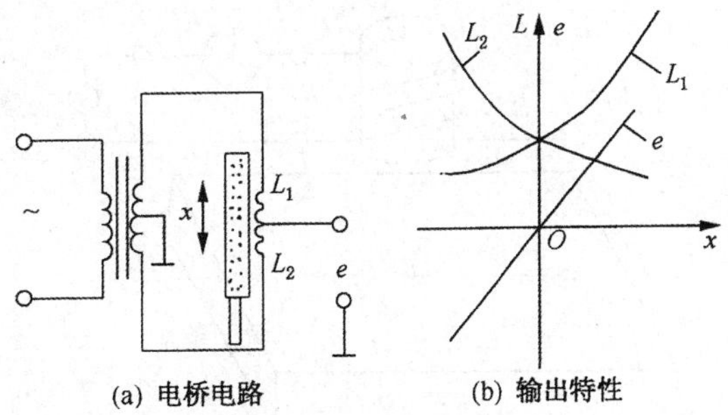

图5-9　双螺管线圈差动型电桥电路及输出特性

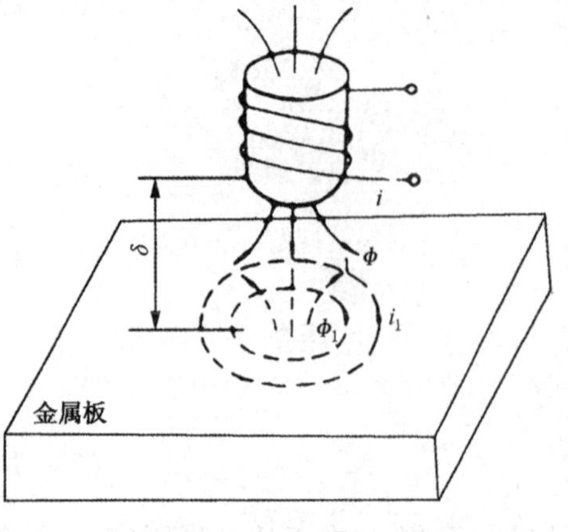

图 5-10　涡流传感器原理

3. 涡流式电感传感器

涡流式传感器的变换原理是利用金属导体在交流磁场中的涡电流效应。如图 5-10 所示，金属板置于一只线圈的附近，它们之间相互的间距为 δ，当线圈输入一高频交变电流 i 时，便产生交变磁通 Φ。此交变磁通通过邻近的金属板，金属板表层上便产生感应电流 i_1，这种电流在金属体内是闭合的，所以称之为“涡电流”或“涡流”。这种涡电流也将产生交变磁通 Φ_1。根据楞次定律，涡电流的交变磁场与线圈的磁场变化方向相反，Φ_1 总是抵抗 Φ 的变化。涡流的大小与金属板的电阻率 ρ、磁导率 μ、厚度 h，金属板与线圈的距离 δ，激励电流 i，角频率 ω 等参数有关。若改变其中某一参数，而固定其他参数不变，就可根据涡流的变化测量该参数。

涡流式传感器可分为高频反射式和低频透射式两种。

如图 5-11 所示，高频（ >1MHz）激励电流，产生的高频磁场作用于金属板的表面，由于集肤效应，在金属板表面将形成涡电流。与此同时，该涡流产生的交变磁场又反作用于线圈，引起线圈自感 L 或阻抗 Z_L 的变化，其变化与金属板的电阻率 ρ、磁导率 μ、厚度 h，金属板与线圈的距离 δ、激励电流 i 及角频率 ω 等有关，若只改变距离 δ 而保持其他系数不变，则可将位移的变化转换为线圈自感的变化，通过测量电路转换为电压输出。高频反射式涡流传感器多用于位移测量。

低频透射式涡流传感器的工作原理如图 5-12 所示，发射线圈 ω_1 和接收线圈 ω_2 分别置于被测金属板材料 G 的上、下方。由于低频磁场集肤效应小，渗透深，当低频（音频范围）电压 e_1 加到线圈 ω_1 的两端后，所产生磁力线的一部分透过金属板材料 G，使线圈 ω_2 产生感应电动势 e_2。但由于涡流消耗部分磁场能量，使感应电动势 e_2 减少，当金属板材料 G 越厚时，损耗的能量越大，输出电动势 e_2 越小。因此，e_2 的大小与 G 的厚度及材料的性质有关，试验表明，e_2 随材料厚度 h 的增加按负指数规律减少，因此，若金属板材料的性质一定，则利用 e_2 的变化即可测量其厚度。

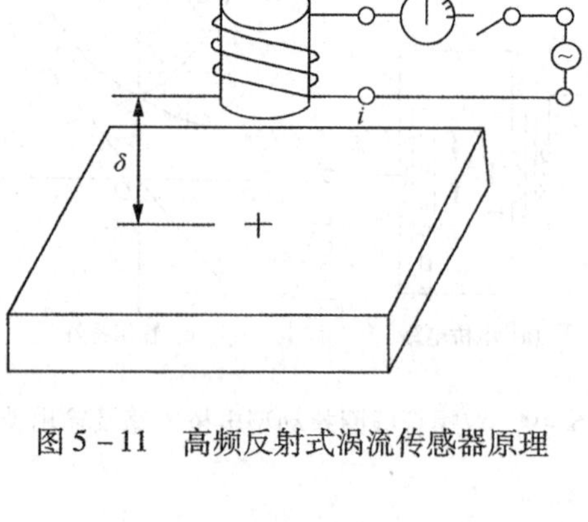

图 5-11　高频反射式涡流传感器原理

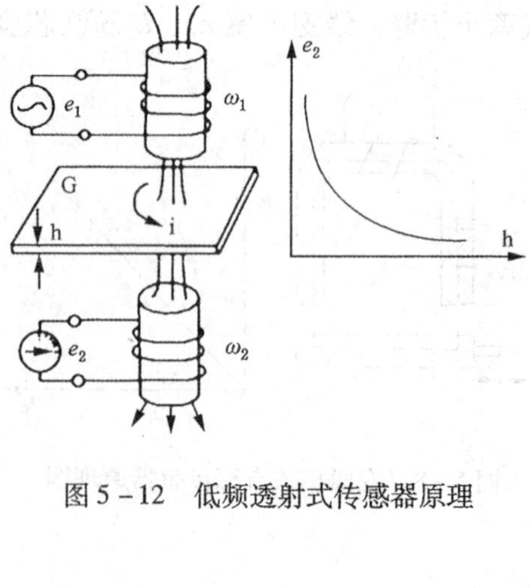

图 5-12　低频透射式传感器原理

涡流式电感传感器主要用于位移、振动、转速、距离、厚度等参数测量，它可实现非线性测量，图 5－13 是涡流式传感器测厚和涡流式传感器零件计数的例子。

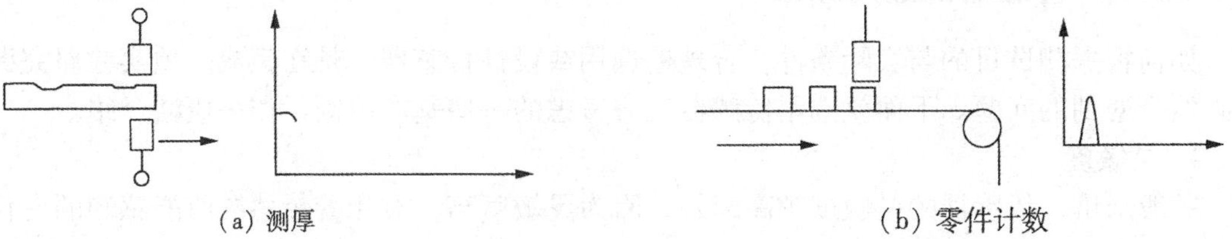

图 5－13　涡流式传感器

4. 压电传感器

最简单的压电式传感器的工作原理如图 5－14(a)所示。在压电晶片的两个工作面上进行金属蒸镀，形成金属膜，构成两个电极。当压电晶片受到压力 F 的作用时，分别在两个极板上积聚数量相等而极性相反的电荷，形成电场。因此，压电传感器可以看作是一个电荷发生器，也可以看成是一个电容器。

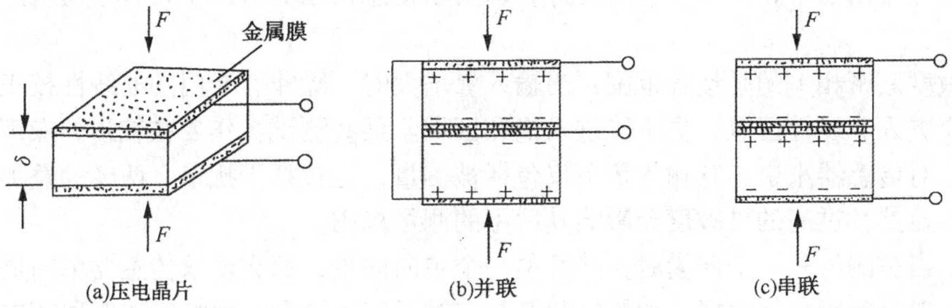

图 5－14　压电式传感器工作原理

如果施加于压电晶片的外力不变，积聚在极板上的电荷又无泄漏，那么在外力继续作用时，电荷量将保持不变。这时在极板上积聚的电荷与力的关系为

$$q = DF \tag{5-17}$$

式中　q——电荷量，C；

F——作用力，N；

D——压电常数，C/N，与材质及切片的方向有关。

上式表明，电荷量与作用力成正比。当然，在作用力终止时，电荷就随之消失。显然，若要测得力值 F，主要问题是如何测得电荷值。值得注意的是：利用压电式传感器测量静态或准静态量值时，必须采取一定的措施，使电荷从压电晶片上经测量电路的漏失减小到足够小程度。而在动态力作用下，电荷可以得到不断补充，可以供给测量电路一定的电流，故压电传感器适宜作动态测量。

在实际应用中，由于单片的输出电荷很小，因此，组成压电式传感器的晶片不止一片，而常常将两片或两片以上的晶片粘结在一起。粘结的方法有两种，即并联和串联，如图 5－14(b)、(c)所示。并联时，两片压电晶片的负电荷集中在中间电极上，正电荷集中在两侧的电极上，此时传感器的电容量大，输出电荷量大，时间常数大，故这种传感器适用于测量缓变信号及电荷量输出信号；串联时，正电荷集中于上极板，负电荷集中于下极板，此时传感器本身的电容量小，响应较快，输出电压大，故这种传感器适用于测量以电压作输出的信号和频率较高的信号。

5.2.2 传感器的选用原则

如何根据测试目的与实际条件，合理地选用或设计传感器，是在完成一项实验研究课题时必然会遇到的问题。下面就选用传感器时应考虑的一些基本原则，作一概略介绍。

1. 灵敏度

一般来讲，传感器的灵敏度越高越好，因为灵敏度高，意味着传感器所能感知的变化量越小，即被测量稍有一微小变化时，传感器就有较大的响应。

在实际应用中，欲测知某一系统的特性时，往往不可能令系统的变化量值无限增大，因为这会改变系统的正常工作状态；此外，高精度的机械系统，其运动误差量是非常微小的，甚至在微米级以下，欲获得能够检测或辨别这样微小量值的条件，必须要求传感器具有较高灵敏度。

当然，也应考虑到，当灵敏度愈高时，与测量信号无关的外界噪声也容易被混入，并且噪声也会伴随着被电子放大系统放大。这时必须考虑既要检测微小量值，又要噪声小。为保证此点，往往提出要求，信噪比愈大愈好，即要求传感器本身噪声小，且不易从外界引进干扰噪声。

与灵敏度紧密相关的是量程范围，当输入量增大时，除非有专门的非线性校正措施，传感工作不应进入非线性区域，更不能进入饱和区域。某些测试工作要在较强的噪声干扰下进行。这时，对传感器来讲，其输入量不仅包括被测量，也包括干扰量，两者的叠加不能进入非线性区。显然，过高的灵敏度会影响其适用的测量范围。

此外，当被测量是一个向量时，并且是一个单向向量，那么要求传感器单向灵敏度愈高愈好，而横向灵敏度愈低愈好；如果被测量是二维或三维向量，那么对传感器还应要求交叉灵敏度愈低愈好。

2. 响应特性

传感器的响应特性是指在所测频率范围内，保持不失真的测量条件。实际传感器的响应总有一定延迟，但希望延迟时间愈短愈好。

一般讲，利用光电效应、压电效应等物性型的传感器，响应时间小，可工作频率范围宽；而结构型，如电感、电容、电磁感应型传感器，由于受到结构特性的影响，往往受到机械系统惯性质量的限制，其固有频率低，影响到传感器的工作频率范围。

在动态测量中，传感器的响应特性对测试结果有直接影响，在选用时，应充分考虑到被测物理量的变化特点(如稳态、瞬变、随机等)。

3. 线性

任何传感器都有一定的线性工作范围，在线性范围内输出与输入呈比例关系。线性范围愈宽，则表明传感器的工作量程愈大。

传感器工作在线性区内，是保证测量精度的基本条件，例如，机械式传感器中的测力弹性元件，其材料的弹性极限是决定测力量程的基本因素，当超出测力元件的允许测力范围时，将产生非线性误差。

然而，任何传感器，保证其绝对工作在线性区也是不容易的，某些情况下，在许可限度内，也可以取其近似线性区域。例如，变间隙型的电容、电感传感器，其工作区域选在初始间隙附近。选用时必须考虑被测量变化范围，令其非线性误差在允许限度以内。

4. 稳定性

稳定性表示传感器经过长期使用以后，其输出特性不发生变化的性能。影响传感器稳定性的因素是时间与环境。

为了保证稳定性，在选定传感器之前，应对使用环境进行调查，以选择较合适的传感器类型。例如，电阻应变式传感器，湿度会影响其绝缘性；温度影响其零漂，长期使用会产生蠕变现象。又如，变间隙型的电容传感器，环境湿度或油剂浸入间隙时，会改变电容器介质。光电传感器的感光表面有尘埃或水汽时，会改变感光性质。磁电式传感器或霍尔效应元件等，当在电场、磁场中工作时，亦会带来测量误差。滑线电阻式传感器表面有尘埃时，将改变滑线运动的均匀性，从而引入噪声，或改变其工作过程。往往要求传感器能长期地使用而不需经常更换或校准，在这种情况下，应对传感器的稳定性有严格的要求。例如，用于热轧机系统控制钢板厚度的γ射线检测装置，用于自适应磨削过程的测力系统或用力零件尺寸的自动检测装置等，往往是在比较恶劣的环境下工作，尘埃、油剂、温度、振动等干扰是很严重的，对于这种场合下使用的传感器，必须优先考虑稳定性因素。

5. 精确度

传感器的精确度，表示传感器的输出与被测量的对应程度。前已述及，传感器处于测试系统的输入端，因此，传感器能否真实地反映被测量值，对整个测试系统具有直接影响。

然而，也并非要求在所有场合下使用的传感器的精确度愈高愈好，因为还应考虑到经济性。传感器的精确度愈高，价格越昂贵。因此应从实际需要出发来选择。首先应了解测试目的，判定是定性分析还是定量分析。如果是属于相对比较性的试验研究，只须获得相对比较值即可，那么应要求传感器的重复精度高，而无须要求绝对量值。当然，如果是定量分析，那么必须获得精确量值。在某些情况下，要求传感器的精确度愈高愈好。例如，现代超精密切削机床，其运动部件的定位精度，主轴回转运动误差、振动及热变形等，往往要求测量精确度在0.1～0.01μm范围内，欲测得这样的量值，必须有高精确度的传感器。

6. 测量方式

传感器在实际条件下的工作方式，也是选用传感器时应考虑的重要因素。例如，接触与非接触测量；破坏与非破坏性测量；在线与非在线测量等，条件不同，对传感器的要求亦不同。

在机械系统中，运动部件的被测参数(例如旋转轴的误差、振动、扭力矩)，往往采用非接触测量方式。因为对运动部件的接触式测量，有许多实际困难，诸如测量头的磨损、接触状态的变动，信号的采集等问题，都不易妥善解决，也易造成测量误差。这种情况下采用电容式、电涡流式等非接触传感器很方便。若选用电阻应变片，则需配以遥测应变仪。

在某些条件下，可以运用试件进行模拟实验，这时可进行破坏性检验。然而有时无法用试件模拟，因被测对象本身就是产品或构件，这时宜采用非破坏性检验方法，如电涡流探伤、超声波探伤、核辐射探伤测厚以及声发射检测等。非破坏性检验可以直接获得经济效益，因此应尽可能选用非破坏性检验方法。

在线测试是与实际情况更加一致的测试方法，特别是实现自动化过程的控制与检测系统，往往要求真实性与可靠性，而必须在现场条件下才能达到检测要求。实现在线检测是比较困难的，对传感器与测试系统都有一定特殊要求。例如，在加工过程中，实现表面粗糙度的检测，以往的光切法、干涉法、触针法等都无法运用，而代之的是激光、光纤或图像检测法。实现在线检测的新型传感器的研制，也是当前测试技术发展的一个方面。

7. 其他

除了以上选用传感器时应充分考虑的一些因素外，还应尽可能兼顾结构简单、体积小、重量轻、价格便宜、易于维修、易于复制等条件。

5.3 信号滤波

传感器输出的电信号，大多数不能直接输送到显示、记录或分析仪器中去。其主要原因是：大多数传感器输出的电信号很微弱，需要进一步放大，有的还要进行阻抗变换；有些传感器输出的是电参量，要转换为电能量；输出信号中混杂有干扰噪声，需要去掉噪声，提高信噪比；若测试工作仅对部分频段的信号感兴趣，则有必要从输出信号中分离出所需的频率成分；当采用数字式仪器、仪表和计算机时，模拟输出信号还要转换为数字信号等。因此，传感器的输出信号要经过适当的调理，使之与后续测试环节相适应。常用的信号调理环节有电桥、放大、滤波、调制与解调等。

滤波器是一种选频装置，可以使信号中特定的频率成分通过，而极大地衰减其他频率成分。在测试装置中，利用滤波器的这种选频作用，可以滤除干扰噪声或进行频谱分析。

1. 滤波器分类

根据滤波器的选频作用，一般分为低通、高通、带通和带阻滤波器，如表 5－2 所示。

表 5－2　三种滤波器的特性

低通滤波器 从 0～f_2 频率之间，幅频特性平直，它可以使信号中低于 f_2 的频率成分几乎不受衰减地通过，而高于 f_2 的频率成分受到极大地衰减	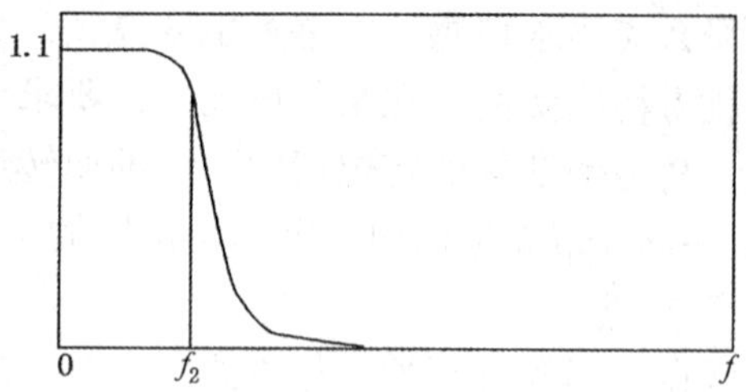
高通滤波器 与低通滤波相反，从频率 f_1～∞，其幅频特性平直。它使信号中高于 f_1 的频率成分几乎不受衰减地通过，而低于 f_1 的频率成分将受到极大地衰减	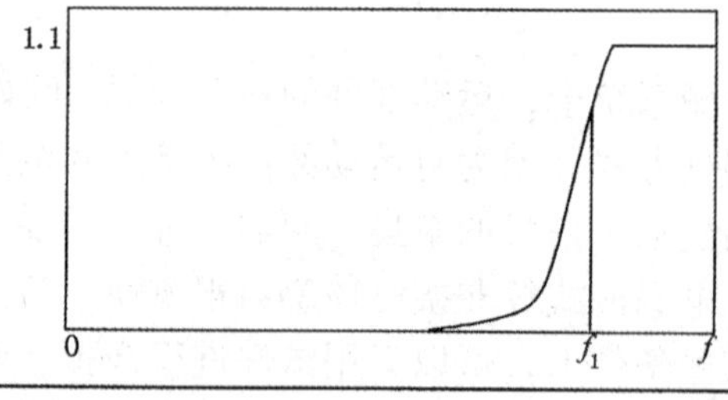
带通滤波器 右图表示带通滤波器，它的通频带在 f_1～f_2 之间。它使信号中高于 f_1 而低于 f_2 的频率成分可以不受衰减地通过，而其他成分受到衰减	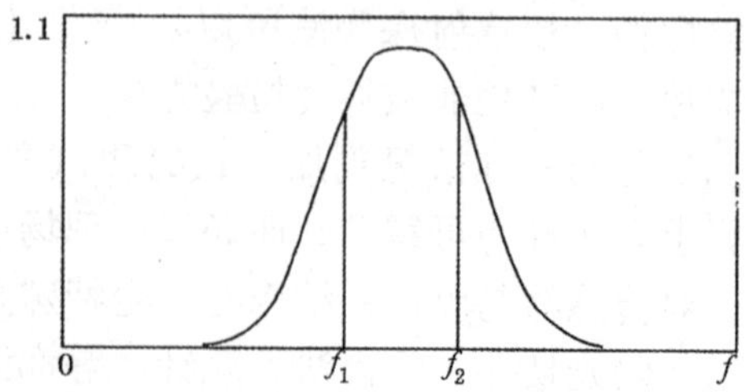

带阻滤波器(陷波器) 与带通滤波相反，阻带在频率 $f_1 \sim f_2$ 之间。它使信号中高于 f_1 而低于 f_2 的频率成分受到衰减，其余频率成分的信号几乎不受衰减地通过	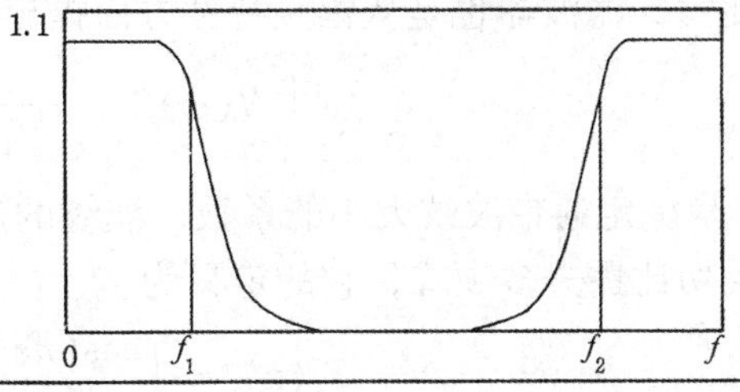

低通滤波器和高通滤波器是滤波器的两种最基本的形式，其他的滤波器都可以分解为这两种类型的滤波器。

(1) 低通滤波器与高通滤波器的串联为带通滤波器

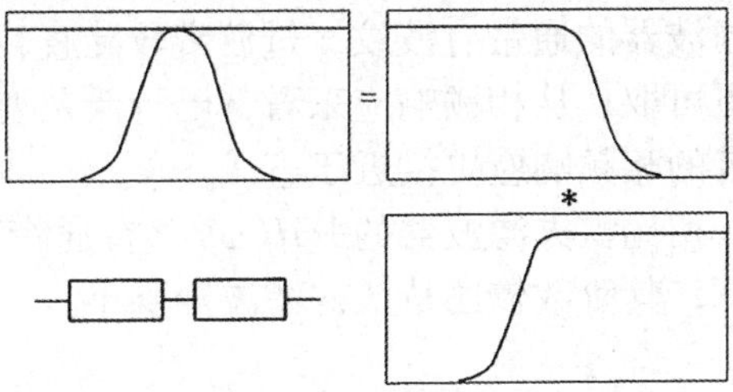

(2) 低通滤波器与高通滤波器的并联为带阻滤波器

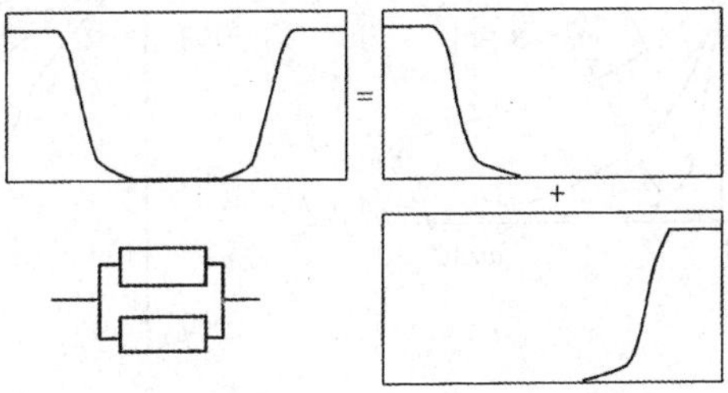

根据"最佳逼近特性"的标准进行分类，可分为巴特沃兹、切比雪夫滤波器。

(1)巴特沃兹滤波器

从幅频特性提出要求，而不考虑相频特性。巴特沃兹滤波器具有最大平坦幅度特性，其幅频响应表达式为：$|H(\omega)| = \dfrac{1}{\sqrt{1+(\omega/\omega_n)^{2n}}}$

巴特沃兹滤波函数特性如图 5－15 所示。

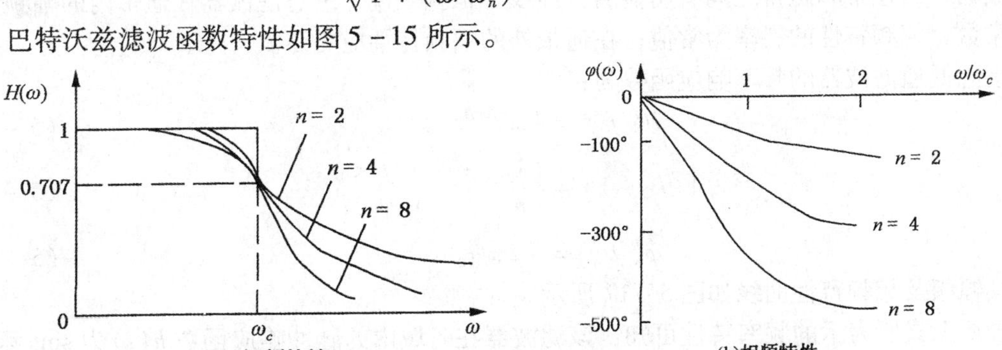

(a)幅频特性　　(b)相频特性

图 5－15　巴特沃兹滤波函数特性

(2) 切比雪夫滤波器

切比雪夫滤波器也是从幅频特性方面提出逼近要求的，其幅频响应表达式为：

$$|H(\omega)| = \frac{1}{\sqrt{1+\varepsilon^2 T_n^2(\omega/\omega_n)}}$$

式中，ε 是决定通带波纹大小的系数，波纹的产生是由于实际滤波网络中含有电抗元件；T_n 是第一类切比雪夫多项式，它的定义为：

$$T_n(x) = \begin{cases} \cos(n\arccos x) & |x| \leqslant 1 \\ ch(n\mathrm{arcch}x) & |x| > 1 \end{cases}$$

与巴特沃兹逼近特性相比较，这种特性虽然在通带内有起伏，但对同样的 n 值在进入阻带以后衰减更陡峭，更接近理想情况，如图 5－16 所示。ε 值越小，通带起伏越小，截止频率点衰减的分贝值也越小，但进入阻带后衰减特性变化缓慢。切比雪夫滤波器与巴特沃兹滤波器进行比较，切比雪夫滤波器的通带有波纹，过渡带较陡直，因此，在不允许通带内有纹波的情况下，巴特沃兹型更可取；从相频响应来看，巴特沃兹型要优于切比雪夫型，通过上面两图比较可以看出，前者的相频响应更接近于直线。

其实两者主要区别是：切比雪夫滤波器的 $|H(\omega)|$ 在通带范围内是等幅起伏的，所以在同样的通带内衰减要求下，其阶数较巴特沃兹滤波器要小。

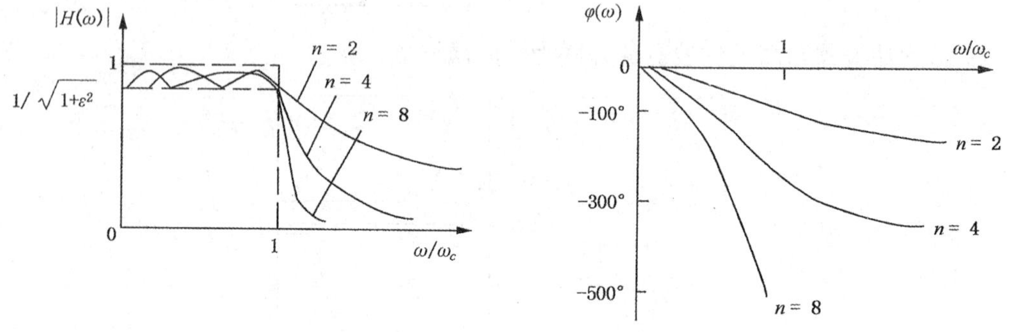

(a)幅频特性　　(b)相频特性

图 5－16　切比雪夫滤波函数特性

2. 理想滤波器

理想滤波器是指能使通带内信号的幅值和相位都不失真，阻带内的频率成分都衰减为零的滤波器，其通带和阻带之间有明显的分界线。也就是说，理想滤波器在通带内的幅频特性应为常数，相频特性的斜率为常值；在通带外的幅频特性应为零。

理想低通滤波器的频率响应函数为：

$$H(f) = A_0 e^{-j2\pi f\tau_0} \tag{5-18}$$

$$|H(f)| = \begin{cases} A_0 & -f_c < f < f_c \\ 0 & \text{其他} \end{cases} \tag{5-19}$$

$$\varphi(f) = -2\pi f\tau_0 \tag{5-20}$$

其幅频及相频特性曲线如图 5－17 所示。

分析上式所表示的频率特性可知，该滤波器在时域内的脉冲响应函数 $h(t)$ 为 sinc 函数，图形如图 5－18 所示。脉冲响应的波形沿横坐标左、右无限延伸，从图中可以看出，在单位脉冲输入滤波器之前，即在 $t<0$ 时，滤波器就已经有响应了。显然，这是一种非因果关系，

在物理上是不能实现的。这说明在截止频率处呈现直角锐变的幅频特性，或者说在频域内用矩形窗函数描述的理想滤波器是不可能存在的。实际滤波器的频域图形不会在某个频率上完全截止，而会逐渐衰减并延伸到∞。

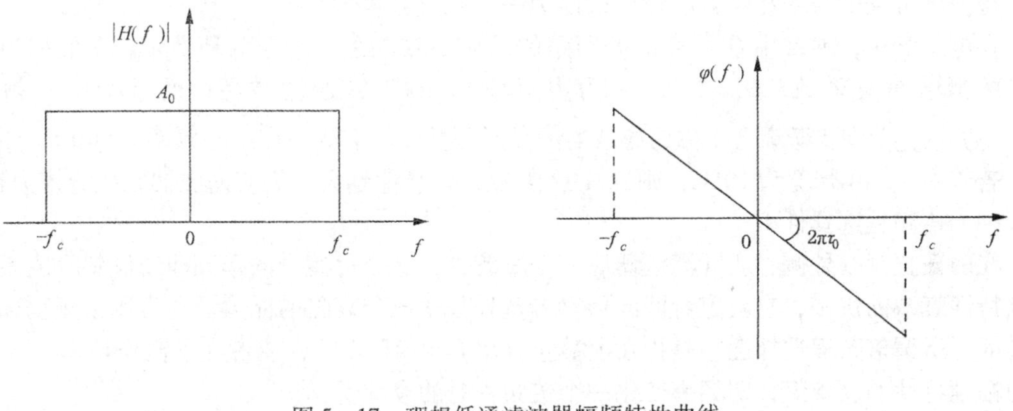

图 5－17　理想低通滤波器幅频特性曲线

3. 实际滤波器

理想滤波器是不存在的，在实际滤波器的幅频特性图中，通带和阻带之间应没有严格的界限。在通带和阻带之间存在一个过渡带。在过渡带内的频率成分不会被完全抑制，只会受到不同程度的衰减。当然，希望过渡带越窄越好，也就是希望对通带外的频率成分衰减得越快、越多越好。因此，在设计实际滤波器时，总是通过各种方法使其尽量逼近理想滤波器。

与理想滤波器相比，实际滤波器需要用更多的概念和参数去描述它，主要参数有纹波幅度、截止频率、带宽、品质因数、倍频程选择性等。

图 5－19 是一个典型的实际带通滤波器的幅频特性。

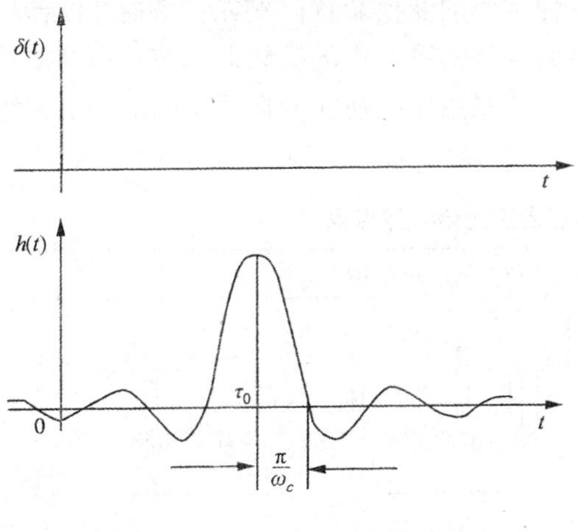

图 5－18　理想滤波器的脉冲响应

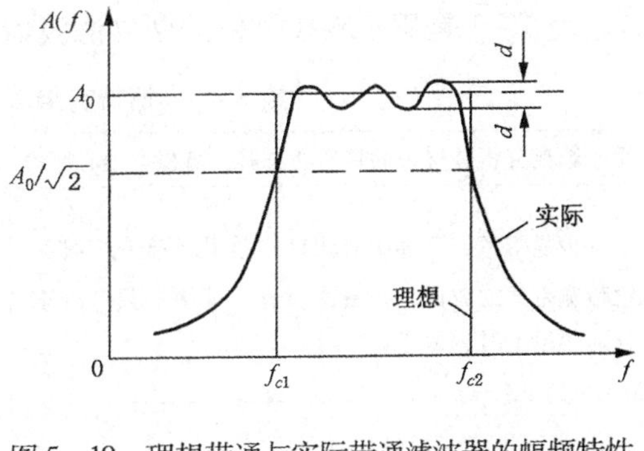

图 5－19　理想带通与实际带通滤波器的幅频特性

(1) 纹波幅度 d

在一定频率范围内，实际滤波器的幅频特性可能呈波纹变化。其波动幅度 d 与幅频特性的平均值 A_0 相比，越小越好，一般应远小于 -3dB。

(2) 截止频率 f_c

幅频特性值等于 $0.707A_0$ 所对应的频率称为滤波器的截止频率。以 A_0 为参考值，$0.707A_0$ 对应于 -3dB 点，即相对于 A_0 衰减 3dB。若以信号的幅值平方表示信号功率，则所对应的点正好是半功率点。

(3) 带宽 B 和品质因数 Q 值

上下两截止频率之间的频率范围称为滤波器带宽，或 -3dB 带宽，单位为 Hz。带宽决定着滤波器分离信号中相邻频率成分的能力——频率分辨力。

在电工学中，通常用 Q 代表谐振回路的品质因数。在二阶振荡环节中，Q 值相当于谐振点的幅值增益系数，$Q = 1/2\xi$（ξ 为阻尼率）。对于带通滤波器，通常把中心频率 f_0（$f_0 = \sqrt{f_{c1} \cdot f_{c2}}$）和带宽 B 之比称为滤波器的品质因数 Q。例如一个中心频率为 500 Hz 的滤波器，若其中 -3dB 带宽为 10Hz，则称其 Q 值为 50。Q 值越大，表明滤波器频率分辨力越高。

(4) 倍频程选择性 W

在两截止频率外侧，实际滤波器有一个过渡带，这个过渡带的幅频曲线倾斜程度表明了幅频特性衰减的快慢，它决定着滤波器对带宽外频率成分衰阻的能力。通常用倍频程选择性来表征。所谓倍频程选择性，是指在上截止频率 f_{c2} 与 $2f_{c2}$ 之间，或者在下截止频率 f_{c1} 与 $f_{c1}/2$ 之间幅频特性的衰减值，即频率变化一个倍频程时的衰减量：

$$W = -20\lg \frac{A(2f_{c2})}{A(f_{c2})} \tag{5-21}$$

或

$$W = -20\lg \frac{A\left(\frac{f_{c1}}{2}\right)}{A(f_{c1})} \tag{5-22}$$

倍频程衰减量以 dB/oct 表示（octave，倍频程）。显然，衰减越快（即 W 值越大），滤波器的选择性越好。对于远离截止频率的衰减率也可用 10 倍频程衰减数表示之，即 dB/10oct。

4. 模拟滤波器的应用

模拟滤波器在测试系统或专用仪器仪表中是一种常用的变换装置。例如：带通滤波器用作频谱分析仪中的选频装置；低通滤波器用作数字信号分析系统中的抗频混滤波；高通滤波器被用于声发射检测仪中剔除低频干扰噪声；带阻滤波器用作电涡流测振仪中的陷波器，等等。表 5-3 是用于频谱分析的两种滤波器。

表 5-3　恒带宽带通滤波器与恒带宽比带通滤波器

用于频谱分析装置中的带通滤波器，可根据中心频率与带宽之间的数值关系，分为两种：	
一种是带宽 B 不随中心频率 f_0 变化而变化，称为恒带宽带通滤波器，如右图所示，其中心频率处在任何频段上时，带宽都相同	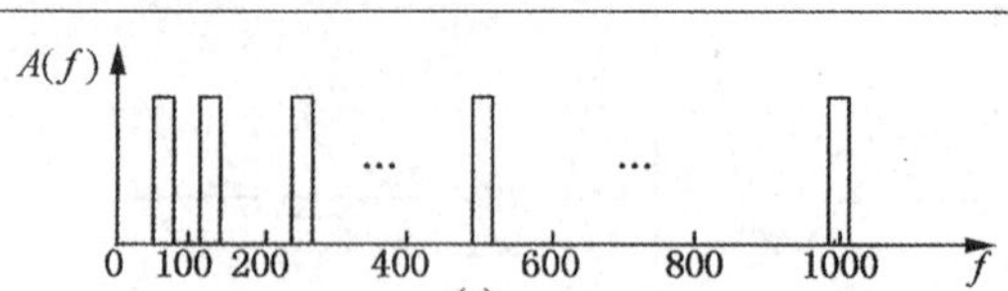 (a)
另一种是带宽 B 与中心频率 f_0 的比值是不变的，称为恒带宽比带通滤波器，如右图所示，其中心频率越高，带宽也越宽	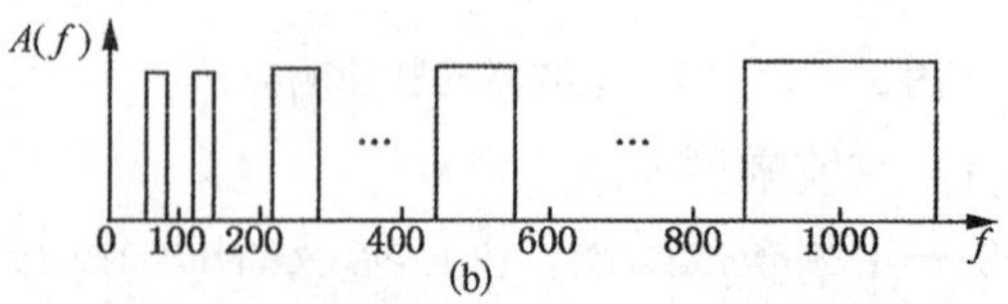 (b)

一般情况下，为使滤波器在任意频段都有良好的频率分辨力，可采用恒带宽带通滤波器（如收音机的选频）。所选带宽越窄，则频率分辨力越高，但这时为覆盖所要检测的整个频率范调，所需要的滤波器数量就很大。因此，在很多时候，恒带宽带通滤波器不一定做成固

定中心频率的，而是利用一个参考信号，使滤波器中心频率跟随参考信号的频率而变化。在做信号频谱分析的过程中，参考信号是由可作频率扫描的信号发生器供给的。这种可变中心频率的恒带宽带通滤波器被用于相关滤波和扫描跟踪滤波中。

恒带宽比带通滤波器被用于倍频程频谱分析仪中，这是一种具有不同中心频率的滤波器组，为使各个带通滤波器组合起来后能覆盖整个要分析的信号频率范围，其中心频率与带宽是按一定规律配置的。

假若任一个带通滤波器的下截止频率为f_{c1}，上截止频率为f_{c2}，令f_{c1}与f_{c2}之间的关系为

$$f_{c2} = 2^n f_{c1} \tag{5-23}$$

式中，n值称为倍频程数，若$n=1$，称为倍频程滤波器；$n=1/3$，则称为1/3倍频程滤波器。滤波器的中心频率f_0取为几何平均值，即

$$f_0 = \sqrt{f_{c1} \cdot f_{c2}} \tag{5-24}$$

根据上述两式，可以得

$$f_0 = 2^{\frac{n}{2}} f_{c1} \tag{5-25}$$

$$f_{c2} = 2^{\frac{n}{2}} f_0 \tag{5-26}$$

则滤波器带宽

$$B = f_{c2} - f_{c1} = (2^{\frac{n}{2}} - 2^{-\frac{n}{2}}) f_0 \tag{5-27}$$

如果用滤波器的品质因数Q值来表示，则有

$$\frac{1}{Q} = \frac{B}{f_0} = (2^{\frac{n}{2}} - 2^{-\frac{n}{2}}) \tag{5-28}$$

故若倍频程滤波器，$n=1$，$Q=1.41$；$n=1/3$，$Q=4.38$；$n=1/5$，则$Q=7.2$。倍频数n值越小，则Q值越大，表明滤波器分辨力越高。根据上述关系，就可确定出常用倍频程滤波器的中心频率f_0和带宽B值。

为了使被分析信号的频率成分不致丢失，带通滤波器组的中心频率是倍频程关系，同时带宽又需是邻接式的，通常的做法是使前一个滤波器的-3dB上截止频率与后一个滤波器的-3dB下截止频率相一致，如图5－20所示。这样的一组滤波器将覆盖整个频率范围，称之为“邻接式”的。

图5－21表示了邻接式倍频程滤波器，方框内数字表示各个带通滤波器的中心频率，被分析信号输入后，输入、输出波段开关顺序接通各滤波器，如果信号中有某带通滤波器通频带内的频率成分，那么就可以在显示、记录仪器上观测到这一频率成分。

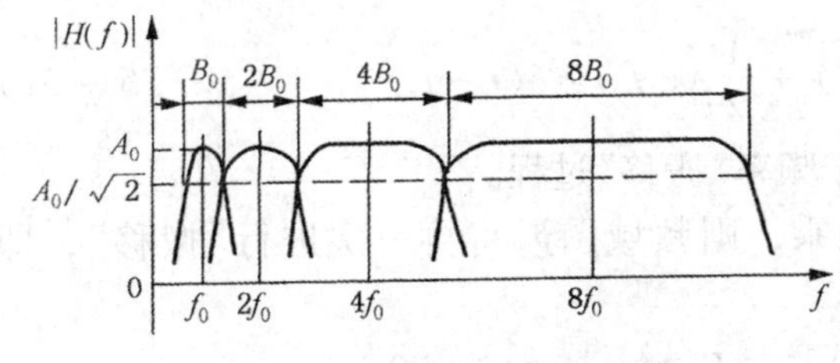

图5－20　带通滤波器的邻接

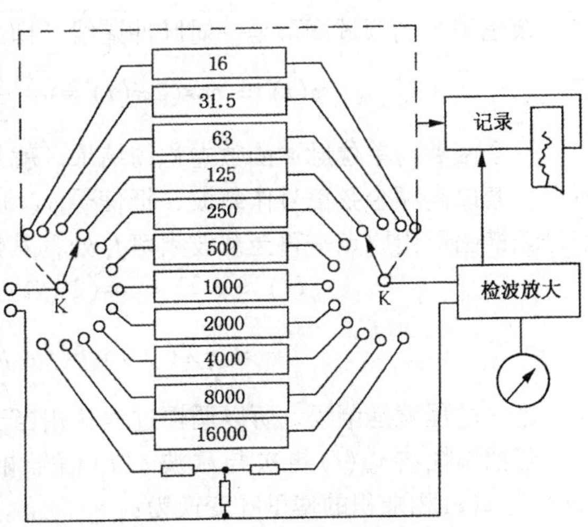

图5－21　邻接式倍频程滤波器

5.4 信号的调制与解调

一些被测量，如力、位移等，经过传感器变换以后，常常是一些缓变的电信号。从放大处理来看，这类信号除用直流放大外，目前较常用的还是先调制而后用交流放大。所谓调制就是使一个信号的某些参数在另一信号的控制下而发生变化的过程。前一信号称为载波，一般是较高频率的交变信号，后一信号(控制信号)称为调制信号。最后的输出是已调制波，一般都便于放大和传输。最终从已调制波中恢复出调制信号的过程，称为解调。实际上，许多传感器的输出就是一种已调制信号，因此调制与解调技术在测试领域中极为常用。信号调制与解调的原理如图 5－22 所示。

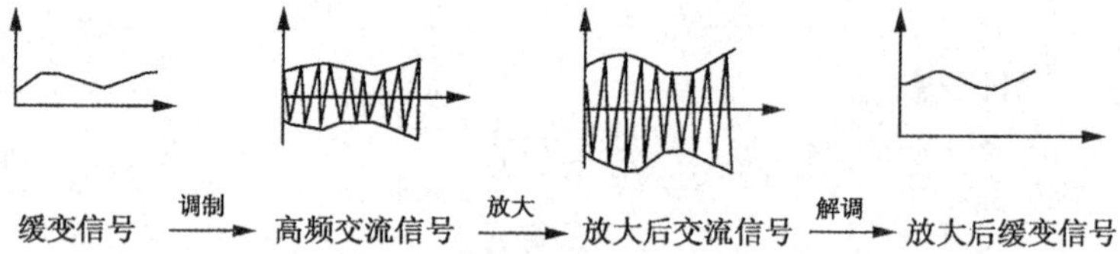

图 5－22　信号调制与解调原理

根据载波受调制的参数的不同，调制可分为调幅(AM)、调频(FM)和调相(PM)。使载波的幅值、频率或相位随调制信号而变化的过程分别称为调幅、调频或调相。它们的已调波也就分别称为调幅波、调频波或调相波。

5.4.1 幅度调制

1. 调制与解调原理

调幅是将一个高频正弦信号(或称载波)与测试信号相乘，使载波信号幅值随测试信号的变化而变化。现以频率为 f_z 的余弦信号 $z(t)$ 作为载波进行讨论。

由傅里叶变换的性质知，在时域中两个信号相乘，则对应在频域中这两个信号进行卷积，即

$$x(t)\cdot z(t) \Longleftrightarrow X(f) * Z(f) \tag{5-29}$$

余弦函数的频域图形是一对脉冲谱线，即

$$z(t) = \cos(2\pi f_z t) \Longleftrightarrow \frac{1}{2}\delta(f-f_z) + \frac{1}{2}\delta(f+f_z) \tag{5-30}$$

一个函数与单位脉冲函数卷积的结果，就是将其图形由坐标原点平移至该脉冲函数处。所以，若以高频余弦信号作载波，把信号 $x(t)$ 和载波信号 $z(t)$ 相乘，其结果就相当于把原信号频谱图形由原点平移至载波频率 f_z 处，其幅值减半，如图 5－23 所示，即

$$\begin{aligned} x_m(t) &= x(t)\cdot\cos(2\pi f_z t) \\ &= \frac{1}{2}X(f) * \delta(f+f_z) + \frac{1}{2}X(f) * \delta(f-f_z) \end{aligned} \tag{5-31}$$

这一过程就是调幅，所以调幅过程就相当于频率“搬移”过程。

若把调幅波 $x_m(t)$ 再次与载波 $z(t)$ 信号相乘，则频域图形将再一次进行“搬移”，即 $x_m(t)$ 与 $z(t)$ 相乘积的傅里叶变换为：

$$F[x_m(t)z(t)] = F[x(t)z^2(t)] = F[x(t)\cos^2(2\pi f_z t)]$$

$$= \frac{1}{2}X(f) + \frac{1}{4}X(f) \times \delta(f + 2f_z) + \frac{1}{4}X(f) \times \delta(f - 2f_z)$$

$$= \frac{1}{2}X(f) + \frac{1}{4}X(f + 2f_z) + \frac{1}{4}X(f - 2f_z) \qquad (5-32)$$

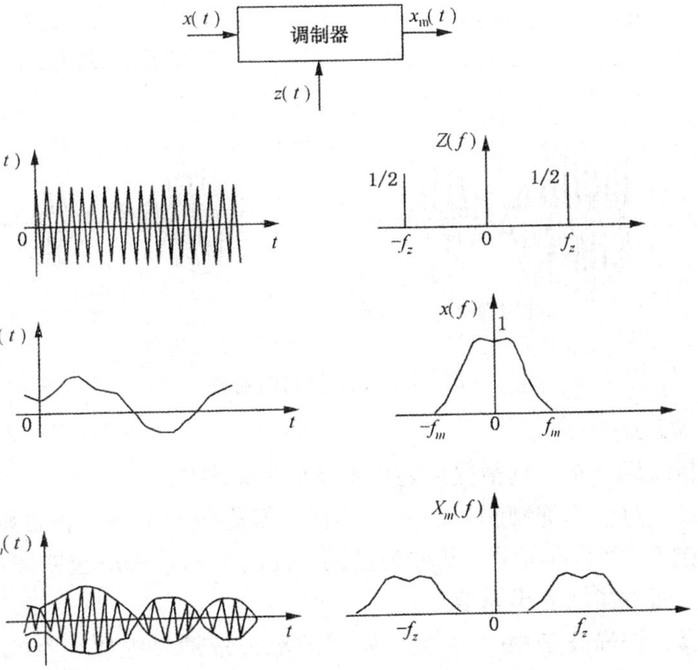

图 5-23　调幅过程

这一结果如图 5-24 所示。若用一个低通滤波器滤除中心频率为 $2f_z$ 的高频成分，那么将可以复现原信号的频谱(只是其幅值减少了一半，这可用放大处理来补偿)，这一过程称为同步解调。“同步”指解调时所乘的信号与调制时的载波信号具有相同的频率和相位。

上述的调制方法，是将调制信号 $x(t)$ 直接与载波信号 $z(t)$ 相乘。这种调幅波具有极性变化，即在信号过零线时，其幅值发生由正到负(或由负到正)的突然变化，此时调幅波的相位(相对于载波)也相应地发生 180°的相位变化。此种调制方法称为抑制调幅。抑制调幅波须采用同步解调或相敏检波解调的方法，方能反映出原信号的幅值和极性。

若把调制信号 $z(t)$ 进行偏置，叠加一个直流分量 A，使偏置后的信号都具有正电压，此时调幅波表达式为：

$$x_m(t) = [A + x(t)]\cos 2\pi f_z t \qquad (5-33)$$

这种调制方法称为非抑制调幅，或偏置调幅，其调幅波的包络线具有原信号形状，如图 5-25

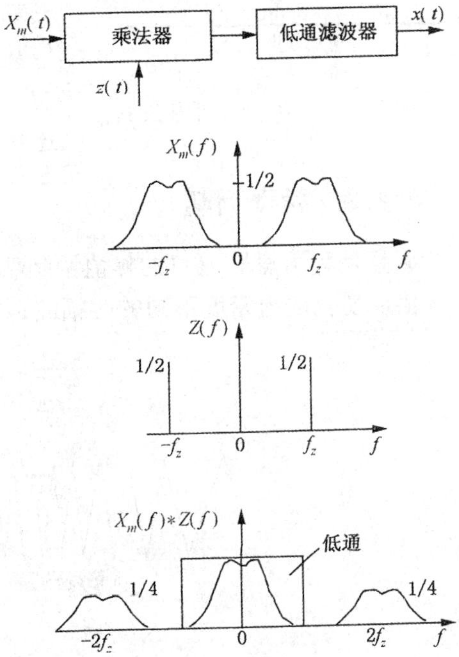

图 5-24　同步解调

(a)所示。对于非抑制调幅波，一般采用整流、滤波(或称包络法检波)以后，就可以恢复原信号。

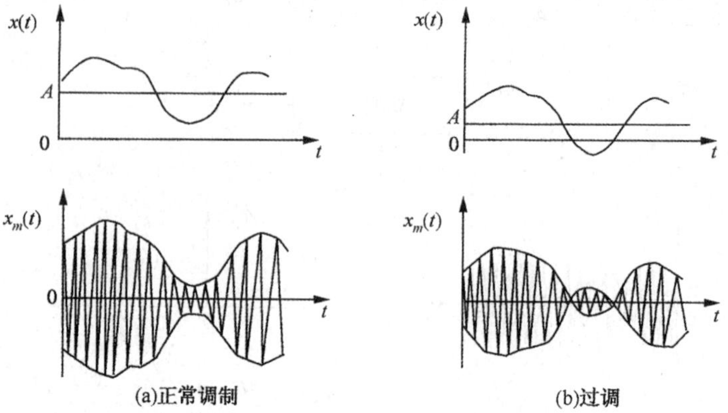

图 5－25　非抑制调幅波

2. 调幅波的波形失真

信号经过调制以后，有下列情况可能出现波形失真现象。

(1) 过调失真：对于非抑制调幅，要求其直流偏置必须足够大，否则 $x(t)$ 的相位将发生 180°倒相，如图 5－25(b)所示，此称为过调。此时，如果采用包络法检波，则检出的信号就会产生失真，而不能恢复出原信号。

(2) 重叠失真：调幅波是由一对每边为 f_m 的双边带信号组成。当载波频率 f_z 较低时，正频端的下边带将与负频端的下边带相重叠，如图 5－26所示。这类似于采样频率较低时所发生的频率混叠效应。因此，要求载波频率 f_z 必须大于调制信号 $x(t)$ 中的最高频率，即 $f_z > f_m$。实际应用中，往往选择载波频率至少数倍甚至数十倍于信号中的最高频率。

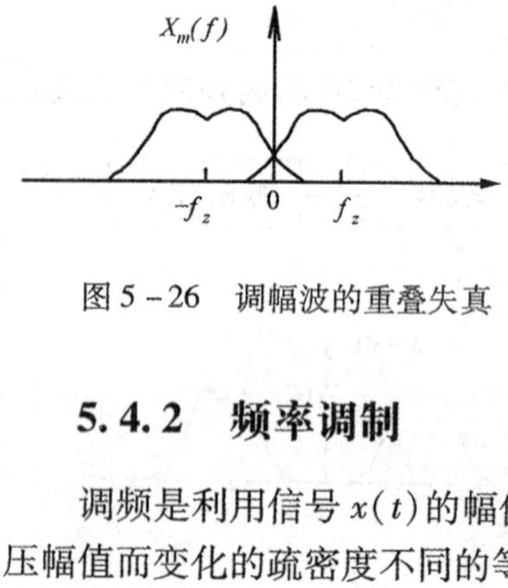

图 5－26　调幅波的重叠失真

(3) 调幅波通过系统时的失真：调幅波通过系统时，还将受到系统频率特性的影响。

5.4.2　频率调制

调频是利用信号 $x(t)$ 的幅值调制载波的频率，或者说，调频波是一种随信号 $x(t)$ 的电压幅值而变化的疏密度不同的等幅波，如图 5－27 所示。

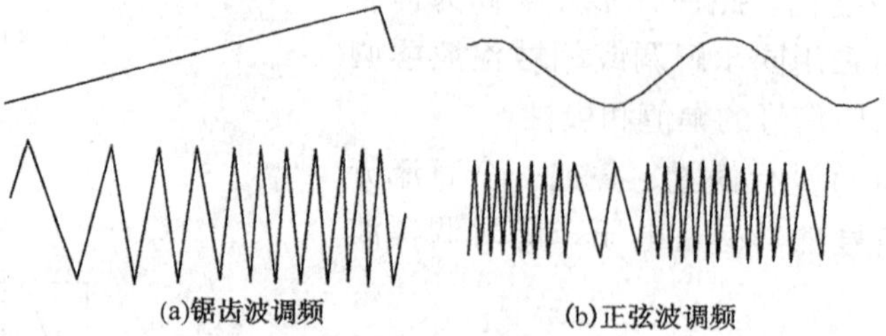

图 5－27　调频波

调频波的瞬时频率可表示为：

$$f = f_0 + df \tag{5-34}$$

式中 f_0——载波信号频率；

df——频率偏移，与调制信号 $x(t)$ 的幅值成正比。

常用的频率调制法有直接调频法和间接调频法。

如果设定调制信号是单一余弦波，即

$$x(t) = A\cos\omega t$$

则调频波表达式为

$$\begin{aligned} g(t) &= G\sin[\omega_0 t + \omega_0 \int x(t)\mathrm{d}t] = G\sin(\omega_0 t + \omega_0 \int A\cos\omega t\mathrm{d}t) \\ &= G\sin\left(\omega_0 t + \frac{A\omega_0}{\omega}\sin\omega t\right) \\ &= G\sin(\omega_0 t + m_f\sin\omega t) \end{aligned} \tag{5-35}$$

式中 ω_0——载波中心频率；

$x(t)$——调制信号；

$\omega_0 x(t)$——载波被信号所调制部分。

频率调制较之幅度调制的一个重要的优点是改善了信噪比。缺点是调频波通常要求很宽的频带，甚至为调幅所要求带宽的20倍；调频系统较之调幅系统复杂，因为频率调制是一种非线性调制，它不能运用叠加原理。因此，分析调频波要比分析调幅波困难，实际上，对调频波的分析是近似的。

5.5 数字信号处理技术

数字信号处理主要研究用数字序列或符号序列表示信号，并用数字计算方法对这些序列进行处理，以便把信号变换成符合某种需要的形式。数字信号处理的主要内容包括频谱分析与数字滤波及信号的识别等。

数字信号处理中常用的运算有：差分方程计算、相关系数计算、离散傅里叶变换计算、功率谱密度计算、矩阵运算、对数和指数运算、复频率变换及模数和数模转换等。很多数字信号处理问题，都可以用这些或加上其他的基本运算，经过适当的组合来实现。

随着微电子技术和信号处理技术的发展，在工程测试中，数字信号处理方法得到广泛的应用，已成为测试系统中的重要部分。从传感器获取的测试信号中大多数为模拟信号，进行数字信号处理之前，一般先要对信号作预处理和数字化处理。而数字式传感器则可直接通过接口与计算机联接，将数字信号送给计算机(或数字信号处理器)进行处理。测试中的数字信号处理系统如图5-28所示。

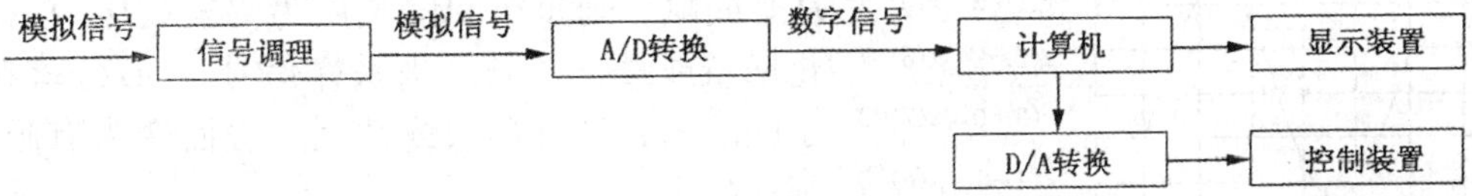

图5-28 一般数字信号处理系统

（1）预处理是指在数字处理之前，对信号用模拟方法进行的处理。把信号变成适于数字处理的形式，以减小数字处理的困难。如对输入信号的幅值进行处理，使信号幅值与 A/D 转换器的动态范围相适应；衰减信号中不感兴趣的高频成分，减小频混的影响；隔离被分析信号中的直流分量，消除趋势项及直流分量的干扰等项处理。

（2）A/D 转换是将预处理以后的模拟信号变为数字信号，存入到指定的地方。其核心是 A/D 转换器。信号处理系统的性能指标与其有密切关系。

（3）分析计算是对采集到的数字信号进行分析和计算，可用数字运算器件组成信号处理器完成，也可用通用计算机。目前分析计算速度很快，已近乎达到“实时”。

（4）结果显示一般采用数据和图形显示结果。

5.5.1 A/D 转换

1. A/D 转换过程

把连续时间信号转换为与其相对应的数字信号的过程称之为模－数（A/D）转换过程，反之则称为数－模（D/A）转换过程，它们是数字信号处理的必要程序。一般在进行 A/D 转换之前，需要将模拟信号经抗频混滤波器预处理，变成带限信号，再经 A/D 转换成为数字信号，最后送入数字信号分析仪或数字计算机完成信号处理。如果需要，再由 D/A 转换器将数字信号转换成模拟信号，去驱动计算机外围执行元件或模拟式显示、记录仪等。

A/D 转换包括了采样、量化、编码等过程，其工作原理如图 5－29 所示。

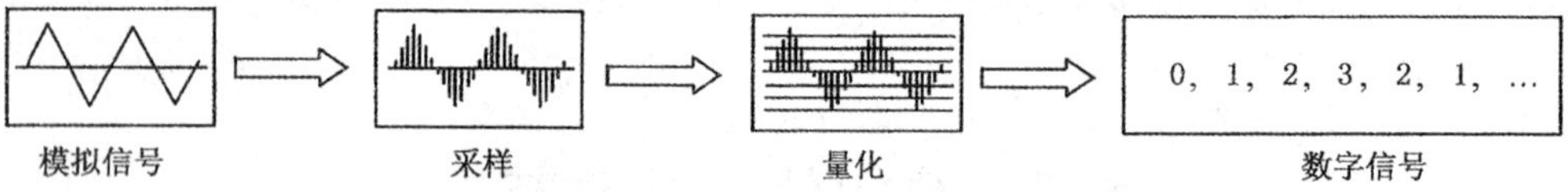

图 5－29　A/D 转换的工作原理

（1）采样

采样（或称为抽样），是利用采样脉冲序列 $p(t)$，从连续时间信号 $x(t)$ 中抽取一系列离散样值，使之成为采样信号 $x(nT_s)$ 的过程。$n=0$，$1\cdots$，T_s 称为采样间隔，或采样周期，$1/T_s=f_s$ 称为采样频率。

由于后续的量化过程需要一定的时间 τ，对于随时间变化的模拟输入信号，要求瞬时采样值在时间 τ 内保持不变，这样才能保证转换的正确性和转换精度，这个过程就是采样保持。正是有了采样保持，实际上采样后的信号是阶梯形的连续函数。

（2）量化

又称幅值量化，把采样信号 $x(nT_s)$ 经过舍入或截尾的方法变为只有有限个有效数字的数，这一过程称为量化。图 5－30 是一信号的等份量化过程。

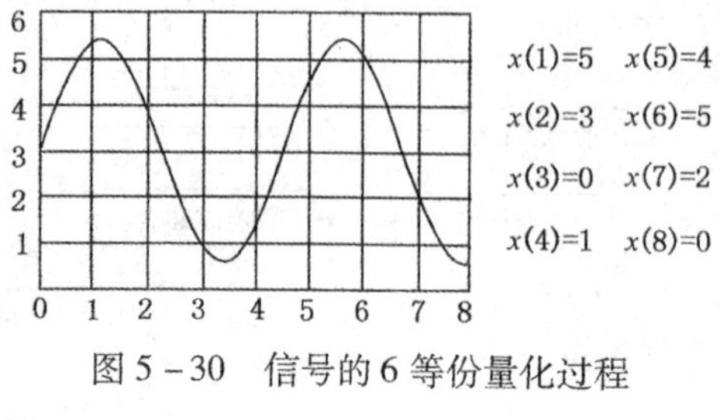

图 5－30　信号的 6 等份量化过程

若取信号 $x(t)$ 可能出现的最大值 A，令其分为 D 个间隔，则每个间隔长度为 $R=A/D$，R 称为量化增量或量化步长。当采样信号 $x(nT_s)$ 落在某一小间隔内，经过舍入或截尾方法而变为有限值时，则产生量化误差。

一般又把量化误差看成是模拟信号作数字处理时的可加噪声，故而又称之为舍入噪声或截尾噪声。量化增量 R 愈大，则量化误差愈大。量化增量大小，一般取决于计算机 A/D 卡的位数。例如，8 位二进制为 $2^8=256$，即量化步长 R 为所测信号最大电压幅值的 1/256。

（3）编码

将离散幅值经过量化以后变为二进制数字的过程。

信号 $x(t)$ 经过上述变换以后，即变成了时间上离散、幅值上量化的数字信号。

2. A/D 转换器的技术指标

（1）分辨力

A/D 转换器的分辨力用其输出二进制数码的位数来表示。位数越多，则量化增量越小，量化误差越小，分辨力也就越高。常用的有 8 位、10 位、12 位、16 位、24 位、32 位等。

例如，某 A/D 转换器输入模拟电压的变化范围为 -10 ~ +10V，转换器为 8 位，若第一位用来表示正、负符号，其余 7 位表示信号幅值，则最末一位数字可代表 80mV 模拟电压（$10\text{V}\times 1/2^7\approx 80\text{mV}$），即转换器可以分辨的最小模拟电压为 80mV。而同样情况用一个 10 位转换器能分辨的最小模拟电压为 20mV（$10\text{V}\times 1/2^9\approx 20\text{mV}$）。

（2）转换精度

具有某种分辨力的转换器在量化过程中由于采用了四舍五入的方法，因此最大量化误差应为分辨力数值的一半。如上例 8 位转换器最大量化误差应为 40mV（$80\text{mV}\times 0.5=40\text{mV}$），全量程的相对误差则为 0.4%（$40\text{mV}/10\text{V}\times 100\%$）。可见，A/D 转换器数字转换的精度由最大量化误差决定。实际上，许多转换器末位数字并不可靠，实际精度还要低一些。

由于含有 A/D 转换器的模数转换模块通常包括有模拟处理和数字转换两部分，因此整个转换器的精度还应考虑模拟处理部分（如积分器、比较器等）的误差。一般转换器的模拟处理误差与数字转换误差应尽量处在同一数量级，总误差则是这些误差的累加和。例如，一个 10 位 A/D 转换器用其中 9 位计数时的最大相对量化误差为 $\frac{1}{2^9}\times 0.5\approx 0.1\%$，若模拟部分精度也能达到 0.1%，则转换器总精度可接近 0.2%。

（3）转换速度

转换速度是指完成一次转换所用的时间，即从发出转换控制信号开始，直到输出端得到稳定的数字输出为止所用的时间。转换时间越长，转换速度就越低。转换速度与转换原理有关，如逐位逼近式 A/D 转换器的转换速度要比双积分式 A/D 转换器高许多。除此以外，转换速度还与转换器的位数有关，一般位数少的（转换精度差）转换器转换速度高。目前常用 A/D 转换器转换位数有 8、10、12、14、16 位，其转换速度依转换原理和转换位数不同，一般在几微秒至几百毫秒之间。

由于转换器必须在采样间隔 T_s 内完成一次转换工作，因此转换器能处理的最高信号频率就受到转换速度的限制。如 50μs 内完成 10 位 A/D 转换的高速转换器，这样，其采样频率可高达 20kHz。

5.5.2 采样信号的频谱

采样过程是通过采样脉冲序列 $p(t)$ 与连续时间信号 $x(t)$ 相乘来完成的。理想脉冲采样过程如图 5-31 所示。

其采样脉冲序列：

$$p(t)=\sum_{n=-\infty}^{\infty}\delta(t-nT_s) \tag{5-36}$$

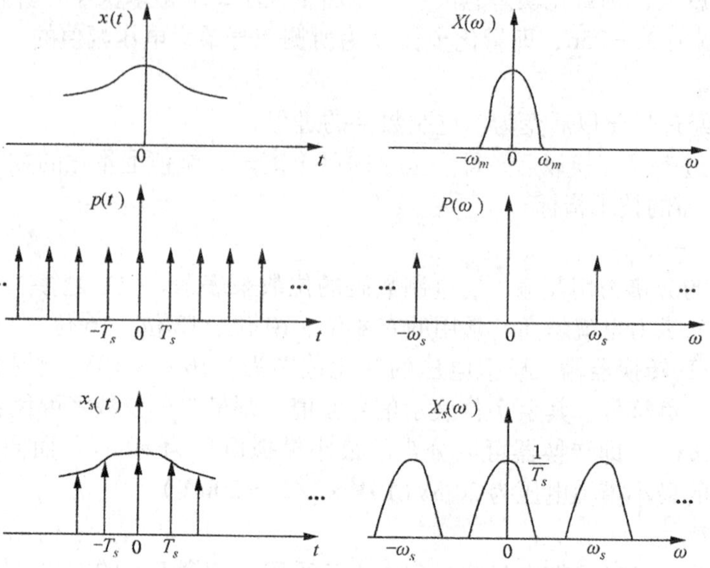

图 5-31 理想脉冲采样

采样信号：

$$x_s(t) = x(t)p(t) \tag{5-37}$$

如果

$$F[x(t)] = X(\omega), F[p(t)] = p(\omega)$$

那么，根据频域卷积定理，有：

$$X_s(\omega) = X(\omega) * P(\omega)/2\pi \tag{5-38}$$

另外，采样脉冲序列是一个周期函数，所以序列 $p(t)$ 的傅里叶变换为

$$P(\omega) = 2\pi \sum_{n=-\infty}^{\infty} C_n \delta(\omega - n\omega_s) \tag{5-39}$$

式中，C_n 为 $p(t)$ 的傅里叶系数，即

$$C_n = \frac{1}{T_s}\int_{-\frac{T_s}{2}}^{\frac{T_s}{2}} p(t) e^{-jn\omega_s t} \mathrm{d}t \tag{5-40}$$

当 $p(t)$ 为脉冲序列时，$C_n = 1/T_s$，所以，可以进一步证明：

$$X_s(\omega) = \sum_{n=-\infty}^{\infty} C_n X(\omega - n\omega_s) = \frac{1}{T_s}\sum_{n=-\infty}^{\infty} X(\omega - n\omega_s) \tag{5-41}$$

此式表明，一个连续信号经过理想采样以后，它的频谱将沿着频率轴每隔一个采样频率 ω_s 重复出现一次，即其频谱产生了周期延拓，其幅值被采样脉冲序列的傅里叶系数 $(C_n = 1/T_s)$ 所加权，其频谱形状不变。

5.5.3 采样定理

采样定理说明当对时域模拟信号采样时，应以多大的采样周期(或称采样时间间隔)采样，方不致丢失原始信号的信息，或者说，可由采样信号无失真地恢复出原始信号。

1. 频混现象

频混现象又称频谱混叠效应，它是由于采样信号频谱发生变化，而出现高、低频成分发生混淆的一种现象，如图 5-32 所示。信号 $x(t)$ 的傅里叶变换为 $X(\omega)$，其频带范围为

$-\omega_m \sim \omega_m$；采样信号 $x_s(t)$ 的傅里叶变换是一个周期谱图，其周期为 ω_s，并且 $\omega_s = 2\pi/T_s$，T_s 为时域采样周期。当采样周期 T_s 较小时，$\omega_s > 2\omega_m$，周期谱图相互分离如图 5－32 中(b)所示；当 T_s 较大时，$\omega_s < 2\omega_m$，周期谱图相互重叠，即谱图之间高频与低频部分发生重叠，如图 5－32 中(c)所示，此即频混现象，这将使信号复原时丢失原始信号中的高频信息。

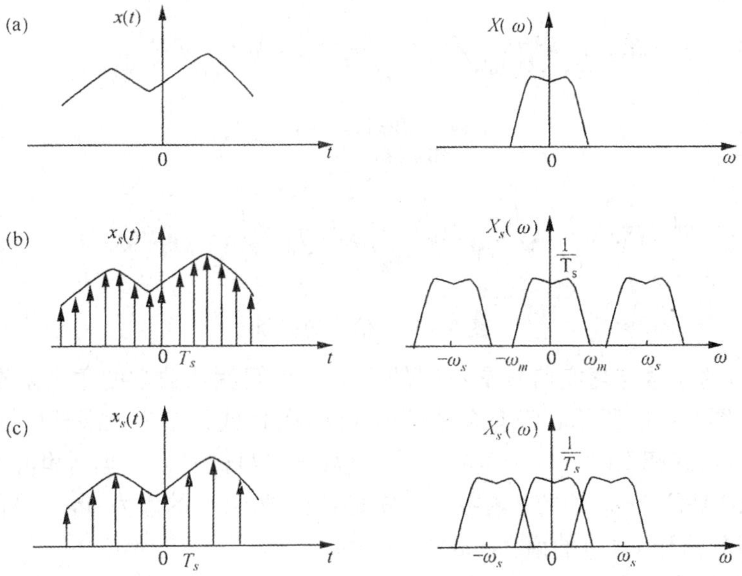

图 5－32　采样信号的频混现象

下面从时域信号波形来看这种情况。图 5－33(a)是频率正确的情况，以及其复原信号；(b)是采样频率过低的情况，复原的是一个虚假的低频信号。

当采样信号的频率低于被采样信号的最高频率时，采样所得的信号中混入了虚假的低频分量，这种现象叫做频率混叠。

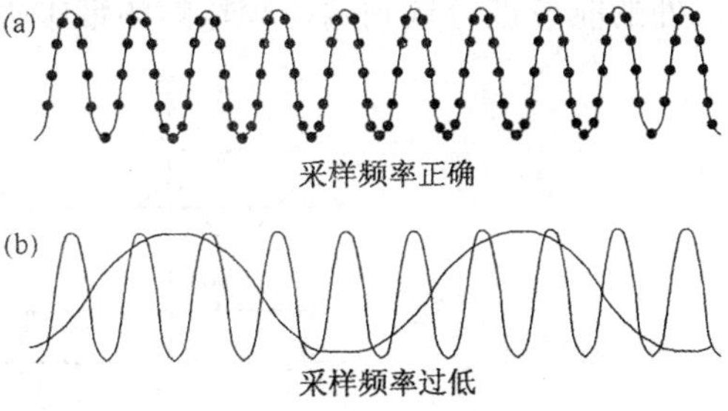

图 5－33*　时域波形的频混现象

2. 采样定理

上述情况表明，如果 $\omega_s \geqslant 2\omega_m$，就不发生频混现象，因此对采样脉冲序列的间隔 T_s 须加以限制，即采样频率 $\omega_s(2\pi/T_s)$ 或 $f_s(1/T_s)$ 必须大于或等于信号 $x(t)$ 中的最高频率 ω_m 的两倍，即 $\omega_s \geqslant 2\omega_m$，或 $f_s \geqslant 2f_m$。

为了保证采样后的信号能真实地保留原始模拟信号的信息，采样信号的频率必须至少为原信号中最高频率成分的 2 倍。这是采样的基本法则，称为采样定理。

需要注意的是，在对信号进行采样时，满足了采样定理，只能保证不发生频率混叠，只能保证对信号的频谱作逆傅里叶变换时，可以完全变换为原时域采样信号 $x_s(t)$，而不能保证此时的采样信号能真实地反映原信号 $x(t)$。工程实际中采样频率通常大于信号中最高频率成分的 3 到 5 倍。

5.5.4　信号的截断、能量泄漏及窗函数

1. 信号的截断及能量泄漏效应

数字信号处理的主要数学工具是博里叶变换。应注意到，傅里叶变换是研究整个时间域

和频率域的关系。然而，当运用计算机实现工程测试信号处理时，不可能对无限长的信号进行测量和运算，而是取其有限的时间片段进行分析。做法是从信号中截取一个时间片段，然后用观察的信号时间片段进行周期延拓处理，得到虚拟的无限长的信号，然后就可以对信号进行傅里叶变换、相关分析等数学处理，如图 5－34 所示。

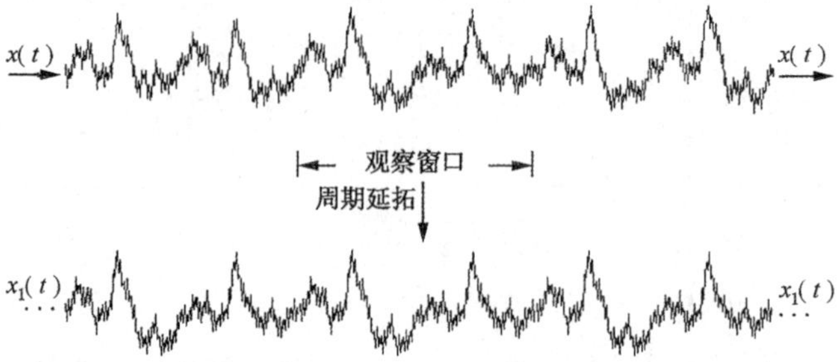

图 5－34　信号的截断

周期延拓后的信号与真实信号是不同的，下面我们就从数学的角度来看这种处理带来的误差情况。如图 5－35 所示，设有余弦信号 $x(t)$ 在时域分布为无限长（$-\infty$，∞），当用矩形窗函数 $w(t)$ 与其相乘时，得到截断信号 $x_T(t)=x(t)w(t)$。根据傅里叶变换关系，余弦信号的频谱 $X(\omega)$ 是位于 ω_0 处的 δ 函数，而矩形窗函数 $w(t)$ 的谱为 $\mathrm{sinc}(\omega)$ 函数，按照频域卷积定理，则截断信号 $x_T(t)$ 的谱 $X_T(\omega)$ 应为：

$$X_T(\omega) = \frac{1}{2\pi}X(\omega) * W(\omega)$$

将截断信号的谱 $X_T(\omega)$ 与原始信号的谱 $X(\omega)$ 相比较可知，它已不是原来的两条谱线，而是两段振荡的连续谱。这表明原来的信号被截断以后，其频谱发生了畸变，原来集中在 ω_0 处的能量被分散到两个较宽的频带中去了，这种现象称之为频谱能量泄漏（Leakage）。

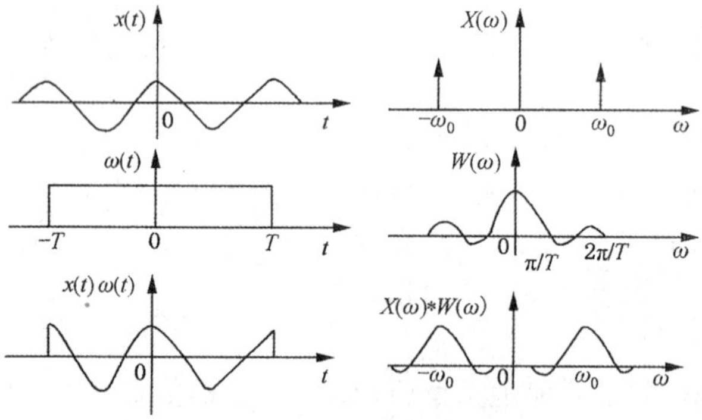

图 5－35　余弦信号的截断及能量泄漏现象

信号截断以后产生的能量泄漏现象是必然的，因为窗函数 $w(t)$ 是一个频带无限的函数，所以即使原信号 $x(t)$ 是限带信号，而在截断以后也必然成为无限带宽的函数，即信号在频域的能量与分布被扩展了。又从采样定理可知，无论采样频率多高，只要信号一经截断，就不可避免地引起混叠，因此信号截断必然导致一些误差，这是信号分析中不容忽视的问题。

如果增大截断长度 T，即矩形窗口加宽，则窗谱 $W(\omega)$ 将被压缩变窄（π/T 减小）。虽然理论上讲，其频谱范围仍为无限宽，但实际上中心频率以外的频率分量衰减较快，因而泄漏误差将减小。当窗口宽度 T 趋于无穷大时，则谱窗 $W(\omega)$ 将变为 $\delta(\omega)$ 函数，而 $\delta(\omega)$ 与 $X(\omega)$ 的卷积仍为 $X(\omega)$，这说明，如果窗口无限宽，即不截断，就不存在泄漏误差。

为了减少频谱能量泄漏，可采用不同的截取函数对信号进行截断，截断函数称为窗函数，简称为窗。泄漏与窗函数频谱的两侧旁瓣有关，如果两侧瓣的高度趋于零，而使能量相对集中在主瓣，就可以较为接近于真实的频谱。为此，在时间域中可采用不同的窗函数来截断信号。

2. 常用窗函数

实际应用的窗函数，可分为以下主要类型：

(a) 幂窗——采用时间变量某种幂次的函数，如矩形、三角形、梯形或其他时间(t)的高次幂；

(b) 三角函数窗——应用三角函数，即正弦或余弦函数等组合成复合函数，例如汉宁窗、海明窗等；

(c) 指数窗——采用指数时间函数，如 e^{-st} 形式，例如高斯窗等。

下面介绍几种常用窗函数的性质和特点。

(1) 矩形窗

矩形窗属于时间变量的零次幂窗，函数形式为

$$w(t)=\begin{cases}\dfrac{1}{T} & |t|\leqslant T\\ 0 & |t|>T\end{cases} \tag{5-42}$$

相应的窗谱为：

$$W(\omega)=\frac{2\sin\omega T}{\omega T} \tag{5-43}$$

矩形窗使用最多，习惯上不加窗就是使信号通过了矩形窗。这种窗的优点是主瓣比较集中，缺点是旁瓣较高，并有负旁瓣(图 5-36)，导致变换中带进了高频干扰和泄漏，甚至出现负谱现象。

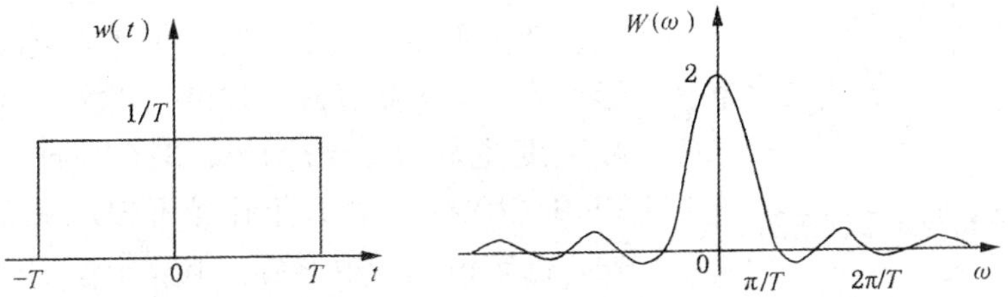

图 5-36　矩形窗

(2) 三角窗

三角窗亦称费杰(Fejer)窗，是幂窗的一次方形式，其定义为：

$$w(t)=\begin{cases}\dfrac{1}{T}\left(1-\dfrac{|t|}{T}\right) & |t|\leqslant T\\ 0 & |t|>T\end{cases} \tag{5-44}$$

相应的窗谱为：

$$W(\omega)=\left(\frac{\sin\omega T/2}{\omega T/2}\right)^2 \tag{5-45}$$

三角窗与矩形窗比较，主瓣宽约等于矩形窗的两倍，但旁瓣小，而且无负旁瓣，如图5－37所示。

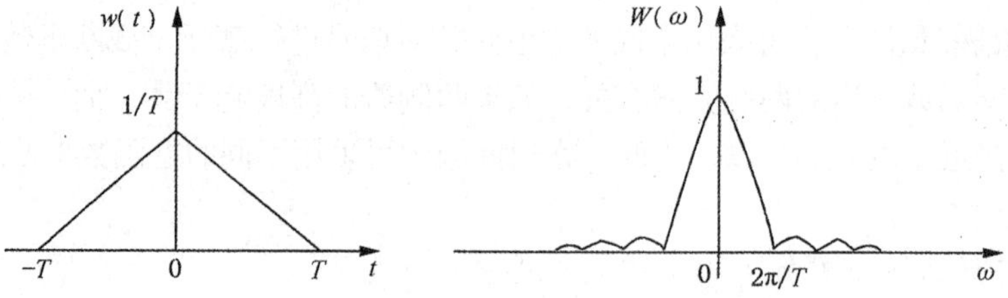

图5－37　三角窗

（3）汉宁（Hanning）窗

汉宁窗又称升余弦窗，其时域表达式为：

$$w(t)=\begin{cases}\dfrac{1}{T}\left(\dfrac{1}{2}+\dfrac{1}{2}\cos\dfrac{\pi t}{T}\right) & |t|\leqslant T\\ 0 & |t|>T\end{cases}\tag{5-46}$$

相应的窗谱为：

$$W(\omega)=\frac{\sin\omega T}{\omega T}+\frac{1}{2}\left[\frac{\sin(\omega T+\pi)}{\omega T+\pi}+\frac{\sin(\omega T-\pi)}{\omega T-\pi}\right]\tag{5-47}$$

由此式可以看出，汉宁窗可以看作是3个矩形时间窗的频谱之和，或者说是3个sinc(t)型函数之和，而括号中的两项相对于第一个谱窗向左、右各移动了π/T，从而使旁瓣互相抵消，消去高频干扰和漏能。

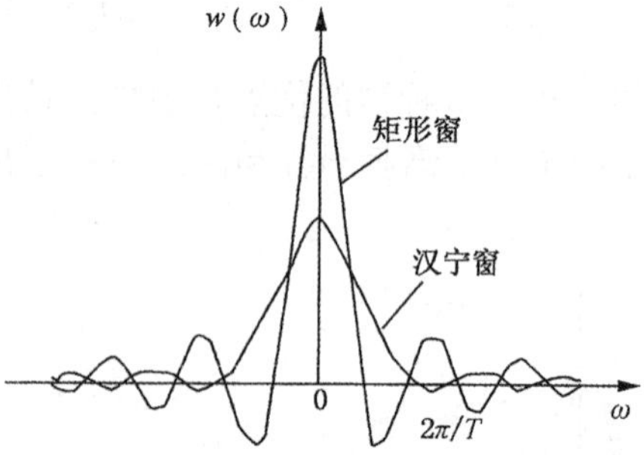

图5－38　汉宁窗与矩形窗谱图对比

图5－38表示汉宁窗与矩形窗的谱图对比，可以看出，汉宁窗主瓣加宽（第一个零点在$2\pi/T$处）并降低，旁瓣则显著减小。第一个旁瓣衰减－32dB，而矩形窗第一个旁瓣衰减－13dB。此外，汉宁窗的旁瓣衰减速度也较快，约为60dB/（10oct），而矩形窗为20dB/（10oct）。由以上比较可知，从减小泄漏观点出发，汉宁窗优于矩形窗。但汉宁窗主瓣加宽，相当于分析带宽加宽，频率分辨力下降。

（4）海明（Hamming）窗

海明窗也是余弦窗的一种，又称改进的升余弦窗，其时间函数表达式为：

$$w(t)=\begin{cases}\dfrac{1}{T}\left(0.54+0.46\cos\dfrac{\pi t}{T}\right) & |t|\leqslant T\\ 0 & |t|>T\end{cases}\tag{5-48}$$

其窗谱为：

$$W(\omega)=1.08\frac{\sin\omega T}{\omega T}+0.46\left[\frac{\sin(\omega T+\pi)}{\omega T+\pi}+\frac{\sin(\omega T-\pi)}{\omega T-\pi}\right]\tag{5-49}$$

海明窗与汉宁窗都是余弦窗，只是加权系数不同。海明窗加权的系数能使旁瓣达到更小。分析表明，海明窗的第一旁瓣衰减为 -42dB。海明窗的频谱也是由 3 个矩形时窗的频谱合成，但其旁瓣衰减速度为 20dB/(10oct)，这比汉宁窗衰减速度慢。海明窗与汉宁窗都是很有用的窗函数。

（5）高斯窗

高斯窗是一种指数窗．其时域函数为：

$$w(t) = \begin{cases} \frac{1}{T}e^{-at^2} & |t| \leqslant T \\ 0 & |t| > T \end{cases} \tag{5-50}$$

式中 a 为常数，决定了函数曲线衰减的快慢。a 值如果选取适当，可以使截断点(T 为有限值)处的函数值比较小，则截断造成的影响就比较小。高斯窗谱无负的旁瓣，第一旁瓣衰减达 -55dB。高斯窗谱的主瓣较宽，故而频率分辨力低。高斯窗函数常被用来截断一些非周期信号，如指数衰减信号等。

除了以上几种常用窗函数以外，尚有多种窗函数，如平顶窗、帕仁(Parzen)窗、布莱克曼(Blackman)窗、凯塞(kaiser)窗等。

表 5-4 列出了 5 种典型窗函数的性能特点。

表 5-4　典型窗函数的性能特点

窗函数类型	-3dB 带宽	等效噪声带宽	旁瓣幅度/dB	旁瓣衰减速度/[dB/(100oct)]
矩　形	0.89B	B	-13	-20
三角形	1.28B	1.33B	-27	-60
汉　宁	1.20B	1.23B	-32	-60
海　明	1.30B	1.36B	-42	-20
高　斯	1.55B	1.64B	-55	-20

对于窗函数的选择，应考虑被分析信号的性质与处理要求。如果仅要求精确读出主瓣频率，而不考虑幅值精度，则可选用主瓣宽度比较窄而便于分辨的矩形窗，例如测量物体的自振频率等；如果分析窄带信号，且有较强的干扰噪声，则应选用旁瓣幅度小的窗函数，如汉宁窗、三角窗等；对于随时间按指数衰减的函数，可采用指数窗来提高信噪比。

第6章 旋转机械的故障诊断

6.1 概　　述

绝大多数机械都有旋转件，所谓旋转机械是指主要功能由旋转运动来完成的机械，尤其是指主要部件作旋转运动的、转速较高的机械。

旋转机械种类繁多，有汽轮机、燃气轮机、离心式压缩机、发电机、水泵、水轮机、通风机以及电动机等。这类设备的主要部件有转子、轴承系统、定子和机组壳体、联轴器等组成，转速从每分钟几十到几万、几十万转。

故障是指机器的功能失效，即其动态性能劣化，不符合技术要求。例如，机器运行失稳，产生异常振动和噪声，工作转速、输出功率发生变化，以及介质的温度、压力、流量异常等。机器发生故障的原因不同，所反映出的信息也不一样，根据这些特有的信息，可以对故障进行诊断。但是，机器发生故障的原因往往不是单一的因素，一般都是多种因素共同作用的结果，所以对设备进行故障诊断时，必须进行全面的综合分析研究。

由于旋转机械的结构及零部件设计加工、安装调试、维护检修等方面的原因和运行操作方面的失误，使得机器在运行过程中会引起振动，其振动类型可分为径向振动、轴向振动和扭转振动，其中过大的径向振动往往是造成机器损坏的主要原因，也是状态监测的主要参数和进行故障诊断的主要依据。

大型旋转机械，如压缩机、汽轮机、发电机、风机、泵等是大型生产企业的关键设备。它们通常具有大型、高速、连续工作及处于核心地位的特点，其运行状况好坏直接影响企业的生产，一旦故障停机，将造成巨大的经济损失和严重的乃至灾难性的后果。国内外曾发生过的各种空难、爆炸和断裂等恶性事故，不但造成人员伤亡和巨大的经济损失，而且造成了严重的社会影响。例如，1986年4月前苏联的切尔诺贝利核电站四号机组发生严重振动而造成核泄漏，致使2000多人死亡，直接经济损失达30亿美元；1972年日本关西电力公司Kaman电厂一台600MW汽轮机发电机组，因为异常振动发生轴断为18段的严重事故，并引起氢气爆炸造成火灾，直接经济损失达2000万马克；1987年山西大同发电200MW机组转子断裂，1988年秦岭电厂5号机组主轴断裂，两次事故经济损失均达亿元以上。研究并应用先进的状态监测与故障诊断技术不仅可以早期发现故障，避免恶性事故的发生，还可以从根本上解决目前设备定期维修不足和维修过剩的问题。

近年来，随着现代工业的发展，大型旋转机械需求数量不断增加，而且，这类机械本身还不断向大功率、大容量、高转速、高效率和复杂化等方面发展，如何管理好这些设备，确保工作过程的安全性和可靠性，避免事故发生，让设备发挥最大的经济效益，已成为现代企业管理的重要目标之一。为此，要求通过对机器的在线监测能够尽早识别较小的故障，并监视故障的发展，以便在整个系统较大破坏之前，及时实施补救措施或有准备地停机。

另一方面，对大型旋转机械进行状态监测，可以更有效的指导设备的维修管理，将早期的事后维修方式和定期预防维修方式发展为视情维修，可以让机器在有限的使用寿命期内创造最大的价值。因此，积极开展对旋转机械在线振动监测与故障诊断的研究，具有重要的经济意义和实用价值。

根据故障原因和造成故障原因的不同阶段，可以将旋转机械的故障原因分为几个方面，见表6-1。

表6-1 旋转机械故障原因分类

故障分类	主　要　原　因
设计原因	① 设计不当，动态特性不良，运行时发生强迫振动或自激振动 ② 结构不合理，应力集中 ③ 设计工作转速接近或落入临界转速区 ④ 热膨胀量计算不准，导致热态对中不良
制造原因	① 零部件加工制造不良，精度不够 ② 零件材质不良，强度不够，制造缺陷 ③ 转子动平衡不符合技术要求
安装、维修	① 机械安装不当，零部件错位，预负荷大 ② 轴系对中不良 ③ 机器几何参数（如配合间隙、过盈量及相对位置）调整不当 ④ 管道应力大，机器在工作状态下改变了动态特性和安装精度 ⑤ 转子长期放置不当，改变了动平衡精度 ⑥ 未按规程检修，破坏了机器原有的配合性质和精度
操作运行	① 工艺参数（如介质的温度、压力、流量、负荷等）偏离设计值，机器运行工况不正常 ② 机器在超转速、超负荷下运行，改变了机器的工作特性 ③ 运行点接近或落入临界转速区 ④ 润滑或冷却不良 ⑤ 转子局部损坏或结垢 ⑥ 启停机或升降速过程操作不当，暖机不够，热膨胀不均匀或在临界区停留时间过久
机器劣化	① 长期运行，转子挠度增大或动平衡劣化 ② 转子局部损坏、脱落或产生裂纹 ③ 零部件磨损、点蚀或腐蚀等 ④ 配合面受力劣化，产生过盈不足或松动等，破坏了配合性质和精度 ⑤ 机器基础沉降不均匀，机器壳体变形

6.2 旋转机械振动基本特性

旋转机械的主要功能是由旋转部件来完成的，转子是其最主要的部件。旋转机械发生故障的主要特征是机器伴有异常的振动和噪声，其振动信号从幅域、频域和时域反映了机器的故障信息。因此，了解旋转机械在故障状态下的振动机理，对于监测机器的运行状态和提高诊断故障的准确率都非常重要。

6.2.1 旋转机械振动分类

旋转机械振动按机械振动性质可以分为3类：

(1) 强迫振动

强迫振动又称同步振动，是由外界持续周期性激振力作用而引起的振动。强迫振动从外界不断地获得能量来补偿阻尼所消耗的能量，使系统始终保持持续的等幅振动。该振动反过来并不影响扰动力。产生强迫振动的主要原因有转子质量的不平衡、联轴器不对中、转子的静摩擦、机械部件松动、转子部件或轴承破损等。强迫振动的特征频率总是等于扰动力的频率。例如，由于转子质量不平衡引起的强迫振动，其振动频率恒等于转速频率。

（2）自激振动

机器运行过程中由机械内部运动本身产生的交变力引起的振动叫自激振动，一旦振动停止，交变力也自然消失；自激振动频率即机械的固有频率（或临界频率），与外来激励的频率无关。旋转机械中常见的自激振动有油膜涡动和油膜振荡。它主要由转子内阻、动静部件的干摩擦等引起。与强迫振动相比，自激振动出现比较突然，振动的强度比较严重，短时间内就会对机器造成严重破坏。

（3）非定常强迫振动

非定常强迫振动是由外来扰动力引起的一种强迫振动。其特点是与扰动力具有相同的频率；振动本身反过来会影响扰动力的大小与相位；振动的幅值和相位都是变化的。比如转子轴上某一部位出现不均匀的热变形，就相当于给转子增加了不平衡质量，它将会使振动的幅值和相位都发生变化。反过来，振动幅值和相位的变化又影响不均匀热变形的大小与部位，从而使强迫振动连续不断地发生变化。

6.2.2 转子振动的基本特性

旋转机械的主要部件是转子，其结构型式虽然多种多样，但对一些简单的旋转机械来说，为分析和计算方便，一般都将转子的力学模型简化为一圆盘装在一无质量的弹性转轴上，转轴两端由刚性的轴承及轴承座支承。该模型称为刚性支承的转子，对它进行分析计算所得到的概念和结论用于简单的旋转机械是适用的。由于做了上述种种简化，若把得到的分析结果用于较为复杂的旋转机械时不够精确，但基本上能够说明转子振动的基本特性。

大多数情况下，旋转机械的转子轴心线是水平的，转子的两个支承点在同一水平线上。设转子上的圆盘位于转子两支点的中央，当转子静止时，由于圆盘的重量使转子轴弯曲变形产生静挠度，即静变形。此时，由于静变形较小，对转子运动的影响不显著，可以忽略不计，即认为圆盘的几何中心 O' 与轴线 AB 上 O 点相重合，如图 6－1 所示。转子开始转动后，由于离心力的作用，转子产生动挠度。此时，转子有两种运动：一种是转子的自身转动，即圆盘绕其轴线 $AO'B$ 的转动；另一种是弓形转动，即弯曲的轴心线 $AO'B$ 与轴承联线 AOB 组成的平面绕 AB 轴线的转动。

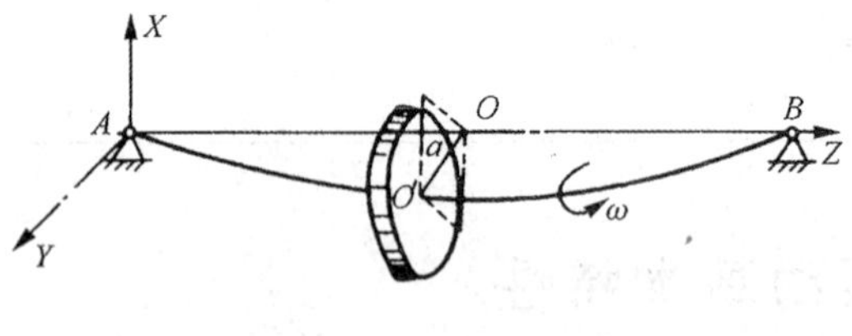

图 6－1　单圆盘转子

圆盘的质量以 m 表示，它所受的力是转子的弹性力 F

$$F = -ka \tag{6-1}$$

式中，k 为转子的刚度系数，$a = OO'$。圆盘的运动微分方程为

$$m\ddot{x} = F_x = -kx \tag{6-2}$$

$$m\ddot{y} = F_y = -ky \tag{6-3}$$

令

$$\omega_n = \sqrt{k/m} \tag{6-4}$$

则

$$x = X\cos(\omega_n t + \varphi_x) \tag{6-5}$$

$$y = Y\cos(\omega_n t + \varphi_y) \tag{6-6}$$

式中，X、Y为振动幅度；φ_x、φ_y为相位。由(6-4)式可知，圆盘或转子的中心O'，在互相垂直的两个方向作频率为ω_n的简谐振动。在一般情况下，X、Y振幅不相等，O'点的轨迹为一椭圆。O'的这种运动是一种“涡动”或称“进动”。转子的涡动方向与转子的转动角速度ω同向时，称为正进动；与ω反方向时，称为反进动。

6.3 旋转机械故障信息的来源

为诊断旋转机械故障，须获取旋转机械的故障信息。旋转轴如果发生故障，就会引起转子振动的异常变化，通过对振动信号的分析，就会发现这种异常变化。同时，还要对旋转机械的结构、特性、运行记录等作详细了解，才有把握根据振动的异常变化来推断故障原因。图6-2为转子故障诊断过程示意图。可见，事前调查阶段就要掌握与旋转机械有关的丰富信息。机器设计、制造和现场维护人员常会给我们提供十分有用的信息。我国现行的管理水平、转子监测系统的引入并不排斥和取代现场操作人员的经验和智慧。相反二者有机结合信息共享，才有利于设备管理和故障诊断工作更好开展。

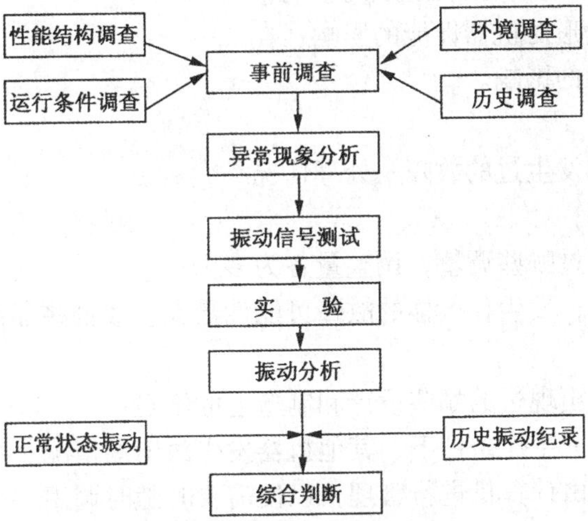

图6-2　转子振动故障诊断流程图

研究表明，振动信号中含有丰富的故障信息，通过对其进行时域、频谱及轴心轨迹的综合分析，分离出振动信号的主要时域部分、频率部分和轴心轨迹，从而得出各种故障。

较为普遍采用的是频谱分析，不同故障情况其频率分布及幅值大小各有不同，是旋转机械故障信息的主要来源。在机械设备诊断中，许多故障都会在振动信号中有所反映，如不平衡、不对中、油膜涡动、热弯曲和部件脱落以及轴承松动、偏心等。一般来说，这些故障的出现，振动信号的幅值就会变化，包括振动能量分布的变化，即频谱的各倍频的幅值变化。如轴系对中不良会使振动信号的倍频成分发生变化，特别是二倍频。但是这些振动信息并不能为故障诊断系统(即计算机)所直接使用，必须借助于传感装置将其转换成电信号，并经过传输电缆送至监测仪表或计算机前置预处理器中进行放大、滤波、积分等预处理，然后再转换成计算机能够识别的数字信息进行特征提取、状态识别和决策。

6.3.1 机器现场情况

要得到正确的诊断结论，就必须拥有大量的有关机器的信息。其中包括机器的结构性能、操作运行情况、外界环境影响、机器维修使用记录等。

1. 机器的结构性能

（1）机器的工作原理，机器在整个生产过程中的作用和地位。

（2）机器的动态参量。主要指设计的额定运行指标和工艺参数范围，如驱动机的功率，各工艺段流量、压力、温度、转子转速及变化范围，机器的工作介质等。

（3）机器结构。如轴承型式、密封结构、转子与其他部件之间联轴器的结构。若是齿轮联轴器则还须知道其齿数、转子工艺段数、转子上叶片数目及其共振频率，转子临界转速等。

2. 操作运行情况

操作运行情况指机器运行时工艺参数的大小及变化，机器输入引起的变化，是否感觉到性能的变化和故障征兆等。

3. 外界环境的影响

（1）环境温度、湿度等的影响；

（2）周围其他机器、管道振动造成的影响；

（3）地基沉降、变形对机器性能的影响；

（4）输入电压波动的影响。

4. 维修使用情况

（1）机器运转以来发生过的故障及处理情况；

（2）上次维修日期；

（3）修时对机器作过哪些调整，调整量各为多少；

（4）对本机器来说，发生什么样的故障可能性最大，或哪些部件容易发生故障及机器的薄弱环节；

（5）机器使用以来出现过的哪些设计和制造上的不足；

（6）同一型号、同一工作条件下，其他机器发生故障的情况。

上述有关信息，可由计算机进行管理，以便需要时随时调用。

6.3.2 机械现场诊断实例

石油及化工生产中运行着大量流体机械，如压缩机、泵等，经常出现机器振动异常的情况，往往对正常生产造成很大影响。而在旋转机械振动诊断中广泛应用的故障诊断技术，大多以经验分析为基础。当面对生产现场机器的异常振动时，对现场技术人员经验的依赖程度很大。因为引起机器振动故障的因素复杂多样，往往故障振动原因和信号特征信息之间并没有非常明显的规律。另外由于生产条件的限制，许多故障振动现场无法得到完整的检测数据。因此，现场诊断是一个十分棘手的问题。下面结合实例探讨机器异常振动的现场诊断。

某离心式压缩机的异常振动。分析一台 DH 型离心式空气压缩机，排气压力 0.56MPa，排气量 $58000m^3/h$，4 级叶轮，1，2 级叶轮为低速轴，转速 7600r/min，3，4 级为高速轴，转速 9300r/min，结构示意图见图 6 - 3。该设备投产后一直采用涡流传感器监测其转轴的振动。该机组的两次异常振动诊断情况如下：

（1）第一次异常振动发生在某次检修结束开车后，该机器的 1 级缸振动振幅快速上升，在几天之内就达到并超过了允许振幅值，被迫停车维修。振动频谱见图 6－4，振动主频率是低速轴转速频率 125Hz。初步处理。拆机后将转子进行清洗，动平衡，安装，开车后又重现前面的情况；几天内因振幅过大被迫停车，拆机，清洗，动平衡，装机。重复几次均是如此。初步分析：工频振动，属于不平衡或类似于不平衡的故障。该异常振动每次的发生发展过程为几天，拆机后都发现叶轮流道处积有污垢，很可能是气体中粉尘粘在转子上造成转子的不平衡。根据了解，该机自运行以来 1 级叶轮一直存在由于叶轮流道中有污垢，振动值较大的情况；不过，气体中固体杂质粘结在叶轮上积累是一个渐进的过程，每次在正常检修时进行流道清洗即可控制，从未出现这种几天内由气体中粉尘引发剧烈振动的情况。而且这几次转子安装前均进行过清洗和动平衡，因此不应该是由此原因引发异常振动。

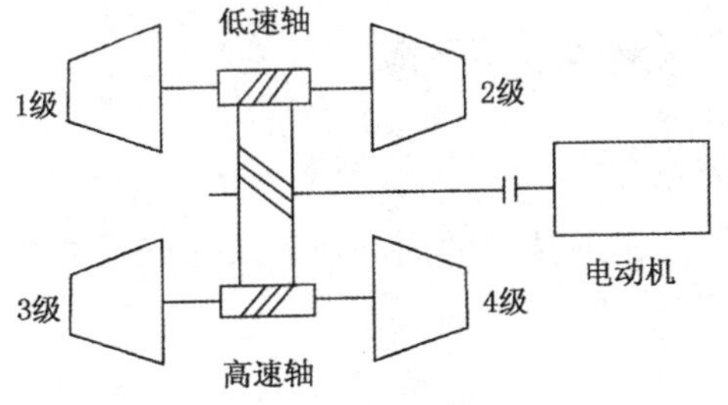

图 6－3　空压实压缩机结构视图

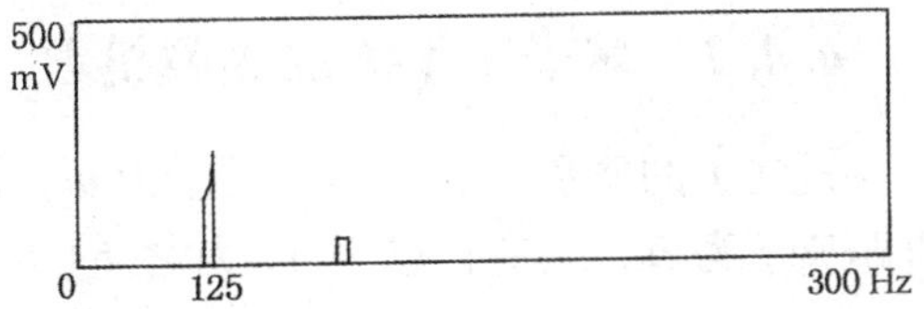

图 6－4　压缩机结构频谱

检修中，由于看到机器 2 级叶轮流道入口处积满污物，且流道壁上发现锈垢。检修人员采用机械切、磨削的方法清除叶轮入口流道内的可见锈垢，然后作转子的平衡，再安装。这种措施重复了几次。考虑工作介质的因素，进一步分析可以知道：叶轮流道壁上出现锈垢以及机械磨削叶轮流道，会改变流道的性能，加速气体中粉尘在叶轮流道上的沉积。由此判断：机器激烈振动的原因是由于叶轮流道表面锈蚀以及机械磨削引起流道空间形状的改变，加速了气体中污物粉尘在叶轮上粘结积累的过程。实践证明，以上判断是正确的。

（2）第二次振动振幅超常发生在正常运行中，机器 3 级缸处振幅突然从正常值跃升到报警值，随后振幅一直保持在报警值附近。振动的主频率是 3 级转轴的转速频率 150Hz。频率特征图与图 6－4 类似。从频谱上看这次异常振动也是工频振动。进入 3，4 级叶轮的气体介质比较洁净，机组自运行以来高速轴的振幅一直小于低速轴，这次异常振动的情况反常。它是在机组运行中突然发生，很像是转子脱落一块或是异物进入叶轮引起的不平衡。经了解，在一个月前的检修时，检修人员曾发现机组级间冷却器壳体内壁腐蚀严重，进行过处理。由此判断，突发振动的起因很可能是由于冷却器内壁清理不彻底。机组运行时，冷却器内壁上锈块等异物在气流作用下脱落，冲至叶轮流道所造成。清除异物，异常振动消除，证明上述判断是正确的。

6.4　转子不平衡的故障机理与诊断

转子不平衡是由于转子部件质量偏心或转子部件出现缺损造成的故障，它是旋转机械最常见的故障。据统计，旋转机械约有近 70% 的故障与转子不平衡有关。因此，对不平衡故障的研究与诊断也最有实际意义。

6.4.1 转子不平衡的种类

造成转子不平衡的具体原因很多，按发生不平衡的过程可分为原始不平衡、渐发性不平衡和突发性不平衡等几种情况。

原始不平衡是由于转子制造误差、装配误差以及材质不均匀等原因造成的，如出厂时动平衡没有达到平衡精度要求，在投用之初，便会产生较大的振动。

渐发性不平衡是由于转子上不均匀结垢，介质中粉尘的不均匀沉积，介质中颗粒对叶片及叶轮的不均匀磨损以及工作介质对转子的磨蚀等因素造成的。其表现为振动值随运行时间的延长而逐渐增大。

突发性不平衡是由于转子上零部件脱落或叶轮流道有异物附着、卡塞造成，机组振动值突然显著增大后稳定在一定水平上。

不平衡按其机理又可分为静不平衡、动不平衡、动静综合不平衡。

6.4.2 转子不平衡的故障机理

设转子的质量为 M，偏心质量为 m，偏心距为 e，如果转子的质心到两轴承连心线的垂直距离不为零，具有挠度为 a，如图 6–5 所示。

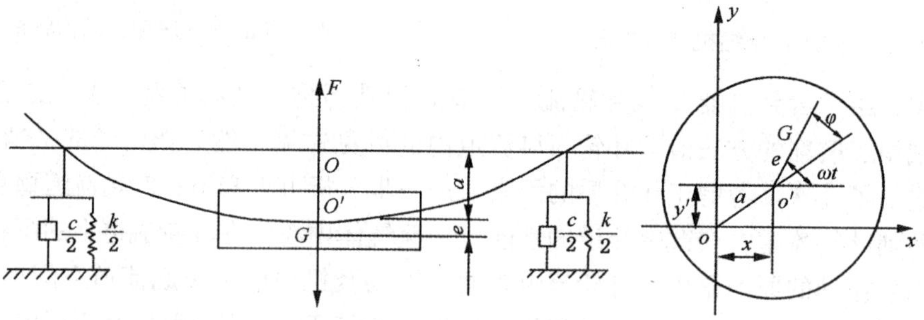

图 6–5 转子力学模型

由于有偏心质量 m 和偏心距 e 的存在，当转子转动时将产生离心力、离心力矩或两者兼而有之。离心力的大小与偏心质量 m、偏心距 e 及旋转角速度 ω 有关，即 $F = me\omega^2$。众所周知，交变的力(方向、大小均周期性变化)会引起振动，这就是不平衡引起振动的原因。转子转动一周，离心力方向变化一个周期，因此不平衡振动的频率与转速一致。

6.4.3 转子不平衡的故障特征

实际工程中，由于轴的各个方向上刚度有差别，特别是由于支承刚度各向不同，因而转子对平衡质量的响应在 x、y 方向不仅振幅不同，而且相位差也不是 90°，因此转子的轴心轨迹不是圆而是椭圆，如图 6–6 所示。

由上述分析知，转子不平衡故障的主要振动特征是：

（1）振动的时域波形近似为正弦波(图 6–6)；

（2）频谱图中，谐波能量集中于基频，并且会出现较小的高次谐波，使整个频谱呈所谓的“枞树形”，如图6－7所示；

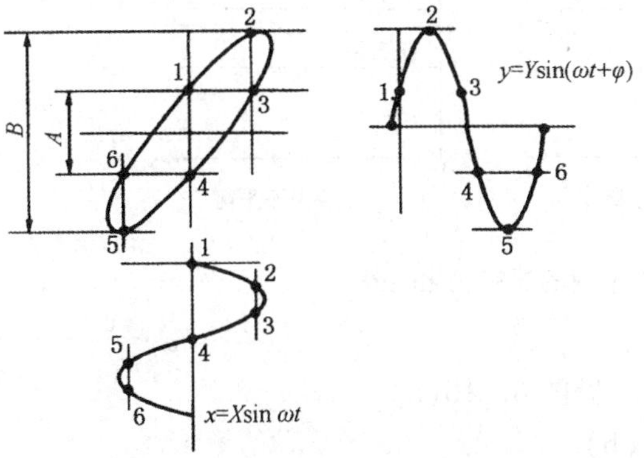

图6－6　转子不平衡的轴心轨迹

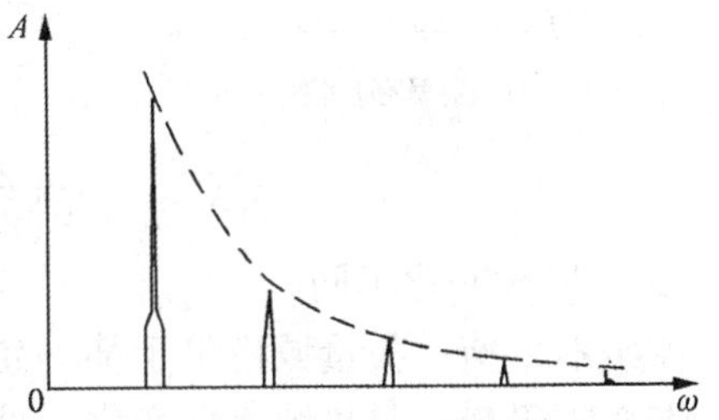

图6－7　转子不平衡故障谱图

（3）当 $\omega<\omega_n$ 时，即在临界转速以下，振幅随着转速的增加而增大；当 $\omega>\omega_n$ 后，即在临界转速以上，转速增加时振幅趋于一个较小的稳定值；当 ω 接近于 ω_n 时，即转速接近临界转速时，发生共振，振幅具有最大峰值。振动幅值对转速的变化很敏感，如图6－8所示；

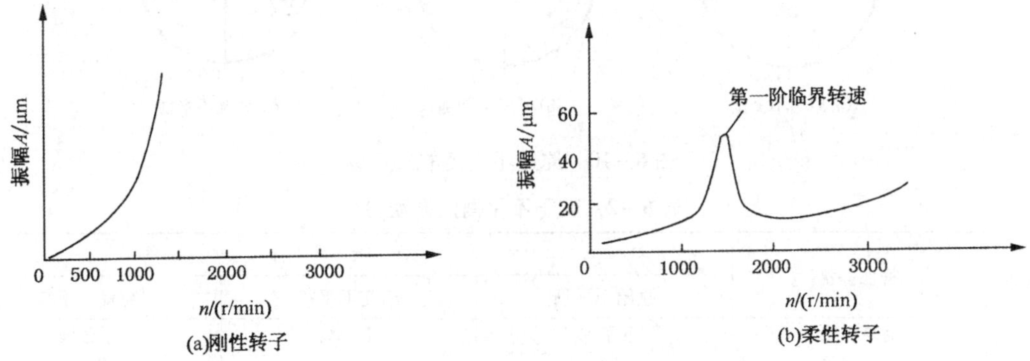

图6－8　转子不平衡的主要特征

（4）当工作转速一定时，相位稳定；

（5）转子的轴心轨迹为椭圆；

（6）从轴心轨迹观察其进动特征为同步正进动。

6.4.4　转子不平衡的诊断方法

转子不平衡的诊断依据主要见表6－2和表6－3。

对于原始不平衡、渐变不平衡和突发性不平衡这3种形式，其共同点较多，但可以从以下两个方面对其进行甄别。

1. 振动趋势不同

原始不平衡：在运行初期机组的振动就处于较高的水平，见图6－9(a)；

渐变不平衡：运行初期机组振动较低，随着时间的推移，振动值逐步升高，见图6－9（b）；

突发不平衡：振动值突然升高，然后稳定在一个较高的水平，见图6－9(c)。

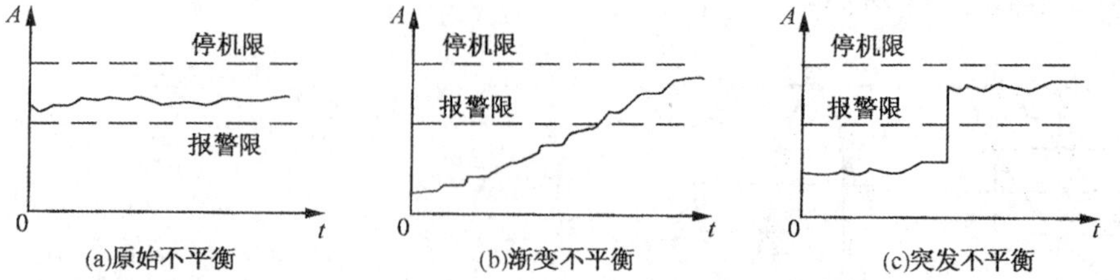

图 6－9　几种不同性质的不平衡的振幅变化趋势

2. 矢量域变化不同

原始不平衡：矢量域稳定于某一允许的范围，见图 6－10(a)；

渐变不平衡：矢量域逐渐变化，见图 6－10（b）；

突发不平衡：矢量域某一时刻发生突变，见图 6－10(c)，然后稳定。

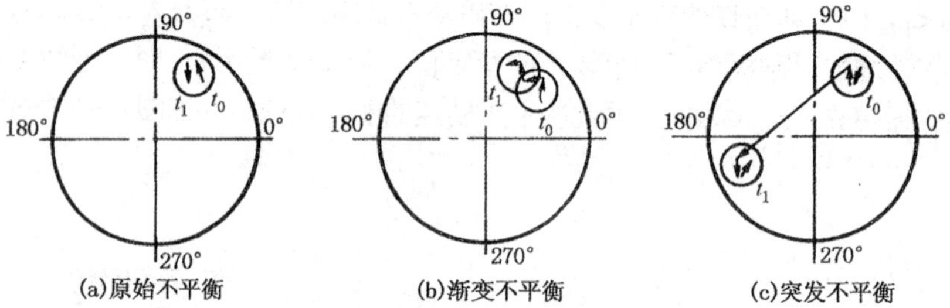

图 6－10　原始不平衡的矢量域

表 6－2　转子不平衡的振动特征

序号	特征参量	故障特征		
		原始不平衡	渐变不平衡	突发不平衡
1	时域波形	正弦波	正弦波	正弦波
2	特征频率	1×	1×	1×
3	常伴频率	较小的高次谐波	较小的高次谐波	较小的高次谐波
4	振动稳定性	稳定	逐渐增大	突发性增大后稳定
5	振动方向	径向	径向	径向
6	相位特征	稳定	渐变	突发后稳定
7	轴心轨迹	椭圆	椭圆	椭圆
8	进动方向	正进动	正进动	正进动
9	矢量区域	不变	渐变	突发后稳定

表 6－3　转子不平衡的振动敏感参数

序号	敏感参数	随敏感参数变化情况		
		原始不平衡	渐变不平衡	突发不平衡
1	振动随转速变化	明显	明显	明显
2	振动随油温变化	不变	不变	不变
3	振动随介质温度变化	不变	不变	不变
4	振动随压力变化	不变	不变	不变
5	振动随流量变化	不明显	不明显	不明显
6	振动随负荷变化	不明显	不明显	不明显
7	其他识别方法	低速时振幅趋于零，运动初期振动值就处于较高的水平	随运动时间的推移，振动逐步增大	振幅突然增加，然后稳定

6.4.5 转子不平衡的故障原因及治理措施

上述三类转子不平衡的故障原因分析及相应治理措施见表6－4。

表6－4 转子不平衡故障原因分析与治理措施

序号	原因分类	主要原因		
		初始不平衡	渐变不平衡	突发不平衡
1	设计原因	① 结构不合理	① 结构不合理，易结垢 ② 材质不合理，易腐蚀	① 结构不合理，应力集中 ② 系统设计不合理，造成异物进入流道
2	制造原因	① 制造误差大 ②材质不均匀 ③动平衡精度低	① 材质用错 ② 光洁度不够，易结垢 ③ 表面处理不好，易腐蚀	① 热处理不良，有应力 ② 入口滤网制造缺陷
3	安装维修	① 转子上零部件安装错误 ② 零件漏装	① 转子未除垢	① 转子有较大预负荷
4	操作运行		① 介质带液，造成腐蚀 ② 介质脏，造成结垢	① 超速、超负荷运行 ② 入口阻力大，导致部件损坏，进入流道 ③ 介质带液，导致腐蚀断裂
5	状态劣化	① 转子上配合零件松动	① 转子回转体结垢 ② 转子腐蚀	① 疲劳，腐蚀 ② 超期服役
治理措施		① 按技术要求对转子进行动平衡 ② 按要求对位安装转子上的零部件 ③ 消除转子上松动的部件	① 转子除垢，进行修复 ② 定期检修 ③ 保证介质清洁，不带液，防止结垢和腐蚀	① 停机检修，更换损坏的转子 ② 停机清理流道异物 ③ 消除应力，防止转子损坏

6.4.6 转子不平衡的故障诊断实例

【例1】 某大型离心式压缩机组蒸汽透平经检修更换转子后，机组启动时发生强烈振动。压缩机两端轴承处径向振幅达到报警值，机器不能正常运行。主要振动特征如图6－11所示。

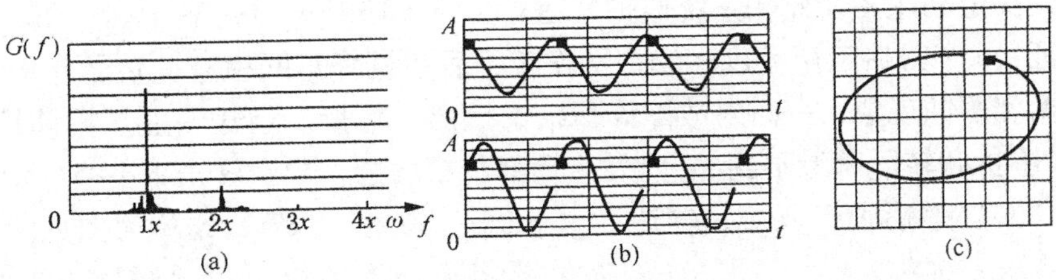

图6－11 压缩机振动特征

由图可见：①振动大小随转速升降变化明显；②时域波形为正弦波；③轴心轨迹为椭圆；④振动相位稳定，为同步正进动；⑤频谱中能量集中于1×频，有突出的峰值，高次谐波分量较小。

诊断意见：根据以上振动特征，由表6－2可知，压缩机发生强烈振动的原因是由于转子不平衡造成的。

检查该转子的库存记录，库存时间较长，因转子较重，保管员未按规定周期盘转，初步断定是转子动平衡不良造成的。

处理措施：机组故障原因是转子不平衡，短期内不会迅速恶化。考虑到化工生产工艺流程生产不能中断，经研究决定，监护运行。

生产验证：在加强监测的前提下维持运行，其振动趋势稳定，没有增大的趋势。

维持运行一个大修周期(18 个月)后，下次大修时更换转子并送专业厂检查，发现动平衡严重超标。

【例 2】 某 52 万 t/a 尿素装置 CO_2 压缩机组低压缸转子，大修后开车振动值正常，但在线监测系统发现其振动值有逐步增大的趋势。其时域波形为正弦波，分析其频谱，以 1× 频为主，分析其矢量域图，相位有一个缓慢的变化，如图 6-12 所示。

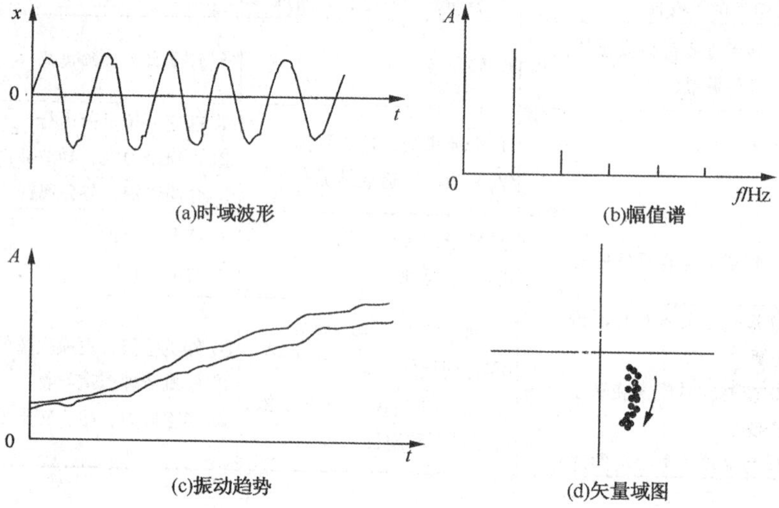

图 6-12 CO_2 压缩机渐变不平衡振动特征

诊断意见：经过两个月的连续观测，根据其振动特征，对照本节所述对几类不平衡故障的甄别方法，判定其故障原因为渐变不平衡，是由于转子流道结垢或局部腐蚀造成的。

处理措施：渐变不平衡短期内不会迅速恶化，同时正常生产一旦中断将会导致巨大的经济损失，因此决定利用在线监测系统监护其运行，待大修时再做处理。

生产验证：6 个月后工厂年度大修，更换转子后在机修车间检查，转子并不弯曲；目测检查，无结垢和腐蚀现象，一时对故障诊断结论提出了怀疑。但送专业厂拆卸检查后发现，一轴套内侧(不拆卸转子时看不到部分)发生局部严重腐蚀，导致转子不平衡质量逐渐增大。

【例 3】 某厂一锅炉引风机，转速 1480r/min，功率 75kW，结构简图见图 6-13。一次在设备巡检中进行了振动测量，机器各测点的速度有效值见表 6-5。测量结果表明，测点①的水平方向振动值严重超差(ISO 2372 标准允差为 7.1mm/s)。为了查明原因，利用 DZ-2 振动测量仪，配接 PF-1 简易频率分析仪对测点①、测点②进行了简易频率分析，其主要频率的速度有效值见表 6-6。测点①水平方向振动信号的频谱结构见图 6-14。

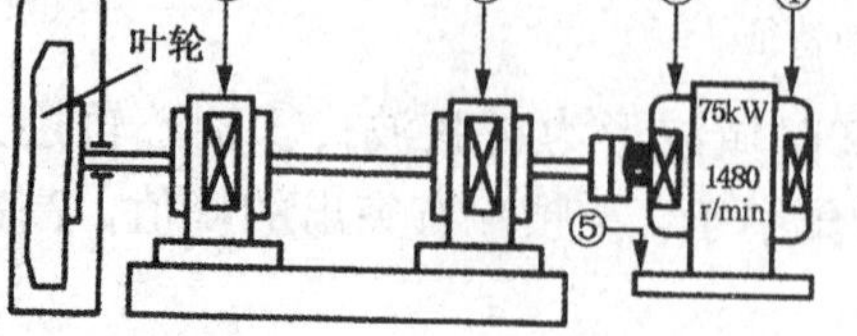

图 6-13 锅炉引风机结构简图

①，②—引风机轴承测点；③~⑤—电动机测点

表 6-5　锅炉引风机振动速度有效值 V_{rms}　　mm/s

方位	①	②	③	④	⑤
H	23.0	4.1	2.5	2.4	—
V	5.5	3.4	1.0	—	—
A	3.5	2.5	1.6	—	—

注：(1)带方框的数值表示最突出的值。

(2) H、V、A 分别代表测点的水平方向，垂直方向和轴向。

表 6-6　测点①和测点②主要频率速度有效值

测点方位	频率 f/Hz	转速 V_{rms}/(mm/s)
①-H	26	15
②-H	26	1.2

注：①-H 表示①测点的水平方向。

诊断意见：从频率结构看，测点水平方向的频率结构非常简单，只存在风机的转速频率(26Hz 近似于转频)成分。对比表 6-5 中测点①、测点②的振动值，可见测点②的振动值比测点①要小得多。测点①最靠近风机叶轮，存在不平衡故障。

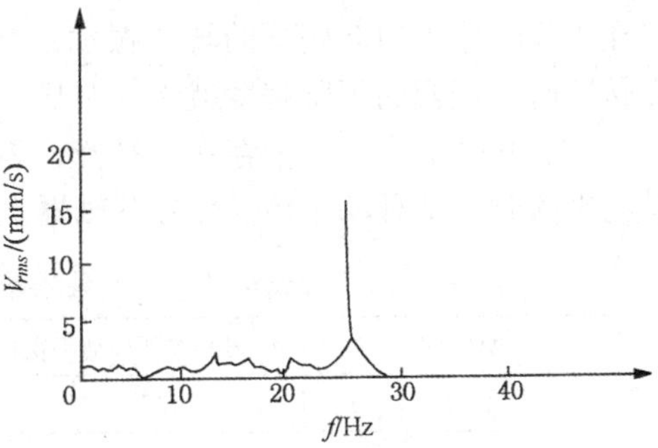

图 6-14　测点①水平方向频谱图

为了进一步验证判断结论，又在机器停止和启动过程中进行了振动测试，观察测振仪指针的摆动情况。在风机停车过程中测点①水平方向的振动值呈连续平缓下降的势态，而在风机启动过程中，振动值则由零连续上升至最大值，说明其振动不平衡。用户根据诊断结论进行了处理，机器恢复正常运行。

【例 4】　某炼油厂催化车间气压机组，由汽轮机、同步离合器、气压机、齿轮箱、电动机几部分串联而成，见图 6-15 所示。气压机型号为 2MCL-456，压缩气体为瓦斯气，入口压力为 0.102MPa，出口压力为 1.35MPa，转速 10700r/min。轴承型式为 5 块可倾瓦，联轴器均为膜片式。该机运行数年后为增大气量，更换了转子，扩大了转子隔板，并且对转子做了高速动平衡。改造后的转子出现了振动超标，靠近齿轮箱一侧的振动测点 VI375、VI376 的振幅达到 60μm，此后又上升至 90μm 左右。信号分析显示振动频率中工频成分占绝对优势，VI375、VI376 的轴心轨迹为椭圆，确认是转子不平衡引起的振动。另外又从转子升速过程的极坐标图上看出(见图 6-16)，转子在到达工作转速时，振幅迅速增长，相位也有明

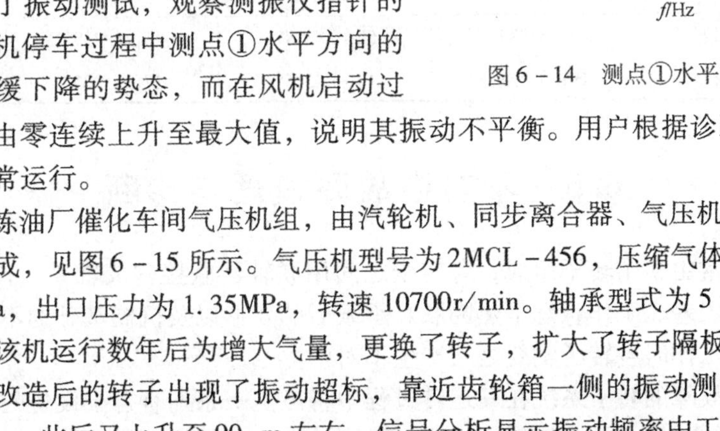

图 6-15　气压机组布置图

1—汽轮机；2—同步离合器；3—气压机；4—连轴节；5—齿轮箱；6—电动机

显变化。该转子在做高速动平衡时，也曾显示 9700～11000r/min 之间具有明显峰值，因此分析认为，该转子的工作转速就在它的二阶临界转速附近，对于不平衡振动具有较强的敏感性。考虑到气压机靠齿轮箱一侧的 VI375、VI376 测点振幅最高，决定在这一侧的联轴器上做现场动平衡。表 6－7 列出了二次现场动平衡前后的工频幅值和相位变化。

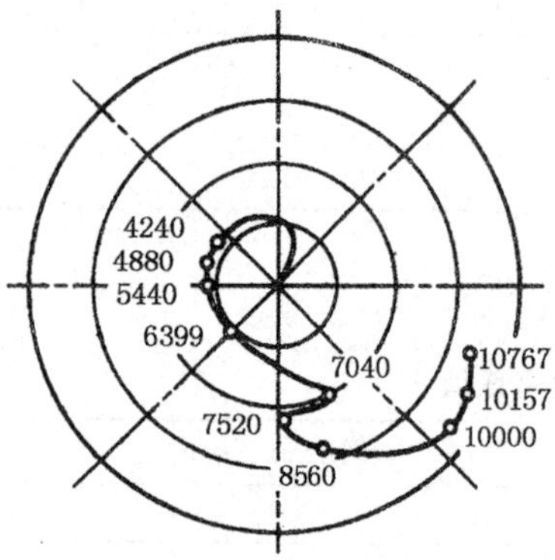

图 6－16　VI375 测点的极坐标图

从表中看出，动平衡前后相位稳定，动平衡后对降低 VI375、VI376 测点处的通频振幅和工频振幅方面效果十分明显，其原因是：

（1）气压机和齿轮箱之间的联轴器长度较长，达 302mm，气压机转子在这一端具有较长的外伸端，因此该联轴器上的不平衡对于引发转子振动十分敏感；

（2）转子工作转速接近第二临界转速，微量的不平衡将在工作转速下引起明显的转子振动；当转速下降至 10000r/min 以下，转子脱离了二阶临界转速时，振幅的下降程度就十分明显；

（3）联轴器本身可能存在不平衡，因为联轴器出厂时单独做动平衡和转子加联轴器一起做动平衡时，两种动平衡操作在联轴器上重复去重，造成联轴器新的不平衡。

表 6－7　二次现场动平衡前后的工频幅值和相位变化

动平衡次序	第一次现场动平衡（联轴器配重 5.3g）		第二次现场动平衡（联轴器配重 8.2g）	
测　　点	VI375	VI376	VI375	VI376
配重前工频（幅值/相位）	65μm/235°	52μm/348°	45μm/299°	22μm/322°
配重后工频（幅值/相位）	19μm/234°	13μm/345°	17μm/285°	6μm/349°

6.5　不对中故障机理与诊断

大型机组通常由多个转子组成，各转子之间用联轴器联接构成轴系，传递运动和转矩。由于机器的安装误差、工作状态下热膨胀、承载后的变形以及机器基础的不均匀沉降等，有可能会造成机器工作时各转子轴线之间产生不对中。

具有不对中故障的转子系统在其运转过程中将产生一系列有害于设备的动态效应，如引起机器联轴器偏转、轴承早期损坏、油膜失稳、轴弯曲变形等，导致机器发生异常振动，危害极大。

6.5.1　转子不对中的类型

如图 6－17 所示，转子不对中包括轴承不对中和轴系不对中两种情况。轴颈在轴承中偏斜称为轴承不对中。轴承不对中本身不会产生振动，它主要影响到油膜性能和阻尼。在转子不平衡情况下，由于轴承不对中对不平衡力的反作用，会出现工频振动。

机组各转子之间用联轴器连接时，如不处在同一直线上，就称为轴系不对中。通常所讲的不对中多指轴系不对中。造成轴系不对中的原因有安装误差、管道应变影响、温度变化热变形、基础沉降不均等。由于不对中，将导致轴向、径向交变力，引起轴向振动和径向振动。由于不对中引起的振动会随不对中严重程度的增加而增大，不对中是非常普遍的故障，即使采用自动调位轴承和可调节联轴器也难以使轴系及轴承绝对对中。当对中超差过大时，会对设备造成一系列有害的影响，如联轴器咬死、轴承碰磨、油膜失稳、轴挠曲变形增大等，严重时将造成灾难性事故。

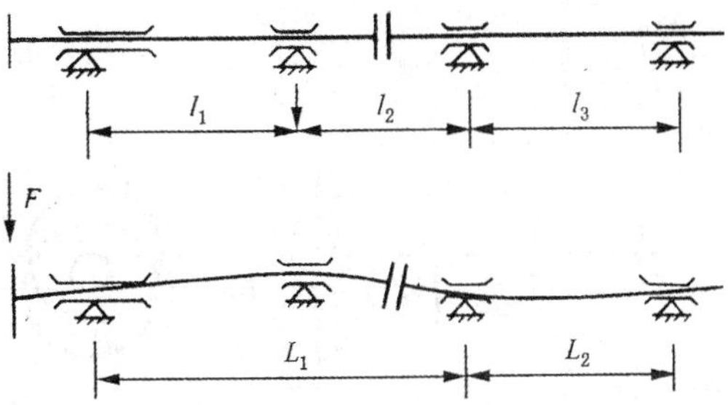

图 6－17　转子不对中的受力情况

如图 6－18 所示，轴系不对中一般可分为以下 3 种情况：

（1）轴线平行位移，称为平行不对中；

（2）轴线交叉成一角度，称为角度不对中；

（3）轴线位移且交叉，称为综合不对中。

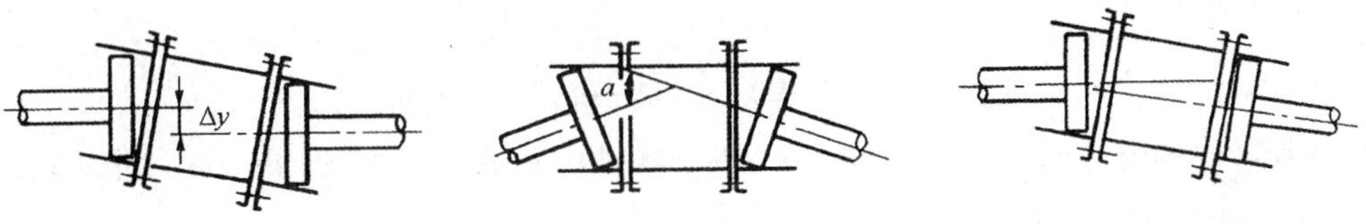

图 6－18　齿式联轴器转子不对中形式

6.5.2　转子不对中的故障机理

大型高速旋转机械常用齿式联轴器，中、小设备多用固定式刚性联轴器，不同类型联轴器及不同类型的不对中情况，振动特征不尽相同，在此分别加以说明。

1. 齿式联轴器连接不对中的振动机理

齿式联轴器由两个具有外齿环的半联轴器和具有内齿环的中间齿套组成。两个半联轴器分别与主动轴和被动轴连接。这种联轴器具有一定的对中调节能力，因此常在大型旋转设备上采用。在对中状态良好的情况下，内、外齿套之间只有传递转矩的周向力。当轴系对中超差时，齿式联轴器内外齿面的接触情况发生变化，从而使中间齿套发生相对倾斜，在传递运动和转矩时，将会产生附加的径向力和轴向力，引发相应的振动，这就是不对中故障振动的原因。

（1）平行不对中

联轴器的中间齿套与半联轴器组成移动副，不能相对转动。当转子轴线之间存在径向位移时，中间齿套与半联轴器间会产生滑动而作平面圆周运动，中间齿套的中心沿着以径向位移 y 为直径作圆周运动，如图 6－19 所示。

如图 6－20 所示，设 A 为主动转子的轴心投影，B 为从动转子的轴心投影，K 为中间齿套的轴心，AK 为中间齿套与主动轴的连线，BK 为中间齿套与从动轴的连线，AK 垂直 BK，设 AB 长为 D，K 点坐标为 $K(x,\ y)$，取 θ 为自变量，则有

$$x = D\sin\theta\cos\theta = \frac{1}{2}D\sin2\theta \tag{6-7}$$

$$y = D\cos\theta\cos\theta - \frac{1}{2}D = \frac{1}{2}D\cos2\theta \tag{6-8}$$

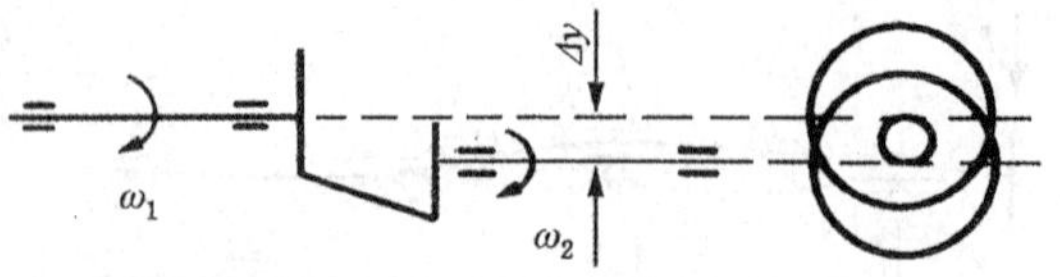

图 6－19　联轴器平形不对中

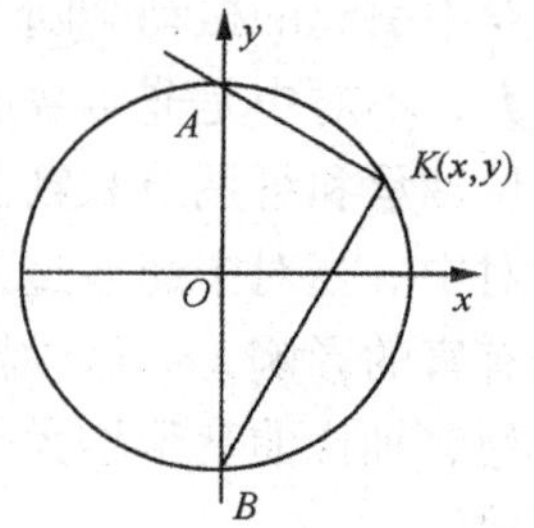

图 6－20　联轴器齿套运动分析

对 θ 求导，得

$$dx = D\cos 2\theta d\theta \tag{6-9}$$

$$dy = -D\sin 2\theta d\theta \tag{6-10}$$

K 点的线速度为

$$V_K = \sqrt{(dx/dt)^2 + (dy/dt)^2} = Dd\theta/dt \tag{6-11}$$

由于中间套平面运动的角速度（$d\theta/dt$）等于转轴的角速度，即 $d\theta/dt=\omega$，所以 K 点绕圆周中心运动的角速度 ω_k 为

$$\omega_K = 2V_K/D = 2\omega \tag{6-12}$$

式中，V_K 为点 K 的线速度，由式（6－12）可知，K 点的转动速度为转子角速度的两倍，因此当转子高速转动时，就会产生很大的离心力，激励转子产生径向振动，其振动频率为转子工频的两倍。此外由于不对中而引起的振动有时还包含有大量的谐波分量，但最主要的还是2倍频分量。

（2）偏角不对中

当转子轴线之间存在偏角位移时，如图 6－21 所示，从动转子与主动转子的角速度是不同的。从动转子的角速度为

$$\omega_2 = \omega_1\cos\alpha/(1-\sin^2\alpha\cos^2\varphi_1) \tag{6-13}$$

式中，ω_1，ω_2 分别为主动转子和从动转子的角速度；α 为从动转子的偏斜角；φ_1 为主动转子的转角。

从动转子每转动一周其转速变化两次，如图 6－22 所示，变化范围为

$$\omega_1\cos\alpha \leqslant \omega_2 \leqslant \omega_1/\cos\alpha \tag{6-14}$$

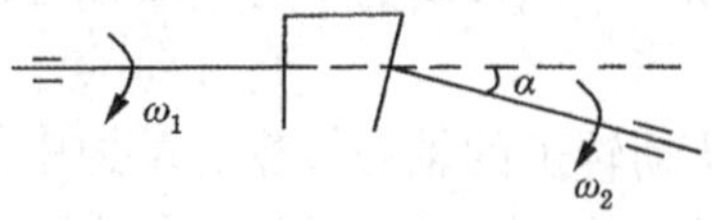

图 6－21　联轴器偏角不对中

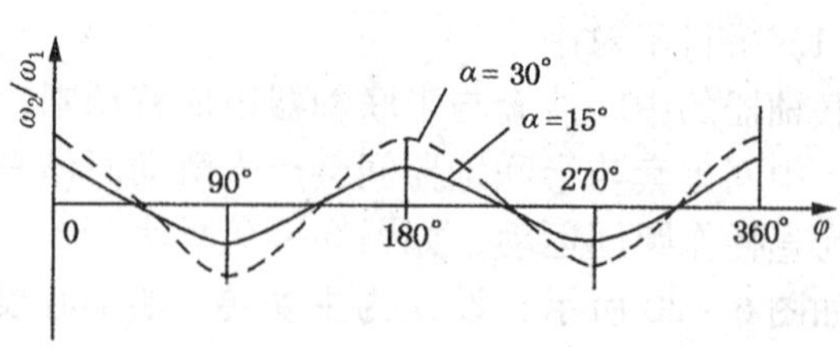

图 6－22　转速比的变化曲线

偏角不对中使联轴器附加一个弯矩，弯矩的作用是力图减小两轴中心线的偏角。转轴每旋转一周，弯矩作用方向交变一次，因此，对中增加了转子的轴向力，使转子在轴向产生工频振动。

(3) 综合不对中

在实际生产中，轴系转子之间的对中情况往往是既有平行位移不对中，又有角度不对中的综合位移不对中，因而转子振动的机理是两者的综合结果。当转子既有平行位移不对中又有角度不对中时，其动态特性比较复杂。激振频率为角频率的 2 倍；激振力的大小随速度而变化，其大小和综合不对中量 Δy、$\Delta\alpha$、安装距离 ΔL 以及中间齿套质量 m 等有关。联轴器两侧同一方向的激振力之间的相位差在 0°～180°之间。其他故障物理特性也介于轴线平行不对中和角度不对中之间。

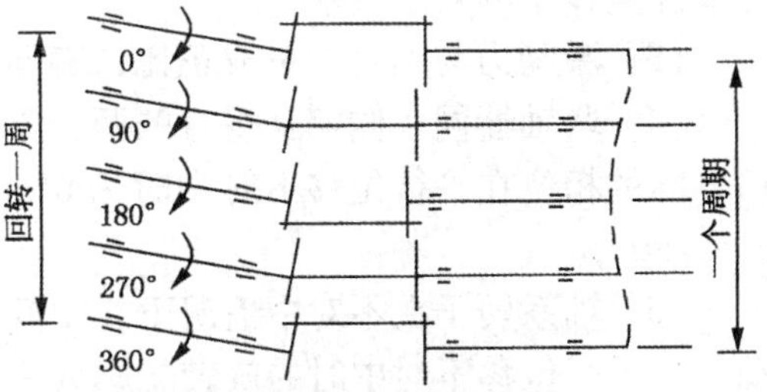

图 6－23 转子不对中的轴向振动

同时，齿式联轴器由于所产生的附加轴向力以及转子偏角的作用，从动转子以每旋转一周为周期，在轴向往复运动一次，因而转子轴向振动的频率与角频率相同，如图 6－23 所示。

2. 刚性联轴器连接转子不对中的故障机理

刚性联轴器连接的转子对中不良时，由于强制连接所产生的力矩，不仅使转子发生弯曲变形，而且随转子轴线平行位移或轴线角度位移的状态不同，其变形和受力情况也不一样，如图 6－24 所示。

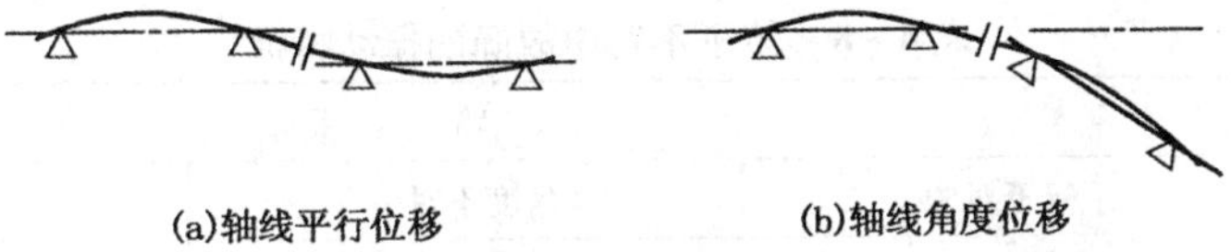

图 6－24 刚性联轴器连接不对中的情况

用刚性联轴器连接的转子不对中时，转子往往是既有轴线平行位移，又有轴角度位移的综合状态，转子所受的力既有径向交变力，又有轴向交变力。弯曲变形的转子由于转轴内阻现象以及转轴表面与旋转体内表面之间的摩擦而产生的相对滑动，使转子产生自激旋转振动，而且当主动转子按一定转速旋转时，从动转子的转速会产生周期性变动，每转动一周变动两次，因而其振动频率为转子转动频率的两倍。转子所受的轴向交变力与图 6－23 相同，其振动特征频率为转子的转动频率。

3. 轴承不对中的故障机理

轴承不对中实际上反映的是轴承坐标高和左右位置的偏差。由于结构上的原因，轴承在水平方向和垂直方向上具有不同的刚度和阻尼，不对中的存在加大了这种差别。虽然油膜既有弹性又有阻尼，能够在一定程度上弥补不对中的影响，但不对中过大时，会使轴承的工作条件改变，在转子上产生附加的力和力矩，甚至使转子失稳或产生碰磨。

轴承不对中同时又使轴颈中心和平衡位置发生变化，使轴系的载荷重新分配，负荷大的轴承油膜呈现非线性，在一定条件下出现高次谐波振动；负荷较轻的轴承易引起油膜涡动进而导致油膜振荡。支承负荷的变化还会使轴系的临界转速和振型发生改变。

6.5.3 转子不对中的故障特征

实际工程中遇到的转子不对中故障大多数为齿式联轴器不对中，在此以齿式联轴器不对中为例介绍其故障特征。

齿式联轴器连接不对中的转子系统，其振动主要特征是：

（1）故障的特征频率为基频率的2倍；

（2）由不对中故障产生的对转子的激励力随转速的升高而加大，因此，高速旋转机械应更加注重转子的对中要求；

（3）激励力与不对中量成正比，随不对中量的增加，激励力呈线性增大；

（4）联轴器同一侧相互垂直的两个方向，2倍频的相位差是基频的2倍；联轴器两侧同一方向的相位在平行位移不对中时为0°，在角位移不对中时为180°，综合位移不对中时为0°~180°；

（5）轴系转子在不对中情况下，中间齿套的轴心线相对于联轴器的轴心线产生相对运动，在平行位移不对中时的旋转轮廓为一圆柱体，角位移不对中时为一双锥体，综合位移不对中时是介于二者之间的形状。旋转体的旋转范围由不对中量决定；

（6）轴系具有过大的不对中量时，会由于联轴器不符合其运动条件而使转子在运动中产生巨大的附加径向力和附加轴向力，使转子产生异常振动，轴承过早损坏，对转子系统具有较大的破坏性。

6.5.4 转子不对中的故障诊断

转子不对中的故障诊断依据主要见表6－8和表6－9。

表6－8 转子不对中故障的振动特征

序号	特征参量	故障特征		
		平行不对中	角度不对中	综合不对中
1	时域波形	1×频与2×频叠加波形	1×频与2×频叠加波形	1×频与2×频叠加波形
2	特征频率	2×频明显较高	2×频明显较高	2×频明显较高
3	常伴频率	1×频，高次谐波	1×频，高次谐波	1×频，高次谐波
4	振动稳定性	稳定	稳定	稳定
5	振动方向	轴向为主	径向，轴向均较大	径向，轴向均较大
6	相位特征	较稳定	较稳定	较稳定
7	轴心轨迹	双环椭圆	双环椭圆	双环椭圆
8	进动方向	正进动	正进动	正进动
9	矢量区域	不变	不变	不变

表6－9 转子不对中故障振动敏感参数

序号	敏感参数	随敏感参数变化情况	序号	敏感参数	随敏感参数变化情况
1	振动随转速变化	明显	6	振动随负荷变化	明显
2	振动随油温变化	有影响	7	其他识别方法	（1）联轴器两侧轴承振动较大 （2）环境温度变化对振动有影响
3	振动随介质温度变化	有影响			
4	振动随压力变化	不变			
5	振动随流量变化	不变			

6.5.5 转子不对中的故障原因与治理措施

转子不对中故障原因与治理措施见表6－10。

表 6－10　转子不对中故障原因与治理措施

序号	故障原因分类	故障原因	治理措施
1	设计原因	① 对工作状态下热膨胀量计算不准	① 核对设计给出的的冷态对中数据 ② 按要求检查调整轴承对中 ③ 检查热态膨胀是否受限 ④ 检查保温是否完好 ⑤ 检查调整基础沉降
		② 对介质压力，真空度变化对机壳的影响计算不准	
		③ 给出的冷态对中数据不准	
2	制造原因	① 材料不均，造成热膨胀不均匀	
3	安装维修	① 冷态对中数据不符合要求	
		② 检修失误造成热膨胀受阻	
		③ 机壳保温不良，热膨胀不均匀	
4	操作运行	① 超负荷运行	
		② 介质温度偏离设计值	
5	状态劣化	① 机组基础或基座沉降不均匀	
		② 基础滑板锈蚀，热胀受阻	
		② 机壳变形	

6.5.6　转子不对中的故障诊断实例

【例 1】　某厂一台透平压缩机组整体布置如图 6－25 所示。机组年度检修时，除正常检查、调整工作外，还更换了连接压缩机高压缸和低压缸之间的联轴器的连接螺栓，对轴系的转子对中情况进行了调整等。

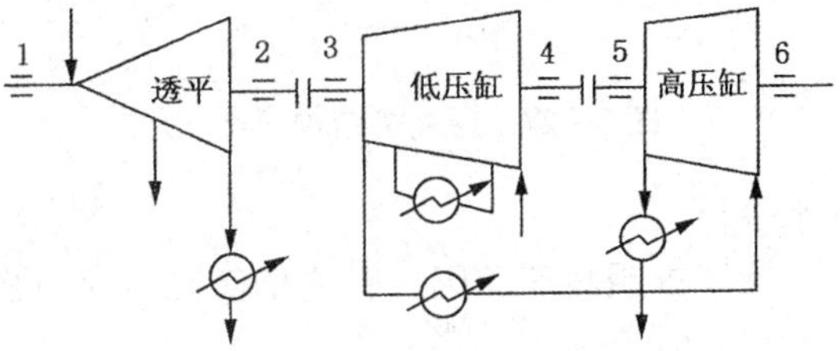

图 6－25　机组布置示意图

检修后启动机组时，透平和压缩机低压缸运行正常，而压缩机高压缸振动较大(在允许范围内)；机组运行一周后压缩机高压缸振动突然加剧，测点 4、5 的径向振动增大，其中测点 5 振动值增加两倍，测点 6 的轴向振动加大，透平和压缩机低压缸的振动无明显变化；机组运行两周后，高压缸测点 5 的振动值又突然增加一倍，超过设计允许值，振动剧烈，危及生产，如图 6－26 所示。

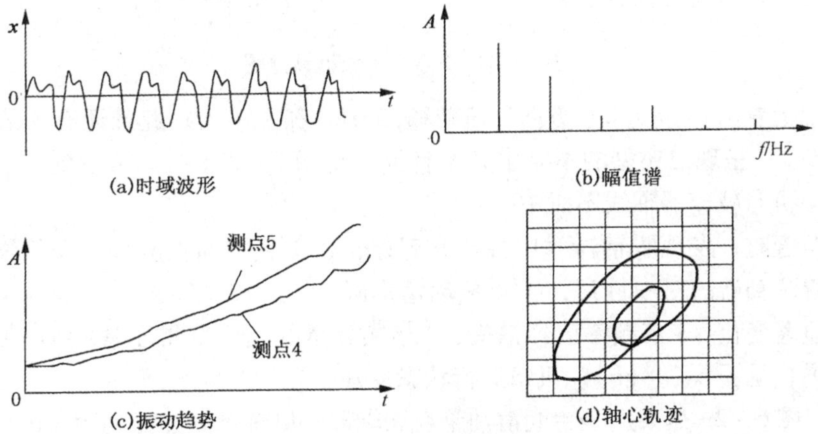

图 6－26　异常振动特征

压缩机高压缸主要振动特征如下：

（1）连接压缩机高、低压缸之间的联轴器两端振动较大；

（2）测点5的振动波形畸变为基频与倍频的叠加波，频谱中2频谐波具有较大峰值；

（3）轴心轨迹为双椭圆复合轨迹；

（4）轴向振动较大。

诊断意见：压缩机高压缸与低压缸之间转子对中不良，联轴器发生故障，必须紧急停机检修。

生产验证：检修人员做好准备工作后，操作人员按正常停机处理。根据诊断结论，重点对机组联轴器局部解体检查发现，连接压缩机高压缸与低压缸之间的联轴器(半刚性联轴器)固定法兰与内齿套的连接螺栓已断掉3只。

复查转子对中情况，发现对中严重超差，不对中量大于设计要求16倍。

同时发现连接螺栓的机械加工和热处理工艺不符合要求，螺纹根部应力集中，且热处理后未进行正火处理，金相组织为淬火马氏体，螺栓在拉应力作用下脆性断裂。

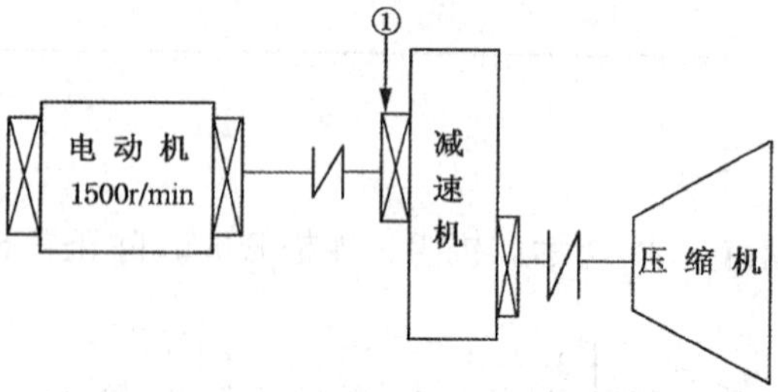

图6-27　压缩机结构简图

根据诊断意见及分析检查结果，重新对中找正高压缸转子，并更换符合技术要求的连接螺栓，重新启动后，机组运行正常，避免了一次恶性事故。

【例2】 某厂一台离心压缩机，结构如图6-27所示，电动机转速1500r/min(转频为25Hz)。该机自更换减速机振动增大，振动值为 $V_{rms}=6.36\text{mm/s}$，位移 $X=150\mu\text{m}$，超出正常水平。

为了查明故障原因，首先对①点水平方向的振动信号作频谱分析，谱图见6-28(a)。

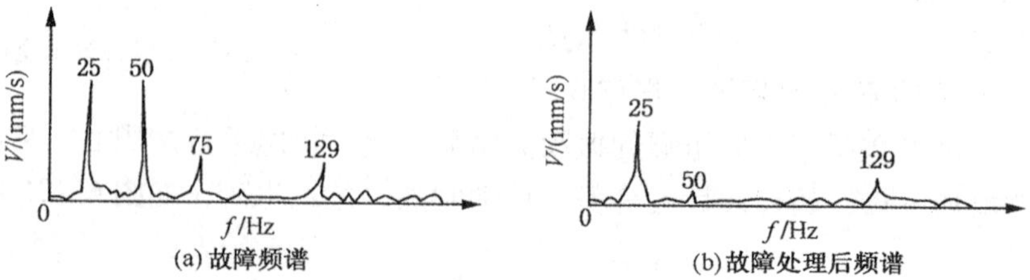

图6-28　1点水平振动频谱图

从频谱图上看出，①点水平方向1倍转频(25Hz)都很突出；此外还有3倍转频(75Hz)和5倍(129Hz)；呈现出典型的不对中频率特征，见图6-28(a)。考虑到①点靠近联轴器所以判断电动机与减速器轴线不对中。

在停机检查时，发现联轴器对中性严重超差，在垂直方向，两轴心偏移量达0.15mm。通过调整改善联轴器的对中性后，①点振动值下降，$V_{rms}=2.12\text{mm/s}$，$X=6\mu\text{m}$；其频谱结构也发生了显著变化，3倍频率已经消失，2倍频分量的幅值变得非常弱小，1倍频率分量也大为减弱了，见图6-28(b)。机组运行状态良好。

【例3】 图6-29是某厂一台润滑油泵在联轴器一侧轴承处的振动频谱图，该泵为离心式、悬臂支承结构，由电动机经联轴器直联驱动。图中显示出很大的2倍转速频率成分，这是泵和电动机联轴器不对中引起的。另外还有工频和11倍转速频率成分，前者是不平衡和不对中联合作用的结果，后者是泵的叶片通过频率，它的幅值随着负荷的高低而升降。在泵的轴向测点上也发现有明显的轴向振动，这些迹象均表明这是一种典型的不对中故障振动。

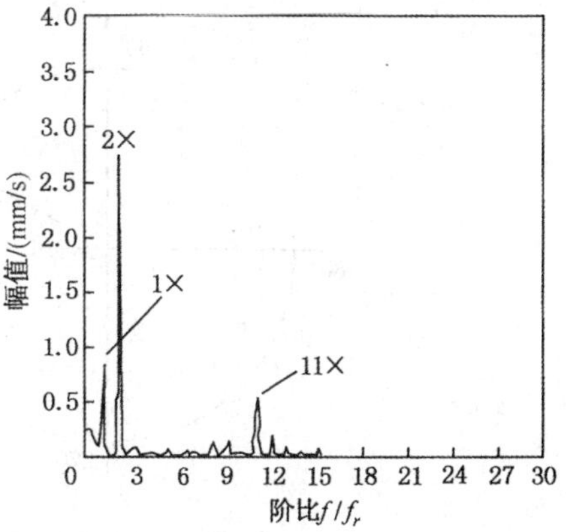

图6－29　润滑油泵联轴器不对中频谱图

6.6　转子弯曲的故障机理与诊断

有人习惯将转子弯曲与不平衡同等看待，实际上两者是有区别的。所谓质量不平衡是指各横截面的质心连线与其几何中心连线存在偏差，而转子弯曲是指各横截面的几何中心连线与旋转轴线不重合，二者都会使转子产生偏心质量，从而使转子产生不平衡振动。

6.6.1　转子弯曲的种类

机组停用一段时间后重新开机时，有时会遇到振动过大甚至无法启动的情况。这多半是机组停用后产生了转子弯曲的故障。

转子弯曲有永久性弯曲和临时性弯曲两种情况。

永久性弯曲是指转子轴呈弓形弯曲后无法恢复。造成永久弯曲的原因有设计制造缺陷(转轴结构不合理、材质性能不均匀)、长期停放方法不当、热态停机时未及时盘车或遭凉水急冷等。

临时性弯曲是指可恢复的弯曲。造成临时性弯曲的原因有预负荷过大、开机运行时暖机不充分、升速过快局部碰磨产生温升等致使转子热变形不均匀等。

6.6.2　转子弯曲振动的机理

转子永久性弯曲和临时性弯曲是两种不同的故障，但其故障机理相同，都与转子质量偏心类似，因而都会产生与质量偏心类似的旋转矢量激振力。与质心偏离不同之处在于轴弯曲会使轴两端产生锥形运动，因而在轴向还会产生较大的工频振动。

另外，转轴弯曲时，由于弯曲产生的弹力和转子不平衡所产生的离心力相位不同，两者之间相互作用会有所抵消，转轴的振幅在某个转速下会有所减小，即在某个转速上，转轴的振幅会产生一个“凹谷”，这点与不平衡转子动力特性有所不同。当弯曲的作用小于不衡量时，振幅的减少发生在临界转速以下；当弯曲作用大于不平衡量时，振幅的减少就发生在临界转速以上。

6.6.3　转子弯曲的故障特性

转子永久性弯曲和转子临时性弯曲与转子质量偏心基本相同。其不同之处是，具有转子永久性弯曲故障的机器，开机启动时振动就较大；而转子临时性弯曲的机器，则是随着开机升速过程振幅增大到某一值后有所减小，其振幅矢量域如图6－30所示。

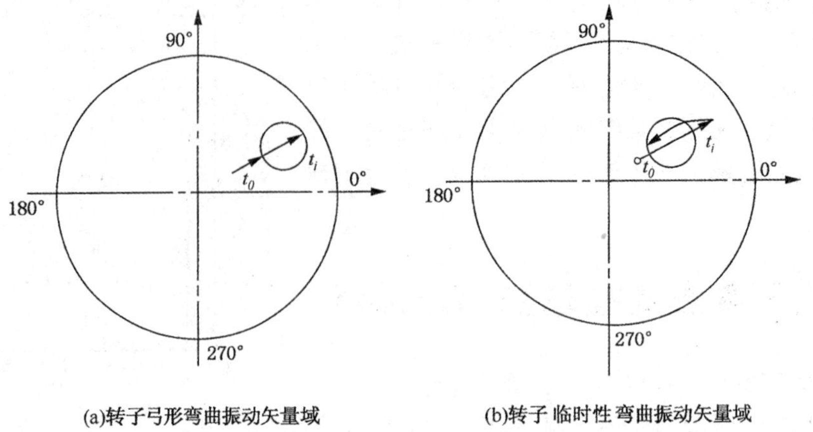

图 6－30　转轴弯曲振动矢量域

6.6.4　转子弯曲的故障诊断

转子弯曲的故障诊断主要依据见表 6－11 和表 6－12。

表 6－11　转子弯曲的振动特征

序号	特征参数	故障特性	
		永久性弯曲	临时性弯曲
1	时域波形	正弦波	正弦波
2	特征频率	1×	1×
3	常伴频率	2×，高次谐波	2×，高次谐波
4	振动稳定性	稳定，启动时起始振动值就较高	稳定，升速过程振动有一凹谷
5	振动方向	径向	径向
6	相位特征	稳定	正常运行是稳定，开机过程中有变化
7	轴心轨迹	椭圆	椭圆
8	进动方向	正进动	正进动
9	矢量区域	启动时矢量起始点大，随转速升高继续升高继续增大	升速时逐渐增大，稳定后有所减小

表 6－12　转子弯曲的振动敏感参数

序号	敏感参数	随敏感参数变化情况	
		永久性弯曲	临时性弯曲
1	振动随转速变化	明显	明显
2	振动随油温变化	不变	不变
3	振动随介质温度变化	不变	不变
4	振动随压力变化	不变	不变
5	振动随流量变化	不变	不变
6	振动随负荷变化	不明显	不明显
7	其他识别方法	机器开始升速时，在低速阶段振动幅值就比较高 刚性转子两端相位差 180°	升速时转速逐步增大，但在某个转速下有一凹谷

6.6.5 转子弯曲的故障原因与治理措施

转子弯曲的故障原因与治理措施如表6－13所示。

表6－13 转子弯曲的故障原因与治理措施

序号	原因分类	主要原因	
		永久性弯曲	临时性弯曲
1	设计原因	结构不合理	结构不合理
2	制造原因	材质不均匀，制造误差大	材质不均匀，制造误差大
3	安装维修	① 转子长期存放不当，发生永久变形 ② 未按规程检修，有较大负荷	① 转子有较大预负荷 ② 局部碰磨导致热弯曲
4	操作运行	停后未及时盘车	① 升速过快，加载过快 ② 暖机不足
5	状态劣化	转子热稳定性差，长期运行后自然弯曲	转子热稳定性差
治理措施		① 正确保管转子，定期盘转一定角度 ② 校正转子 ③ 按技术要求进行动平衡	① 重新开机 ② 延长暖机时间 ③ 按规定升速，加载

6.6.6 转子弯曲的故障诊断实例

【例1】 某30万t合成氨厂试车期间，一高压蒸汽透平超速脱扣试验时振动正常，停机后连接联轴器进行联动试车时透平发生剧烈振动。启动初期低速运行时振动值就比较大，而且随着转速的升高，振动随之迅速增大，发生强烈振动。经数次开机都未能通过临界转速，机器不能正常运行。虽经长期暖机，再次升速时振动情况并未好转。

其振动特征如下：

(1) 时域波形为正弦波；

(2) 轴心轨迹为椭圆；

(3) 幅值谱为以1×频为主的峰值，其他成分几乎没有；

(4) 进动方向为正进动。

诊断意见：根据其振动特征和故障发生过程诊断，机器故障是转子永久性弯曲造成的。原因是该透平为高压蒸汽透平，运行时转子温度较高。单体试车结束后马上连接联轴器，未能按规定盘车，造成转子永久性弯曲。

生产验证：因无备用转子，只得将转子紧急送专业厂处理，经动平衡检查，因转子弯曲严重，不平衡量严重超标。重新进行动平衡后运回安装，机组振动值下降到正常水平。

【例2】 某厂汽轮发电机停机检修时，更换了经过严格高速动平衡的转子，开机升速时未按升速曲线进行，加快了启动过程。汽轮机开机运行时振动较大，并且随着升速过程振动继续增大，机组不能正常运行。

其振动特征如下：

(1) 时域波形近似为正弦波，但有轻微削顶；

(2) 轴心轨迹为椭圆；

(3) 幅值频以1×频为主，其他成分较小；

（4）进动方向为正进动。

诊断意见：根据其振动特征和故障发生过程诊断，该机组的异常振动是由于操作上急于并网发电，加快了升速过程和加载过快，造成了转子临时性弯曲。

生产验证：改变调度下达的限时并网发电指令，经充分暖机后，按规程升速加载，启动过程机组振动正常，并网运行后一切正常。

【例3】（1）某厂高速压缩机检修时更换了转子，该机开机后低速运行时压缩机振动较大，而且随着工作转速的升高，振动也随着增大并发生强烈振动，经数次开机都未能通过临界转速，机器不能正常工作，其振动矢量域如图6－31(a)所示。

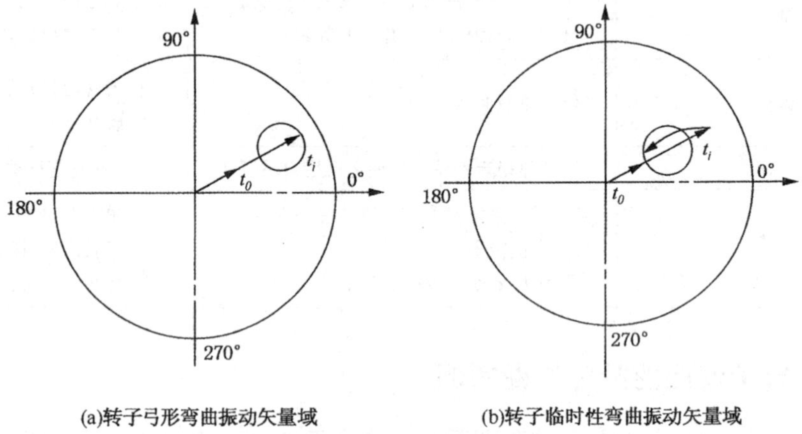

图6－31　转轴弯曲振动矢量域

诊断意见：根据其振动特征诊断，机器故障是转子弓形弯曲造成的。

生产验证：该压缩机的备用转子，在仓库中长期存放将近两年，未做过技术处理，致使转子由于自重而造成弯曲；转子安装使用前又未进行高速动平衡，从而造成开机时发生异常振动。针对这种情况，将转子经过技术处理，重新安装后运行正常。

（2）某厂汽轮机停机检修时，换上了经过严格高速动平衡的转子，开机升速时未按升速曲线进行，加速了启动过程。汽轮机开机运行时振动较大，而且随着升速过程振动增大，机器不能正常运行，其振动矢量域如图6－31(b)所示。

诊断意见：根据其振动特征，诊断该机组的异常振动是由于机器的升速过程暖机不够，操作不当，造成转子临时弯曲的结果。

生产验证：根据诊断意见，该机经过充分暖机，按正常操作规程升速后，机器正常运行。

6.7　旋转失速与喘振故障的机理与诊断

旋转失速与喘振是高速离心压缩机特有的一种振动故障。这种故障是由于流体流动分离造成的，设备本身一般没有明显的结构缺陷，因而不需要停工检修，通过调节流量即可使振动减至允许值。

当旋转脱离进一步发展为喘振时，不仅会引起机组效率下降，而且还会对机器造成严重危害。喘振会导致机器内部密封件、轴承等损坏，严重的甚至会导致转子弯曲、联轴器损坏。喘振是离心压缩机等流体机械运行最恶劣、最危险的工况之一，对机器危害很大。对这种危害性极大但又不需要停机即可处理的故障，最能显示出状态监测与故障诊断工作的作用与效益。

6.7.1 旋转失速的机理与故障特征

1. 旋转失速

旋转失速的机理首先由 H. W. Emmons 在 1995 年提出。离心压缩机的叶轮结构、尺寸都是按额定流量设计的，当压缩机在正常流量下工作时，`气体进入叶轮的方向 β_1 与叶片进口安装角 β_s 一致，气体可以平稳地进入叶轮，如图 6－32(a)所示，此时，气流相对速度为 ω_1，入口径向流速为 C_1。当进入叶轮的气体流量小于额定流量时，气体进入叶轮的径向速度减少为 C'_1 气体进入叶轮的相对速度的方向角相应的减少到 β'_1，因而与叶片进口安装角 β_s 不相一致。此时气体将冲击叶片的工作面(凸面)，在叶片的凹面附近形成气流旋涡，旋涡逐渐增多使流道有效流通面积减小。由于制造、安装维护或运行工况等方面的原因，进入压缩机的气流在各个流道中的分配并不均匀，气流旋涡的多少也有差别。如果某一流道中[图 6－32(b)中的流道 2]气流旋涡较多，则通过这个流道的气量就要减少，多余的气量将转向邻近流道(流道 1 和 3)。在折向前面的流道(流道 1)时，因为进入的气体冲在叶片的凹面上，原来凹面上的气流旋涡有一部分被冲掉，这个流道里的气流会趋于畅通。而折向后面流道(流道 3)的气流则冲在叶片的凸面上，使得叶片凹面处的气流产生更多的旋涡，堵塞了流道的有效流通面积，迫使流道中的气流又折向邻近的流道。如此轮番发展，由旋涡组成的气流堵塞团(称为失速团或失速区)将沿着叶轮旋转的相反方向轮流在各个流道内出现。因为失速区在反方向传播速度小于叶轮的旋转速度，所以，从叶轮之外的绝对参考系来看，失速区还是沿着叶轮旋转方向转动，这就是旋转失速的机理。尽管实际气流情况比较复杂，但 H. W. Emmons 提出的旋转失速机理还是为后人的研究工作提供了依据。

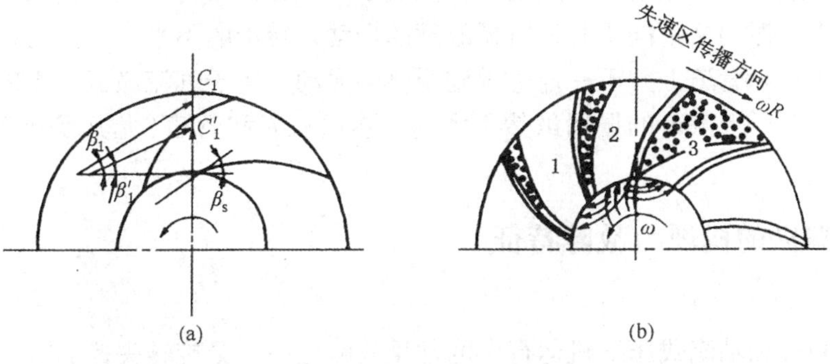

图 6－32 旋转失速的形成

2. 旋转失速的振动机理

旋转失速在叶轮内产生的压力波动是激励转子发生异常振动的激励力，激励力的大小与气体的相对分子质量有关，如果气体的相对分子质量较大，激励力也较大，对机器的运行影响也就比较大。

从固定于叶轮上的相对坐标系来看，旋转脱离团以角频率 ω_s 在机器流道间传播，由于压力波动激励转子的振动频率为 ω_s，其振动频率小于转子的角频率 ω。而从叶轮之外的绝对坐标系来看，旋转脱离团是以($\omega \sim \omega_s$)的频率旋转的，其方向与转子的旋转方向相同，因此，流体机械发生旋转失速时，转子的异常振动同时有 ω_s 和($\omega \sim \omega_s$)两个次谐波特征频率。

机组发生旋转失速时，可能是在某一级叶轮上有一个气体脱离团，也可能是在某级叶轮上存在几个脱离团；脱离团可能在某一级叶轮上发生，也可能同时在几级叶轮上同时发生。一般机器发生旋转失速故障时常有两个或两个以上气体脱离团。

实际生产中，机器发生旋转失速的角频率 ω_s，可按下式计算：

$$\omega_s = \frac{1}{N}\frac{Q_{0p}}{Q_0}\omega \tag{6-15}$$

式中 ω——转子角频率；

N——气体脱离团数量；

Q_{0p}——实际工作流量；

Q_0——设计流量。

流体机械的旋转失速故障一般来说总是存在的，但它并不一定能激励转子使机组发生强烈振动，只有当旋转失速的频率与机组的某一固有频率耦合时，机器才有可能发生共振，出现危险振动。

3. 旋转失速的故障特征

（1）由于失速区内部气流的减速流动依次在叶轮的各个流道出现，它以叶轮旋转的反方向作环状移动，因此破坏了叶轮内压力的轴对称性。当失速区内达不到要求的压力时，就会引起叶轮出口和管道内的压力脉动，发生机器和管道的振动。

（2）叶轮失速在 0.5～0.8 转速频率范围内，扩压器失速在 0.1～0.25 转速频率范围内。旋转失速产生的振动基本频率在振动频率上既不同于低频喘振，又不同于较高频率的不稳定进口涡流。因此，可以利用振动诊断把这种故障鉴别出来。

（3）当压缩机进入旋转失速范围以后，虽然存在压力脉动，但是机器的流量基本上是稳定的，不会发生较大幅度的变动，这一点与喘振的故障现象有根本性的不同。

（4）旋转失速引起的振动在强度上比喘振要小，但比稳定进口涡流要大得多。此外由旋转失速引起的机器振动又不同于其他机械故障的振动，转子的不平衡、不对中可能使转子振幅较高，但在机壳和管道上并不一定感觉到明显的振动。属于气流激振一类的旋转失速却与此不同，有时在转子上测得的振幅虽然不太高，然而机壳和管道（尤其是排气管道）表现出剧烈的振动。

6.7.2 喘振的机理与故障特征

1. 喘振

喘振是离心式和轴流式压缩机运行中的常见故障之一，是旋转失速的进一步发展。

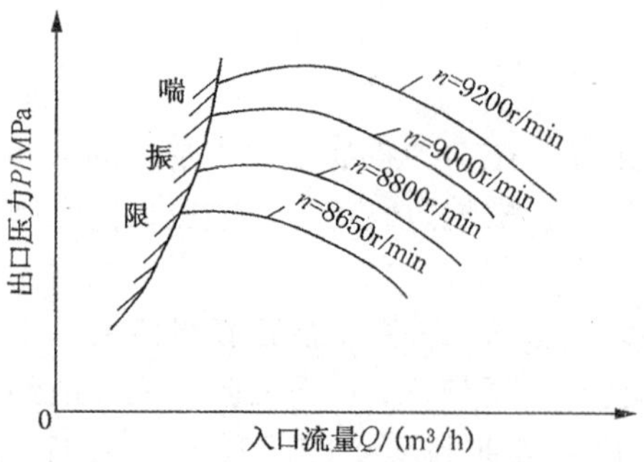

图 6－33　压缩机性能曲线

如图 6－33 所示，离心式压缩机具有这样的特性，对于一个确定的转速，总对应一个流量值，压缩机效率达到最高点。当流量大于或小于此值时，效率都将下降。一般常以此流量的工况点为设计工况点。

压缩机的性能曲线左边受到喘振工况（Q_{min}）的限制，右边受到堵塞工况（Q_{max}）的限制，在这二者之间的区域，称为压缩机的稳定工况区域。稳定工况区域的大小，是衡量压缩机性能的重要指标。

当压缩机在运行过程中，若因外部原因使流量

不断减小达到 Q_{min} 值时，就会在压缩机流道中出现严重的旋转脱离，若气量进一步减小时，压缩机叶轮的整个流道被气流旋涡区所占据，这时压缩机的出口压力将突然下降。但是，压缩机出口所连接的较大容量的管网系统中压力并不马上下降，此时会出现管网中气体向压缩机倒流的现象。当管网中压力下降到低于压缩机出口排气压力时，气体倒流会停止，压缩机又恢复向管网排气。然而，因为进气量的不足，压缩机在出口管网恢复到原来的压力以后，又会在流道内出现旋涡区。如此周而复始，机组和管道内的流量会发生周期性变化，机器进出口压力会大幅度脉动。由于气体在压缩机进出口处吞吐倒流，会伴随有巨大周期性的气流吼声和剧烈的机器振动，这些波动在仪表操作盘的压力、流量、振动信号显示、记录中可以清楚地反映出来，在操作现场也可以立即觉察得到。

由喘振引起的机器振动频率、振幅与管网容积大小密切相关，管网容积越大，喘振频率越低，振幅越大。一些机器的排气管网容量非常大，此时喘振频率甚至小于 1Hz。

2. 喘振的故障特征

压缩机发生喘振的主要特征是：

（1）压缩机接近或进入喘振工况时，缸体和轴承都会发生强烈的振动，其振幅要比正常运行时大大增加，喘振频率可参考式 $x=a\cos(\omega t-\varphi)$ 计算，一般都比较低，通常为1～30Hz；

（2）压缩机在稳定工况下运行时，其出口压力和进口流量变化不大，所测得的数据在平均值附近波动，幅度很小；当接近或进入喘振工况时，出口压力和进口流量的变化都很大，会发生周期性大幅度的脉动，有时甚至会出现气体从压缩机进口倒流的现象；

（3）压缩机在稳定运转时，其噪声较小且是连续性的；当接近喘振工况时，由于整个系统产生气流周期性的振荡，因而在气流管道中，气流发出的噪声也时高时低，产生周期性变化；当进入喘振工况时，噪声增剧，甚至有爆声出现；

6.7.3 旋转失速与喘振的诊断

旋转失速与喘振故障的诊断依据见表 6－14 和表 6－15。

表 6－14 旋转失速与喘振的振动特征

序号	特征参量	故障特性	
		旋转失速	喘振
1	时域波形	各成分叠加波形	低频成分明显的叠加波形
2	特征频率	ω_s 及 $\omega-\omega_s$ 的成对次谐波	1～30Hz 的低频成分
3	常伴频率	组合频率	1×
4	振动稳定性	波动或波动幅度较大	大幅度波动
5	振动方向	径向	径向
6	相位特征	不稳定	不稳定
7	轴心轨迹	杂乱、不稳定	紊乱
8	进动方向	正进动	正进动
9	矢量区域	变化	变化

表 6－15 旋转失速与喘振的振动敏感参数

序号	敏感参数	随敏感参数变化情况	
		旋转失速	喘振
1	随转速变化	明 显	明 显
2	随油温变化	不 变	不 变
3	随介质温度变化	变 化	变 化
4	随压力变化	很明显	很明显

续表

序号	敏感参数	随敏感参数变化情况	
		旋转失速	喘振
5	随流量变化	很明显	很明显
6	随负荷变化	很明显	很明显
7	其他诊断方法	① 出口压力波动 ② 流量波动	① 振动剧烈，有周期性 ② 进出口压力、流量波动大，甚至有倒流的现象 ③ 声音异常，有吼叫声

当机器的旋转脱离团激励转子发生旋转失速时，旋转失速角频率 $\omega_s \approx \frac{1}{2}\omega$ 因而，ω_s 有可能由于接近转子的固有频率而发生共振。另一方面，旋转失速的振动特征往往由于 $\omega_s \approx \frac{1}{2}\omega$ 而易与油膜涡动或油膜振荡故障混淆，给诊断工作造成困难。在此提出这两种不同故障的甄别方法如表 6－16 所示。

表 6－16　甄别旋转失速与油膜振荡的主要方法

区别内容	旋转失速	油膜振荡
振动特性频率与工作转速的关系	振动特性频率随转子的工作转速变化	油膜振荡发生后，振动特性频率不随工作转速变化
振动与机器进口流量的关系	振动强烈程度随流量改变而变化	振动强烈程度不随流量变化
压力脉动频率的特点	压力脉动频率与管网容积有关，非常低	压力脉动幅值很小或不存在，频率与转子固有频率很近
轴振动与机壳振动情况	轴振动不太高时，机壳振动已十分明显	轴振动十分剧烈，但机壳振动有时却并不十分大

6.7.4　旋转失速与喘振的故障原因与治理措施

旋转失速与喘振的故障原因与治理措施如表 6－17 所示。

表 6－17　旋转失速与喘振的故障原因及治理措施

序号	故障原因分类	故障原因	治理措施
1	设计原因	① 各级流道设计不匹配 ② 整机流量设计不匹配 ③ 工作点离喘振限过近	① 开大回流阀，保证入口流量和压力 ② 调整机组转速，严格遵循降速先降压，升压先升速的操作原则 ③ 检查调整入口冷却器，保证入口不超过允许值 ④ 检查入口滤网，流道，清理堵塞的异物 ⑤ 保证出口畅通，出口压力不高于设计值 ⑥ 对无害介质，打开出口放空阀 ⑦ 修改设计，增加入口的预旋或更换转子
2	制造原因	① 叶轮流道宽度误差大 ② 叶片角度不符合图纸要求	
3	安装维修	① 入口过滤网堵塞 ② 异物堵塞流道	
4	操作运行	① 气源不足 ② 入口流量过低 ③ 入口温度过高 ④ 没有遵守降速先降压，升压先升速的操作原则	
5	状态劣化	① 管道阻力增大 ② 入口分离器堵塞 ③ 进出口阀门失灵，造成堵塞	

6.7.5 旋转失速与喘振的故障诊断实例

【例 1】 某厂的一台压缩机是生产的关键设备，因生产过程工艺条件的改变，气体流量由正常生产时的 29.6km^3/h 降至 28km^3/h 时，机组发生异常振动，呈危险报警状态。其工作转速为 13825r/min 时，振动信号的频谱图及轴心轨迹如图 6－34 和图 6－35 所示。

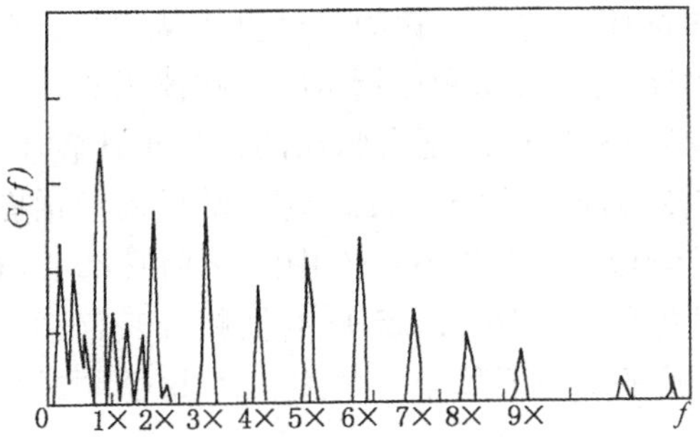

图 6－34 频谱图

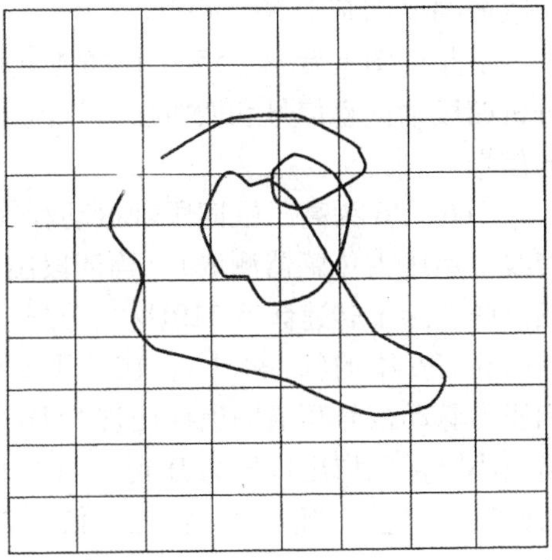

图 6－35 轴心轨迹

诊断分析：

机组振动基频为：$f = 13825 \div 60 = 230.4$Hz

为进行故障分析，将图 6－34 中主要谐波列出，如表 6－18 所示。

表 6－18 图 6－34 中频谱图各谐波频率及产生原因

谐波位置点	1	2	3	4	5	6	7	8	9	10	11	12
谐波频率	57.6	115.2	172.8	230.4	287.9	345.6	403.2	460.8	691.2	921.6	11520	1382.4
产生原因	f_n	$f-2f_n$	$f-f_n$	1×	$f+f_n$	$f+2f_n$	$2f-f_n$	1×	1×	1×	1×	1×

分析可知，频率 57.6Hz 是由 4 个旋转脱离团形成的特征峰值，即 $f_s = f/4 = 57.6$Hz。其他各次谐波分别为倍频成分及和频与差频组合频率。

诊断意见：该压缩机是在流量低于正常条件的非设计工况下运行，其轴心轨迹紊乱，呈不规则状态，而其频谱中有明显成对出现的次谐波以及组合频率等。

该机组的工作转速基频为 $f = 230.4$Hz。旋转失速频率 $f_s = 57.6$Hz，它是由 4 个气体脱离团形成的特征峰值，其成对出现的特征频率为：$f - f_s = 230.4 - 57.6 = 172.8$Hz 和 $f + f_s = 203.4 + 57.6 = 288.0$Hz，其余各谐波为具有非线性特征的组合频率。根据以上主要征兆，诊断该机组的异常振动原因为旋转失速。

治理措施：建议打开回流阀，增加压缩机入口流量，以消除旋转失速。

生产验证：打开回流阀后，频率为 57.6Hz、115.2Hz 及 172.8Hz，288.0Hz 的各次谐波全部消失，机组运行平稳，恢复正常运行。

【例 2】 二氧化碳压缩机高压缸的旋转失速。

某大化肥厂尿素装置上使用的二氧化碳压缩机组由汽轮机和压缩机组成，压缩机分为 2 缸、4 段、13 级。高压缸为 2 段共 6 级叶轮；低压缸为 2 段共 7 级叶轮。低压缸工作转速

6546r/min，高压缸工作转速13234r/min，中间通过齿轮增速箱连接。机器正常出口流量应为29400m^3/h。但投产后不久，因流量下降至额定流量的66%左右，机器四段的轴振动达58μm，而且高压缸机壳和四段出口管道振动剧烈，甚至把高压导淋管振裂。当开大“四回一”防喘阀以后，振幅可下降至50μm，然而机器剧烈振动的现象还难以消除。频谱分析显示，一个55Hz及其倍频成分占有显著的地位，且其幅值随通频振幅的增大而增大，转速频率成分幅值则基本保持不变。

从频谱图上看出，55Hz低频成分是引起机器振动的主要因素，但属何种原因尚不清楚。分析四段轴振动信号和四段出口气流压力脉动信号随工程的变化过程，可得到该机故障原因的信息。

图6-36为高压缸四段轴振动和气流压力脉动的频谱图(压力脉动信号直接从4段出口管线上用压力传感器测取)。当四段出口压力为11MPa时，振动测点指示的通频值为37μm，频谱图上除了转速频率219Hz成分外，无明显的低频成分出现，压力脉动的信号也比较小，见图6-36中的(a)和(b)。在升压过程中，当测点通频振幅增至47μm时，轴振动频谱图和压力脉动信号频谱图上均出现55Hz的低频及其倍频成分，见图6-36中的(c)和(d)；继而在小流量区域出口压力升到14MPa以上时，通频振幅达60μm，55Hz的低频及其倍频成分则始终存在；当压缩机背压降低，流量上升后，通频振幅下降至一定值，55Hz低频成分

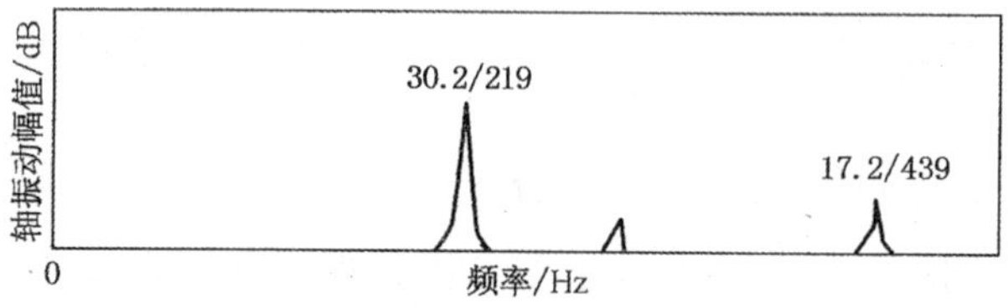

(a)正常状态下的轴振动频谱

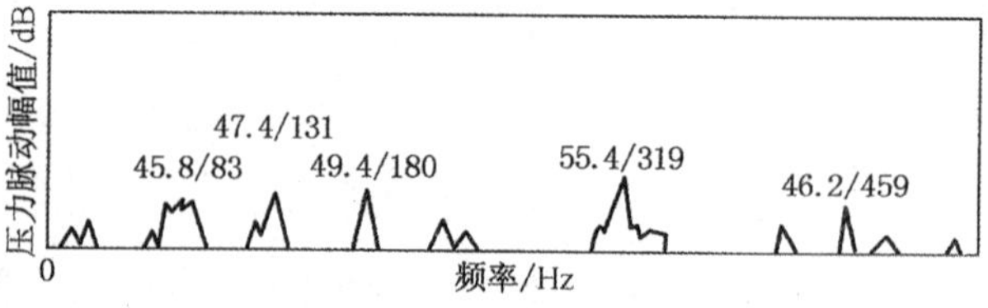

(b)正常状态下的气流压力脉动频谱

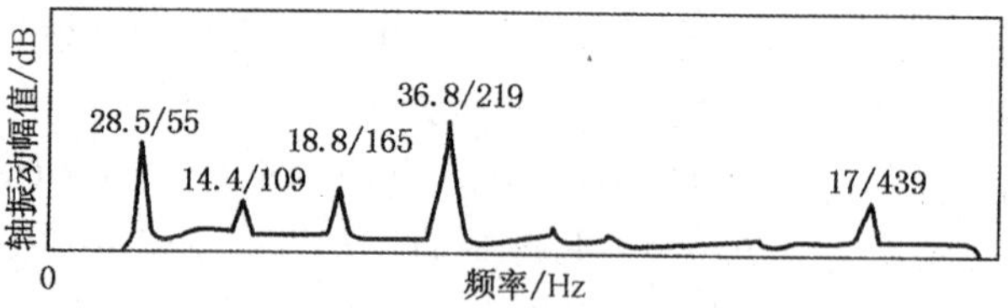

(c)异常状态下的轴振动频谱

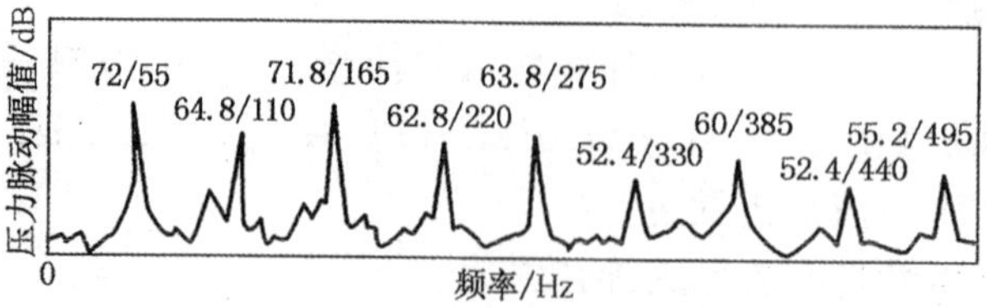

(d)异常状态下的气流压力脉动频谱

图6-36　高压缸四段轴振动和气流压力脉动频谱

随之消失。由以上的变工况试验可见，55Hz 低频成分是随出口压力升高和流量下降而出现的，又随背压下降和流量增加而消失，因此诊断它是压缩机高压缸旋转失速所产生的一种气体动力激振频率，这一振动频率严重地危及机器的安全运转。最后通过加装“四回四”管线(即从四段出口加一旁通管至四段入口，并在其间加一调节阀)，调节“四回四”或“四回一”阀门，适当增加四段气量，四段轴振动就原来的高振幅下降至 22μm，机器强烈振动情况也就随之消失。

6.8 动静件摩擦的故障机理与诊断

在高速、高压离心压缩机或蒸汽透平等旋转机械中，为了提高机组效率，往往把轴封、级间密封、油封间隙和叶片顶隙设计得较小，以减小气体泄漏。但是，过小的间隙除了会引起流体动力激振之外，还会发生转子与静止部件的摩擦。例如，轴的挠曲、转子不平衡、转子与静子热膨胀不一致、气体动力作用、密封力作用以及转子对中不良等原因引起振动后，轻者引发密封件的摩擦损伤，重者发生转子与隔板的摩擦碰撞，造成严重事故。一般情况下，摩擦碰撞初期会产生很大的振动，机器未停车拆检之前找不出振动原因。因此，必须了解干摩擦激振的故障特征，以便及时对这类故障做出诊断，防止更大事故的发生。

6.8.1 转子与静止件摩擦的分类

转子与静止件发生摩擦有两种情况：一种是转子在涡动过程中轴颈或转子外缘与静止件接触而引起的径向摩擦；另一种是转子在轴向与静止件接触而引起的轴向摩擦。

转子与静止件发生的径向摩擦还可以进一步分为两种情况：一种是转子在涡动过程中与静子发生的偶然性或周期性的局部碰磨；另一种是转子与静子的摩擦接触弧度较大，甚至发生 360°的全周向接触摩擦。

6.8.2 转子与静止件径向摩擦的振动机理

1. 局部动静件碰磨的故障特征

当转子在涡动时与静止件发生接触瞬间，转子刚度增大；被静止件反弹后脱离接触，转子刚度减小，并且发生横向自由振动(大多数按一阶自振频率振动)。因此，转子刚度在接触与非接触两者之间变化，变化的频率就是转子涡动频率。转子横向自由振动与强迫的旋转运动、涡动运动叠加在一起，就会产生一些特有的、复杂的振动响应频率。

局部摩擦引起的振动频率中包含有不平衡引起的转速频率 ω，同时摩擦振动是非线性振动，所以还包含有 2ω、3ω、…一些高次谐波。除此之外，还会引起低次谐波振动，在频谱图上会出现低次谐波成分 ω/n，重摩擦时 $n=2$，轻摩擦时 $n=2$，3，4，…。次谐波的范围取决于转子的不平衡状态、阻尼、外载荷大小、摩擦副的几何形状以及材料特性等因素，在阻尼很高的转子系统中也可能不出现次谐波振动。图 6－37 分别表示轻摩擦转子与重摩擦转子的瀑布图和轴心轨迹。图 6－37(a)显示在轻摩擦时除了出现 2ω、3ω 的高次谐波成分外，还出现$\frac{1}{2}\omega$、$\frac{1}{3}\omega$、$\frac{1}{4}\omega$ 和$\frac{1}{5}\omega$ 的低次谐波成分；图 6－37(b)显示在重摩擦时仅出现$\frac{1}{2}\omega$ 的低次谐波以及 2ω、3ω 的高次谐波。另外，从轴心轨迹上观察，轨迹线总是向左方倾斜的，对次谐波进行相位分析，则垂直和水平方向上相位差 180°。

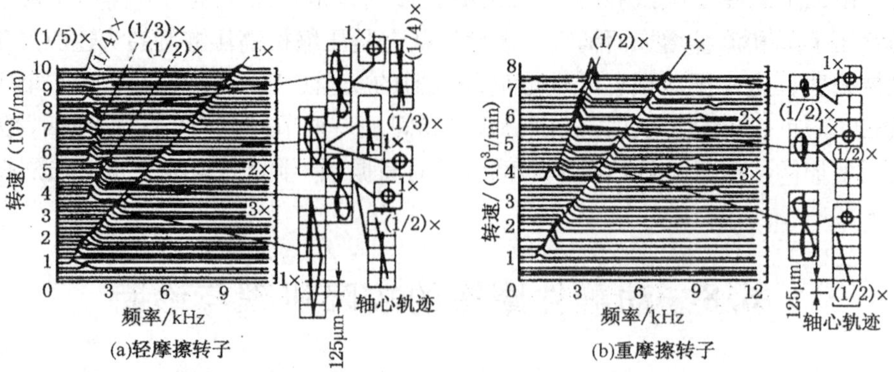

(a)轻摩擦转子　　(b)重摩擦转子

图 6－37　转子碰磨时的瀑布图和轴心轨迹

2. 动静件摩擦接触弧增大时的故障特征

当离心压缩机发生喘振、油膜振荡故障时，轴颈与轴瓦发生大面积干摩擦或发生全周的摩擦，由于转子与静止件之间具有很大的摩擦力，转子处于完全失稳状态。此时很高的摩擦力可使转子由正向涡动变为反向涡动。同时在波形图上会发生单边波峰“削波”现象，如图 6－38所示。同时将在频谱上出现涡动频率 Ω 与旋转频率 ω 的和频与差频，即会产生 $n\Omega \pm m\omega$的频率成分(n、m 为正整数)，如图 6－39 所示。另外由于转子振动进入了非线性区因而在频谱上还会出现幅值较高的高次谐波。试验表明：

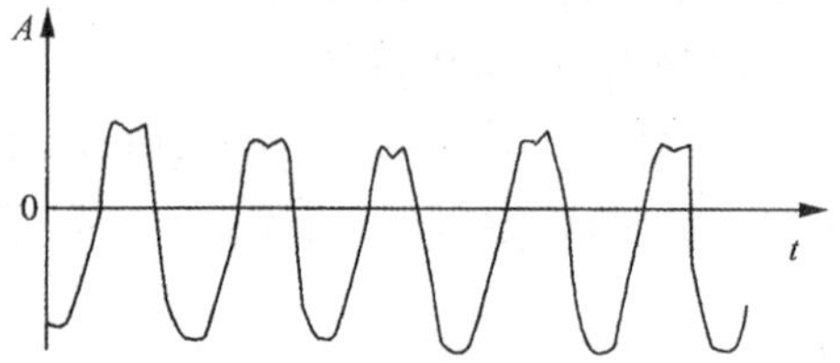

图 6－38　局部摩擦削波效应

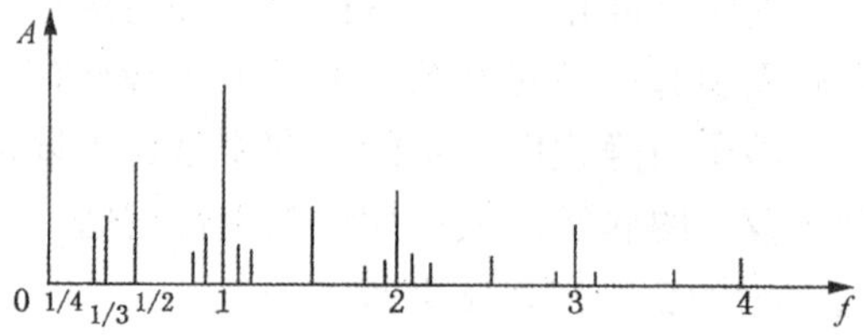

图 6－39　摩擦产生的组合频率

(1) 在刚开始发生摩擦接触情况下，由于转子不平衡，旋转频率成分幅值较高，高次谐波中第二、第三次谐波一般并不太高，但第二次谐波幅值必定高于第三次谐波；随着转子摩擦接触弧的增加，由于摩擦起到附加支承作用，旋转频率幅值有所下降，第二、第三次谐波幅值由于附加的非线性作用而有所增大；

(2) 转子在超过临界转速时，如果发生 360°全周向摩擦接触，将会产生一个很强的摩擦切向力，引起转子的完全失稳。这时转子的振动响应中具有很高的亚异步成分，一般为转子发生摩擦时的一阶自振频率(由于转子发生摩擦时相当于增加了一个支承，将会使自振频率升高)；除此之外，还会出现旋转频率与振动频率之间的和频与差频，转速频率的高次谐波在全摩擦时会被湮没；

(3) 用仪器观察转子的进动方向，当发生全周向摩擦时，涡动方向将由正进动变为反进动。

6.8.3　转子与静止件轴向摩擦的振动机理

理论研究和试验表明，转子与静止件发生轴向摩擦时，转子的振动特征几乎与正常状况一致，没有明显的异常特征，所以诊断轴向摩擦时，不能用波形、轴心轨迹和频谱方法去识别，必须寻求新的敏感参数。

轴向干摩擦力与旋转速度有关，由于轴向干摩擦的作用使基频影响相对下降，同时有高频成分出现，所以轴向干摩擦具有阻尼的特性。轴向干摩擦力的大小正比于转子与静止件间的干摩擦系数和轴向力。轴向干摩擦阻尼远较径向摩擦阻尼大，由轴向干摩擦会引起系统阻尼的显著增加，因此系统阻尼的变化可作为诊断轴向摩擦的识别特征。

另外，摩擦会造成功耗上升和效率下降，同时局部会有温升，因此工艺参数对转子与静止件轴向摩擦的故障诊断非常重要。

6.8.4 动静件摩擦的诊断方法

动静件摩擦的诊断依据如表 6－19 和表 6－20 所示。

表 6－19 动静件摩擦的振动征兆

序号	特征参量	故障特征		
		径向摩擦		轴向摩擦
		局部轻度径向摩擦	全周向严重径向摩擦	
1	时域波形	轻微削波	严重削波	正弦波
2	特征频率	$1/n\times$ 及 $n\times$	$1/2\times$；$n\times$	
3	常伴频率	$1\times$	$1\times$	$1\times$
4	振动稳定性	不稳定	不稳定	不稳定
5	振动方向	径向	径向	径向，轴向
6	相位特征	反向位移	反向位移，跳动，突发	不稳定
7	轴心轨迹	紊乱	扩散	不稳定
8	进动方向	正进动	反进动	反进动
9	矢量区域	突变	突变	变化

表 6－20 动静件摩擦的振动敏感参数

序号	敏感参数	随敏感参数变化情况		
		径向摩擦		轴向摩擦
		局部轻度摩擦	全周向重度摩擦	
1	随转速变化	不明显	不明显	不明显
2	随油温变化	不变	不变	不变
3	随介质温度变化	不变	不变	不变
4	随压力变化	不变	不变	不变
5	随流量变化	不变	不变	不变
6	随负荷变化	不明显	不明显	不明显
7	其他诊断方法	时域波形轻微削波	① 时域波形严重削波 ② 转子自振频率上升 ③ 功耗增加	① 功耗增加 ② 效率降低

6.8.5 动静件摩擦的故障原因与治理措施

动静件摩擦故障原因及治理措施见表 6－21。

表 6－21　动静件摩擦故障原因及治理措施

<table>
<tr><th>序号</th><th>故障原因分类</th><th>故 障 原 因</th><th>治 理 措 施</th></tr>
<tr><td>1</td><td>设计原因</td><td>设计间隙不当，偏小</td><td rowspan="5">① 调整参数，保证机组热膨胀均匀
② 检修时保证各部间隙符合技术要求
③ 调整转子定心
④ 调整基础，消除沉降影响</td></tr>
<tr><td>2</td><td>制造原因</td><td>制造误差导致间隙偏小</td></tr>
<tr><td>3</td><td>安装维修</td><td>① 转子与定子不同心
② 对中不良
③ 转子挠度大，弯曲</td></tr>
<tr><td>4</td><td>操作运行</td><td>机组热膨胀不均匀</td></tr>
<tr><td>5</td><td>状态劣化</td><td>① 壳体变形
② 基础变形</td></tr>
</table>

6.8.6　动静件摩擦故障的诊断实例

【例 1】　某大型透平压缩机组，在开车启动过程中发生异常振动，导致无法升速。其振动波形有削波现象；频谱图中有丰富的次谐波及高次谐波[图 6－40（a）]；轴心轨迹的涡动方向为反向涡动[图 6－40(b)]。

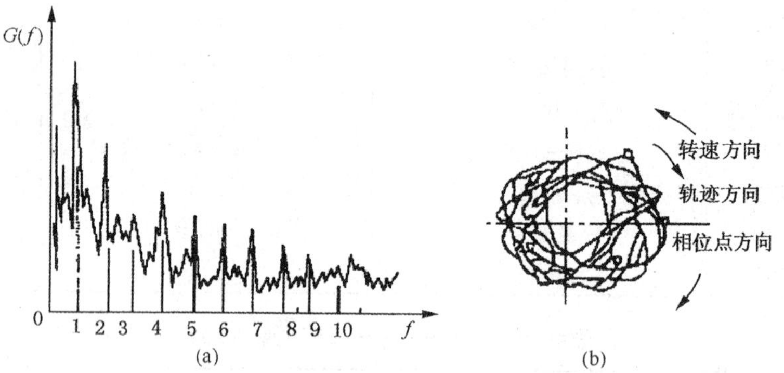

图 6－40　压缩机振动频谱图及轴心轨迹

诊断意见：根据摩擦故障的机理及振动特征可知，机组在升速过程中发生了严重摩擦故障。

处理措施：由于机组振动值非常高，表明内部动静件摩擦比较严重，为安全起见，决定停机拆检。

生产验证：停机解体检修发现，机组转子弯曲，动平衡精度严重超差，在升速过程中因振动大造成转子与密封之间摩擦。不仅密封损坏，而且转子严重偏磨。

【例 2】　某厂一台汽轮机在运行中突然发生了强烈振动，轴振动值由 25μm 增加到 81～92μm，表 6－22 列出了频谱图上的主要频率成分。从频率成分上观察，由于严重不平衡引起的转速频率成分幅值占有绝对优势，其幅值约为 80%～94.1%。除此之外，$\omega/2$ 次谐波成分和 2ω 超谐波成分的幅值则占频谱中的第二位和第三位。$\omega/2$ 次谐波的出现并不能用其他故障原因解释，只有如上所述的局部碰磨机理才可以恰当地说明这一频率成分。

表 6－22　汽轮机摩擦振动频率成分

测量部位	工作转速/(r/min)	通频值/μm	各频率成分幅值及所占百分比									
			ω/2		ω		2ω		3ω		4ω	
			幅值/μm	百分比/%	幅值/μm	百分比/%	幅值/μm	百分比/%	幅值/μm	百分比/%	幅值/μm	百分比/%
前瓦	7200	33	3.56	10.7	26.4	80	3.8	11.5	2	6.1	1.3	3.8
后瓦		86	10.6	11.7	81.3	94.1	5.1	5.8	10.2	11.7	1	1.1

事后经解体检查，发现该机转子排气端一块配重块脱落，使转子产生了 0.08mm 的弯曲量，由此引起的严重不平衡，导致转子与密封件、推力盘与推力块发生了摩擦。

【例 3】 1996 年 7 月 26 日，某厂一台主风机运行过程中突然出现强振现象，风机出口最大振动值达 159μm，远远超过其二级报警值（90μm），严重威胁着装置的安全生产。图 6－41，图 6－42 分别是风机运行正常时和强振发生时的时域波形和频谱。

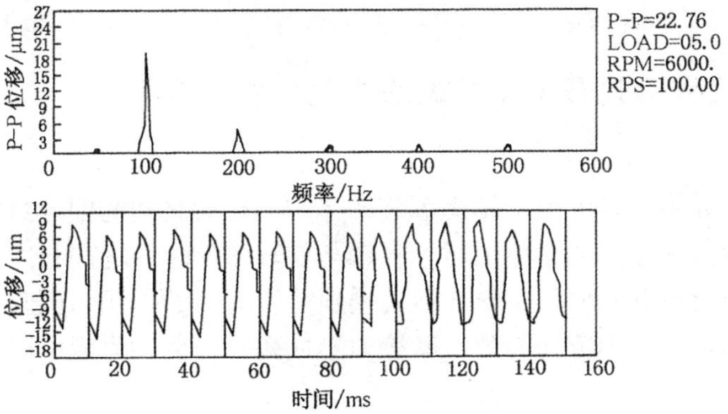

图 6－41　风机运行正常的波形和频谱

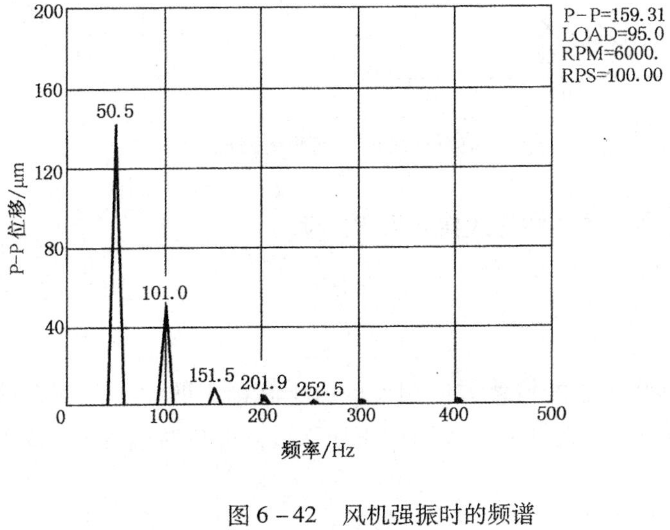

图 6－42　风机强振时的频谱

由此可见，风机正常运行时，其主要振动频率为转子工频 101Hz 及其低次谐波，且振动值较小，峰－峰值约 23μm，而强振时，一个最突出的特点就是产生一个振幅极高的精确的 0.5×(50.5Hz)成分，其幅值占到通频幅值的 89%，同样伴有精确的 1.5×(151.5Hz)，2.5×(252.5Hz)等非整数倍频，此外工频及其谐波幅值也均有所增长。

结合现场的其他情况分析认为，机组振动存在很强烈的非线性，极有可能是由于壳体热膨胀受阻，造成转子与壳体不同心，导致动静件摩擦而引起的。随后的停机揭盖检查表明，风机第一级叶轮的口环磨损非常严重，由于承受到巨大的摩擦力整个叶轮也已经扭曲变形，如果再继续运行下去，其后果将不堪设想。及时地分析诊断和停机处理，避免了设备故障的进一步扩大和可能给生产造成的更大损失。

6.9 转子热套配合过盈不足的故障机理与诊断

高速旋转机械转子的叶轮、轴套等旋转体通常是采用热压配合的方式安装在转轴上，其配合面要求为过盈配合。当过盈量不足而发生松动时，转子在高速运行中由于动挠度以及交变激振力的作用，转轴材料内部以及转轴与旋转体配合面之间会发生摩擦而影响转子的稳定性。

6.9.1 转子热套配合过盈不足的振动机理与故障特征

1. 振动机理

高速运行的转子，如果一旦叶轮、轴套等旋转体与配合面之间的配合过盈量不足，当转子由于质量不平衡或弯曲等原因挠度增大时，转轴与旋转体配合面之间将产生相对滑动，如图 6－43 所示。转轴凸面在纵向伸长，配合面就受到剪切力 T 的作用，圆盘对转轴的摩擦力的方向朝内；转轴凹面的摩擦力方向朝外，摩擦力形成两个力偶，力偶矩以 M_t 表示。

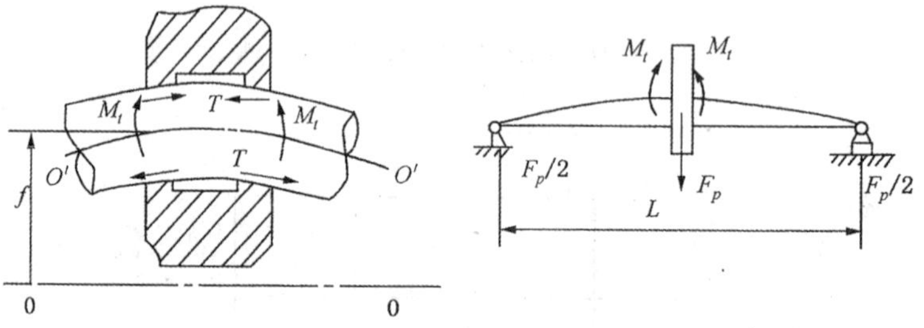

图 6－43 转轴配合面受力情况

将力偶矩转化为作用于轴心的等效横向力 F_p，则

$$F_p = \frac{4M_t}{L} \tag{6-16}$$

F_p 的方向与转轴圆盘中心的位移方向相反。由于摩擦力的大小与配合面的正压力成正比，转轴曲率正比于挠度，因此相对滑动速度正比于该处的相对速度 x。转子在频率为 ω 的简谐干扰力

$$x = a\sin(\omega t - \varphi) \tag{6-17}$$

作用下，速度为

$$\dot{x} = a\cos(\omega t - \varphi) \tag{6-18}$$

摩擦力为非线性时，转子的运动方程为

$$\ddot{x} + c\dot{x} + kx \pm F = me\omega^2\cos(\omega t - \varphi) \tag{6-19}$$

式中　F——摩擦力。

由非线性振动的特点可知，转子系统受干扰力作用时，有低频谐波及高频谐波响应。

另一方面，转轴受力时，对于理想材料，应力 σ 与应变 ε 之间呈线性关系。但是，由于真实材料分子间有内摩擦存在，在加载、卸载过程中，应变总是稍稍滞后于应力，形成迟滞曲线，如图 6－44 所示。如某点 1 经 A_1，B_2 点，卸载并逆向加载达 A_2 点时，应力为零，但应变还有一定值，只有当反向加载到达 B_1 点时，应变才等于零。

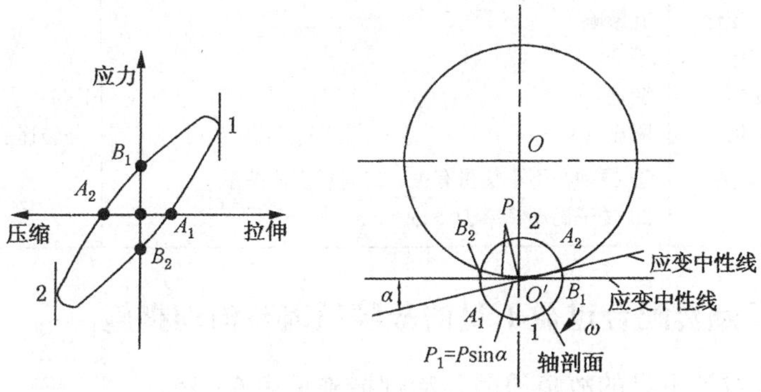

图 6－44　转子配合表面受力情况

假定一个转子的轴承中心为 O，轴的中心为 O'，当轴作稳态转动时，其轴心的 O' 涡动轨迹为一圆，设 $\delta = OO'$ 为其半径，Ω 为 OO' 的旋转角速度（即轴的进动角速度），ω 为轴相对于 OO' 的角速度。

当转子弯曲绕回转轴心线回转时的涡动频率 Ω 与其转动频率 Ω 不相等时，转轴由于内摩擦作用，应变滞后于应力的变化，其弹性力的分力 $P_t = P\sin\alpha$，使转子的涡动速度加剧促使转子运动失稳，转子失稳的涡动频率 Ω_t 为

$$\Omega_t = \omega_n\left(1 + \frac{C_c}{C_i}\right) \tag{6-20}$$

式中　ω_n——转子的固有频率；

C_c——外阻尼系数；

C_i——内阻尼系数。

由于 $\Omega_t < 0$ 是不会出现的，所以转子失稳时只能是正进动。

2. 故障特征

转子热套配合过盈不足的故障特征：

（1）时域波形中含有次谐波叠加现象；

（2）转子的振动的频谱特性中具有很高的亚异步成分、次频成分。

（3）振动信号的轴心轨迹杂乱。

6.9.2　转子热套配合过盈不足的诊断方法

转子热套配合过盈不足的诊断依据如表 6－23 和表 6－24 所示。

表 6-23　转子热套配合过盈不足振动征兆

序号	特征参量	故障特征	序号	特征参量	故障特征
1	时域波形	次谐波叠加波形	6	相位特征	杂乱
2	特征频率	1/n×	7	轴心轨迹	不稳定
3	常伴频率	1	8	进动方向	正进动
4	振动稳定性	不稳定	9	矢量区域	改变
5	振动方向	径向			

表 6-24　转子热套配合过盈不足的振动敏感参数

序号	敏感参数	随敏感参数变化情况	备　注
1	随转速变化	明显	与转速、负荷同时作用有关
2	随油温变化	不变	
3	随介质温度变化	有影响	
4	随压力变化	不变	
5	随流量变化	变化	
6	随负荷变化	明显	与转速、负荷同时作用有关
7	其他诊断方法	① 振动与不平衡量有关，二者成正比关系 ② 转子涡动频率 $\Omega_t > \omega_n$	

6.9.3　转子热套配合过盈不足的故障原因与治理措施

转子热套配合过盈不足的故障原因与治理措施见表 6-25。

表 6-25　转子热套配合过盈不足的故障原因与治理措施

序号	原因分类	故障原因	治理措施
1	设计原因	设计过盈不足	① 调整配合过盈 ② 按技术要求重新组装 ③ 按规程操作，不得超速
2	制造原因	加工误差，导致过盈不足	
3	维护检修	① 多次拆装，导致过盈不足 ② 组装方法不对	
4	操作运行	超速运行	
5	状态劣化	配合材料蠕变失去过盈	

6.9.4　转子热套配合过盈不足的故障诊断实例

【例 1】　某压缩机年度大检修时，更换新转子后，在正常工作条件下运行时，各项工艺参数与检修前相同，但轴振动的振幅逐渐增大，最终达到设计值的 3 倍左右，机组处于临界状态运行。

压缩机发生异常振动时，转子两端轴承处的径向振动较大，振动信号的时域波形及频谱如图

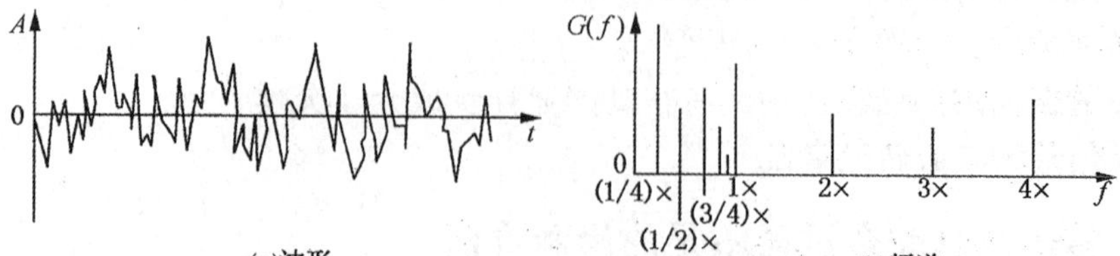

(a)波形　(b)频谱

图 6-45　异常振动时的波形与频谱

6－45 所示，其相位不稳定，轴心轨迹波动较大；若降低工作转速，异常振动明显减低。

诊断意见：根据压缩机发生异常振动的现象和规律，初步怀疑是由于转子热套配合件过盈不足造成的。

由于是新更换的转子，若真的发生了过盈不足故障，处理比较困难，为慎重起见，必须排除其他因素的影响。首先排除不平衡的可能性，检查转子动平衡记录和合格证，对照频谱图，可以排除这个因素的影响。对照频谱图和振动特征，参考工艺参数变化情况，又逐项排除了其他原因，最终确认振动是由于转子的制造缺陷，叶轮与转轴配合面过盈不足造成的，需停机拆卸转子处理。

生产验证：停机后检查转子动平衡，未发现问题。进一步拆卸转子，发现叶轮可以很容易地从转轴上拆卸下来，从而证实了转轴与叶轮配合面过盈量不足。更换合格的转子后，在原先的工艺条件下机组运行正常。

【例 2】 牵引电动机主动齿轮系内燃机车运行部传递动力的关键部件之一，它与电动机轴的装配形式采用的是圆锥轴过盈配合，在机车满负荷运行时，其承担着列车大约 410kW 的牵引力。如果机车在运用当中出现主动齿轮松脱或崩裂，特别是机车在低速重载牵引工况下，将导致电动机绕组烧损放炮，严重影响着机车的行车安全。该厂自试修机车以来，主动齿轮厂外松脱、崩裂现象时有发生，这不仅给工厂造成较大的经济损失，而且严重影响着工厂的质量信誉，给用户也带来诸多不便。

针对上述质量事故，经技术分析，发现造成主齿松脱有以下几种原因：

（1）齿轮和电动机轴的接触面积不够（<75%）；

（2）锁紧螺母没有锁紧；

（3）锁紧垫片有缺陷；

（4）齿轮热套时 1.5～1.7mm 的轴向压入量不够；经过现场检查、试验进一步发现出现的齿轮松脱的主要原因是由于齿轮加热时间控制存在缺陷，造成 1.5～1.7mm 的轴向压入量不足而造成。

该厂自试修东风型机车以来，主动齿轮热套装配一直采用感应加热，通过控制加热时间来控制轴向压入量的方法（即时间控制法）。虽然感应加热器加热比传统的油浴加热效率高，但它受网络电压波动、操作工的熟练程度等诸多不稳定因素的影响，容易造成即使在相同的加热时间下，主动齿轮内孔的膨胀量也不一致，从而导致套装后的主动齿轮相对电动机轴的轴向压入量尺寸不能准确、稳定地控制在 1.5～1.7mm 范围内。

为了克服上述时间控制法的缺陷，在不增加工人劳动强度的条件下，将轴向压入量在一次套装过程中控制在 1.5～1.7mm 范围内。经过生产现场调查和技术可行性分析，决定采用工装限位法替代现行的时间控制法。

利用主动齿轮齿槽和两端面固定工装，1.5～1.7mm 的轴向压入量通过塞尺在主动齿轮冷态套装时预先设定。热态套装时利用工装上限位螺杆限位作用，将轴向压入尺寸准确控制在塞尺预先设定的长度之内。

图 6－46 为牵引电动机主动齿轮热套限位工装示意图。

改进后的效果：

（1）直接限位工装使用后，现场套装情况良好，返工率仅为 2%，1.5～1.7mm 的轴向压入量均能严格保证；

（2）据各铁路局、机务段反馈回来的信息知，自运用限位工装控制主动齿轮热套质量的出厂机车，在运用当中再没有出现一例主齿松脱、崩裂事故。

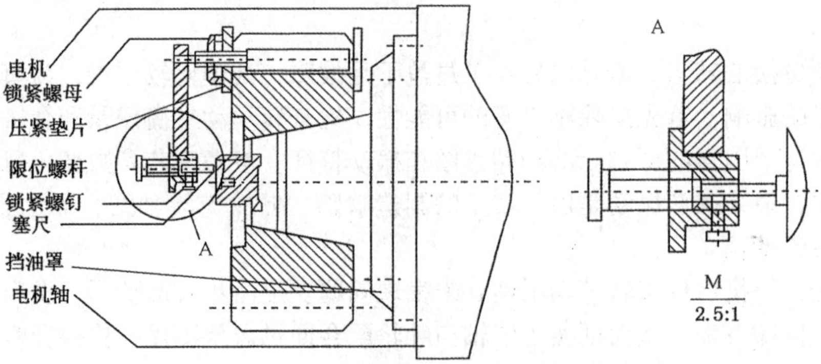

图 6-46　热套限位工装示意图

6.10　转子支承部件松动的故障机理与诊断

转子支承部件联接松动是指系统结合面存在间隙或联接刚度不足，造成机械阻尼偏低、机组运行振动过大的一种故障。支承系统结合面间隙过大，紧力不足，在外力或温升作用下产生间隙，固定螺栓强度不足导致断裂或缺乏防松措施造成部件松动，基础施工质量欠佳等都是造成松动的常见原因。由于存在松动，极小的不平衡或者不对中都会导致支承系统产生很大的振动。

6.10.1　转子支承部件松动的故障机理与故障特征

1. 故障机理

机组的振动大小是由激振力和机械阻尼共同决定的。转子支承部件一旦松动，会使联接刚度下降，机械阻尼降低，这是松动振动异常的原因。

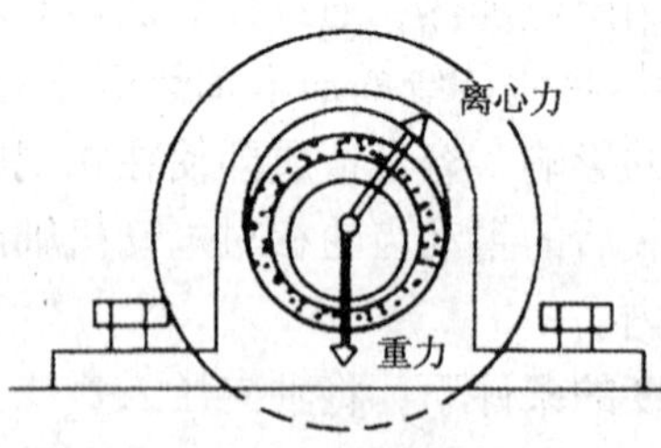

图 6-47　机械松动

如图 6-47 所示，当轴承套与壳体配合具有较大间隙时，轴承套受转子离心力的作用沿圆周方向发生周期性变形，从而改变了轴承的几何参数，影响油膜的稳定性；当轴承座螺栓紧固不牢时，由于结合面上有间隙，系统发生不连续的位移。

图 6-48 为一典型的转子支承系统，设其右端轴承配合松动，间隙量为 Δ。若不考虑转轴质量，可将间隙 Δ 折算到圆盘处记为 C_0。转子的运动方程为

$$m\ddot{x} + k\dot{x} = F(x) + Q_x \tag{6-21}$$

$$F(x) = \begin{cases} kC_0 & (x > C_0) \\ kx & (-C_0 < x < C_0) \\ -kC_0 & (x < -C_0) \end{cases} \tag{6-22}$$

式中　x——圆盘质心位移；

Q_x——作用于圆盘的外力；

k——转子支承刚度；

m——圆盘质量。

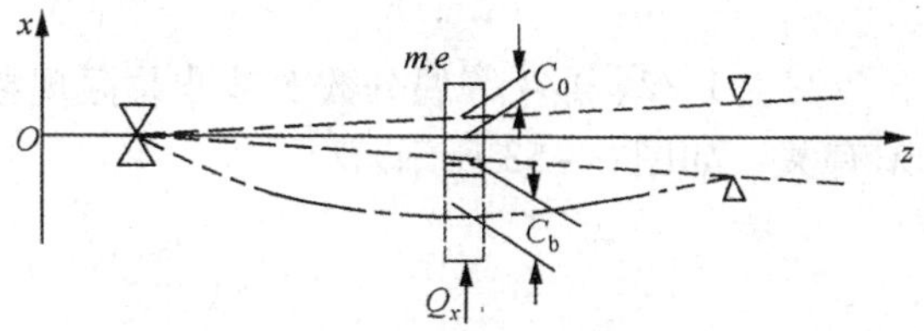

图 6-48 具有机械松动的转子支承系统

转子弹性恢复力如图 6-49 所示。为进行谐波分析，设

$$Q_x = \sum_{n=0}^{N} Q_{xn} e^{in\omega t}\left(n = 1, \frac{1}{3}, \frac{1}{2}, 1, 2, 3, \cdots, n\right) \tag{6-23}$$

无量纲化，令

转子静变形

$$C_b = mg/R \tag{6-24}$$

转子固有频率

$$\omega_n = \sqrt{\frac{k}{m}} \tag{6-25}$$

转速比

$$\lambda = \frac{\omega}{\omega_n} \tag{6-26}$$

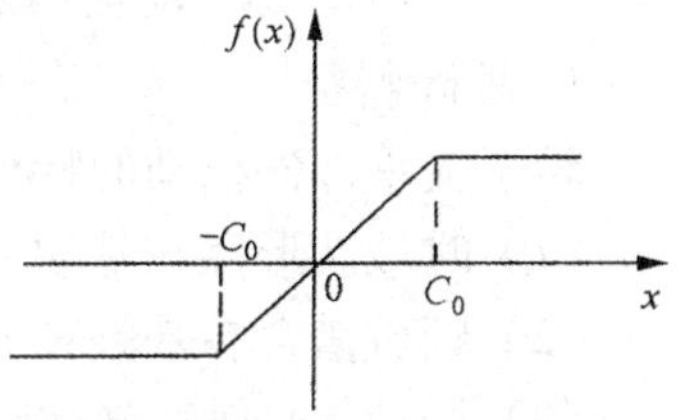

图 6-49 转子弹性恢复力

转子偏心率

$$\alpha = \frac{e}{C_b} \tag{6-27}$$

间隙比

$$\beta = \frac{C_0}{C_b} \tag{6-28}$$

将式(6-23)代入式(6-21)求解，可以得出以下结论。

(1) 当 $\lambda = 0.75$ 时，振动特征的计算结果如图 6-50 所示。由图知，转子系统是否进入非线性状态与转子的偏心率 α 和转速比 λ 有关。当 α 及 λ 较小时，转子的振动响应小于静变形，此时松动对转子运行影响较小。

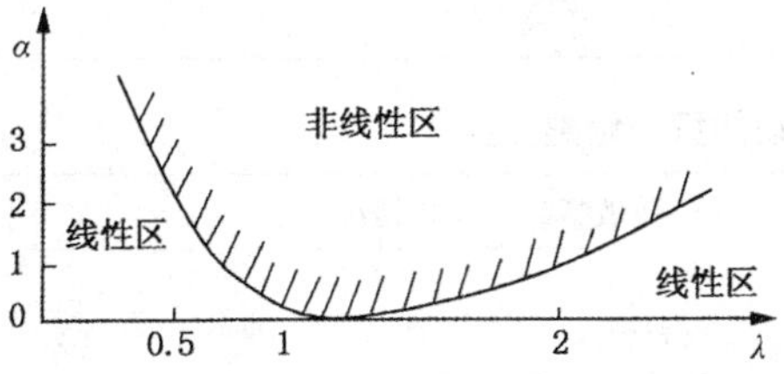

图 6-50 振动特征

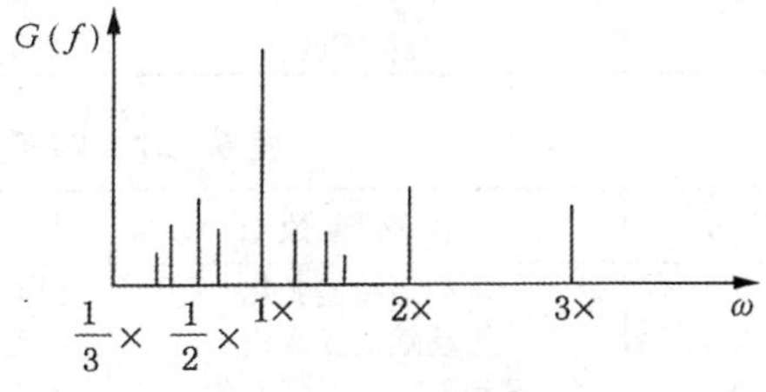

图 6-51 频谱特征

(2) 当 $\lambda = 0.792$ 时，假定 $\alpha = 0.7$，$\beta = 0.5$，将落在非线性区域内，转子支承系统为非线性系统，振动响应除基频外还有 2 倍频、3 倍频等高频谐波，其振动的频谱特征如图 6-51 所示。

（3）当 $\lambda=0.75\sim2$ 时，若 $\alpha=0.7$，$\beta=0.5$，则转子支承系统为非线性系统，基频振幅随转速比 λ 而变化。当 $\lambda<1$ 时，松动的振动较大，稳定性较差；而当 $\lambda>1$ 时，松动的振幅反而较小(图 6－52)。

但是，在一定条件下会发生 1/2、1/4 等偶分数次谐波共振现象。共振现象是否出现与转子偏心率 α 和转速比 λ 有关，如图 6－53 所示。

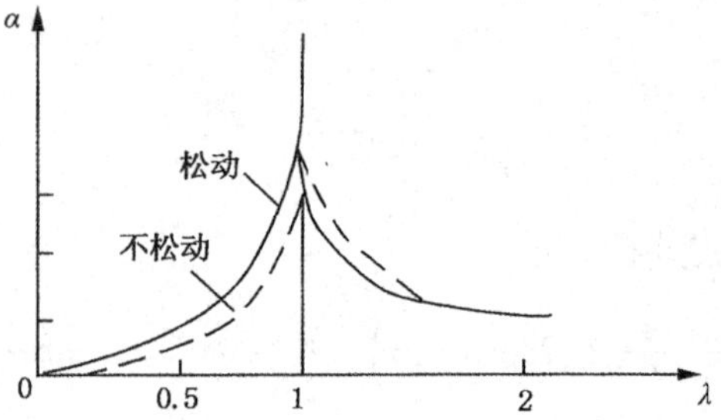

图 6－52　基频振幅特征

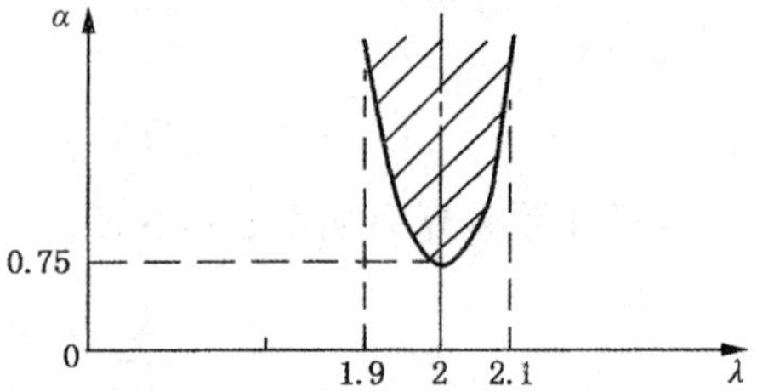

图 6－53　1/2 倍频谐波共振发生区

2. 故障特征

转子支承部件松动的特征：

（1）时域波形存在基频、分频和高次谐波叠加成分；

（2）频域谱含有基频和分频，并常伴有倍频成分；

（3）振动信号轴心轨迹紊乱；

（4）存在壳体剧烈振动现象。

6.10.2　转子支承部件松动的诊断方法

转子支承部件松动的诊断依据见表 6－26 和表 6－27。

表 6－26　转子支承部件松动的故障征兆

序号	特征参量	故障特性
1	时域波形	基频，分数谐波，高次谐波叠加波形
2	特征频率	基频，分数谐波
3	常伴频率	2×，3×，…
4	振动稳定性	不稳定，工作转速达到某一阈值时，振幅突然增大或减小
5	振动方向	松动方向振动大
6	相位特征	不稳定
7	轴心轨迹	紊乱
8	进动方向	正进动
9	矢量区域	变化

表 6－27　转子支承部件松动的振动敏感参数

序号	敏感参数	随敏感参数变化情况
1	振动随转速变化	很明显
2	振动随油温变化	不变
3	振动随介质温度变化	不变
4	振动随压力变化	不变
5	振动随流量变化	有变化
6	振动随负荷变化	很明显
7	其他诊断方法	① 振动具有非线性特征；② 振动对偏心率和转速非常敏感

6.10.3 转子支承部件松动的故障原因及治理措施

转子支承部件松动的故障原因与治理措施见表 6－28。

表 6－28 转子支承部件松动的故障原因及治理措施

序号	故障原因分类	故障原因	治理措施
1	设计原因	① 设计结构不合理，无防松动措施 ② 紧固体强度不足，运行中发生断裂	① 增加紧固螺栓防松措施 ② 按要求检修，保证瓦背紧力 ③ 更换失效部件 ④ 消除机壳，基础变形 ⑤ 按要求力矩紧固螺栓
2	制造原因	① 配合尺寸加工误差大，导致瓦背无紧力 ② 紧固螺栓质量差，易松动，断裂	
3	安装维修	① 支承系统配合间隙过大 ② 紧固螺栓紧力不足，未上紧，未按技术要求实施防松措施	
4	操作运行	超负荷运行	
5	状态劣化	① 支承系统配合紧力消失 ② 机壳或基础变形，螺栓松动	

6.10.4 转子支承部件松动的故障诊断实例

【例 1】 某水泥厂 2#水泥磨，结构如图 6－54 所示。

1995 年 4 月，在一次设备巡检中，测点①～④的振动速度有效值(V_{rms})在 3～12mm/s 范围内变动，在现场作简易频率分析时，这四个测点的主要频率都是 60Hz，约为转频的 5 倍(转频 $f_r = 735 \div 60 = 12.25$Hz)。当时判断电动机和转速器地脚可能存在松动。4 月 22 日停机修理，发现减速器底部安装时加上的调整垫铁在点焊处已经炸裂松脱，经处理后问题得到了解决。这个松动故障主要表现为频率奇数倍特征。

【例 2】 某发电厂 1#发电机组，结构如图 6－55 所示。

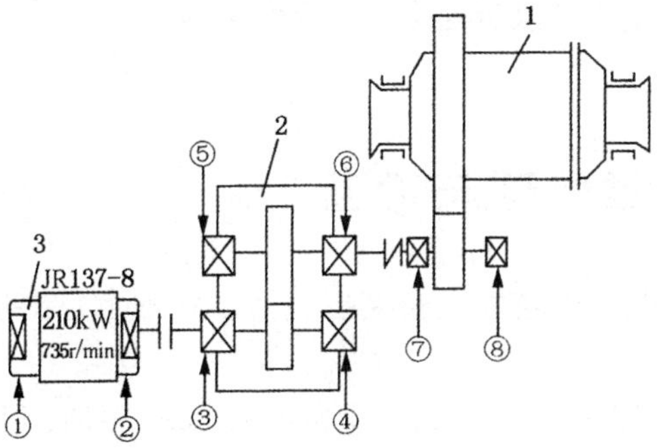

图 6－54 2#水泥磨结构简图

1—水泥磨；2—减速器；3—电动机；
①～⑧—轴承测点

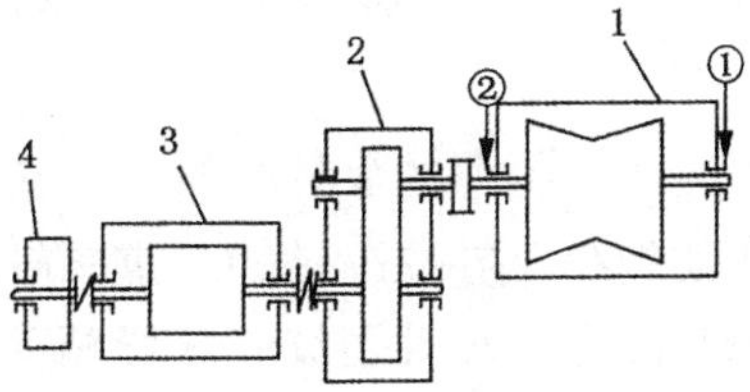

图 6－55 汽轮发电机组结构简图

1—汽轮机；2—减速器；3—发电机；4—励磁机；
①—后轴承；②—前轴承

该机组在汽轮机检修后进行了振动测量，前后轴承的振动值见表 6－29。其中轴承①水平方向振动较大，对其振动信号作频谱分析，频率结构如图 6－56 所示。振动信号所包含的主要频率成分都是奇数倍转频，尤以 3 倍频最突出。另外，观察其振动波形(见图 6－57)，振幅变化很不规则，含有高次谐波成分。根据所获得的信息，判断汽轮机后轴承存在松动。

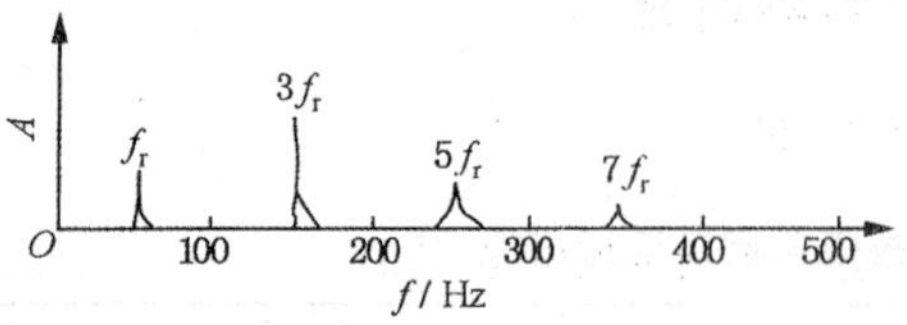

图 6－56　汽轮机后轴承水平方向振动频谱

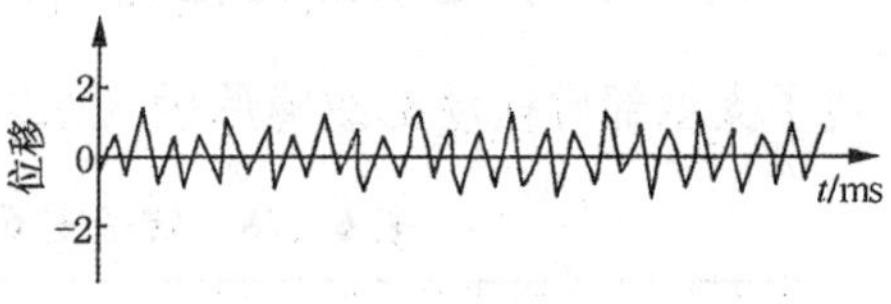

图 6－57　汽轮机后轴承水平方向振动波形

表 6－29　汽轮机前后轴承振动值　　μm

	①	②
H	85	30
V	15	6
A	28	28

停机检查时发现汽轮机后轴承的一侧有两颗地脚螺栓没有上紧，原因在于预留热膨胀间隙过大。后来按要求旋紧螺母，振幅则从 85μm 下降至 27μm，其余各点的振动值也有所下降，实现了平稳运行。

【例 3】 大型锅炉引风机支承松动故障诊断。

某发电厂一台大型锅炉引风机，由一台转速 840r/min 的电动机直联驱动。该机组运转时振动很大，测试结果显示电动机工作很平稳，总振幅不超过 2.5mm/s。但在风机上振幅很高，风机的轴向振幅小于 50μm。频率分析表明，振动频率主要是转速频率成分。这些数据表明，风机振动并不是联轴器不对中或轴发生弯曲，应诊断为转子的不平衡故障。但是对风机振动最大的外侧轴承在水平方向和垂直方向上的相位进行分析，发现两个方向上的相位是精确的相同，说明是定向振动问题，而不是单纯的不平衡。然后对外侧轴承、轴承架和基础各部分位置进行振动测量，检查出轴承架一边的安装螺钉松动，使整个轴承架以另一边为支点进行摆振。用同样的方法检查出内侧轴承架的安装螺钉也有松动。当全部安装螺钉被紧固后，风机的振幅就大大下降，达到可以接受的水平。

6.11　转轴裂纹的故障机理与诊断

石油化工行业的旋转机械一般转速都非常高，载荷也较大，长期运转后，转轴上易出现横向疲动裂纹，导致断轴的严重事故。

相对而言，转轴裂纹的故障概率比其他故障少得多，但因能产生轴裂纹的潜在原因很多，如各种因素造成的应力集中、复杂的受力状态、恶劣的工作条件和环境等，加之裂纹对振动响应不够敏感(深度达 1/4 直径的裂纹，轴刚度变化仅为 10% 左右，临界转速的变化也只有 5% 左右)，有可能发展为断轴事故，危害极大。因此，对轴裂纹诊断知识的学习很有必要。

6.11.1　转轴裂纹的故障机理

转轴裂纹对振动的响应与裂纹所处的轴向位置、裂纹深度及受力情况有关。视裂纹所处部位应力状态的不同，裂纹会呈现出 3 种不同的形态。

(1) 闭裂纹

转轴在压应力情况下旋转时，裂纹始终处于闭合状态。例如，转子重量不大、不平衡离心力较小或不平衡力正好处于裂纹的对侧时就是这种情况。闭裂纹对转轴振动影响不大，难以察觉。

(2) 开裂纹

当裂纹区处于拉应力状态时，轴裂纹始终处于张开状态。开裂纹会造成轴刚度不对称，使振动带有非线性性质，伴有2×、3×…等高频成分，随着裂纹的扩展，1×、2×…等频率的幅值也随之增大。

(3) 开闭裂纹

当裂纹区的应力是由自重或其他径向载荷产生时，轴每旋转一周，裂纹就会开闭一次，对振动的影响比较复杂。理论分析表明，带有裂纹的转子的振动响应可分别按偏心及重力两种影响因素考虑，再作线性叠加。由于偏心因素的影响，振动峰值会出现在与两个不对称刚度相应的临界转速之间；而重力因素的影响结果，是在转速约为无裂纹转轴的临界转速处时，会出现较大峰值。

裂纹的张开或闭合与裂纹的初始状态、偏心、重力的大小及涡动的速度有关，同时也与裂纹的深度有关。若转子是同步涡动，裂纹会只保持一种状态，即张开或闭合，这与其初始态有关。在非同步涡动时，裂纹在一定条件下也可能会一直保持张开或闭合状态，但通常情况下，转轴每旋转一周，裂纹都会有开有闭。在这种情况下，裂纹越深，其在一周内张开的时间会越长，会超过一半周期长度，同时裂纹张开的时间也会越晚。这可以作为判断裂纹深度的一个定性标准。

6.11.2 转轴裂纹的故障特征

由上述分析知，转轴裂纹的出现及其对转子振动的影响比较复杂，其主要特征是：

(1) 转轴上一旦存在开裂纹，转轴的刚度就不再具有各向同性，振动带有非线性性质，出现旋转频率的2×、3×…等高倍频分量。裂纹扩展时，刚度进一步降低，1×、2×…等频率的幅值也随之增大。以上特征与不平衡故障有相似之处，但相位角会发生不规则波动，这一点与不平衡故障时相角稳定有差别。

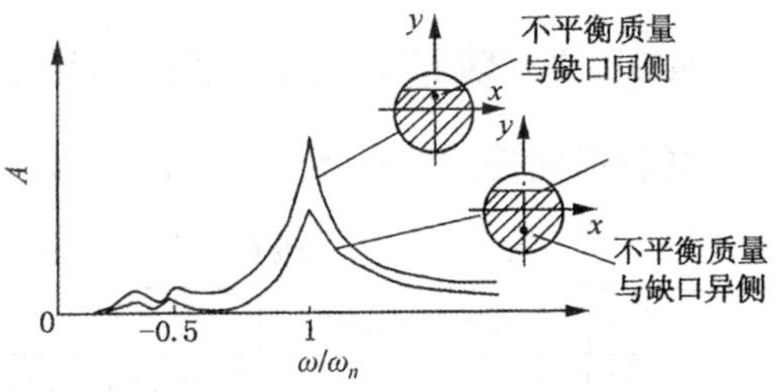

图6－58　轴上有开裂纹时的振动响应

(2) 开、停机过程中，会出现分频共振，即转子在经过1/2、1/3…临界转速时，由于相应的高倍频(2×、3×)正好与临界转速重合，振动响应会出现峰值，如图6－58所示。

(3)轴上出现裂纹时，初期扩展速度很慢，径向振动值的增长也很慢，但裂纹的扩展速度会随着裂纹深度的增大而加剧，相应地也会出现1×及2×振幅迅速增加的现象，同时1×及2×的相位角也会出现异常的波动。

6.11.3 转轴裂纹的诊断方法

转轴横向裂纹的主要诊断依据见表6－30和表6－31。

表 6-30　转轴横向裂纹的振动特征

序　号	特征参量	故　障　特　性	备　　注
1	时域波形	叠加波形	升降速过程在 1/2、1/3 临界转速时会出现分频共振
2	特征频率	2×，3×等高次谐波	
3	常伴频率	1×频	
4	振动稳定性	不稳定	
5	振动方向	径向，轴向	
6	相位特征	不规则变化	
7	轴心轨迹	双椭圆或不规则	
8	进动方向	正进动	
9	矢量区域	改变	

表 6-31　转轴横向裂纹的振动敏感参数

序　号	敏感参数	随敏感参数变化情况	备　　注
1	随转速变化	不明显	启、停机过程明显
2	随油温变化	不变	
3	随介质温度变化	不变	
4	随压力变化	不变	
5	随流量变化	不明显	
6	随负荷变化	不规则变化	
7	其他诊断方法	① 非线性振动，过半临界点时 2×谐波有共振峰值 ② 恒定转速下，各阶谐波幅值不稳定，相位变化，尤以 2×突出 ③ 转子振动大时，动平衡困难，多次试重也达不到要求	

6.11.4　转轴裂纹的故障原因及治理措施

转轴横向裂纹的故障原因及治理措施见表 6-32。

表 6-32　转轴横向裂纹的故障原因及治理措施

序　号	故障原因分类	故　障　原　因	治 理 措 施
1	设计原因	① 转轴强度不足 ② 有应力集中台肩 ③ 应力较高处有键槽，开孔等	① 一般不建议维持运行，特殊情况下可在短期内监护运行 ② 立即更换转轴中小型转轴，不建议修复后使用 ③ 对大型汽轮发电机组可以磨去裂纹后修复
2	制造原因	① 材质不良，有原始缺陷 ② 热处理不符合要求，有微裂纹 ③ 原始缺陷未检出	
3	安装维修	① 检修时未探伤或未检查到缺陷 ② 野蛮检修造成损伤	
4	操作运行	① 频繁启动，升速，加负荷过快导致超载 ② 长期振动大，导致疲劳损伤	
5	状态劣化	长期运行产生疲劳裂纹	

6.11.5　转轴裂纹的故障诊断实例

【例 1】 某大型高速泵在运行过程中轴振动逐渐增大，同时出现 2 倍频及 3 倍频等高倍频谐波分量，且相位变化。

分析诊断：根据该泵的振动特征，查阅其结构图纸，初步怀疑异常振动的原因可能是由于转轴裂纹造成的。为了进一步确认异常振动的原因，在操作人员配合下对该泵进行了降速和升速试验，观察转子通过半临界转速时的频谱特征和相位变化。其主要特征如下。

(1)频谱图中振幅在 2×、3×谐波处有共振峰值，如图 6－59 所示，为该测点当前信号谱图结构与 6 个月前的对照。

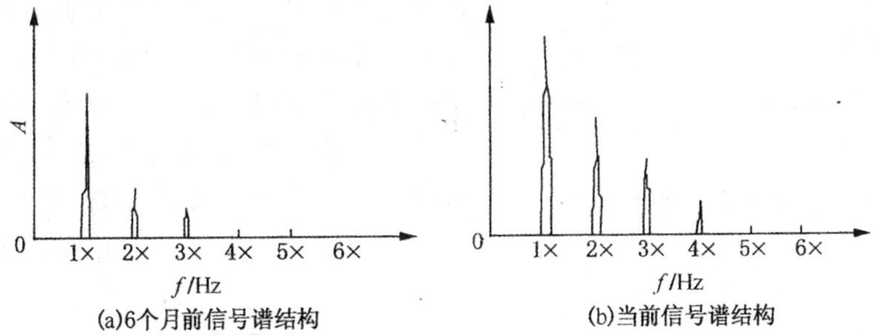

图 6－59　当前信号谱结构与历史信号谱比较

(2) 转速通过 1/2 临界转速时有共振峰值出现，如图 6－60 所示。

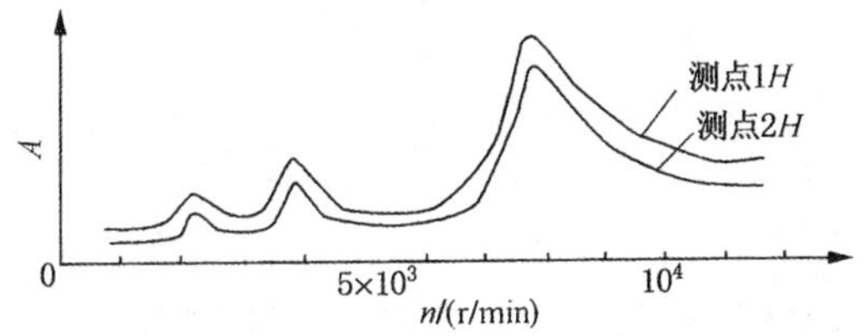

图 6－60　升速过程振动趋势图

诊断意见：根据上述特征，特别是转子在降速和升速通过半临界转速时的振动特征可以确认，高速泵转子产生了裂纹，必须立即停机进行检查，更换转子。

生产验证：根据诊断意见，有计划地对高速泵进行了停机检修，检查发现转轴裂纹深度已达 2/5。

更换合格的转子后再次开车，高速泵轴振动趋于正常，避免了一次断轴的重大事故。

6.12　迷宫密封气流激振的故障机理与诊断

大型离心式压缩机组、蒸汽透平的轴端密封和级间密封常用迷宫式密封(又称梳齿密封)。气体在迷宫密封中的流动是一种复杂的三维流动。当转子因挠曲、偏磨、不同心或旋转产生涡动运动时，密封腔内的周向间隙将会不均匀，即使密封腔内入口处的压力周向分布是均匀的，在密封腔的出口处也会形成不均匀的周向压力分布，从而产生一个作用于转子上的合力，此激振力会导致转子运动失稳，发生异常振动。

6.12.1 迷宫密封气流激振的故障机理

如图6-61所示，在迷宫密封中，密封装置前后压力分别为p_1及p_3，密封腔内的压力p_2取决于p_1，p_3及密封齿隙δ_1、δ_2。假设由于制造及安装误差，转子在密封腔中倾斜时($\delta_1>\delta_2$)，若转子因受初始扰动而处于涡动状态，转子与定子之间的密封间隙会发生周期性变化。当转子向着定子做径向运动时，密封腔的排出端和入口端间隙均缩小，但是排出端原来的间隙较小，因此相对间隙缩小率比入口端更大一些，这样密封腔中流入的气量大于流出的气量，由于气体的积聚而使腔中压力p_2升高，形成一个在图中向下作用于转子的力。当转子离开定子做径向运动时，密封腔排出端相对间隙比入口端扩大得更快，腔中流出气量大于流入气量，压力下降，形成一向上的作用力。因此作用在转子上的力是两者的叠加。

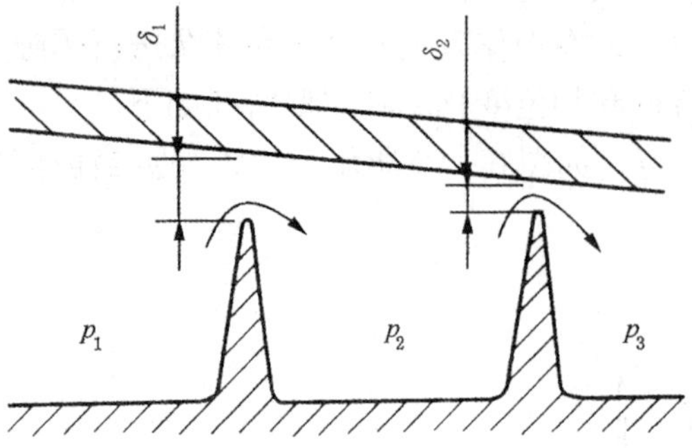

图6-61 迷宫密封腔中气流压力变化

但是密封腔中的压力变化并不与转子位移同相位，而是滞后于转子位移一个θ角(如图6-62所示)。如果转子自身旋转速度为ω，涡动角速度为Ω，当转子从底部向左方向涡动一个F角时，由于压力变化滞后于转子位移，则气流压力在转子周向上的分布是底部最大，顶部最小，其合力为F，则其分力F_t始终作用在转子的涡动方向上，此切向力即是加剧涡动的激振力。

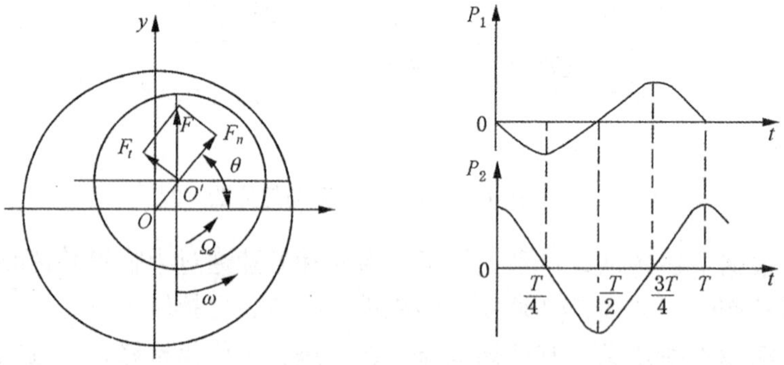

图6-62 密封装置中的气体动力效应

在上述过程中，转子振动的位移y与密封腔中压力p_1的变化曲线在$t=(1/4\sim3/4)T$的半周内，密封腔内力p_1始终低于其平均值；反之，在另一半周内则始终高于其平均值。因此，在这一振动过程中，气流对密封装置是输入功的，密封装置的气体动力激振力为自激因素。

另外，气流流动时的惯性力远远超过摩擦力，由于气流进入密封腔后动能不能完全损失掉，还有一定的余速，这部分速度不仅使气流沿轴向流动，而且还以很大的圆周速度分量围绕转子转动，即形成“螺旋形”流动[图6-63(a)]。如果密封腔内径向间隙不均匀，则气流在腔中从进口流向出口时随着截面间隙的不断变化，气流沿其流动方向上的压力也不断发生变化，因而在转子周围形成不均匀的压力分布，其合力 F 的方向垂直于转子的位移方向，与转子的旋转方向相同，此力激励转子作向前的正进动运动。

与此类似，常见的高速、高压旋转机械中，蒸汽透平是靠气流推动叶片转动的，离心式压缩机是由叶片推动气流旋转的，但二者有一点是相同的，即当转子发生弯曲时，叶轮会偏向内腔一侧，叶轮在内腔的间隙一边大，一边小，在这种情况下，气流加于叶片的圆周力在间隙大的一侧大于间隙小的一侧[图 6－63(b)]，各叶片所受周向力的总和除力偶外，还有垂直于轴 O' 的位移 OO' 的力 F_t，这个力使转子失稳而产生涡动。

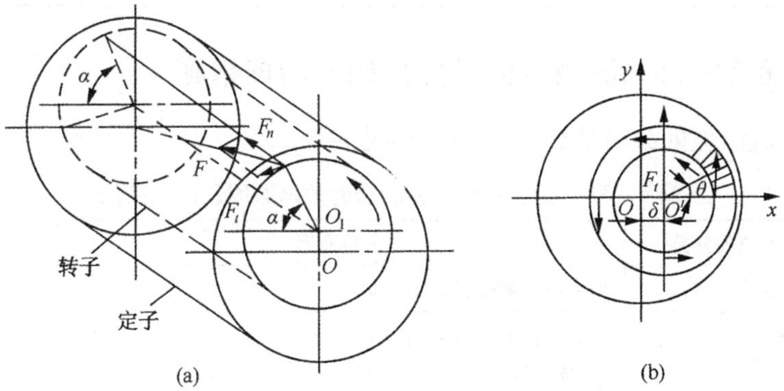

图 6－63　气体在密封腔内的旋转效应

由于 M_t 随介质压力及负荷的增加而增大，所以当介质压力及负荷增加而使 F_t 达到一阈值时，就可能产生自激振动。

6.12.2　迷宫密封气流激振的故障特征

密封和间隙动力失稳的振动特征与油膜振荡相似，根据其振动波形、频谱、轴心轨迹、进动方向及相应变化等很难区分。两者的主要区别是敏感参数不同。密封及间隙动力失稳对机器工作介质的压力及负荷变化很敏感，当负荷或压力达到某一阈值时，突然失稳，发生强烈振动。而油膜振荡则对负荷或压力不敏感，只对转速敏感，当工作转速达到某一阈值(一般为工作转速大于一阶临界转速的 2 倍)时，突然失稳发生强烈振动。

6.12.3　迷宫密封气流激振的诊断方法

迷宫密封气流激振故障的诊断依据见表 6－33 和表 6－34。

表 6－33　迷宫密封气流激振的振动特征

序　号	特征参数	故 障 特 性	备　　注
1	时域波形	含有低频成分的叠加波	
2	特征频率	<0.5×的次谐波	
3	常伴频率	1×、(1/n)×、n×	
4	振动稳定性	不稳定，突发强烈振动	
5	振动方向	径向	负荷达某一阈值时有突发
6	相位特征	不稳定	
7	轴心轨迹	紊乱、扩散	
8	进动方向	正进动	
9	矢量区域	突变	

表 6－34 迷宫密封气体激振的振动敏感参数

序号	敏感参数	随敏感参数变化情况	备注
1	振动随转速变化	有影响	与油膜振荡不同
2	振动随油温变化	不变	
3	振动随介质温度变化	有影响	
4	振动随压力变化	明显达到某一阈值时突然变化	
5	振动随流量变化	有影响	与油膜振荡不同
6	振动随负荷变化	很敏感，达到某一阈值时突然变化	与油膜振荡不同
7	其他识别方法		

6.12.4 迷宫密封气流激振的故障原因及治理措施

迷宫密封气流激振的故障原因与治理措施见表 6－35。

表 6－35 迷宫密封气流激振的故障原因及治理措施

序号	故障原因分类	故障原因	治理措施
1	设计原因	密封结构参数设计不合理	① 正确安装轴封 ② 调整并保证转子与轴封的同心度 ③ 按规程操作，不得超压，超负荷 ④ 改进轴封结构
2	制造原因	①制造误差导致密封间隙不均匀 ② 转子与缸体不同心	
3	安装维修	转子或密封安装不当，导致间隙不均匀	
4	操作运行	① 操作不当，升降速过快 ② 升降压过快 ③ 超负荷运行	
5	状态劣化	① 转轴弯曲，轴封磨损 ② 轴瓦磨损，导致轴封间隙不匀	

6.12.5 迷宫密封气流激振的故障诊断实例

【例 1】 某厂的一台高压离心空气压缩机由蒸汽透平和高、低压缸组成，高压缸轴端密封采用迷宫密封，为尽量减少气体泄漏，采用了较长的密封装置，如图 6－64 所示。

机组投运初期，机组负荷约为 95% 左右，振动比较正常。后因装置挖潜提产需要，机组经常在 100% 负荷下工作，经常出现突发性剧烈振动，特别是轴承壳体振动异常高。每次振动异常后，稍降负荷振动便会下降到正常水平，而一旦恢复高负荷运行，便又会出现上述异常振动，时间上无规律。

诊断意见：根据上述振动征兆，确认发生强烈振动的原因为轴端梳齿密封动力失稳所产生的激振力激发造成失稳导致的。

生产验证：为了消除压缩机的异常振动，将轴端密封改为图 6－65 所示的结构，扩大齿距，并从扩压器至密封中间部位沿圆周开了 8 个孔，直接引出压力气流，减缓密封内转子四周的压力脉动，缓解转子产生涡动的自激力。

采取这一措施后，压缩机高压缸的突发强烈振动基本上未再发生。

【例 2】 某石化公司化肥厂的合成气压缩机低压缸曾发生过多次破坏性振动，振动的一个可能原因是迷宫密封中的气流激振。该机低压缸由两段组成，两段叶轮背向排列，两段出口位置均布置在缸体中间。为防止段间在 4MPa 压差下产生的气体泄漏量过大，转子的中间位置上设有较长的段间迷宫密封。(见图 6－66 所示)。转子发生强烈振动的原因经分析认为：

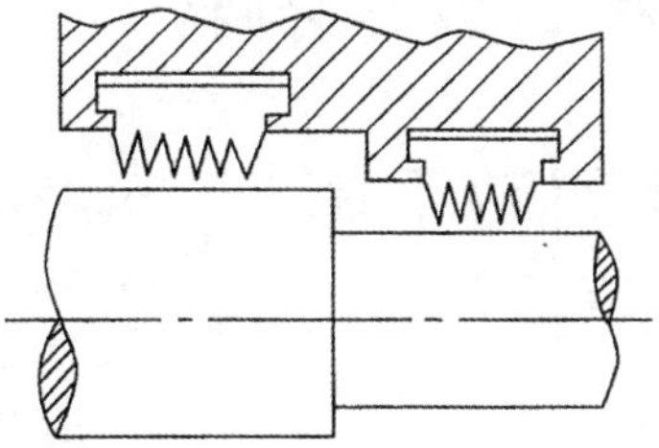

图 6－64　高压缸轴封

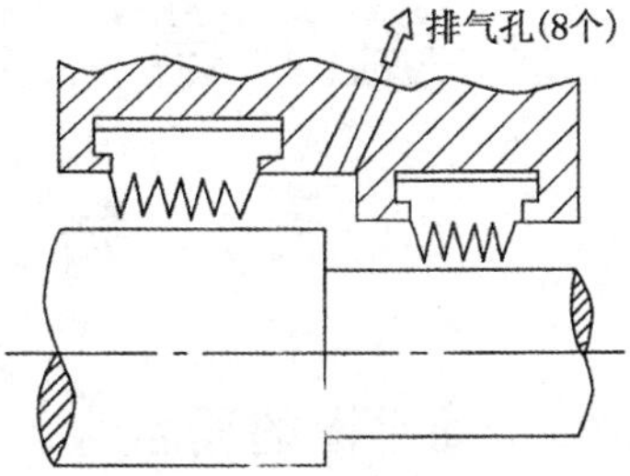

图 6－65　改进后的高压缸轴封

(1) 转子两端支承，密封布置在挠度最大的地方，该处密封力激起的转子涡动幅度最大；

(2) 由于一段出口叶轮的气流具有很大的圆周分速度(计算为 211m/s)，进入密封前的气流就带有强烈的预旋，气流在径向间隙不均匀的迷宫内旋绕，将在周向上产生不均匀压力分布，从而引起较大的激振力。

(3) 该转子本身跨距大，刚性不足，工作转速接近其一阶临界转速的 2.5 倍。而且段间密封长度长，密封激振力对转子振动的影响十分显著。

该厂随后改进了密封结构，密封齿数由 38 齿改为 22 齿；扩大了齿距；并从扩压器至密封中间部位沿周向开了 8 个 ϕ6 的孔，直接从扩压器引进一股气流至密封体内，用以减缓密封腔内周向上产生的周期性压力脉动。

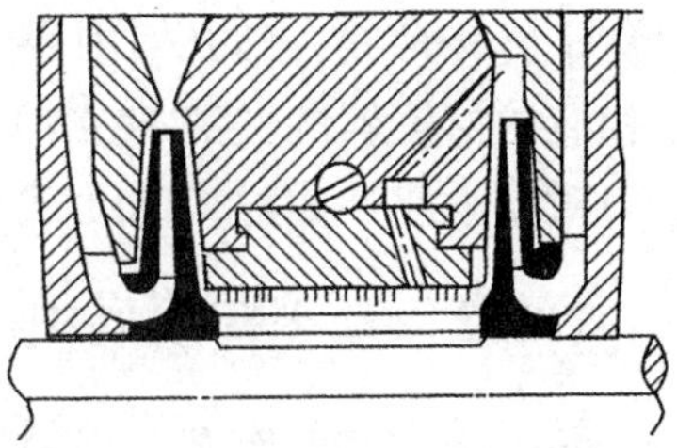

图 6－66　扩压器与密封体之间开孔

另外，在密封进口端等间距开了 36 个 5mm × 10mm 轴向槽，以阻挡进入密封体气流的切向分量。采取这一措施后，机器的不稳定情况有所改善，证明密封中的激振力对机器振动有较大影响。

第7章 现场动平衡技术

7.1 转子静平衡和动平衡

7.1.1 转子动平衡的概念

动平衡即消除旋转部件振动的过程。动平衡技术是机械制造业所广泛应用的一门专业技术，也是电力部门为保证发电机组正常运行而对整个机组轴系进行消振处理所必须采用的技术手段。

旋转机械转子及其他旋转部件，由于在制造过程中造成的偏差或其他外部原因的影响，都会使其振动过大，运行不稳定。如转子质量偏心、转子部件松动、支承座松动、轴瓦间隙不合适、拖动机构不合理、热变形、电磁振动等种种原因，使转子各个部件的质量并不完全对称于旋转轴线，即几何中心线与旋转中心线不重合，导致转子的位移和振动。这时就要通过相应的拾振器的检测加(减)相应的质量，以使转子质量中心线和旋转中心重合，不因离心力对支承座造成过大的动载荷，使整机运行平稳。

7.1.2 动平衡发展史

转子动力学的发展，是与大工业的发展紧密相关的。由于生产上的需要，转子平衡理论发展迅速。20世纪初，大部分转子系统工作在第一阶临界转速以下，转子挠度变形可以忽略不计，转子属于刚性转子，在这方面的研究相对简单，在20世纪30年代后期刚性转子平衡理论已近成熟，30年代初期发明了测量振动相位技术，刚性转子平衡也发展到无测相的动平衡，其平衡理论和技术经20多年的发展，到20世纪50年代初期也已经成熟，在后来的几十年内没有明显变化。刚性转子的平衡受某一速度的限制，如果转速超过这一限制转速，已经平衡了的转子又不平衡。特别是当转子工作在临界转速以上时，这种平衡方法已失去作用。

1956年K. Federn提出判断转子刚挠性指标。他认为高于某一转速工作的转子系统必须考虑转子挠度的影响，转子属于挠性转子。至此，挠性转子平衡问题第一次被提出来，这是由于氢冷发电机的制造成功，使发电机容量大幅度增大，使转子变得越来越细长，其刚性有了显著的降低，采用刚性转子平衡理论已经不能有效地平衡这种转子，运行中的大机组不平衡振动问题愈来愈严重，于是国内外许多转子动力学专家相继提出了各种平衡理论及平衡方法，归纳起来可分为两大类。

第一类是以Thearle、Baker、Goodman为代表坚持使用的影响系数法，该方法是刚性转子动平衡的两平面向量法在挠性转子系统中的推广。第二类是以Meldal、Bishop、Gladwell、Federn为代表坚持使用的振型平衡法，或称模态平衡法。该方法是按旋转轴的振动理论把某转速下转子振型分解为各阶主振型，对这些主振型分别加以平衡，从而达到整个转子系统的平衡。这两类平衡理论都试图把转子的挠曲和振动降到尽可能低的程度。它们有各自不同的目标函数，影响系数法是在各选定的平衡转速下，使转子上各测振点的振动值为零，它并不能保证在全部转速范围内转子各点的振动都很小；而振型平衡法要求消除引起前 N 阶振型的不平衡量，而 N 阶以上的各高阶不平衡量在平衡后仍残留，只是高阶不平衡一般都较小，对转子系统正常工作影响不显著。目前是趋于将上面两种方法结合起来对转子进行平衡，并应用电子计算机进行计算与数据处理以提高平衡自动化的水平。

7.1.3　静平衡与动平衡的概念

如图7－1(a)所示，若转子重心通过转轴中心，则转子运转中仅由重量而作用于支承上的力永远向下，即该转子是平衡的。反之，如重心 C 与转轴不重合，就会产生离心惯性力 $P_r = mr\omega^2$，此力作用于支承上会使其受到一个变化力的作用，这就产生了不平衡的力，因而会使支承产生左右摇摆振动，如图7－1(b)所示。可见，消除了这个惯性力，则转子就应达到平衡。为此在不平衡质量 m 对面加上一个质量 m' 且使 $mr\omega^2 = m'r'\omega^2$，即 $P'_r = P_r$。当转子转动时惯性力的合力为零，此时对轴承只有一个方向不变的重力作用，使转子处于平衡状态，如图7－1(c)所示，此种平衡称为静平衡，亦即把转子放在两水平支承的刀口上可实现任意位置都能静止，如图7－1(d)所示。

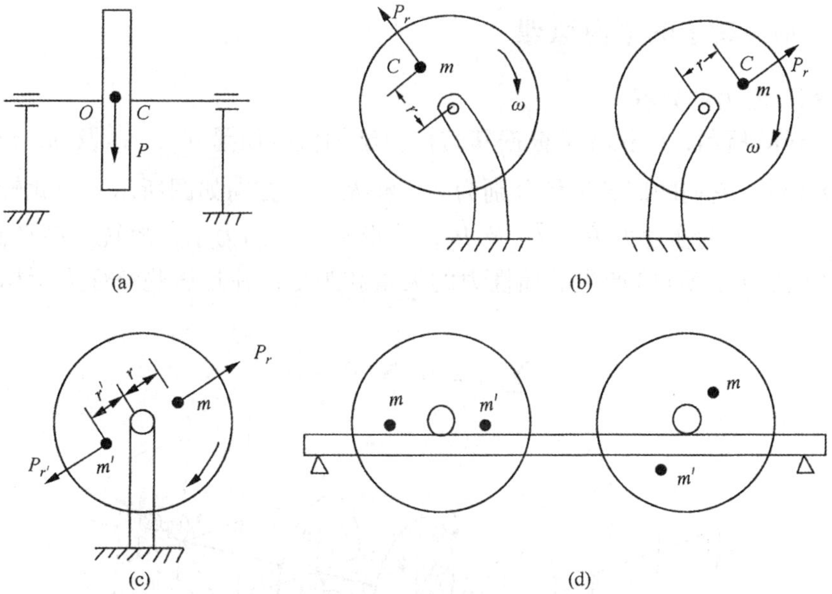

图7－1　静平衡

上述转子的平衡，实际上是一个旋转平面上的平衡，而不能平衡不在同一平面上的旋转质量。例如一双缸内燃机曲轴；两曲柄的质量和半径都相等时，可简化成图7－2(a)所示的不在同一平面内的双质量旋转体。运动中两个质量产生的离心惯性力大小相等，方向相反，即离心力合力等于零，满足了前面讲的静平衡条件，但此二力形成一力偶，其力偶矩为 $M_r = P_r l$,有使该轴向右方弯倒的趋势，如图7－2(a)中箭头所示。所以又产生了新的不平衡，称之为动不平衡。解决方法是在两曲轴对面分别加上平衡质量 m'，使其产生相反方向的离心力矩 $P_k l_1$，使 $P_k l_1 = P_r l$，即使合离心惯性力矩为零，如图7－2(b)所示，这时就能完全实现平衡。这种动平衡必须在动平衡试验机上进行。

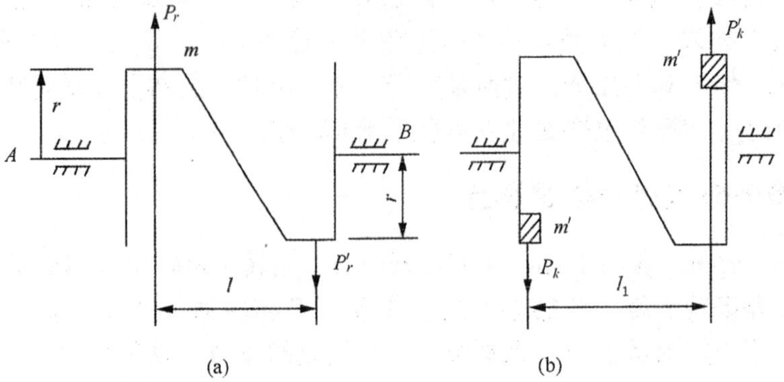

图 7－2　动平衡

7.2　刚性转子的平衡

7.2.1　刚性转子的平衡原理

1. 不平衡离心力的分解

如图 7－3(a)所示，一长转子根据其结构，已知偏心质量 m_1，m_2 及 m_3 分别位于回转平面 1、2 及 3 内，它们的回转半径分别为 r_1、r_2 及 r_3，方向如图所示。当此转子以角速度 ω 回转时，它们产生的惯性力 $\vec{P}_1$、$\vec{P}_2$ 及 $\vec{P}_3$，将形成一空间力系，故转子动平衡的条件是：各偏心质量(包括平衡质量)产生的惯性力的矢量和为零，并且这些惯性力所构成的力偶矢量和也为零，即

$$\sum \vec{P} = 0, \sum \vec{M} = 0 \tag{7-1}$$

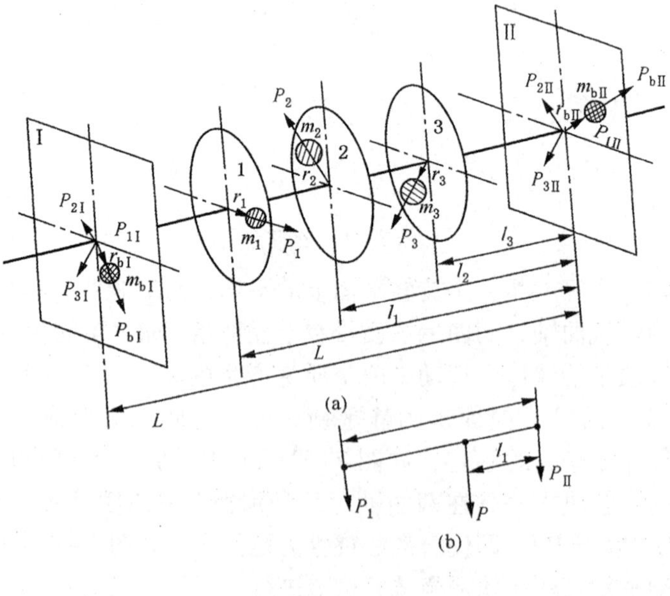

图 7－3　不平衡离心力的分解

由理论力学可知，一个力可以分解为与其相平行的两个力。如图 7-3(b)所示，可将力 $\vec{P}$ 分解成 $\vec{P}_{\mathrm{I}}$、$\vec{P}_{\mathrm{II}}$ 两个分力，其大小分别为

$$P_{\mathrm{I}} = Pl_1/L, P_{\mathrm{II}} = P(L - l_1)/L \tag{7-2}$$

方向与 $\vec{P}$ 力一致。为了使转子获得动平衡，应根据转子的结构，首先选定两个旋转平面Ⅰ及Ⅱ作为平衡基面(将来即在这两个面上增加或除去平衡质量)。再将各离心力按上述的方法分别分解到平衡基面Ⅰ及Ⅱ内，即将 $\vec{P}_1$、$\vec{P}_2$、$\vec{P}_3$ 分解为 $\vec{P}_{1\mathrm{I}}$、$\vec{P}_{2\mathrm{I}}$、$\vec{P}_{3\mathrm{I}}$(在平面Ⅰ内)和 $\vec{P}_{1\mathrm{II}}$、$\vec{P}_{2\mathrm{II}}$、$\vec{P}_{3\mathrm{II}}$(在平面Ⅱ内)。这样就把空间力系的平衡问题，转化为两个平面汇交力系的平衡问题了。只要在平衡基面Ⅰ及Ⅱ内各加一适当的平衡质量，使两平面内的惯性力之和分别为零，这个转子即可实现动平衡。

2. 不平衡振动的初步分析

平衡转子前对振动(振幅和相位)进行初步分析十分必要。刚性转子的任一不平衡离心力均可分解为任选二平面上的一对对称力及一对反对称力。同理，振动也可分解为一对对称分振动及一对反对称分振动。

若在二支承转子两端测得 A 侧振动值为 $\vec{A}_0$、B 侧振动值为 $\vec{B}_0$。将二振动矢量移动交于一点 O，再将 $\vec{A}_0$、$\vec{B}_0$ 顶点连线的中点与 O 点相联，即得：

$$\vec{A}_0 = \vec{A}_S + \vec{A}_D, \vec{B}_0 = \vec{B}_S + \vec{B}_D \tag{7-3}$$

则

$$\vec{A}_S = \vec{B}_S = \frac{1}{2}(\vec{A}_0 + \vec{B}_0), \vec{A}_D = -\vec{B}_D = \frac{1}{2}(\vec{A}_0 - \vec{B}_0) \tag{7-4}$$

初步分析 $\vec{A}_S$、$\vec{B}_S$ 及 $\vec{A}_D$、$\vec{B}_D$ 的数值及相位，就能判断引起振动的主要原因(是静不平衡还是动不平衡造成)以及不平衡质量主要位于哪一侧。

(1) $\vec{A}_0$、$\vec{B}_0$ 之间相位差不大(≤45°)、振幅值也相差不大(图 7-4)。由于 $|\vec{A}_S| \gg |\vec{A}_D|$；$|\vec{B}_S| \gg |\vec{B}_D|$，说明振动主要由静不平衡引起、加(或减)对称(同相)平衡质量即可消除或减小振动。

(2) $\vec{A}_0$、$\vec{B}_0$ 之间夹角很大(≈180°)，且振幅值相接近(图 7-5)，应加(或减)反对称平衡质量。

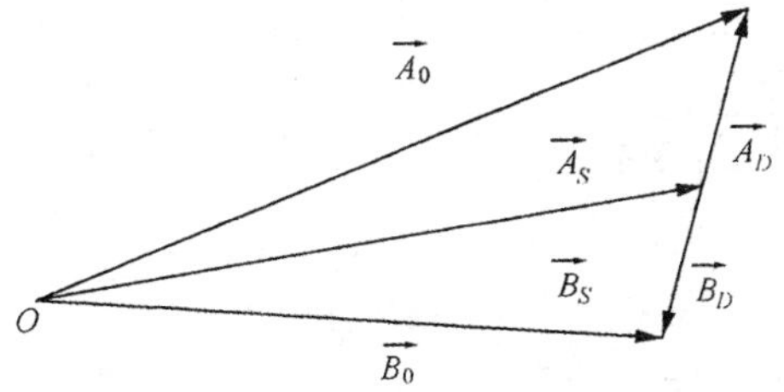

图 7-4　振动分析

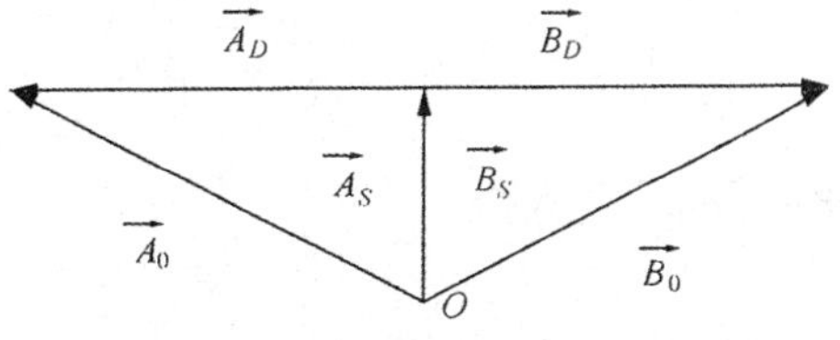

图 7-5　振动分析

(3) $\vec{A}_0$、$\vec{B}_0$ 之间夹角接近 90°，振幅值相差不大(图 7-6)，应在两侧加对称和反对称平衡质量。

(4) $\vec{A}_0$、$\vec{B}_0$ 之间夹角不大，但振幅相差很大($|\vec{A}_0 \gg \vec{B}_0|$)(图 7-7)，在 A 端加平衡质量(动、静)。

(5) $\vec{A}_0$、$\vec{B}_0$ 之间夹角很大(≈180°)，振幅相差也很大($|\vec{A}_0| \gg |\vec{B}_0|$)(图 7-8)，$A$

端加(动、静)。

(6) $\vec{A}_0$、$\vec{B}_0$之间夹角接近90°，$\vec{A}_0$、$\vec{B}_0$的振幅值相差很大($|\vec{A}_0| \gg |\vec{B}_0|$)(图7-12)，在$A$端加平衡质量(动、静)。

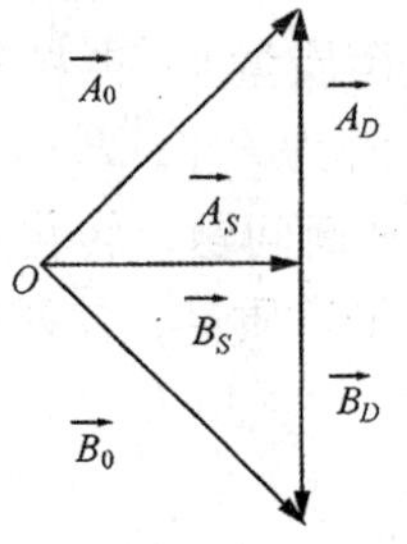

图7-6　振动分析

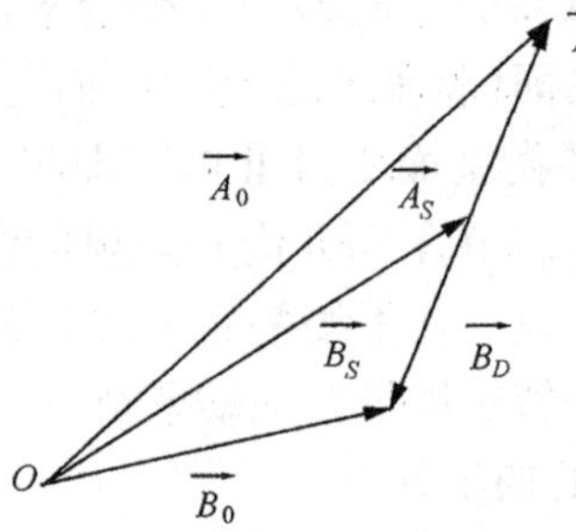

图7-7　振动分析

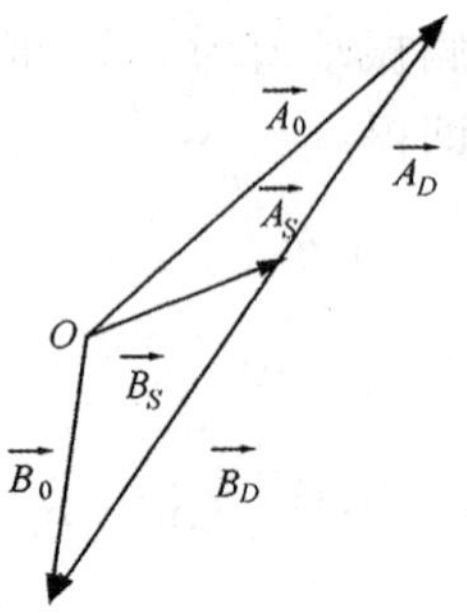

图7-8　振动分析

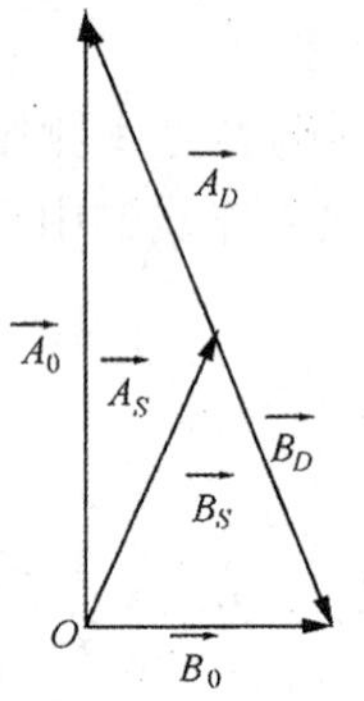

图7-9　振动分析

由图7-7～图7-9可以看出，当$\vec{A}_0$、$\vec{B}_0$的振动幅值相差很大，不管之间的夹角如何，都是一侧不平衡，只要在一侧加(或减)平衡质量，就可减小或消除振动。

以上对不平衡振动振幅、相位的初步分析，可以简化平衡工作，提高现场平衡效率。

3. 刚性转子平衡的线性条件

由单自由度强迫振动可知，在干扰力的作用下，系统振动的振幅(位移)和相位有如下表达式：

$$y = \frac{F_0}{c} \cdot \frac{1}{\sqrt{\left(1 - \frac{m\omega^2}{c}\right)^2 - \left(\frac{\alpha\omega}{c}\right)^2}} \tag{7-5}$$

将$c = m\omega_n^2$代入后

$$y = \frac{F_0}{m\omega_n^2} \cdot \frac{1}{\sqrt{\left(1 - \frac{\omega^2}{\omega_n^2}\right)^2 - \left(\frac{\alpha}{m} \cdot \frac{\omega}{\omega_n^2}\right)^2}} \tag{7-6}$$

$$\psi = \arctan \frac{\frac{\alpha}{m} \cdot \frac{\omega}{\omega_n^2}}{1 - \left[\frac{\omega}{\omega_n}\right]^2} \tag{7-7}$$

由式(7-6)式可知，当阻尼，转速ω一定时，若ω远离ω_n($\omega \ll \omega_n$，非共振情况)时，

$y \propto F_0$，而

$$F_0 = mr\omega^2 \tag{7-8}$$

式中　m——不平衡质量；

F_0——不平衡离心力；

ω_n——转子的临界角速度；

ω——转子的工作角速度；

α——黏性阻尼系数；

c——转子的刚性系数。

因此，对于一失衡转子，若阻尼一定，r、ω 一定，则不平衡离心力 F_0 与不平衡质量 m 成线性(比例)关系，即该系统的振幅 y 与不平衡质量 m 成线性关系。式(7-7)还表明，对于已知体系，当阻尼和 ω_n 一定，ω 不变时，扰动力与振幅之间的相位差也就一定了，即振动(振幅)滞后于干扰力的角度不变(图7-10)。

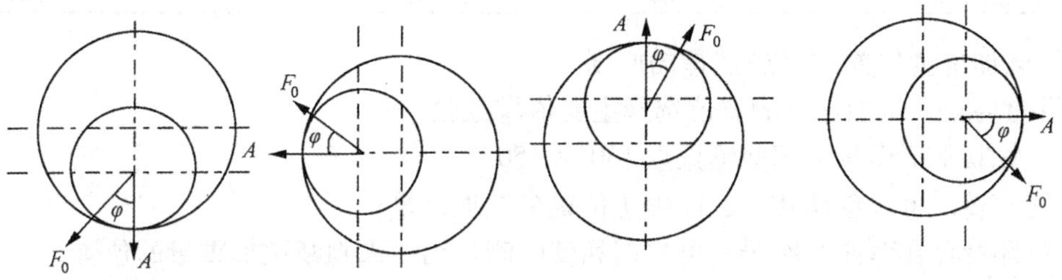

图7-10　振动与干扰力的相位关系

由上可见，转子偏心离心力 F_0 的方向与轴心位移最大值 A 的方向不一致，F_0 总沿转速方向超前一个角度(即相位差)。转速不变时，相位差基本不变。经验数据为，

刚性转子 $\varphi = 15° \sim 70°$(多数为 $15° \sim 45°$)

挠性转子 $\varphi = 100° \sim 130°$($\leqslant 160°$)

在临界转速时 $\varphi = 90°$

式(7-5)与式(7-7)称为线性条件，它们是刚性转子平衡校正工作的基础和依据。但由于实际机组振动系统的复杂性(如轴承刚度、油膜刚度、中心不正等)，会带来平衡质量及相位计算误差。但总的说来，对刚性转子的平衡，这两个线性条件还是比较符合的。

7.2.2　刚性转子的平衡方法

凡工作转速低于第一阶临界转速($n_o < n_{cr1}$)，且挠曲不严重的转子均可视为刚性转子，(对于较短较粗的转子，如风机、电动机、励磁转子均为刚性转子)可以按刚性转子的平衡方法进行现场平衡。

1. 试加重量的选择

利用试加重量，使机组振动振幅发生变化，以求得不平衡重量与振幅之间的对应关系，即单位不平衡重会引起多大的振幅变化。若试加重量选得太小，振幅变化不显著(不灵敏)，选得太大，且加重角度不合适，会造成启动紧张升速困难(机组振动振幅过大不安全)，因此正确选择试加重量的大小和加重方位至关重要，它有利于减少机组平衡启停次数，缩短平衡时间。

（1）根据经验公式求得试加重量大小

$$P = A_0 \frac{Mg}{r\omega^2 S} \tag{7-9}$$

式中 P——转子某一侧端面上试加重量，kg；

A_0——转子某一侧轴承的原始振幅，μm；

r——加重半径，m；

ω——平衡时转子角速度，rad/s；

M——转子质量，kg；

g——重力加速度，m/s^2；

S——灵敏系数，由表 7－1 选取。

表 7－1　刚性转子试加重量的灵敏系数 S

支承状况	汽轮机、发电机	一般电动机、励磁机	风　机
轴承座动刚度正常	200～500	75～150	100～150
轴承座动刚度偏低	300～1000	150～300	200～300

（2）试加重量位置（方位）选择的原则

到目前为止，试加重量的方位选择主要依靠经验：

① 一般其不平衡重量超前测振点 130°～150°；

② 刚性转子可以盘动几次，以静止位置来试加重量；

③ 对怀疑存在弯曲的转子，可根据晃度的测量结果来判断试加重量的位置；

④ 利用平衡槽加重时，若该侧轴承振动相位为 X，试加重量角度可取为 $X-240°$；

⑤ 利用对轮加重时，若该侧轴承振动相位为 X，试加重量角度可取 $X-210°$。

2. 低速动平衡

对于刚性转子，一般只进行低速动平衡就能满足机组平稳运转的要求。对于挠性转子有时也要先进行低速动平衡。

现场广泛使用动平衡台来进行转子低速的平衡。它利用机械共振放大来确定不平衡重量的数值和位置。

3. 高速动平衡

低速平衡校正后的转子，高速时，可能平衡状态不佳，故还需进行高速动平衡。

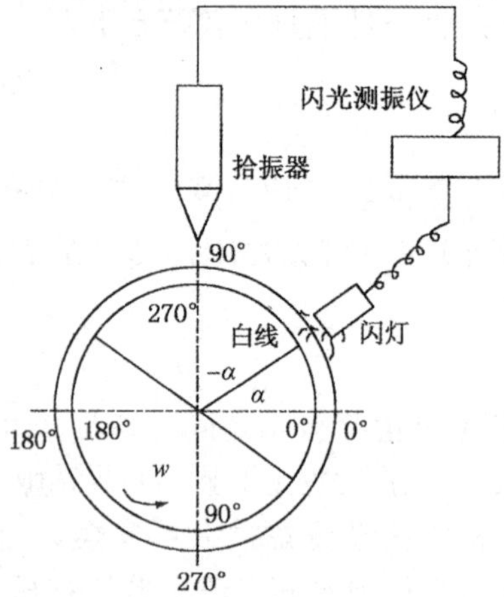

图 7－11　闪光测相

（1）相对相位法

利用相对相位变化找平衡的方法称为相对相位法。利用闪光灯或光电头等均可达到测相找平衡的目的（图7－11）。

（2）幅相影响系数法

对于转子—轴承系统，在确定的转速下，转子的不平衡振动 A_i 与其不平衡量 U_j 之间可用一系数 α_{ij} 相联系起来：

$$\{A_i\} = [\alpha_{ij}]\{U_j\}$$

式中，$i=1，2，\cdots，P$；$j=1，2，\cdots，q$；α_{ij}反映了转子在 i 处的不平衡振动和 j 处不平衡量之间的内在联系，称为线性影响系数。

$$\alpha_{ij} = \frac{\text{加试重后的振动矢量 - 原始振动矢量}}{j\text{ 平面上加的试重}} \qquad (7-10)$$

式中　下标 $i=1, 2, \cdots, P$(轴承号即测取振动信号位置)；

下标 $j=1, 2, \cdots, q$(加试重的径向平面号)。

在零刻度位置加一单位质量后对某轴承引起的振动(振幅及相位)的变化称为幅相影响系数(记为 α_{ij}或 K_{ij})。影响系数是一矢量，表示为 $A\angle\alpha$。

① 影响系数计算

(a) 单平面加重

设 A 轴承的原始振动为 $A_0\angle\alpha_0$ 在 I 平面加试重 $P\angle P$ 后，A 轴承的振动为 $A_{01}\angle\alpha_{01}$ 因试重引起的振动变化应为：

$$\vec{M} = M\angle m = \vec{A}_{01} - \vec{A}_0 \qquad (7-11)$$

由定义得知：

$$\vec{\alpha}_{AI} = \frac{M\angle m}{P\angle p} = \frac{\frac{M}{P}\angle(m-p)}{1\angle 0^\circ} = \frac{M_1\angle m_1}{1\angle 0^\circ} = \alpha\angle\alpha \qquad (7-12)$$

式中　$M_1 = \frac{M}{P}$——加 1kg 试重引起的振幅值；

$\angle m_1 = \angle(m-p)$——在零刻度处加重引起的振动相对相位角。

有了幅相影响系数，很容易求任意加重后轴承振动的变化。如果在 I 平面任意角度处加重 $\vec{Q}=Q\angle q$，根据线性条件，由 $\vec{Q}$ 引起 A 轴承振动变化为；

$$M\angle m = \vec{A}_{01} - \vec{A}_0 = \vec{\alpha}_{AI}\cdot\vec{Q} = \frac{M\angle m}{P\angle p}\cdot Q\angle q = \frac{M}{P}\cdot Q\angle(m-p+q) \qquad (7-13)$$

上式表明，在加重径向平面内任意处加重 $\vec{Q}$ 时，只要计算矢量乘积 $\vec{\alpha}_{AI}\cdot\vec{Q}$ 即为 $\vec{Q}$ 引起的振动变化。显然式中 $\vec{\alpha}_{AI}$(在一定转速下)已作常数看待了。对于同一台机组影响系数是常数，对于同一型号的机组可以通用(近似认为是一常数)。

(b) 多平面加重

将转子启动升速至平衡试验转速，并让其稳定运转，沿轴线方向 p 个位置测取转子诸点的原始振动(振幅、相位)，然后在 i 平衡平面内加试重 P，再将转子启动升速至平衡试验转速，同样测取诸测点处的振幅 A_{ij}、相位 a_{ij}，其次将试重 P 依次移加到第 Ⅱ、Ⅲ 直到第 $(q-1)$ 平衡平面上，逐次将转子启动升速至平衡试验转速，每次在 p 个测点处测取不平衡振动振幅 A_{ij}和相位角 a_{ij}，对于平衡平面 j 而言，它对各测点的影响系数为：

$$\alpha = \frac{A_{ij} - A_{i0}}{P} \qquad \begin{pmatrix} 1\leqslant i\leqslant p \\ 1\leqslant j\leqslant q \end{pmatrix} \qquad (7-14)$$

影响系数是各个平衡平面上单位试重对各测点的振动影响。有了这些影响系数数据，则可计算出各平面加平衡质量后各轴承振动的变化值。幅相影响系数法平衡的原理就是根据平衡质量对轴承所产生的振动应与轴承原始振动互相抵消的条件，列出矢量方程式求解而得出各加重平面的平衡质量的大小和相位。

值得强调的是影响系数目前只能通过试验测取(或大量的试验统计资料的积累)，故找准是动平衡成败的关键；对求取的幅相影响系数要进行校核(甚至多次)后才能使用。所幸的是多年来已经积累了相关机组的大量数据，对现场高速动平衡工作有很大的指导参考意义。

② 影响系数法在动平衡中的应用

(a) 单平面找平衡

单平面加平衡重是多平面加重的基础，设 A 轴承原始振幅为 $\vec{A}_0 = A_0 \angle a_0$，经校验后的 A 侧加重对 A 轴承的影响系数为

$$\vec{\alpha}_{AA} = \alpha \angle \alpha = \frac{M \angle m}{P \angle p} = \frac{M}{P} \angle (m - p) \tag{7-15}$$

若应加平衡重量 $\vec{Q}$ 引起的振动变化为 $\vec{\alpha}_{AA} \cdot \vec{Q}$，则平衡条件为：$\vec{\alpha}_{AA} \cdot \vec{Q} + \vec{A}_0 = 0$

可以分解为下列二式：

幅值方程式 $\frac{MQ}{P} = A_0$ 相位方程式 $m + q - p = 180 + \alpha_0$

由以上二式可计算出平衡质量的大小和相位：

平衡质量的大小 $Q = \frac{P}{M} \cdot A_0$ 相位 $q = 180 + \alpha_0 + p - m$

试加重量和平衡质量的相位角度均从转子零刻度白线逆转向计算起。

(b) 两平面加重找平衡

测得原始振动为 $\vec{A}_0$、$\vec{B}_0$。同类机组的影响系数已知，即

$\alpha_{A\mathrm{I}}$——Ⅰ－Ⅰ平面加重对 A 轴承的幅相影响系数；

$\alpha_{A\mathrm{II}}$——Ⅱ－Ⅱ平面加重对 A 轴承的幅相影响系数

$\alpha_{B\mathrm{I}}$——Ⅰ－Ⅰ平面加重对 B 轴承的幅相影响系数

$\alpha_{B\mathrm{II}}$——Ⅱ－Ⅱ平面加重对 B 轴承的幅相影响系数

分别列出 A、B 两侧轴承振动平衡方程：

$$\vec{Q}_1 \alpha_{A\mathrm{I}} + \vec{Q}_2 \alpha_{A\mathrm{II}} = -\vec{A}_0, \vec{Q}_1 \alpha_{B\mathrm{I}} + \vec{Q}_2 \alpha_{B\mathrm{II}} = -\vec{B}_0 \tag{7-16}$$

解联立方程，按计算结果进行平衡块的安装。

③ 实例：某汽轮发电机组 2#、3#轴承在 3000r/min 时垂直振动偏大，决定采用靠背轮(Ⅰ－Ⅰ)和发电机端面(Ⅱ－Ⅱ)加重的幅相影响系数法进行转子平衡校正(图 7－12)。

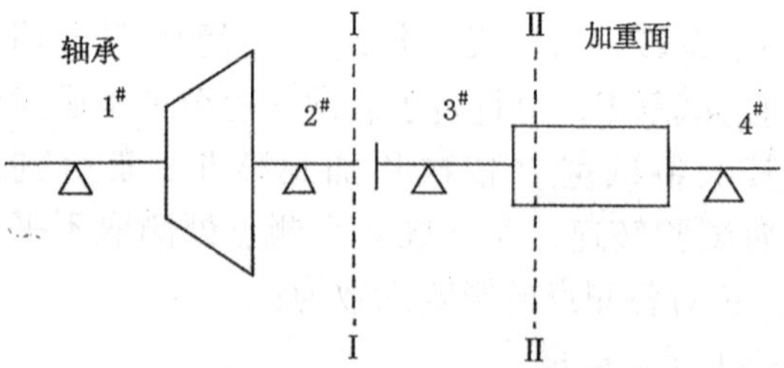

图 7－12 转子平衡校正

各振动测量数据为：

$\vec{A}_0 = 6.3 \angle 123°$ (2# 轴承)

$\vec{B}_0 = 8.2 \angle 120°$ (3# 轴承)

在Ⅰ－Ⅰ平面加重后测得数据为：$\vec{A}_0 = 2.3 \angle 265°$ $\vec{B}_0 = 4.2 \angle 262°$

在Ⅰ－Ⅰ平面加重的同时又在Ⅱ－Ⅱ平面加重后测得数据为

$\vec{A}_{02} = 1.2 \angle 225°$ $\vec{B}_{02} = 2.3 \angle 220°$

由以上所测数据可计算相关影响系数。

$$\alpha_{A1} = \frac{\vec{A}_{01} - \vec{A}_0}{\vec{P}_1} = \frac{2.3 \angle 265° - 6.3 \angle 123°}{0.48 \angle 255°} = 17.1 \angle 38°$$

$$\alpha_{A2} = \frac{\vec{A}_{02} - \vec{A}_{01}}{\vec{P}_2} = \frac{1.2 \angle 225° - 2.3 \angle 265°}{0.433 \angle 90°} = 3.7 \angle 25°$$

$$\alpha_{B2} = \frac{\vec{B}_{02} - \vec{B}_{01}}{\vec{P}_2} = \frac{2.3 \angle 220° - 4.2 \angle 262°}{0.433 \angle 90°} = 6.7 \angle 24°$$

列出动平衡矢量方程式：

$$\vec{Q}_1\vec{\alpha}_{A1}+\vec{Q}_2\vec{\alpha}_{A2}+\vec{A}_0=0 \qquad \vec{Q}_1\vec{\alpha}_{B1}+\vec{Q}_2\vec{\alpha}_{B2}+\vec{B}_0=0$$

解得：

$$Q'_1=49\angle 107^\circ \qquad Q'_2=428\angle 351^\circ$$

∴ 在 I － I 加重面上应加重为：

$$Q_1=Q'_1+P_1=49\angle 107^\circ+480\angle 255^\circ=440\angle 251^\circ$$

$$Q_2=Q'_2+P_2=428\angle 357^\circ+433\angle 90^\circ=560\angle 40^\circ$$

在转子上加重 Q_1，Q_2 后，实测#2 轴承的垂直振动为 3μm，#3 轴承的垂直振动为 3μm。

7.3 挠性转子的平衡

7.3.1 问题的提出

1. 引言

随着机组容量的增大，机组转子的轴向尺寸越来越大。细而长的转子，挠(柔)性增加，因而临界转速大大下降，工作转速将会超过第一阶临界转速或第二、第三阶临界转速。对于这样的转子，一般称为挠性转子。

实践证明，采用(不计转子变形影响的)刚性转子的动平衡理论和方法，对挠性转子的平衡达不到预期效果。挠性转子的动平衡技术，是近代高速大型转子设计、制造及运行的重要技术关键问题之一。

2. 挠性转子平衡的特点

挠性转子与刚性转子振动的不同特点在于挠性转子在不平衡质量离心力作用下要产生变形，即所谓弹性弯曲(动挠度)，同时其变形程度(弹性弯曲线)亦随转速而变化(即不同转速下对应的挠度曲线的形状不同)。挠性转子由于转子本身的刚度差，在高速旋转中，其不平衡离心力产生的转子动挠度将进一步产生附加离心力，甚至达到相当大以致造成转子强烈振动。显然，刚性转子动平衡方法不能消除挠性转子的振动(即达不到平衡的目的)。

现以最简单的例子加以说明，设有一质量为 M 的挠性转子(图 7 － 13)，在 H 平面处存在一不平衡质量 m_H，半径为 r_H。转子质心 s(不计不平衡质量 m_H 时)位于离 H 不远的旋转轴线上[见图 7 － 13(a)]。

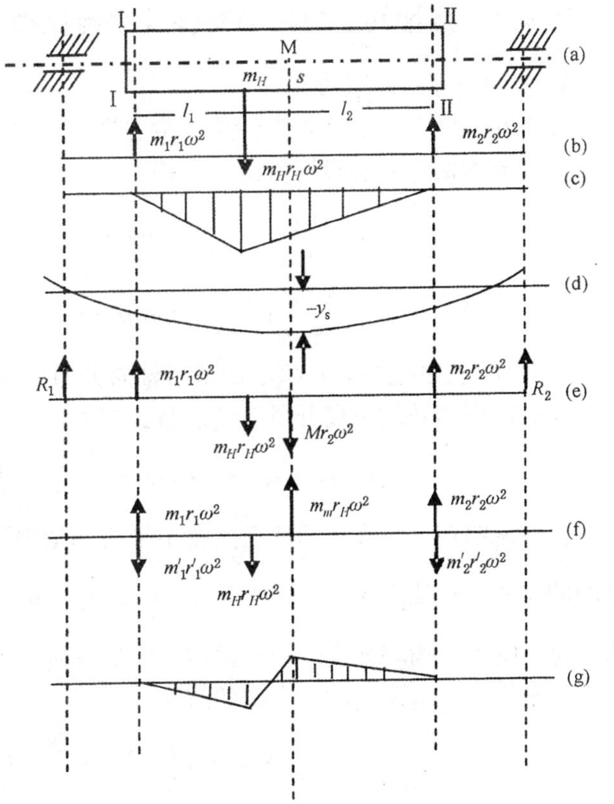

图 7 － 13　挠性转子平衡图示

先将这一转子放在低速平衡台上进

行低速动平衡。

在转子二端面Ⅰ、Ⅱ的对侧加上二平衡质量，使：

$$m_1r_1+m_2r_2=m_Hr_H$$

$$m_1r_1l_1=m_2r_2l_2$$

即达到平衡(此即刚性转子的动平衡)。但不平衡质量和校正质量[图7－13(b)]所产生的离心力将引起转子沿轴向产生弯矩[图7－13(c)]，此弯矩在低速时使转子产生的变形较小，但在高转速时将使转子产生很大的变形[图7－13(d)]，其质心挠度为 y_s。

转子处在弯曲状态下旋转，将产生很大的附加离心力 $My_s\omega^2$，此力促使二轴承产生动反力 R_1，R_2[图7－13(e)]，因而使轴承产生振动，只有在 s 所处平面上加一适当质量 m_m，才能消除动挠度 y_s，并且同时在Ⅰ、Ⅱ平面上再加平衡质量，以抵消 m_m 的作用，才可使支反力 $R_1=0$，$R_2=0$，且弯矩最小[图7－13(g)]。但是转速一变，平衡又破坏了，轴承又产生动反力。

综上所述，因转速改变而造成平衡状况破坏的原因是在某转速下，校正平衡仅使轴承反力为0，而未注意消除存在的弯矩。

因此挠性转子平衡的特点是：

(1) 在多转速(或整个转速范围)下均能消除轴承的动反力；

(2) 在工作转速时(或临界转速附近)，消除转子的弯矩(或使转子动挠度 y_s 最小)。

(3) 高速平衡加重不应破坏已进行了的低阶平衡，并且要求全工作转速工况下达到运行平稳。所以说挠性转子的平衡是多转速下的平衡，或全速工况下的平衡。

7.3.2 挠性转子的振动特性及平衡原理

1. 挠性转子的运动方程

转子在力学上可简化为弹性梁，梁的横向振动是挠性转子平衡的理论基础。挠性转子的运动方程为四阶非齐次线性偏微分方程：

$$EJ\frac{\partial^4 z}{\partial s^4}+m\frac{\partial^2 z}{\partial t^2}=m\omega^2\rho(s)e^{i[\omega t+\varphi(s)]} \tag{7-17}$$

$$\frac{EJ}{m}\frac{\partial^4 z}{\partial s^4}+\frac{\partial^2 z}{\partial t^2}=\omega^2\rho(s)e^{i\omega t}[\cos\varphi(s)+i\sin\varphi(s)] \tag{7-18}$$

(7－18)式右端中表示偏心质量沿轴向分布的曲线。由于这是一周期函数，数学上已证明，任何周期函数均可展开成三角级数，即：

$$\rho(s)[\cos\varphi(s)+i\sin\varphi(s)]=\sum_{n=1}^{\infty}(A_n+iB_n)\sin\frac{n\pi s}{l} \tag{7-19}$$

上式说明转子上存在的任何连续不平衡质量都可以看作按各阶振型曲线分布的不平衡在空间的迭加。这依次叫第1阶不平衡 $(A_1+iB_1)\sin\frac{\pi s}{l}$，第2……第 n 阶 $(A_n+iB_n)\sin\frac{n\pi s}{l}$ 不平衡。每一阶不平衡均处在一个平面内，一般各阶不平衡所在平面不重合。

转子横向强迫振动微分方程的解：

$$z=e^{i\omega t}\sum_{n=1}^{\infty}\frac{A_n+iB_n}{1-\frac{\omega^2}{\omega_n^2}}\cdot\frac{\omega^2}{\omega_n^2}\cdot\sin\frac{n\pi s}{l} \tag{7-20}$$

2. 挠性转子的平衡原理

(1) 挠性转子在旋转时的挠度曲线是一条绕 os 轴随转轴旋转的空间曲线，相对于转轴这条曲线是静止的，当 ω 恒定时，也是稳定的。它也可以看作是各阶振型分量(系数为 $\frac{A_n + iB_n}{1 - \frac{\omega^2}{\omega_n^2}} \cdot \frac{\omega^2}{\omega_n^2} \cdot \sin \frac{n\pi s}{l}$)在空间的向量叠加。各阶振型曲线(或振型分量)所处的平面一般不相重合(即不共面)，各平面之间具有一定的相位差(见图 7 - 14)。

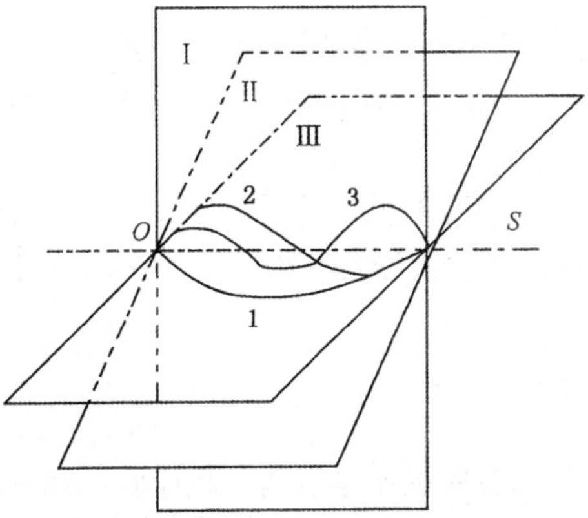

图 7 - 14　转轴旋转的空间曲线

但当转速改变时，这条空间曲线在轴上的位置和幅值也发生变化。所以挠性转子的动平衡校正需要从启动、越过 n_{cr1} 或 n_{cr2}，直到工作转速全部运行转速范围内进行。

(2) 挠性转子的共振特性。由(7 - 20)式看出，若 ω 从 0 开始，转子挠度 z 随 ω 的增加而增加，而且当 $\omega = \omega_{cr1}$ 时，z 趋于无穷大，但因阻尼存在，z 趋于有限最大值。当 ω 越过 ω_{cr1} 而继续增加时($\omega > \omega_{cr1}$)，z 反而减小。此时第一阶振型的影响减小，而第二阶振型的影响增大，当 $\omega = \omega_{cr2}$ 时，z 又趋于最大值。这种通过 ω_{cr} 或在 ω_{cr2} 附近运行振幅很快增大的现象就是所谓“共振”。

(3) 转子的挠度曲线可以按各阶振型展开。转子的挠度曲线在不同的运转速度下是以各阶主振型的形式展开的(即不同转速下的挠度曲线形状不相同)。固有振型是一定转速下不平衡质量所引起的，即不平衡质量分布将决定转子固有振型被激发到何种程度或能激起哪一阶固有振型。

显然，当转子在 ω_{cr1} 附近运转时($\omega = \omega_{cr1}$)，转子主要以第一阶主振型振动，其挠度曲线呈现“”型；当转速继续升高，第一阶主振型的影响相应减小，而第二阶主振型的影响开始产生并增大，当 $\omega = \omega_{cr2}$ 时，转子主要以第二阶主振型振动，其挠度曲线呈现“”形；当 $\omega = \omega_{cr3}$ 时，转子主要以第三阶主振型振动，其挠度曲线呈现“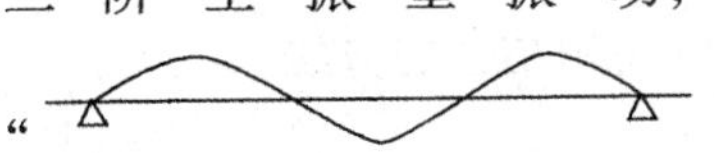”；通常以前面三阶主振型的影响最大，更高阶次的主振型，可以不考虑。利用这种振型规律平衡挠性转子，可以正确选择校正质量的位置(即校正面)，见图 7 - 15。

由曲线可知，校正质量的平衡效果对各固有振型是不同的。例如：z_1 点(图 c) 处加重对第二阶固有振型没什么作用；在 z_2 或 z_3(图 d)二节点上加重对第三阶固有振型也没什么作用。但在 z_4 点上加重对第一阶固有振型影响最大，因其为该振型的峰值点。

(4) 不平衡质量的各阶振型分量所在平面与转子挠度曲线的各阶振型分量所在平面之间存在着相位差。

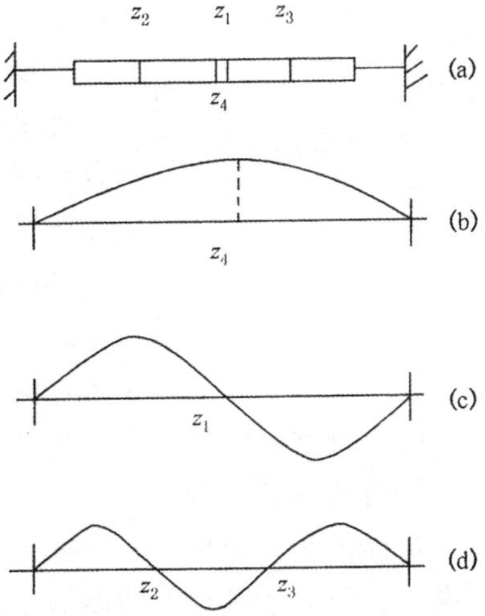

图 7 - 15　校正质量的位置图

(5) 振型函数具有正交性。正交性又称为互不干扰性。它的物理意义在于：转子的各阶不平衡(质量)的振型分量只能激发转轴本阶的挠曲振型分量，而不能激发其他别的阶次的挠曲振型分量。

从能量观点来看，n 阶干扰力对 k 阶振型不作功。在第一阶临界转速附近，转子挠曲主要是第一阶振型，因此不平衡的第一阶振型分量起主要作用，同理，第 n 阶临界转速附近，不平衡的第 n 阶振型分量起主要作用。

振型函数的正交性，对于逐次平衡挠性转子的各阶振型有着重要的指导意义。这是挠性转子动平衡的理论依据。以正交条件为基础的振型平衡法已成功地应用于大型交流发电机转子。

7.3.3 挠性转子平衡方法简述

挠性转子的动平衡也称为振型平衡，即根据不平衡的各阶振型激发转子相应阶的挠曲振型进行平衡校正，或在各临界转速附近进行平衡校正。与刚性转子相同，挠性转子的不平衡所产生的振动与转速一致，并且亦近似符合两个基本线性假定条件，同时也可认为轴承振动的对称分量(和反对称分量)与相应的转子的对称不平衡分量(和反对称不平衡分量)之间呈线性关系。挠性转子平衡理论创立已有数十年的历史。归纳起来，挠性转子平衡方法通常可分为三大类。

挠性转子平衡方法
- 振型平衡法
  - 共振分离法
    - N 法
    - $N+2$ 法
  - 远离共振分离法
    - 莫尔分离法
    - 谐分量法
- 影响系数法
  - 仿刚性转子的影响系数法(即使轴承支反力为 0 的平衡法)
  - 最小二乘法
  - 加权最小二乘法
  - 优化方法(多目标优化算法)
- 模态参数识别法
  - 影响系数理论计算法
  - 直接模态参数识别法
  - 振型圆法
  - 联合平衡法(*UBA*)，即振型法与影响系数法相结合的方法
  - 一次加准法
  - 全息谱平衡法
  - 传递函数法
  - 等效动刚度法
  - 转子无试重平衡
  - 转子自动平衡(直接平衡装置、电磁力平衡装置、移动质量平衡头)

以下着重介绍振型分离平衡法和影响系数平衡法。

1. 振型分离平衡法

根据正交性原理，若按振型在转轴上加分布载荷，则 n 阶振型分布载荷只能平衡 n 阶挠度振型，而对于其他阶挠度振型不产生影响。由此产生了在各临界转速下对各阶振型分离的逐阶平衡法。由于转轴在某一临界转速附近运转时，其挠度振型主要是该阶临界转速的主振

型，若在转轴上加上与该振型成比例的分布载荷，则可消除由原始不平衡量的该阶振型分量产生的挠度和弯矩。

从式(7－20)可知，某临界转速下的振型的平衡，是使某阶振型的系数 $A_n + iB_n$ 为 0。像这样逐阶在各临界转速下平衡好的转子，在整个转速范围内都是平衡的。因为任何其他转速下的挠度振型则是各阶振型挠度(主振型分量)的迭加，而在所有临界转速下的各阶主振型已平衡好，即由于转轴的原始不平衡量引起的各阶主振型(挠度)的系数 $A_n + iB_n$ 为 0，也就是说由转轴原始不平衡量引起的不平衡在所有转速下消失了。

现场动平衡实例(二端支承的转子)的操作步骤：

(1) 在第一临界转速附近测得的二端轴承振动矢量为 $\vec{A}_1$，$\vec{B}_1$，可将 $\vec{A}_1$，$\vec{B}_1$ 分解成对称分量和反对称分量(图 7－16)。可以认为$\dfrac{\vec{A}_1 + \vec{B}_1}{2}$即为由一阶不平衡量引起的振动矢量。

(2) 如图 7－17 所示，加对称试重 $\vec{P}_c$，$\vec{P}_c$ 后，在第一临界转速附近测得同一位置的振动矢量 $\vec{A}_1$，$\vec{B}_1$，则$\dfrac{\vec{A}'_1 + \vec{B}'_1}{2} - \dfrac{\vec{A}_1 + \vec{B}_1}{2}$即为由对称试重 $\vec{P}_c$，$\vec{P}_c$ 引起的振动矢量。因此所需加的平衡质量应为

$$\vec{Q}_{Ak} = -\vec{P}_k \frac{\vec{A}_1 + \vec{B}_1}{(\vec{A}'_1 + \vec{B}'_1) - (\vec{A}_1 + \vec{B}_1)} \qquad (7-21)$$

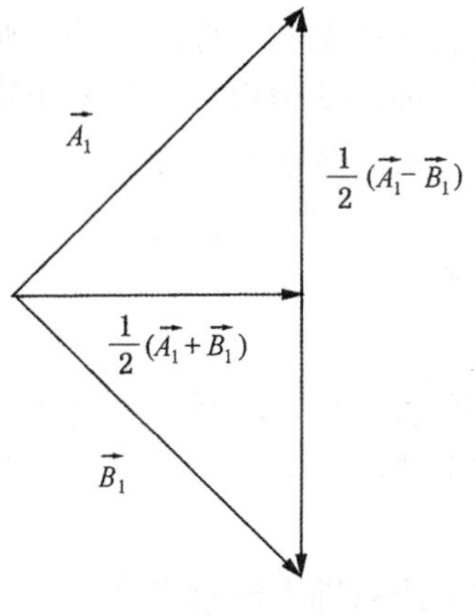

图 7－16　振动向量分解

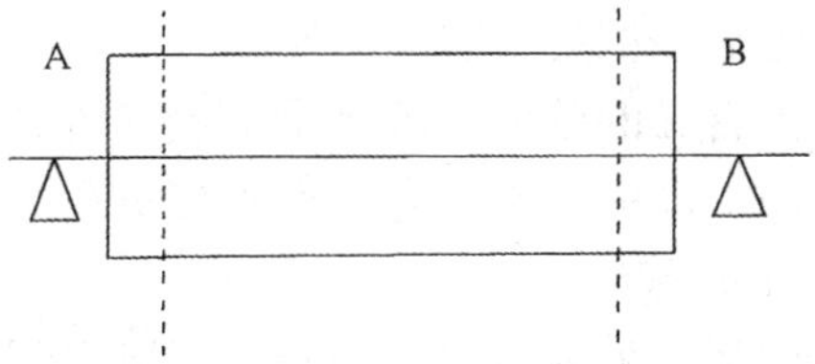

图 7－17　转子加重示意图

2. 挠性转子影响系数平衡法

挠性转子影响系数平衡法与刚性转子影响系数平衡法的差别，在于后者只需选择一个平衡转速，而挠性转子则需要选择多个临界转速和工作转速作为平衡转速。影响系数法的最大优点是使用简便，对操作者的技术要求不太高，容易实现平衡工作的计算机化。缺点是仍有赖于经验，对影响系数的读取计算精度要求很高，需反复校核。

目前现场大型机组的动平衡仍以影响系数法最实用，最小二乘法成功地解决了多平面多测点的平衡计算问题。它成为开发计算机辅助动平衡软件的核心，最小二乘法和加权最小二乘法等数学方法为挠性转子应用影响系数法进行平衡提供了方便。振型平衡法、影响系数平衡法及模态参数识别法等各具优缺点，若借助计算机的强大功能有可能达到 3 种平衡方法的结合。

7.4　轴系动平衡

运行的旋转机械，绝大部分是由两个以上的转子组成的。这种由两个以上转子连成的转轴称为轴系。目前各转子连接绝大多数都采用固定式或半挠性联轴器，这样由多个转子、多个支承组成的轴系，其不平衡原因及平衡方法与单转子不同。单转子平衡的目的是为了转子组成轴系后能平稳地运转，但是单个转子平衡好了，连成轴系后不一定能保证轴系中各转子的平衡。理论和实践充分证明，单个转子平衡与轴系平衡是有差别的。另外，出于时间、经济等方面的考虑，需要进行现场轴系平衡。

7.4.1　轴系平衡方法

刚性转子或柔性转子组成的轴系，不论采用何种轴系平衡方法，其平衡原理都是以单转子平衡理论为基础的，因此从轴系平衡方法来说，目前采用的有单转子平衡法、一次加准法和综合平衡法 3 种。前两种属于模态平衡法范畴，后一种属于影响系数法范畴。

轴系平衡特点：

（1）加重平面数和轴向位置受限制。

（2）支承转子的两个轴承动特性差别甚大。

（3）各转子振动的相互传递。

在单转子平衡时，尚需要考虑转子主跨区内不平衡和外伸端不平衡的区分。对于轴系来说，不仅如此，还要考虑相邻转子不平衡振动的传递，这种振动传递主要是由于转子连接采用固定式联轴器之后，相连转子不平衡挠曲在某些情况下对本转子产生显著影响，由此给不平衡轴向位置判断带来困难。

（4）热和其他运行条件对转子平衡可能产生较大影响。

（5）机组启停次数严重受限制。

（6）平衡含义的延伸。单转子平衡的含义是减少不平衡振动，轴系动平衡还包括机组各轴瓦三个方向振动的拉平和空负荷和带负荷下振动的拉平两层含义。

1. 单转子平衡法

当轴系中属于下列情况之一时，可以采用单转子平衡法对轴系进行平衡。

（1）相邻转子的临界转速之间有明显的间隔，由此便可采用共振分离法分离要平衡转子的外来振型。

（2）轴系中只有一个或两个转子存在明显的不平衡。

（3）相邻转子质量差别特别大。

（4）两个不平衡转子之间有一个平衡良好的转子相隔。

具体平衡步骤和方法与单转子平衡法相同，但在次序上要注意：

（1）如采用模态平衡法，尽可能采用共振分离法，共振分离转速由低到高；

（2）先平衡质量较大、振动明显的转子，最后再平衡质量较小的转子；

（3）为了使轴系中各测点和不同工况下的振动都达到满意，不能采用单转子平衡质量计算方法，而应采用轴系平衡质量计算方法。

现场实践证明，以上 3 个原则处理轴系不平衡问题，大多数情况下可以获得满意的效果。

2. 一次加准法

通过测量要平衡的轴系振动和相位之后，把轴系当作单转子考虑，或以同型机组平衡中所得影响系数为基础，把要加的平衡质量一次全部加到转子上，以此实现轴系的平衡。这种轴系平衡法称作一次加准法，其最大优点是轴系平衡所需机组启停次数降到最低限度，其平衡效果主要有下列 3 个因素决定：

（1）不平衡轴向位置及其不平衡形式的正确判断；

（2）加重大小和方向的正确判断；

（3）轴系不平衡复杂程度。

确定一次加准法平衡质量大小和方向，目前有两种方法：

（1）采用单转子平衡法确定轴系平衡质量大小和方向；

（2）由同型机组影响系数计算获得。

3. 轴系综合平衡法

综合平衡法解决轴系不平衡问题，较上述两种轴系平衡方法更为有效和具有普遍性，它考虑了轴系中任何转子上加重对轴系各测点的振动都产生影响，即把轴系当作整体考虑。因此可以说这是一种通用的轴系平衡方法，它虽然需要的机组启停次数较一次加准法要多，但在一般情况下，可以获得较佳的平衡效果。

综合平衡法的合理平衡轴系的步骤，像上述介绍的两种方法一样，首先应选取加重平面和加重形式，再选用上述两种方法中的一种，然后根据加重后轴系振动变化及效果，确定是调整加重、结束平衡，还是复测原始振动，或是转入综合平衡法。

7.4.2 加重平面的选取

从轴系平衡来说，不论采用何种方法，加重平面的选取与要求都是相同的，而且从轴系平衡一开始到试加重结束，在这段时间内应主要关注加重平面合理与否。下面具体讨论加重平面的选取原则。

所谓加重平面的选取，具体是指加重平面轴向位置和平面数的选取。显然，在轴系平衡中，在一个长十多米的轴系中，选取 1 ~2 或 3 ~4 个合理的加重平面，较单转子平衡时加重平面选取复杂得多，而且这又是一个经验性很强的问题，它在轴系平衡中是较难掌握的技巧之一。

1. 振动幅值、相位在轴系中分布及轴承座刚度的差别

在轴系支承动刚度差别不是很大的情况下，振幅在轴系中分布与激振力分布相一致。当轴承动刚度产别较大时，应考虑某些轴承动刚度较低，在激振力不大的情况下，呈现较大的振幅。

平衡前各轴瓦振动（轴振也是一样）相位是选取加重面的另一个重要依据，其规律是：

（1）联轴器上加重相邻两个轴承振动效应是同相；

（2）在转子外伸端加重，在一阶临界转速附近，振动响应不大，在工作转速下可以产生较大的响应，主跨转子的两个轴承振动效应是同相；

（3）在转子主跨内加重，当轴承座自振频率高于转子工作频率时，加一阶平衡质量，在转子一阶临界转速和工作转速（此时已成为三阶）下，支承转子的两个轴承振动效应是同相；加二阶平衡质量，在工作转速下转子的两个轴承振动效应是反相。

2. 转子不平衡形式

首先查明转子一、二阶平衡状况，若一阶平衡良好，工作转速下转子两个轴承含有较大的反相分量，则在转子两个端面加二阶平衡质量；若工作转速下转子的两个轴承同相分量显

著，应考虑转子外伸端不平衡或转子存在三阶不平衡。若是转子三阶不平衡，则必须在转子主跨内加重。在轴系平衡时加三阶平衡质量，只能在转子两个端面上加一阶平衡质量，这就需要进一步考虑转子端面加重与转子一阶平衡是否矛盾，通过一阶临界转速和工作转速下振幅和相位，依据机械滞后角的原理，可以作出判断，若是矛盾，应尽量避免这种加重。

3. 加重方便

4. 加重平面对有关测点相应值大小

一般选取的加重平面是希望对相邻测点和要平衡的测点能产生较大的响应，即加最小的平衡质量，获得最大的平衡效果，而对其他测点影响愈小愈好。

5. 加重平面的调整

这是在轴系平衡过程中，通过试加重，结果与原来预计有较大出入，因而对加重平面所作的调整。

调整加重平面的方法，是通过矢量分析或程序计算，观察残余振动能否达到规定的要求。

7.5 现场动平衡应注意的问题

综上所述，在实施现场动平衡过程中，下面几个问题特别值得注意。

（1）平衡的关键在于平衡前的准备，正确的不平衡故障判定，平衡面数的确定及各项准备工作的完成，只有这样才能保证平衡的省力、省时并取得明显效果。

（2）检查平衡仪器功能和电源是否充足及电缆线连接状况。

（3）振动传感器和光电传感器安装位置应始终保持不变。

（4）每次数据记录要准确，同时将第一次加试重后的振动幅值和相位与原始记录比较，如变化不大，没有达到20%以上，说明所加试重不合适，要重新考虑其大小和位置。

（5）试重块的安装原则是：安装合理，转子运转时，不能掉下，同时还要考虑到便于取下。

（6）计算配重大小时，将原始记录、加试重记录及试重块数据准确输入计算器。配重块加在指定位置后，一定要牢固，以防运行时掉下。

（7）进入工作现场后，要熟悉周围环境状况，特别注意安全问题和防火问题。

（8）启动设备前应及时与现场操作人员联系，确认无误后，方可启动设备。

（9）全部现场平衡工作过程中，要时刻注意并观察设备运行状态，发现设备有异常现象时，应马上示意停机，以防发生危险。

要把一台机组的轴系平衡好，特别是在机组较多的轴瓦振动普遍较大和要求较少的机组启动次数的情况下，取得满意的平衡效果，不仅要有系统的转子、轴系平衡理论基础，而且还应具有丰富的现场轴系平衡经验。

1. 平衡质量计算数据要正确、可靠

引起轴系平衡失败的原因尽管是多方面的，但可归纳为两类，一类是因不平衡轴向位置和不平衡形式、加重大小和方向判断失误，后因受机组启停次数和时间的限制，而使轴系平衡不能继续进行；第二类是平衡质量计算数据不正确或不可靠，造成平衡效果不好或直接导致轴系平衡的失败。因此，平衡质量计算数据正确可靠，是轴系平衡好坏和成败的首要条件。

具体获得可靠数据的方法有：

（1）掌握机组振动变化规律；

（2）测量数据要合理选取；

（3）避免一切的人为差错；

（4）提高测试仪表的精度和测量正确性。

2. 必须考虑带负荷后振动热变量

在轴系平衡之前，不论是新机还是旧机，必须取得带负荷的振动热变量，以便在平衡中对空负荷、带负荷或不同励磁电流下各瓦振动作综合平衡，免得空负荷下振动减少后，带负荷后振动增大。

对于运行的旧机，在平衡之前通过带负荷试验，求取振动热变量；对于调试中的新机，若轴承振动过大影响下一步试运，可以先对轴系进行粗略的平衡，一般采用一次加准法，但仔细的平衡应等机组带了大负荷，最好是满负荷之后，求取可靠的平衡热变量，再作综合平衡。

3. 减少读点数可以显著的提高平衡质量计算正确性

通过实验证明，减少读点数 M($M=l\cdot n\cdot k$，式中 l—测点数；n—转速；k—工况数)可以显著地提高平衡质量计算的正确性。减少读点数 M 的途径可以归纳为以下几点：

（1）加正交质量可以减少平衡转速数 n；

（2）减少工况数 k，可以首先求出带负荷的振动热变量，然后合理折衷，再求折衷后的热变量与空负荷下原始振动矢量和，将矢量和代入方程求解。这样即可减少工况数和较方便地控制空负荷和带负荷下的残余振动；

（3）减少测点数 l。

选取测点的原则主要有两点，一是敏感于转子上加重，二是距加重平面较近，但凡属于下列情况之一的测点都可以抛弃：

（1）距加重平面较近，但对加重不灵敏，而且原始振动不大；

（2）距加重平面较近，原始振动较大，而且对加重也较敏感，但加重对这些测点影响规律一致，可以选取有代表性的测点，其他测点可抛弃；

（3）距加重平面较远，原始振动较大和加重灵敏的测点也应抛弃，因为这些测点影响系数正确性较差。

4. 不平衡方向振荡时加重方向确定

在现场单平面平衡中，有时会遇到求得平衡质量以试加重为起点，来回移动多次，都不能使原始振动明显降低的情况，这种现象称为不平衡方向振荡。这种振荡在单平面平衡中比较容易发现，在轴系多平面平衡中有时遭几次失败，却不明白失败的原因。

因此，在平衡中应首先避免在一些与转轴连接刚度不足的部件上加重，如果无法选到合适的加重平面，则可以依据加重大小、加重部件与转轴连接刚度，对加重产生的附加不平衡影响作大略的估算，实际加重方向取计算值的 1/2 ~ 2/3，当然一次调整不可能加准，但经 1 ~ 2次调整后，即能找到合适的加重位置，不过每次加重移动角度与计算值比率也应作相应的改变，例如，第一次按计算角度的 2/3 加，加重后发现又要回转 $\Delta\theta$ 角，说明第一次取值太大，下次加重移动方向可按计算值的 1/2 移动。

5. 转子上加重方向的计算

在检修测量转子弯曲方向和轴系平衡中计量方向，若方法不当，不仅会产生较大的误差，而且会把方向搞错，或记录在转子上无法查找，为了避免这种现象发生，应注意以下两点：

（1）转子上零度应做永久标记，分度方向应统一；

（2）正确计量转子上的加重方向。

第 8 章　往复压缩机的故障诊断

往复式压缩机是使用最广的一类机器之一，由于使用条件不同，又因种类繁多，结构型式各异，尺寸大小和压力高低差别很大，在各种使用场合下会表现出很多不同的故障问题。另外，往复压缩机的结构复杂，运动零件多，激励源多，发生的故障也是多种多样，因此对往复压缩机各部分的运动状态进行监测，相对来说比较困难。

压缩机故障一般都是在设计、制造、安装和操作中产生的问题。曾有人对某化工厂使用的往复压缩机故障率进行调查，发现属于设计缺陷产生的故障仅占6%；属于零件制造质量低劣的故障占46%；属于不遵守操作规程造成的故障占40%；属于安装检修质量不符合要求的故障占8%。由此可见，压缩机的大量故障是在使用中由于管理不当产生的，尤其是不善于检测、分析各种参数，不善于从参数的不正常变化中辨别故障产生的苗头，以致一旦发生故障或情况严重时才不得不停机处理，而有些故障可能会酿成机器损坏，有毒、易燃、易爆气体外泄等严重事故，因此需要重视对往复式压缩机的故障监测与诊断。

往复式压缩机发生故障的部位基本上是由 3 部分组成：

(1) 传递动力部分——曲轴、连杆、十字头、活塞销、活塞等零部件的故障；

(2) 气体的进出机器密封部分——汽缸、进气和排气阀门、弹簧、阀片、活塞环、填料函及排气量调节装置等部分的故障；

(3) 辅助部分——包括水、气、油三路的各种冷却器、缓冲器、分离器、油泵、安全阀及各种管路系统方面的故障。

往复式压缩机的故障种类虽多，但从反应故障状态的监测参数（征兆参数）上可分为两大类：一类故障征兆表现在机器的热力参数变化上，如机器的排气量变化，吸、排气压力变化，各部分温度变化以及油路、水路故障所表现出来的热力参数变化；另一类故障征兆表现在机器的动力性能参数变化上，如压缩机的主要零部件的缺陷、磨损、损坏和断裂故障所表现出来的机器振动和不正常声音，还有各种原因引起的管道振动。当然对某些故障原因所表现的故障征兆，既可以反映在热力参数的变化上，又可以反映在机器的动力参数变化上。

8.1　往复式压缩机的故障类型及故障原因

8.1.1　压缩机热力参数异常及故障原因

一、排气量降低

压缩机排气量降低的原因很多，大部分属于气流通道受阻，内、外泄漏，余隙过大、转速降低等方面的原因，见表 8-1。

二、吸、排气压力不正常

压缩机吸、排气压力不正常的常见故障原因见表 8-2。

表 8－1　压缩机排气量降低原因

序号	故障第一原因	故障第二原因
1	多级压缩机的第一级和其后各级气阀漏气	（1）阀片严重磨损，阀片变形、破裂或卡住（见气阀故障） （2）阀座密封面不平，碰伤或粗糙度达不到要求 （3）阀隙通道积炭或有异物卡住 （4）弹簧力过小，弹簧磨损、断裂（见气阀故障） （5）阀体安装不当，位置歪斜，装反，阀体密封垫失效
2	汽缸内泄漏与外泄漏	（1）汽缸或缸套过度磨损、偏磨或拉伤，可能原因有：①汽缸镜面的精度、表面粗糙度、椭圆度、圆锥度未达到要求；②汽缸与十字头滑道同心度不够要求；③汽缸或缸套材质不良 （2）活塞与汽缸配合间隙过大 （3）活塞环“咬死”或严重磨损，可能原因有：①润滑油不足，油质欠佳，使缸内温度过高，造成活塞环咬死；②活塞环失去弹力 （4）汽缸冷却不良，气体经阀室时受到预热，影响吸气效率 （5）活塞杆过度磨损或拉伤，活塞杆工作时跳动，可能原因有：①滑道与汽缸不同心；②十字头与滑道、活塞与汽缸间隙过大或磨损量过大；③十字头销与连杆、活塞杆不垂直 （6）填料密封磨损、泄漏，可能原因有：①密封圈与活塞杆间隙太小；②密封圈内圈表面有缺陷；③密封圈与闭锁环装反，起不到密封作用 （7）汽缸盖或缸座与缸体端面贴合不严，垫片破损，发生漏气
3	吸气受阻	（1）进气滤清器堵塞 （2）进气阀门未全开 （3）进气管太长或管径太小，阻力增大
4	系统外泄漏	（1）安全阀泄漏，可能原因有：①安全阀弹簧失灵；②阀芯与阀座密封面接触不良；③安全阀开启后关闭不严 （2）中间冷却器泄漏 （3）管路连接法兰漏气（垫片破损；法兰螺栓未拧紧）
5	冷却器效率低	（1）冷却水进水温度高 （2）冷却器传热效果差，可能原因有：①传热表面有水垢、油污；②传热面金属锈蚀；③传热面积太小 （3）冷却器中间隔板破裂 （4）冷却水量减小
6	压缩机转速降低	（1）原动机功率不足，转速达不到额定值 （2）皮带传动的压缩机传动带太松，皮带打滑

表 8－2　压缩机吸、排气压力不正常的常见故障原因

故　障　现　象		故　障　原　因
吸气压力低	第一级吸气压力低	（1）吸气管阻力大 （2）进气滤清器堵塞 （3）吸气阀片升程高度不够 （4）供气量不足
	多级压缩机中间级吸气压力低	（1）前级吸气阀或排气阀漏气 （2）前级管路漏气或阻力大 （3）前级汽缸与活塞环漏气或填料函漏气 （4）前级系统不正常

续表

故障现象		故障原因
吸气压力高	各级吸气口	(1) 高压气体进入吸气管线 (2) 吸、排气阀关闭不严，有漏气 (3) 汽缸与活塞环漏气 (4) 前级冷却器冷却效果不好 (5) 级后通本级的吸气管旁通阀泄漏
排气压力低	各级排气口	(1)本级吸排气阀漏气或工作不正常 (2) 汽缸与活塞环漏气或填料函漏气 (3) 本级吸气压力偏低 (4) 排气管或阀门漏气，旁通管、泄放阀漏气 (5) 耗气量过大
排气压力高	各级排气口	(1)本级用气量偏少 (2) 本级吸气压力偏高 (3) 后级气体压力偏高 (4) 后级管路或汽缸向本级漏气 (5) 本级冷却器工作不正常 (6) 本级排气管路不畅，阀门工作不正常 (7) 排气管路严重积炭
压力不稳定	各级吸、排气口	(1) 压力脉动过大 (2) 气阀起闭不稳定 (3) 驱动机转速不稳定 (4) 压力表气隙阻尼太小

三、温度不正常

温度不正常包括压缩机吸、排气温度过高，汽缸、轴承、活塞杆、机体等各部件过热。前者属于介质在压缩过程中的状态不正常产生气体温度过高，带来汽缸、阀门积炭、磨耗和零部件变形、损坏。后者发生过热的原因是摩擦发热过大，或者摩擦副润滑、冷却状态恶化。摩擦过热情况可引起两种后果：一是在较高温度下便摩擦副加快磨损；二是热量不断积聚，直至烧毁摩擦表面，酿成重大事故。因此需要用测温仪器或手摸、眼看等方法，加强对压缩机各部位的温度监测。压缩机各部位温度不正常的原因见表 8－3。压缩机主轴瓦温度的允许范围见表 8－4。

压缩机各部位的温度测量方法，对机器或管道内部的温度(如吸、排气温度，润滑油温度)，可用玻璃温度计、热电偶、热电阻等方法测量。对于机器零部件表面、机体表面的温度，可用半导体点温计、红外点温计、红外热像仪等方法测量。对于轴承瓦壁温度，可用埋入式的热电阻进行监测。

表 8－3　压缩机各部位温度不正常的原因

故障现象	故障原因
吸气温度高	(1)排气旁通阀向吸气管漏气 (2)吸气阀漏气 (3)级前冷却器工作不正常

续表

故 障 现 象	故 障 原 因
排气温度高	(1) 吸气温度偏高 (2) 气阀、活塞环漏气(排气阀漏气对温度影响最大) (3) 本级压比偏高 (4) 汽缸冷却效果不好
汽缸过热	(1) 冷却水供给不足 (2) 吸、排气阀漏气 (3) 级的压比过高 (4) 活塞支撑环热膨胀间隙太小产生抱缸 (5) 汽缸与滑道对中不良；汽缸镜面粗糙度不符合要求，汽缸拉伤
轴承过热	(1) 轴颈与轴瓦接触不良 (2) 轴承径向、轴向间隙过小。主轴瓦的径向间隙一般要求为(0.8～1)%d。(d为主轴颈直径，mm) (3) 曲轴发生弯曲或扭曲 (4) 润滑油不足或中断；油污染；油牌号不对 (5) 主轴与电动机轴之间联轴器不对中量太大
活塞杆过热	(1) 活塞杆与填料函有偏斜，造成局部摩擦 (2) 填料环的抱紧弹簧太紧，摩擦力太大 (3) 填料环中有杂物，密封圈卡住 (4) 活塞杆与填料环磨合不良 (5) 填料函中密封圈装错，油道堵塞，润滑油供应不上，造成干摩擦 (6) 无油润滑压缩机，活塞与填料函冷却不良
曲轴两端盖发热	(1) 采用滚珠轴承的主轴承咬住 (2) 靠电动机联轴器端的曲轴前端发热，是联轴器连接间隙太小，电动机窜轴时顶住压缩机曲轴。曲轴后端发热，是联轴器间隙太大

表 8－4 压缩机主轴瓦温度的允许范围

瓦类型	正常操作温度/℃	报警温度/℃	停车温度/℃
厚壁瓦	<55～60	65	70
薄壁瓦	<50～55	60	65

四、工况改变对压缩机主要参数的影响

在流程工业中使用的多级压缩机，常因工艺参数的变化改变了压缩机的工作条件，从而影响到压缩机的某些性能参数。经常用到的工艺参数变化有压缩机吸气压力变化、排气压力变化以及各级吸气温度变化，这些参数的变化直接影响到压缩机的各级压力、排气终了压力、排气温度、排气量和功率消耗。下面分析这几个工艺参数变化对压缩机性能的影响。

1. 吸气压力变化

进入压缩机的气体压力变高或变低，引起压缩机各级排气压力、排气温度、排气量和功率的变化。

(1) 对各级排气压力影响。在活塞行程容积不变情况下，各级排气压力与第一级吸气压力成正比例增减。

(2) 对各级排气温度影响。单级压缩机排气温度是随吸气压力的上升而降低。多级压缩

机吸气压力变化产生压比变化，同时也引起排气温度变化，但影响最大的是末级。因此如果吸气压力下降，末级压比增大最明显，末级排气温度最容易超出允许范围。

（3）对排气量影响。当排气压力不变时，吸气压力下降，则压比上升。对于单级压缩机，由于容积系数下降，排气量下降；对于多级压缩机，主要导致末级压比上升，依次影响到第一级，使第一级吸气量下降，最终排气量也下降。但级数愈多，影响愈小。

（4）对功率影响。压比较低（压比 <1.2）的压缩机，吸气压力下降，指示功上升，功耗也上升；压比较大（压比 >1.2）的压缩机，吸气压力下降，指示功下降，功耗下降。反之指示功上升，功耗也上升。

2. 排气压力变化

由于工艺条件变化，使压缩机终了压力变高或变低，影响到压缩机的排气量、排气温度、各级级间压力和功率消耗。

（1）对排气量影响。单级压缩机的排气压力上升，压比增大，容积系数下降，排气量下降；多级压缩机的排气压力上升，首先是末级压比上升，直至影响到第一级，使第一级排气量减少。级数较多时对排气量的影响较小。

（2）对排气温度影响。排气压力上升，主要引起末级排气温度上升，对其余各级的影响依次减小。反之，排气压力下降，也只使末级排气温度下降。

（3）对级间压力影响。排气压力上升，压比增大，容积系数下降，从末级起吸入压力上升，使所有级的级间压力上升；排气压力下降，使所有级的级间压力下降。但是在多级压缩机中只有末级的压比变化较为明显，随着级数前移，压比变化迅速减弱。

（4）对功率影响。多级压缩机的排气压力上升，仅末级和末前级的功率消耗增大，其他级的功耗基本不变。

3. 吸气温度变化

中间冷却器工作情况的好坏，会影响到各级吸气温度的高低，从而影响到压缩机的排气量、排气压力、排气温度和功率消耗。

（1）对排气量影响。吸气温度的变化改变了气体的体积，使吸入气体的体积有变化。吸气温度愈高，吸入气体愈少。另外，吸气温度变化以后，吸入气体与汽缸壁的热交换情况也发生了变化，影响到压缩机的温度系数和排气量。吸气温度变化对排气量的影响主要在第一级，第一级的吸气温度升高，则第一级的容积系数下降，吸气量减少，排气量也减少。往后各级的变化是愈到高压级影响愈小。

（2）对排气压力影响。单级压缩机的吸气温度变化不影响排气压力；多级压缩机的终了压力不受吸气温度影响，但是级间压力将随吸气温度的变化而变化。级间温度变化将影响到前一级的排气压力和后一级的吸气压力，使前一级的排气压力和压比降低，但后一级压比上升。

（3）对排气温度影响。压缩机各级排气温度在压比一定时，完全取决于各级的吸气温度，吸气温度上升，排气温度也上升。

（4）对功率影响。单级压缩机所消耗功率与吸气温度无关，但多级压缩机的吸气温度上升，使压缩过程偏离等温压缩线，因而功耗增加。

五、油路故障

压缩机油路包括油泵、注油器以及油路系统中的过滤器、冷却器、管路压力表等部分。故障主要表现在油压偏低、偏高、油温过高，油量不足，局部润滑不良，注油不正常等方面。油路系统的故障会引起机器摩擦、发热、烧损、咬死等一系列问题，必须查明原因，及时处理。油路系统故障原因见表 8 – 5。

表 8 –5　油路系统故障原因

故障现象	故障原因
油压偏低	(1) 油泵供油量不足，可能是泵转子间隙过大，磨损，泄漏。油位太低，泵吸不上来 (2) 润滑油污染，油泵过滤器堵塞 (3) 油压调节阀(回油阀)漏油，油回流到油池 (4) 油温太高，油的黏度太低 (5) 各运动部件(如曲轴、连杆等处的摩擦面)间隙过大 (6) 油管接头处松动漏油 (7) 压力表失灵
油温偏高	(1) 压缩机运动部件因间隙太小、配合不良、汽缸和滑道表面粗糙度或磨损等原因，摩擦发热量过大 (2) 径向或轴向轴承故障(如巴氏合金脱落、严重磨损、咬轴等) (3) 润滑油黏度过大，摩擦产生的功耗大，油温升高 (4) 润滑油压力偏高 (5) 润滑油冷却效果不好(冷却器偏小，水侧结垢或后轴箱散热差) (6) 油过滤器堵塞等原因引起润滑油供应不足 (7) 润滑油太脏
注油器压力不足或油量不足	(1) 吸油过滤网堵塞或油管堵塞 (2) 注油器柱塞与柱塞套孔磨损 (3) 注油器上的止逆阀不严密，供油量过少 (4) 注油器调节不合适

8.1.2　压缩机主要零部件的机械故障

一、气阀故障

气阀工作状态的好坏是压缩机技术发展的核心问题之一，往复压缩机有 60% 以上的故障发生在气阀上。据某石化公司炼油厂对循环氢压缩机的故障统计，气阀故障引起的停机次数占总停机次数的 85% 以上。气阀一旦发生故障，马上影响压缩机的产气量，降低效率，浪费能源。阀件破损后碎块落入汽缸，引起汽缸拉毛，活塞和活塞环损坏，带来更为严重的问题。所以能及时发现气阀故障，诊断出气阀发生故障的原因，采取合理的防治措施，对提高压缩机的运行可靠性，减少停机损失将带来可观的经济效益。

1. 气阀故障原因

气阀故障，主要是阀片、弹簧破损，气阀密封性差，阀片的开启时间和高度不对以及安装中产生的问题。气阀故障的原因见表 8 – 6。

表 8 –6　气阀故障原因

故障现象	故障原因
阀片损坏	(1)疲劳破坏——由于阀片承受着频繁的撞击载荷和弯曲交变载荷，阀片容易产生疲劳破坏。实际使用证明，阀片主要破坏形式是撞击载荷引起的径向断裂 (2) 阀片磨损——环状阀片与导向块工作面之间产生的摩擦磨损，可减弱阀片强度，降低使用寿命。磨损量过大时阀片可能卡死在导向块上或者失去密封作用。环状阀片在工作时转动，将引起阀片边缘磨损 (3) 阀片材料缺陷——材料夹渣、夹层、裂纹等缺陷引起阀片应力集中，在循环载荷作用下，成为疲劳破坏的根源。因此新阀片早期磨损率较高，使用期超过 1000h 的阀片，其使用寿命较高 (4) 介质腐蚀——压缩介质本身有腐蚀性或介质中含有水分，工作时冲刷阀片，破坏阀片表面保护膜，在阀片局部地方出现腐蚀麻点和空洞，引起应力集中，产生腐蚀疲劳破坏

续表

故障现象	故障原因
气阀弹簧损坏	(1)弹簧从阀片全闭到全启，其载荷由预压缩力变化到最大压缩 力，承受脉动循环载荷，引起疲劳破坏 (2)弹簧变形时与弹簧孔壁发生摩擦磨损，强度下降而断裂 (3)介质对弹簧表面腐蚀，产生麻点、凹坑，引起应力集中，加速弹簧疲劳破坏 (4)材质不符合要求，弹簧的加工、热处理有缺陷
气阀漏气	(1)阀座密封面不平，表面粗糙度达不到要求 (2) 密封面被碰伤 (3)阀片变形、破裂 (4)阀隙通道有异物卡住 (5)气体温度高，润滑油易变成炭渣卡住密封面。石油气压缩机，温度和压力越高，聚合物积炭越严重，炭渣粘着在阀片和阀座上，使气阀漏气 (6)弹簧力过小 (7)弹簧端面与轴线不垂直 (8)阀座、阀片严重磨损

2. 气阀漏气鉴别方法

(1) 在多级压缩机中，若某一级排气阀漏气，排出汽缸的气体又部分泄露回汽缸，不仅使该级排气温度升高，排气压力下降，而且该级的排出气量不足，使前级的排气压力上升。因此判别某级排气阀是否漏气，可测量该级阀盖上的温度是否升高，本级排气压力是否下降，前级排气压力是否上升的方面来识别。此外，还可以用金属棒或泄漏检测仪检查，气阀漏气严重时会发出吱吱的声音。

(2) 某一级吸气阀漏气，则该级吸气阀部位温度升高。同时由于该级吸入气体又在压缩过程中泄漏出去，使前级排气压力上升，而后面各级因吸入气量不足，排气压力下降。因此同样可用测量温度、压力和声音的方法来判别。

(3) 如果第一级吸气阀漏气，则随后各级气量下降，各级排气压力也相应下降，因此可从各级排气压力和气量是否下降来加以判别。

3. 气阀故障诊断方法

如表8－6所示，气阀故障主要表现为阀片损坏、弹簧折断和气阀漏气方面，其实这3种故障常常互为因果的，阀片损坏可导致气阀漏气；弹簧折断使得阀片对阀挡和阀座的冲击速度和撞击力增大，导致阀片碎裂。因此，利用阀片冲击力的变化、气阀有否产生泄漏等特征参数来判断阀片和弹簧故障，是当前研究利用振动信号诊断气阀故障的主要方法之一。

监测气阀的故障信号，除了观察压缩机的热力参数变化之外(如压缩机各级吸、排气压力变化、气量变化、阀腔内温度变化以及压力脉动变化等)，更主要的是希望从气阀工作过程中产生的动力性能变化来诊断故障。目前对气阀故障进行监测和诊断的主要方法有：

(1) 在压缩机气阀阀盖上用传感器拾取振动信号或噪声信号，然后对信号进行分析处理和故障识别；

(2) 在气阀阀室内用位移传感器拾取阀片运动规律信号，校核阀片运动规律；

(3) 引出汽缸的压力，作出汽缸内的$p-V$示功图，从示功图的变化上判别气阀故障；

(4) 测量吸、排气腔内的脉动压力和温度变化诊断气阀故障。

二、活塞杆断裂

往复式压缩机的活塞杆断裂事故也较常见，据报道约占重大事故的25%左右，对于中、小型化肥厂使用比较普遍的对称平衡型氮氢压缩机，活塞杆断裂的事故率达到51.5%。在石化行业，重整氢气压缩机也屡有活塞杆断裂事故发生。活塞杆断裂，不仅损坏活塞和汽缸，而且还由于其他零部件的连锁性破坏，使易燃、易爆或有毒气体向外泄漏，带来人员伤亡、生产装置毁坏等一系列严重事故，因此在操作中必须予以足够重视。活塞杆发生断裂的地方多数是在活塞连接处与十字头连接处，其原因如下：

(1) 活塞杆的螺纹由于螺纹牙型圆角半径小，应力集中严重，容易在循环载荷下产生裂纹和断裂，因此对大型压缩机需用滚压加工，用以消除应力集中；

(2)退刀槽、卸荷槽、螺纹表面的粗糙度达不到要求，容易产生表面裂纹；

(3) 活塞杆的材质和热处理有问题，例如存在粗晶、魏氏体组织、偏析以及强度和塑性不符合要求；

(4) 连接螺纹松动或连接螺纹的预紧力不足；

(5) 某一级因其他故障原因而严重超载；

(6) 活塞杆跳动量过大；

(7) 工艺气体腐蚀。

三、连杆螺栓断裂

连杆螺栓是压缩机最重要的零件之一，它的断裂将造成严重事故。由于连杆螺栓在工作时承受很大的交变载荷和几倍于活塞力的预紧力，因此对它不仅要求具有足够的静强度，更重要的是要有较高的耐疲劳能力。对其结构形状、应力集中情况和装配精度等方面都有严格要求。

连杆螺栓断裂的原因如下：

(1) 连杆螺栓拧得太紧或太松；拧得太紧，螺栓承受过大拉力而折断；拧得太松，工作时螺母松动，连杆大头瓦在连杆体内晃动，螺栓承受过大的冲击力而折断；因此拧紧螺母时要用扭力扳手按要求力矩上紧，或者用测量螺栓伸长量的方法来控制拉紧力；

(2) 开口销折断引起连杆螺栓松动、断裂；

(3) 连杆螺栓疲劳断裂；

(4) 连杆螺栓的材质、锻压、热处理、加工、探伤和装配有问题(特别要注意螺栓的过渡圆角、退刀槽、螺纹表面的粗糙度是否符合技术要求)；

(5) 连杆大头瓦过热，活塞卡住或超负荷运转，连杆螺栓因承受过大应力而折断；

(6) 运动部件出现故障，对连杆螺栓产生较大冲击载荷(例如曲轴、十字头、活塞杆断裂)；

(7) 长期使用达5000～8000h，未对连杆螺栓进行磁粉探伤和残余变形测量；如果螺栓有万分之一以上残余变形者均应报废。

四、曲轴断裂

曲轴是压缩机中传递动力的重要运动件。由于承受较大的交变载荷和摩擦磨损，所以对疲劳强度和耐磨性要求较高。曲轴一旦断裂，将使曲轴箱、连杆、十字头或活塞等发生一系列连锁性破坏。曲轴多数发生拐臂处断裂，曲轴断裂的原因如下：

(1) 压缩机地基与电动机基础发生不均匀沉降，使联轴器严重不对中，曲轴承受巨大的附加载荷；

(2) 压缩机超载或在紧急停机时产生的剧烈冲击；

(3) 安装不正确或在工作中汽缸轴线发生变化，与曲轴轴线不垂直，使曲轴承受附加弯矩；

（4）轴瓦在曲轴上装配不良，支承面贴合不均，间隙过小，轴承发热，轴颈拉沟、咬住或弯曲变形；

（5）轴颈与曲拐过渡圆角是最严重的应力集中点，该处最容易发生疲劳断裂。圆角半径一般取 $r=(0.05\sim0.09)d$（d 为曲拐销直径），其表面粗糙度 R_a 不大于 0.4μm，如果过渡圆角不圆，表面粗糙，此处易产生裂纹而断裂；

（6）由于设计不合理、材质不良、热处理不合要求，探伤不及时等因素产生裂纹和断裂。

五、活塞卡住、咬住或撞裂

活塞发生卡住、咬住或撞裂的原因如下：

（1）润滑油质量低劣，注油器供油中断，发生干摩擦，因摩擦发热，阻力增大被卡住、咬住；

（2）汽缸冷却水供应不足，或汽缸过热状态下突然通冷却水强烈冷却，使汽缸急剧收缩（抱缸），把活塞咬住；

（3）汽缸带液（例如，制冷压缩机吸入蒸发器中的液体造成“冲缸”；压缩机吸入气体太潮湿，气体被压缩后有水分析出，发生汽缸“水击”），可撞裂活塞，甚至击破汽缸；

（4）汽缸与活塞间隙太小；

（5）汽缸内掉入活塞螺母、气阀碎片等坚硬物，活塞撞击时碎裂；

（6）活塞材质不良、铸件质量低劣，强度达不到要求。

8.1.3 压缩机故障振动

一、曲柄连杆机构的运动惯性力

往复式压缩机的运动部件是一整套曲柄连杆机构，在工作时既有加速和减速运动，又有旋转和往复运动。压缩机在工作负荷下，作用在活塞、连杆、十字头和曲轴上的力有惯性力、气体力和摩擦力。惯性力有两种，即曲柄旋转时产生的旋转惯性力和活塞、十字头组件往复运动时的往复惯性力，连杆运动时则兼有这两种惯性力的作用。在这些力中，气体力和摩擦力属于机器的内力，不会传递到基础上去，只影响到机身、中体、缸体、缸盖以及各运动零部件的受力状况和机器的磨损和功耗状况。但是旋转惯性力、往复惯性力、旋转阻力矩都是随曲柄转角变化的自由力和力矩，它们作用于机体轴承座上，通过地脚螺栓传给基础，使基础产生振动。而基础对机体的反作用力也同样使机器产生振动。另外，从压缩机的受力分析中可知，活塞力通过连杆，作用在曲轴上的一个垂直于汽缸轴线分力与十字头作用在滑道上的侧向力，构成一个有使压缩机倾倒趋势的倾覆力矩，该力矩也是一个随曲柄转角而周期性变化的自由力矩，传递到基础，也会引起基础振动。

二、压缩机故障振动和不正常声音

1. 故障振动

往复式压缩机由于存在旋转惯性力、往复惯性力和力矩，将会引起机器和基础的振动。除了这种机械运动引起的振动之外，往复式压缩机由于间歇性吸气和排气，气流的压力脉动还会引起管路振动。如果气流脉动频率恰好与气柱或管道自振频率相同，就会产生管道共振，这种共振将带来严重的后果，不仅引起压缩机和基础、管道各连续部分松动，严重时甚至会振裂管道（管道振动问题将在 8.3 节里进行讨论）。

上述这些振动问题往往是设计、制造中产生的。另外，往复式压缩机由于安装和操作不当也会带来一些故障振动问题。经常可能发生振动的部位和原因见表8－7。

表8－7　往复式压缩机故障振动的部位及原因

振动部位	故障原因
汽缸振动	（1）汽缸与底座调整不良，连接螺栓松动 （2）汽缸与活塞环磨损或间隙过大 （3）汽缸余隙太小，活塞在往复运动中碰撞阀座，发出沉闷的金属撞击声和振动 （4）活塞和阀座上的螺栓螺母因松动而落入汽缸，发生敲击振动 （5）氨制冷压缩机和临界温度较低的气体容易发生汽缸带液，在汽缸内发生液体冲击 （6）压缩机运行中曾中断供水，阀门、缸壁、活塞温度迅速上升，在高温下突然通入冷却水冷却汽缸，使缸壁骤然冷却而抱住活塞，产生很大振动，甚至严重损坏缸体和活塞
机体振动	（1）往复惯性力和力矩没有平衡好 （2）曲轴中心线与机身滑道中心线不垂直 （3）对称平衡型压缩机机身的主轴承不同心，机身水平度不符合要求 （4）地脚螺栓松动，运动部件连接不牢，基础刚性不好，底座不均匀下沉 （5）联轴器对中不良，或机体基础与电动机底座不均匀下沉 （6）主轴承间隙过大或轴瓦磨损 （7）连杆大头和曲拐销之间间隙过大，曲拐销向反方向运动时对大头瓦产生撞击 （8）十字头上下滑板与十字头滑道间隙过大。具有浮动销的十字头，十字头销能在销孔中转动，虽然磨损均匀，但磨损后冲击和振动较大 （9）活塞杆弯曲或活塞杆连接螺母松动 （10）活塞杆负载过大，连杆轴承损坏
基础振动	（1）压缩机机体振动引起基础振动 （2）基础结构薄弱，与机体或管道某一部分发生共振 （3）由压缩机振动等原因产生基础下沉

2. 不正常声音

往复式压缩机运行过程中，各运动部件会发出有节奏的与转速一致的正常响声，有经验的工人能从不同响声中判断出压缩机运行是否正常。当响声有刺耳的噪声、撞击声和不规则的节奏时，他们可立即判定机器运行不正常，甚至能判断故障发生的大致部位。

运转中压缩机发生故障声音的部位及其原因见表8－8。

表8－8　往复式压缩机故障声音的部位及原因

故障部位	故障原因
运动机构	（1）曲轴和联轴器、主轴和电动机之间的切向键连接松动，产生异常声音 （2）连杆大头与连杆瓦之间的配合间隙过大，压缩机部件在运行中磨损、松动、曲轴与连杆大头间隙过大，都会引起曲轴箱内产生不正常的敲击声。为了消除这种声音，需拆下连杆，重新安装大头瓦，检查大头与主轴之间的间隙，应符合规定值。可用研刮的方法使大头瓦背与连杆大头瓦座贴合 （3）压缩机运转中，由于曲轴箱内曲轴瓦螺栓、连杆螺栓、十字头螺栓等松动、折断、脱扣等引起曲轴箱内的敲击声 （4）由于压缩机十字头销与十字头、活塞销与活塞销座之间的连接松动或磨损，造成不正常声音，对此一定要检查这些部位的间隙，严格装配，防止松动 （5）曲轴瓦因意外情况突然断油，或者由于轴瓦与曲轴配合间歇过小而使轴瓦发热，温度升高而烧毁，造成曲轴箱内的撞击声 （6）压缩机的十字头通常是按一定方向上的侧压力设计的，电动机或主轴的转向必须与之相适应。当转向相反时，十字头的侧向分力将向相反方向作用，例如卧式压缩机在主轴反转时，十字头对上滑道产生敲击声，将使上滑道加速磨损和破坏，因此要特别注意电动机的正常转向 （7）十字头在滑道内的位置与滑道中心线不重合，产生歪斜或横移跑偏，引起敲击和发热；滑道间隙过大，也容易产生十字头跳动敲击的异常声音

续表

故障部位	故 障 原 因
汽 缸	(1) 安装和检修时汽缸余隙容积留得过小，汽缸盖与活塞的前后死点间隙过小，产生直接碰撞。防止碰撞的方法是调整活塞行程(通常在活塞杆与十字头体接合处增减垫片)，增加活塞与汽缸死点间隙 (2) 汽缸润滑油过多或过少，都会引起汽缸产生不正常响声。过多的润滑油会产生油垢，油量过少又会引起拉缸使汽缸磨损，因此，要对汽缸润滑油调节适当，按规定的油量注油，还要认真清洗活塞和汽缸 (3) 安装时由于曲轴与汽缸轴线不垂直，连杆、十字头、活塞，与汽缸中心线不重合，误差超过允许值，在压缩机运转过程中也会使汽缸产生撞击声 (4) 中型压缩机中的盘形活塞，其端面常有工艺孔，并用螺钉堵死，活塞里面做成空心形，如果压缩机在运转过程中活塞端面螺钉松动，甚至脱落，螺钉与汽缸盖相碰，汽缸就会产生不正常的响声 (5) 汽缸中掉入金属碎片和其他杂质(如阀片、弹簧、螺钉等)将在汽缸内产生异常响声 (6) 安装检修中活塞杆与十字头紧固不牢，或者由于十字头侧向间隙不符合图纸要求，使活塞杆在往复运动中产生跳动，带动活塞向上蹿动，撞击汽缸而产生不正常响声 (7) 由于压缩机长期运行，汽缸和活塞、活塞环磨损严重，因而相对间隙增大，汽缸和活塞环之间产生松动和响声 (8) 汽缸内有积水，或者压缩机吸入气体太潮湿，气体被压缩后水分析出，而液体是不可压缩的，因而使汽缸产生“水击”响声，解决办法是使被压缩气体在进入压缩机前必须分离掉其中水分，并在汽缸下部加排水阀，排出汽缸内的水分
吸气阀、排气阀	(1) 吸、排气阀的阀片是易损零件，易于在冲击载荷下折断。当发生阀片起落被卡住、弹簧倾斜或损坏、阀片材质不良、弹簧力太大等原因时，会造成阀片过早破损，由此产生了气阀的异常响声。气阀工作正常，阀室内产生一种有节奏的阀片对阀座和阀挡的撞击声，但是当阀片和弹簧折断时，会产生撞击节奏声之外其他杂音 (2) 气阀弹簧折断和变软，会加大阀片对阀座或升程限制器的冲击力，发出不正常的声响。发生这类问题时，应检查弹簧的尺寸和力大小是否符合技术要求 (3) 阀座安装位置不当，或阀室上压盖螺栓没有拧紧，造成气阀蹿动，产生响声 (4) 具有负荷(气量)调节的压缩机，调节器位置不正确，阀片与压开吸气调节装置中的压叉顶撞，使气阀产生敲击，发出金属碰击声

利用压缩机在运行中发出的不正常声音来判别故障，常用的监测手段是用听棒测听机器各个部位，也可用机械故障听诊器，它是利用加速度传感器拾取的信号经过滤波、放大，通过耳机测听，比听棒有更高的灵敏度和信噪比。

有些报道认为，往复式压缩机的故障频谱图不同于旋转机械，它除了工频成分之外，往往伴有许多高倍频成分，而且它们的幅值也较高。高倍频成分上的能量集中可能是反映出主轴承磨损、活塞撞击、阀片碰撞等故障。因此对往复式压缩机进行故障振动和故障声音的状态监测，相对其他旋转机械来说难度较大，故障诊断的研究工作开展得还不很普遍，诊断方法多数还停留于依赖于人的五官感觉，或者用一些简单的测试仪器。国内外也有一些工厂和研究机构注重对往复式压缩机的状态监测与故障诊断技术进行开发研究，已研制出有一定特色的在线监测系统。例如，有些在线监测诊断系统能对机器进行多测点、多参数进行监测，监测参数有压缩机的气体压力、温度、流量、油温、振动、位移，电动机的电压、电流、功率等。有些监测系统还辅以汽缸的示功图监测，阀片运动规律检测，润滑油磨损颗粒监测。监测压缩机运行中是否发生汽缸下沉、活塞、活塞杆和填料磨损、气阀损坏、主轴承磨损、曲轴不平衡和运动部件连接松动等方面的故障。

三、故障诊断实例

【例1】 某钢铁厂空压机站有多台2D12－100/8型空气压缩机，曾出现过多起一、二级汽缸十字头连杆断裂事故和基础底脚螺栓松动引起振动的故障。该机型为2列、对称平衡式，结构布置如图 8－1 所示。机器的技术参数如下：

排气量≥$102m^3/min$；一级排气压力 0.2MPa；二级排气压力 0.8MPa；轴功率 540kW；转速 500r/min。

在机器上共布置了 7 个测振点（如图 8－1 所示），每一测点位置上测量水平（H）、垂直（V）和轴向（A）3 个方向振动值，用数据采集器采集信号。测振点分布位置分为如下 3 类区域。

测振点①、②——布置在曲轴两端轴承座上，主要检测电动机同曲轴的连接状态信号、曲轴旋转部件故障的振动信号，也可为其他测点的振动信号分析提供参考。

测振点③、④、⑤、⑥——布置在一、二级汽缸体和一、二级十字头导板部位，主要检测汽缸体、活塞、连杆、十字头等往复运动部件工作过程中的振动信号。

测振点⑦——布置在曲轴箱底座上，主要检测曲轴箱机身底座的振动信号。

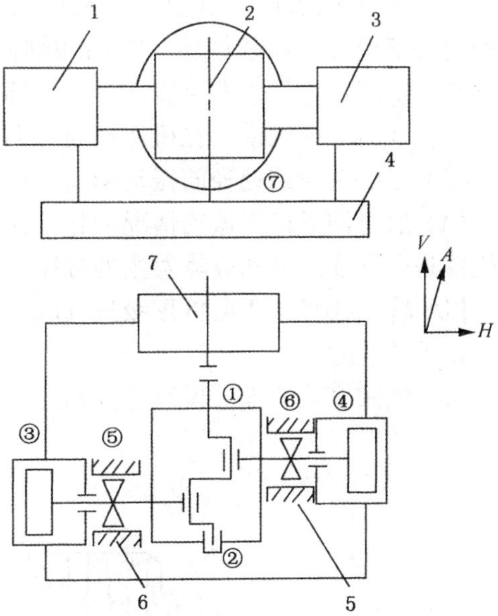

图 8－1　压缩机测点位置

1— 一级缸；2—曲轴箱；3—二级缸；4—基础；5—二级十字头导板；6— 一级十字头导板；7—电动机

根据每台机器测试数据的积累，采用同型号压缩机之间的数据类比以及压缩机本身在不同时间段的数据类比，判别是否存在故障，根据信号特征，诊断出故障的部位和原因。下面是对该机型的两个诊断例子。

（1）多台压缩机运行期间，第一次监测，发现该型压缩机的 3 号机比 4 号机在测振点①上的振动值高出很多，其中 H 方向上高出 4 倍，V 方向上高出 1 倍，A 方向高出 1 倍多，见表 8－9。从测振点①H 方向的频谱图上可见，3 号机的工频成分幅值为 2.1mm/s，三倍频、5 倍频成分的幅值也非常高，而对比 4 号机同测点同方向上的工频成分幅值，仅为0.4mm/s。由此确定 3 号机存在故障，由于测振点①位于靠联轴节端的轴承座上，初步诊断为联轴器对中不良或该端机座松动。经过检查，发现曲轴箱靠电动机端的底座地脚螺钉松动情况严重，引起该处测点很到的振幅。停机后紧固地脚螺栓，振幅就大幅度下降，处理后的振幅值见表 8－9 所示。

表 8－9　测振点①的振幅比较　　μm

机　号	状　态	H 方向	V 方向	A 方向
3 号机	处理前	198	87.5	83
	处理后	57	36.5	66
4 号机	正常	46.5	47.8	38.2

（2）第二次监测，发现 4 号机测振点③（位于一级汽缸部位）3 个方向上的振幅较上一次测量值有较大幅度上升，振动幅值呈迅速上升趋势，在短短的半天时间内，同一测点上 4 号机比 3 号机的通频振幅几乎大了近一倍，工频成分高出 3 倍，前者还存在明显的 4 倍频成分，证明 4 号机的一级缸体部位存在故障。当即决定停机检查，结果发现一级缸十字头螺栓

松动，使活塞、连杆和十字头在运动中产生较大的撞击力。经过调整以后，该测点的振幅基本恢复到原来状态。

对此类型压缩机的振动监测经验如下：

（1）汽缸上的测振点(上例中测振点③和④)在径向和轴向方向上的振幅对活塞在缸体内的运行情况好坏比较敏感。径向和轴向振幅明显上升，说明活塞、连杆、十字头存在松动，在往复运动过程中发生直线位置偏移；

（2）地脚螺栓松动，在机座垂直方向上的振幅将会明显上升；

（3）十字头滑道处径向振动明显上升，反映十字头与滑道接触不良；

（4）通过同类机组振动情况的相互比较，机组自身不同时刻的振动情况比较，有助于判别机器是否存在故障和故障发生的程度。

【例2】 4D12A压缩机Ⅳ级进气阀故障分析及改进

1. 存在问题

（1）气阀腐蚀严重。Ⅳ级进气阀结构见图8-2。

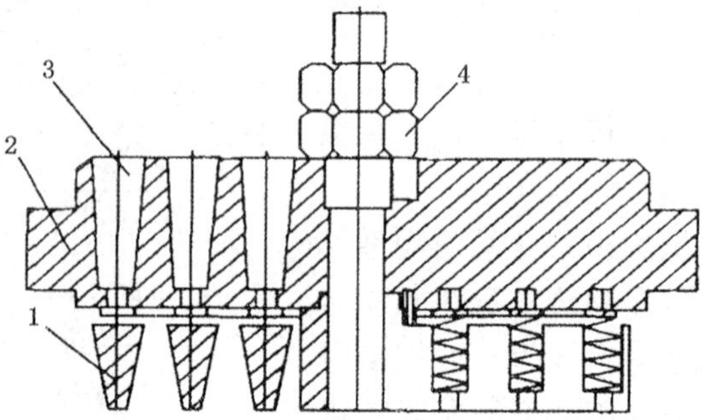

图8-2　Ⅳ级进气阀结构图

1—升程限制器；2—阀座；3—进气流道孔；4—联接螺栓、螺母

从拆下的气阀可以看出，气阀靠汽缸外侧的阀座表面腐蚀最严重，阀座外部突出的联接螺栓螺母几乎被完全腐蚀，进气流道孔内表面被腐蚀粗糙，有腐蚀坑槽，坑槽的走向与气流方向一致；靠近气阀中心线的内圆流道孔腐蚀较外圆流道孔严重。气阀在近汽缸内侧的升程限制器出现点蚀坑疤，越靠近汽缸内侧腐蚀越轻，升程限制器在汽缸内的一面基本无腐蚀。

（2）阀座碎裂，阀片寿命短。Ⅳ级进气阀在使用中，阀座经常碎裂，阀片断裂，造成3段超压严重，甚至把Ⅲ级出口压力表打翻，在检修时气阀碎块掉入油水分离器内增加了检修难度。

2. 原因分析

（1）耗氧腐蚀

压缩气体中含有少量的水分，经过级间冷却后在气阀表面凝结，形成一层水膜，气体中的CO_2溶于水膜发生化学反应，结果在气阀表面形成一层电解质溶液的薄膜，它与气阀中的铁元素和碳构成原电池的阳、阴极。压缩气体中的O_2溶于金属表面的水膜而发生电化学耗氧腐蚀，O_2是阴极去极剂，在这种弱酸性液膜中，其阴极上进行的离子化学反应为

$$O_2 + 4H^+ + 4e \longrightarrow 2H_2O$$

$$O_2 + 2H_2O + 4e \longrightarrow 4OH^-$$

阳极反应：　　$$2Fe - 4e \longrightarrow 2Fe^{2+}$$

生成红褐色腐蚀产物。由于气体对气阀表面液膜的扰动，使氧扩散到阴极更加容易，使之不断在阴极消耗，这样促使阳极金属不断溶解，即气阀受到持续的腐蚀。气阀升程限制器靠近缸内的一面由于缸内排气温度高，在金属表面很难形成液膜，耗氧腐蚀不易发生。

（2）湍流腐蚀

从被腐蚀的阀座形貌判断，在发生耗氧腐蚀的同时，阀座气体流道孔还受到湍流腐蚀的作用。这是由于压缩气体流速较大，气体在进入阀座上圆孔形流道时，流道面积、气流方向发生突变，从而使气体流速达到湍流状态，高速流体击穿了阀体表面紧贴金属表面几乎静态的边界液膜，并使液膜发生扰动。气体进入湍流区后，腐蚀速度随流速增大而迅速加大，由于阀座内圆流道孔的流道截面积小于外圆，所以内圆的气流速度较外圆大，故而内圆的流道孔腐蚀远大于外圆。

（3）设备结构的影响

从设备结构分析，二氧化碳压缩机在Ⅳ级入口加装了一个入口气体缓冲器，它极大的降低了气体的流速及压力脉动，从而使湍流腐蚀大大减弱，气阀腐蚀轻微，没装Ⅳ级入口缓冲器的3台二氧化碳压缩机的Ⅳ级进气阀遭到严重的腐蚀，所以设备结构流程也是影响气阀腐蚀的一个重要因素。

3. 改进措施

对于气阀存在的问题，我们采用了塑料网状气阀，该气阀有以下特点：

（1）气阀阀片为网状，材料为 PEEK（聚醚醚酮），此种材质的阀片磨合性好，在使用中与阀座有良好的密封性，阀片强度高，不易断裂；

（2）阀体材料为2Cr13，气阀表面强化处理，能够防止腐蚀；

（3）气阀弹簧材料选用进口 17—7ph 钢丝，这种材料抗疲劳能力、耐腐蚀能力强，有效地提高了气阀弹簧使用寿命；

（4）改进设备流程，在压缩机Ⅳ级入口加装缓冲器，降低气流脉动及气体流速，减缓湍流腐蚀的发生。此项工作将安排在机组大修时进行。

4. 效果

通过对气阀的改进，Ⅳ级入口气阀的寿命较以前有较大的提高，改造后的气阀经长时间的运行，未出现气阀腐蚀、阀体碎裂等故障，改进效果明显，减小了维修工作量，降低了维修费用。

8.2 示功图及阀片运动规律的测量与故障分析

8.2.1 压缩机示功图显示的故障

利用示功图形状变化，可以显示压缩机在结构设计、管道配置以及操作运行中的故障和问题。例如：测量压缩机的指示功率，气阀上的压力损失和功率损失，汽缸余隙容积的大小，气阀和管道截面积是否太小，气阀、活塞环、密封填料是否泄漏，气阀弹簧力过大或过小，以及阀片颤振、气流脉动等故障情况。故障的判别一般采用正常示功图与不正常示功图作对比的方式进行，并且要有一定的实践经验。

表8-10列出了几种典型示功图，图中虚线表示压缩机工作正常情况，实线为有故障情况，通过两者比较，判别压缩机的某些故障。表中对示功图的特点作了说明。

表 8－10　压缩机某些故障的示功图比较

故障原因及示功图形状	示功图特点	解决方法
1. 汽缸余隙容积过大 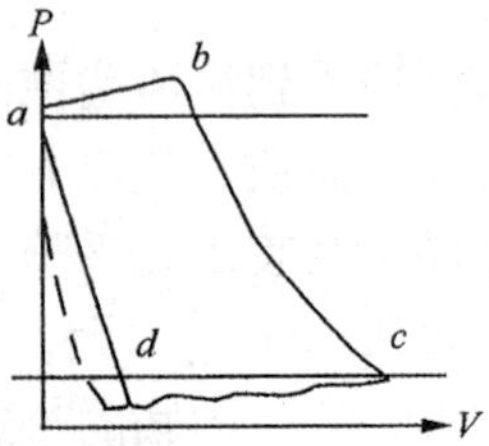	(1)膨胀线 $a-d$ 向右偏离正常位置 (2)吸气线 $d-c$ 比正常的短 (3) 示功图面积比正常的小	调整汽缸余隙尺寸
2. 吸气阀咬住 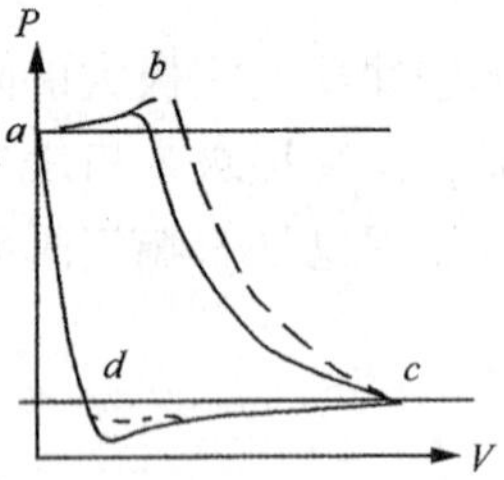	(1)开始吸气时卡住，吸气阀开启滞缓，d 点低于正常位置 (2) 吸气终了时卡住，吸气阀关闭滞缓，部分吸入的气体又回流回去，压缩线 $c-b$ 较正常位置左移 (3) 示功图面积比正常的小	拆开吸气阀，进行清洗、修理或更换
3. 排气阀咬住 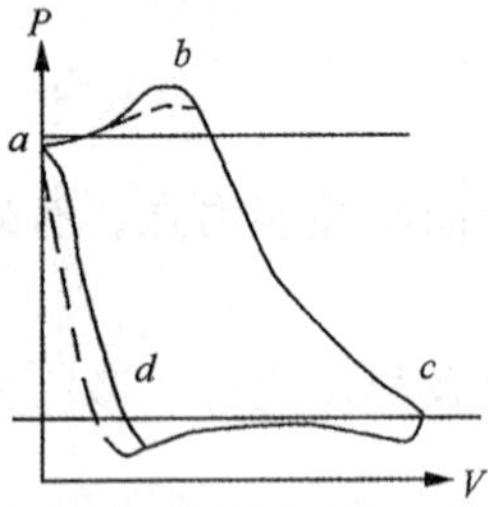	(1) 开始排气时卡住，排气阀开启滞缓，b 点高出正常位置 (2) 排气终了时卡住，排气阀关闭滞缓，部分排出气体又回流回来，膨胀线 $a-d$ 右移，偏离正常位置	拆开排气阀，进行清洗、修理或更换
4. 吸、排气阀不严密或活塞环漏气 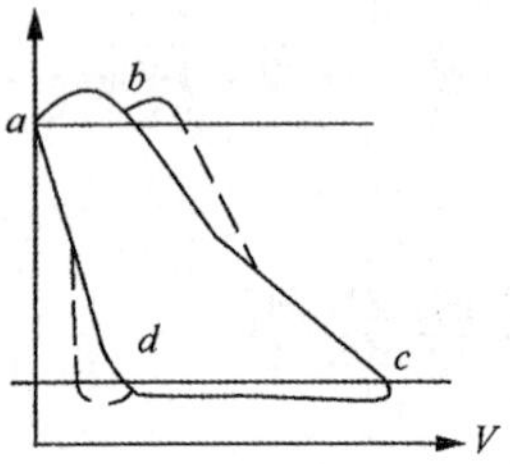	(1) 吸气阀不严密，压缩线 $c-b$ 左移，偏离正常位置，排气线$b-a$较正常的短 (2) 排气阀不严密，压缩气体从管道中返回汽缸吸气的一侧，膨胀线 $a-d$ 右移偏离正常位置；吸气线 $d-c$ 较正常的短 (3) 吸、排气阀不严密 (4) 活塞环漏气	清洗或更换吸、排气阀；清洗或更换活塞环
5. 排气阀阀片自阀座上跳开 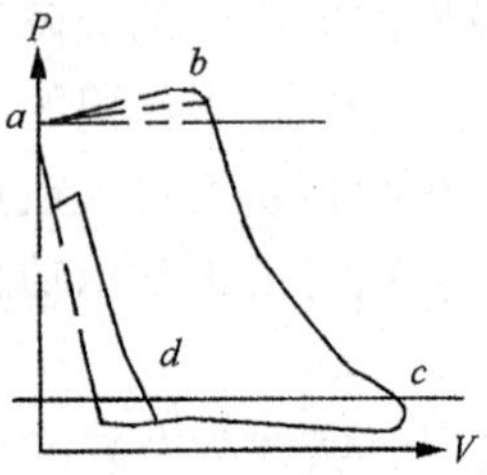	(1) 在膨胀过程中排气阀跳开，压力产生突变，膨胀线 $a-d$ 向上形成一小钩，且右移离开正常位置 (2) 由于排气阀跳开，压力没有排气阀片刚开启时的突变，排气开始时无正常的小凸出部分，排气线 $b-a$比正常位置略高，到排气终了时回复到正常位置，因而形成一条倾斜线 (3) 吸气线 $d-c$ 比正常的短，示功图面积也较正常的小	拆开排气阀，进行清洗或更换

续表

故障原因及示功图形状	示功图特点	解决方法
6. 吸气阀或吸气管通道截面积小 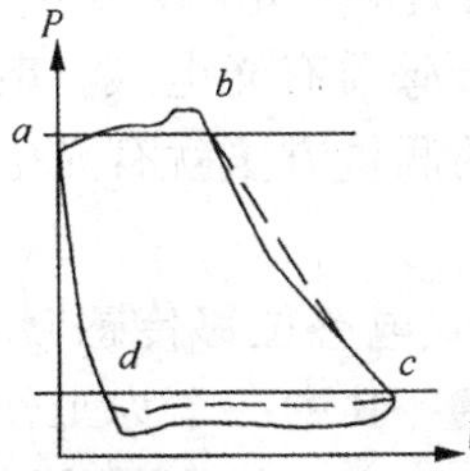	由于吸气时阻力大，吸气线 $d-c$ 较正常的低，且在吸气开始时形成两个大小不同的小凸出部分	清洗过滤器，检查吸气阀和吸气管路的通道面积
7. 排气阀或排气管道面积小 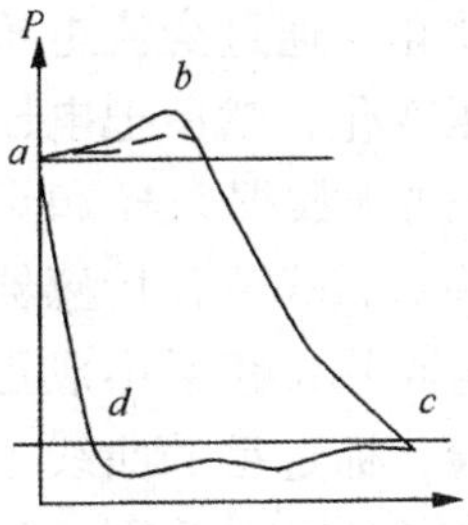	（1）由于排气时的阻力大，排气线 $b-a$ 较正常位置高，当排气终了时又回复到正常位置，于是形成一条逐渐向下倾斜的排气线 （2）示功图面积比正常的大	检查排气阀和排气管道的通道面积

图 8－3 显示了气阀工作情况的几个典型示功图。图(f)、图(g)、图(h)的吸、排气线呈多次波动状态，分别表示阀片发生颤振、阀片升程高度太高和气流压力脉动。三者情况有时较难区分，可以通过测量吸、排气腔或管道中的动态压力，把气流压力脉动情况区别开来。而阀片颤振情况与升程高度是有联系的，属于哪一类故障原因较难区分。

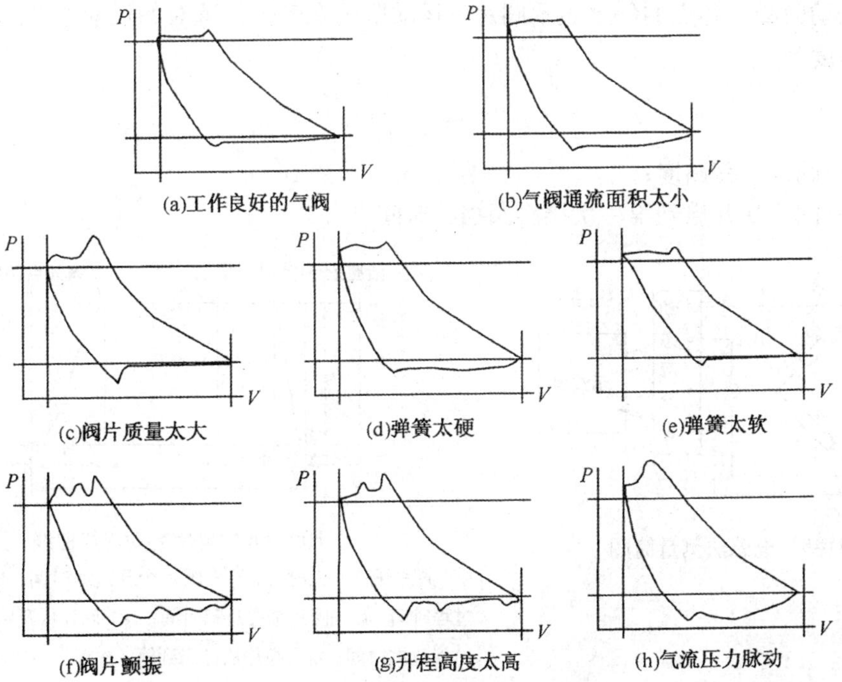

图 8－3　气阀某些故障的示功图形状

8.2.2 阀片运动规律曲线图

一、阀片运动规律曲线的测量

测定气阀阀片的运动规律，亦即测量阀片在离开阀座后的位移量随曲柄转角(或时间)之间的变化关系。阀片位移量的检测传感器有光电式、电感式、电容式和电阻式等。与之相应的测量方法就有光电法、电感法、电容法和电阻法等。

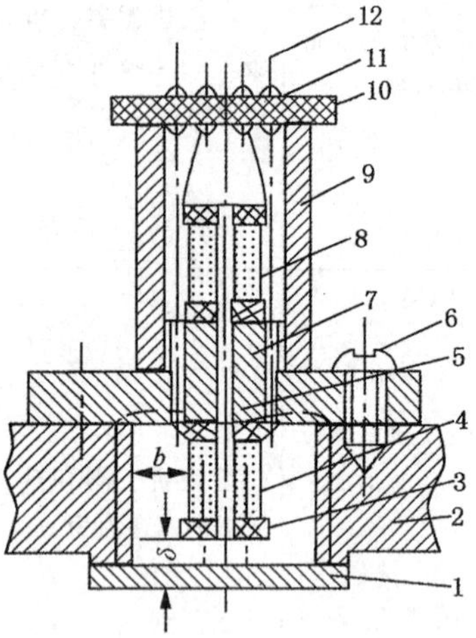

图 8－4 非接触式电位移传感器

1—阀片；2—阀座或升程限制器；3，10—绝缘板；4—工作线圈；5—线圈铁芯；6—安装螺钉；7—铁支架；8—补偿线圈；9—铁磁体外壳；11—引线铆钉；12—引线

图 8－4 为电感法测量中的非接触式电感位移传感器。其原理是在阀座或阀挡上装有电感线圈(其中一个为工作线圈，另一个为补偿线圈，用以补偿由温度引起的误差)。当阀片作开闭运动时，阀片与线圈之间产生相对位移，改变了线圈的磁通量，因而引起感抗的变化。通过交流电桥电路的调制，把电感量变化转换为电压变化，然后把电压的变化信号输入放大器，经过放大后进行数据采样和记录，便可得到阀片运动规律曲线。但是电感式位移传感器是非线性的，即直接输出的电压信号与阀片位移量不成正比，为此需用一偏心轮作静态标定试验，标定后的曲线才是真正的阀片位移量与时间或曲柄转角的变化关系图。传感器与动态应变仪配合使用时的交流电路如图 8－5 所示。图中 L_3 是工作线圈，L_4 是补偿线圈，用以补偿由温度引起的误差。R_1 和 R_2 是应变仪电桥盒内两个标准电阻。

图 8－6 为阀片的运动规律曲线，图中纵坐标为阀片的开启高度，横坐标为时间(也可表示为活塞行程)。

阀片运动曲线上各点的斜率表示阀片各运动阶段在各个位置时的运动速度。阀片开启过程的平均速度为

$$v_6 = \frac{h}{t_6}$$

式中 h——阀片升程高度；

t_6——阀片从开启到第一次接触阀挡的时间。

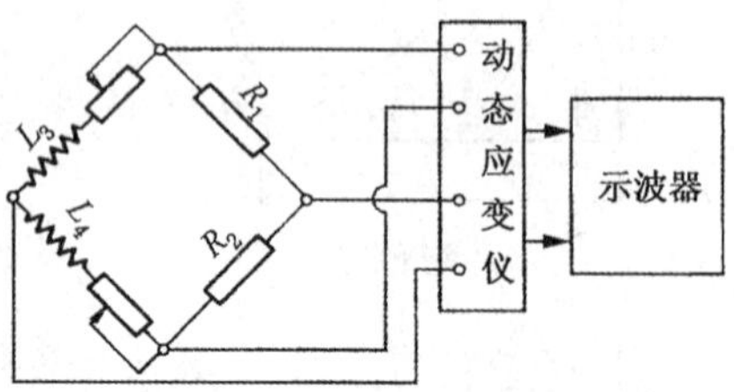

图 8－5 电感法测量简图

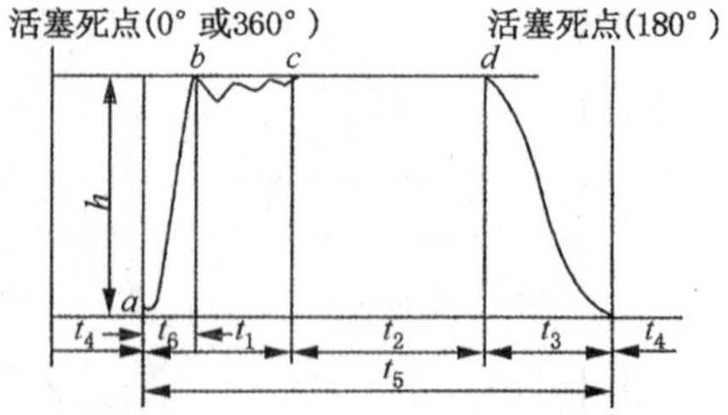

图 8－6 阀片运动规律曲线

t_1—阀片开启过程时间；t_2—阀片全开过程时间；t_3—阀片关闭过程时间；t_4—阀片全关过程时间；t_5—阀片从开启到关闭终了经过的时间；t_6—阀片从开启到第一次撞击阀挡之间的时间

阀片关闭过程的平均速度为

$$v_3 = \frac{h}{t_3}$$

式中　t_3——阀片关闭过程时间。

某一点的瞬时速度为

$$v = \frac{\Delta h}{\Delta t}$$

二、阀片运动规律曲线在故障诊断方面的作用

1. 判断阀片开闭是否及时

如果阀片滞后开闭或开闭时间过长，则可能的故障原因有以下几点。

（1）弹簧力不合适。

（2）阀座上带有过多的油水，对阀片产生黏着作用，使阀片开启和关闭均发生滞后。例如，有一台使用中的压缩机，它的三级吸气阀使用寿命特别低，经观察发现，二级油水分离器内的油水总是排不干净，而且液位经常很高，由于油水被气体带入三级缸，引起三级吸气阀损坏。后来在二级油水分离器上增添了一根排污管以后，分离器内液位迅速下降，三级吸气阀的使用寿命就有了明显提高。

（3）间隙通流面积太小，气流阻力太大。

（4）气流存在压力脉动。

2. 判断是否存在气流压力脉动

管路中或者压缩机吸、排气腔中存在气流压力脉动，将会增加压缩机的功率损失，降低效率，缩短气阀寿命。气流压力脉动在阀片运动规律曲线图上不仅表现为阀片开闭不及时，而且还出现大幅度的波动、高频率的颤振和多次开启现象。

3. 判断气阀流通截面大小

阀片运动曲线包围的面积表示气阀的实际通流能力，称为“时间－截面”。阀片运动曲线的“时间－截面”太小，表示气阀流通截面太小，气流阻力大，相应在气阀上的压力损失也大。

压缩机气阀的运动规律是汽缸内压力、管路压力、气阀弹簧力、阀片开启高度、阀片重量等综合因素作用的结果。因此综合研究分析各个作用力与气阀弹簧力及气阀运动的关系，有助于查找气阀故障的原因和选择合适的气阀弹簧。为了便于分析气阀中的一些故障问题，最好是把压缩机示功图上汽缸内的压力变化、管路内的压力变化以及阀片运动曲线画在同一张图上进行比较，有利于对几种典型故障作出判别。有关这方面的内容还需要作深入的研究工作。

8.3　压缩机的气流压力脉动与管道振动

往复式压缩机由于吸、排气的间断性会产生严重的气流脉动，由此而引起机组和管道振动所造成的故障是石油化工行业常见的。管道振动会使管道及与之相连的设备发生疲劳破坏，紧固件断裂、管道开裂、容器爆炸，同时也会造成压缩机损坏，危害极大。

管道系统振动破坏绝大多数是由于气流脉动引起的，对于这类振动可以从两方面解决：一是合理地设计管道系统；二是现场采取适当的措施，消除气流脉动。

8.3.1　气流压力脉动引起的故障分析

一、气流压力脉动

管道内气流的压力和速度呈周期性变化的现象称为气流脉动。压力脉动的大小是以压力的不均匀度 δ 所示的，如图 8－7 所示。

$$\delta = \frac{p_{max} - p_{min}}{p_0} = 2\frac{\Delta p}{p_0} \tag{8-1}$$

式中　p_{max}——最大压力；

p_{min}——最小压力；

p_0——平均压力；

Δp——压力脉动的最大幅值，$\Delta p = \frac{p_{max} - p_{min}}{2}$。

二、气流脉动引起管道振动的机理

气流脉动引起的管道振动可用图 8－8 来说明。当脉动的气流流经管道弯头时，流体向外的力总是作用在管的内壁，该力可以分解为两个大小相等的分力即

$$\vec{F}_1 = \vec{F}_2 = \frac{\pi}{4}d^2p \tag{8-2}$$

合力 $\vec{F}$ 的大小为

$$\vec{F} = 2\vec{F}_1\cos\frac{\theta}{2} = 2\times\frac{\pi}{4}d^2\cos\frac{\theta}{2} \tag{8-3}$$

式中　d——管道直径；

p——气体压力；

θ——管道弯曲角度。

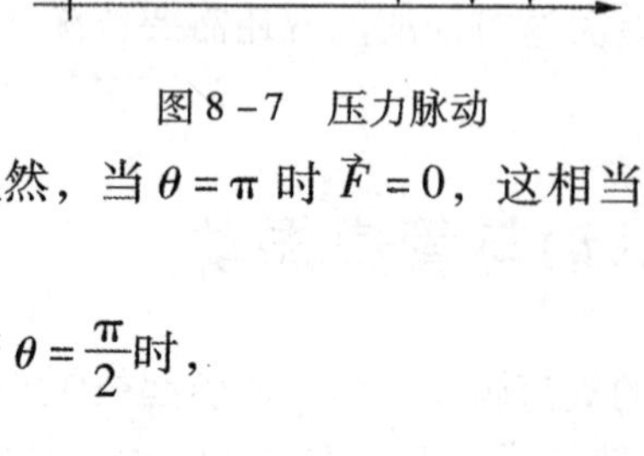

图 8－7　压力脉动

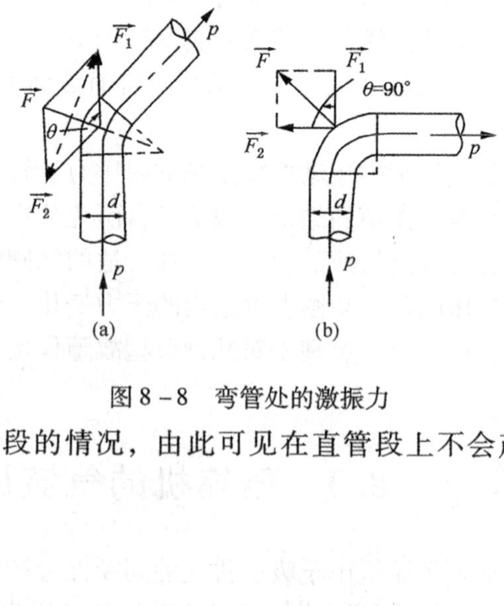

图 8－8　弯管处的激振力

显然，当 $\theta=\pi$ 时 $\vec{F}=0$，这相当于直管段的情况，由此可见在直管段上不会产生激振力。

当 $\theta=\frac{\pi}{2}$ 时，

$$\vec{F} = \frac{1}{4}\sqrt{2}\pi d^2p \tag{8-4}$$

由上式可知：

(1) 如果压力 p 是稳定的，则力 $\vec{F}$ 也是稳定的，仅引起管道的静变形；

（2）如果压力 p 是脉动的，设脉动幅度为 Δp，则

$$\vec{F} = \frac{1}{4}\sqrt{2}\pi d^2(p_0 + \Delta p)\cos\frac{\theta}{2}$$

$$= \frac{1}{4}\sqrt{2}\pi d^2 p_0\cos\frac{\theta}{2} + \frac{1}{4}\sqrt{2}\pi d^2\Delta p\cos\frac{\theta}{2} \quad (8-5)$$

式中的第一项为静力，第二项便为脉动激振力，在该激振力的作用力，管道会发生振动；

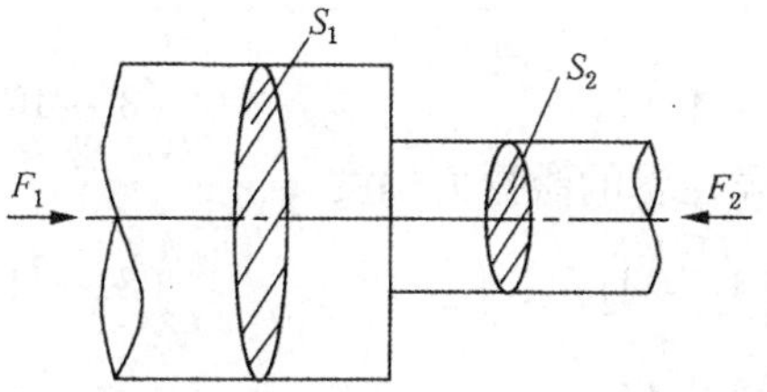

图 8-9　异径管处的激振力

（3）脉动激振为 $\Delta\vec{F}$ 为

$$\Delta\vec{F} = \frac{\sqrt{2}}{2}\times\frac{\pi}{4}d^2 p_0\delta \quad (8-6)$$

即脉动激振力 $\Delta\vec{F}$ 的大小与压力不均匀度成正比，δ 愈大，激振力愈大。当 $\Delta\vec{F}$ 超过一定值时，管道及连接部位在该力的激振下会发生强烈振动。

当脉动气流流经异径管时，同样会产生引起管道振动的激振力，如图 8-9 所示，力的大小计算公式推导过程与上述弯头受力情况类似。

三、气流压力脉动引起故障的原因

活塞式压缩机的气流压力脉动除了有可能会引起气柱共振之外，管道中的压力和速度波动，像波浪一样，在管道的转弯处、截面变化处和各种阀件、盲板处产生冲击作用，引起管道振动和噪声。此外，管道中压力脉动的波峰和波谷又会影响到气阀的不正常启闭，使压缩机排气量发生变化，增加压缩机的功率消耗和缩短阀片的工作寿命，下面分别对这几种情况进行分析。

1. 压力脉动引起管道振动

管道中的流体如果没有压力和速度波动，则流体对管道只有静力作用而无动力作用，并不会引起管道振动。但如果存在压力脉动，在管道中的流速和方向突变处，流体对管道的冲击力将可能是很大的，今以常见的管道冲击部位作力的分析。

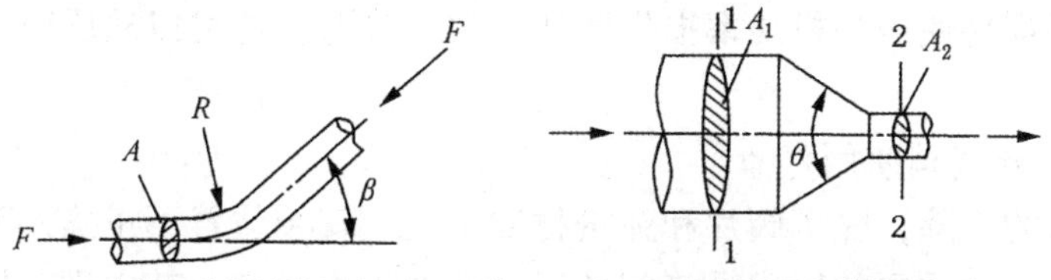

(a)弯管处的流体激振力　(b)异径管上的流体激振力

图 8-10　流体对管壁产生的激振力

（1）等截面管弯头。图 8-10(a)为一段等截面管弯头，如果管内流体是稳定流动的，则弯头两端的作用力均为 $F=p_0A$（p_0 为管内流体平均压力；$A=\frac{\pi}{4}d_0^2$，d_0 为管子内径），此两力的合力可由几何关系求得

$$R = 2p_0A\sin\frac{\beta}{2} \quad (8-7)$$

如果管内流体是脉动的，压力脉动的不均匀度为 δ，则压力脉动幅值

$$\Delta p = \frac{1}{2}\delta p_0 \quad (8-8)$$

流体对弯头发生冲击作用，冲击力的幅值

$$\Delta R = 2\Delta pA\sin\frac{\beta}{2} = \delta p_0 A\sin\frac{\beta}{2} \tag{8-9}$$

管道在 ΔR 冲击力作用下将发生振动。

(2) 异径管。图 8-10(b) 为一截面收缩管，设粗管的通流面积为 A_1，细管的通流面积为 A_2，流体在异径管两侧 1-1 和 2-2 截面上，向右推力为 p_0A_1，向左推力为 p_0A_2，两者合力 R 即为流体对异径管的作用力

$$R = p_0A_1 - p_0A_2 = p_0(A_1 - A_2) \tag{8-10}$$

当存在气流压力脉动时，与弯头情况类似，气流对异径管的激振力幅度

$$\Delta R = \Delta p(A_1 - A_2) = \frac{1}{2}\delta p_0(A_1 - A_2) \tag{8-11}$$

2. 压力脉动引起排气量、负载功率变化和压缩机效率下降

压缩机在吸气过程中吸入汽缸中的气体量取决于吸入行程终点的压力。当吸气管道中存在压力脉动时，吸入行程终点压力如果正好处于波峰状态，则吸入行程终点压力升高，吸入气量增多，因而排气量也增多；如果终点压力正好处于波谷状态，则会使排气量减少。

对于排气管内的压力脉动，在排气终了时如果处于压力的波峰状态，则排气阀关闭后，汽缸余隙内的气体由于压力较高，膨胀终了时占据较大的汽缸容积，降低了容积系数，减少了吸气量和排气量；如果排气终了压力处于波谷状态，则情况与此相反，残留在汽缸余隙中的气量减少，膨胀结束后使吸气阀提前开启。但是吸入气量的多少，要根据吸入行程终点压力来决定的。

管道中气体压力脉动对压缩机排气量、负载功率和效率影响有可能出现下列几种情况：

(1) 负载功率正常，排气量小于设计值；

(2) 排气量正常，负载功率比正常情况大；

(3) 排气量和负载功率都比正常情况大；

(4) 排气量和负载功率都比正常情况小。

上述几种情况都将使压缩机功率损失增加，效率降低，这可以从压缩机示功图上来分析其原因。

3. 压力脉动降低气阀使用寿命

气阀使用寿命的下降，除了阀片和弹簧材质不良、安装位置不正确，弹簧刚度和阀片升程高度不恰当之外，很重要的原因是气阀处于不良的工作状态，其中吸、排气管道中的气流压力脉动会对阀片使用寿命带来严重危害。

实验证明，压缩机在规定工况下运转时，汽缸、吸气腔、排气腔中的气体压力是在压力表指示的名义压力上下波动的，波动的幅度随吸气腔内压力的高低而变化。膨胀过程中吸气腔内产生第一个波峰，吸气过程中又会产生第二个波峰。当活塞处于吸气阀开启位置时，如果正遇上吸气腔内脉动压力的第一个波谷，则吸气阀将延迟开启；等到活塞移动到内止点时，第二个脉动压力峰正好到达吸气的终点位置，从而导致吸气阀的延迟关闭，此时汽缸内压力升高，气量增多，这就是“增压”现象。吸气增压虽然可使排气量增加，但是吸气阀却是处在不良的工作条件下，因为很快增长的反向压差作用在阀片上，使它以很大速度冲击阀座，阀片落在阀座上的平均速度由正常状态下的 0.2～0.5m/s 提高到 0.86m/s，这一冲击速度将大大降低阀片的使用寿命。

管道中的气体压力脉动还可能引起吸气阀的反复开启现象。因为吸气阀第一次开启时，吸入腔中产生的压力脉动波沿吸入管到达过滤器或缓冲器，然后又反射到吸入腔。当反射压力的正脉冲波到达吸气阀时，作用在气阀上的力可以克服阀片上的全部弹簧力，导致阀片的第二次开启。图 8－11 表示吸气阀的反复开启现象，该图是由阀片位移传感器接入示波器后测得的(即阀片运动规律测量方法)。测试参数为：压缩机转速 $n=400$r/min；阀片质量 $m=6.3$g；弹簧刚度 $K=0.658$kg/cm；吸气压力 $p_s=1.2$MPa(表压)；排气压力 $p_d=5$MPa(表压)。压缩机转速愈高，反复开启始点愈靠近内止点，这样，活塞反行程时阀片的冲击力就愈大。由于阀片的反复开启，不仅气流在气阀上的能量损失增加，而且阀片落在阀座上的速度由正常的 0.5～1m/s 提高到 2～4m/s，将大大降低阀片的使用寿命。气阀的反复开启使阀片运动曲线所包围的面积(即时间－截面)缩小，意味着气阀的实际通流能力减小，气流在阀上的压力降增大，能量损失增加。

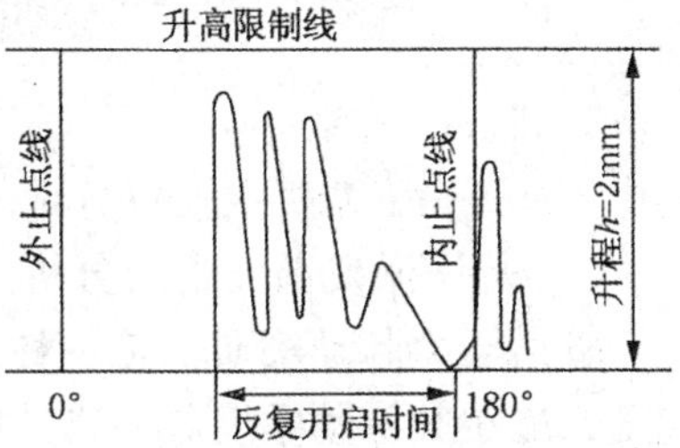

图 8－11　吸气阀反复开启波形图

在两级压缩机上，气阀工作条件以第二级吸气阀最恶劣，因为第一级排气的脉动压力波传到第二级吸气阀前，使第二级吸气阀延迟关闭，转速愈高，延迟关闭得愈多，在反向气流作用下，阀片以极大速度冲击到阀座上。为了消除这种不利于气阀的工作因素，可采取以下两种措施防止。

(1) 设计时应将相邻两级曲柄位置错开某一相位，不使第二级吸气阀关闭阶段对着第一级的排气压力高峰；

(2) 在级间设置适当容积的缓冲器，以降低压力脉动幅值。试验证明，级间配置容积适当的容器，可以明显降低第二级吸气阀落到阀座上的平均速度。

管道中气体压力脉动降低阀片使用寿命的另一种不利因素，是阀片弹簧系统的固有频率与气流脉动频率相接近时，气体的激发力使阀片产生机械共振。例如，压缩机阀片弹簧系统的共振频率一般为 20～100Hz，如果压缩机转速为 300r/min，由于管道设计不恰当，在接近压缩机的管道中形成了激发主频率的 4～20 阶谐波，此谐波频率就与阀片弹簧系统形成了共振。改变吸、排气管的长度，可以避开阀片弹簧系统的共振频率。

8.3.2　管道压力脉动的防治措施

为保证机组及管网系统的安全运行，除了加固管道、增加约束外，还应将管道压力的不均匀度限制在一定的范围。

表 8－11 是根据实际经验总结出的对置式压缩机的压力不均匀度许用值 δ，供参考。

表 8－11　对置式压缩机压力不均匀度许用值 δ

p/MPa	<0.5	0.50～10.0	10～20	20～50
δ/%	2.8	2～6	2～5	2～4

尼米兹推荐用下述经验公式计算压力不均匀度的许用值 δ：

$$\delta = \frac{224.5}{\sqrt{p_0 d f}} \tag{8-12}$$

式中　p_0——管网内气体平均压力，MPa；

d——管道内径，mm；

f——脉动频率，Hz。脉动频率了由下式给出：

$$f = \frac{mn}{60} \tag{8-13}$$

式中　m——压缩机主轴每分钟的转数；

n——激发谐波量的分析阶数，$n=1$，2，3，…。

管道压力脉动实质上是一种周期性的气流冲击波浪，消减压力脉动就是消减压力的不均匀度，减小其脉动幅度。通常的防治措施是在管路系统中加装各种类型的消振器，例如缓冲器、声学滤波器、孔板等。当然，管道中气流压力的不均匀度首先与激发源有关，在多缸压缩机中，缸体的布置方式和各缸曲柄的错角位置将会直接影响到压力波的波长和波动的均匀性，下面具体分述管道压力脉动的各种防治措施及其基本原理。

1. 采用合理的吸排气顺序

多缸压缩机吸、排气时，管道中气流脉动程度是与各缸气阀的开启时间长短和彼此的相位差联系在一起的。气阀开启时间长短与压比有关，而开启的相位差，取决于汽缸的结构与曲柄错角的位置。

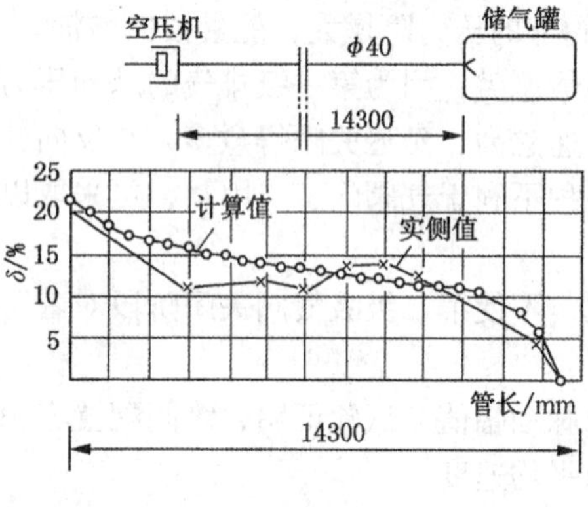

图 8-12　压力不均匀度 δ 沿相等截面管长分布

2. 装设缓冲器

气流压力脉动在等截面管道中传播，其压力不均匀度沿管长衰减量很小。图 8-12 表示一台单作用压缩机压力不均匀度沿管长的分布情况。这种沿管长近乎不变的压力不均匀度分布是十分不利的，当遇到弯头或截面变化时，就会对管道产生较大的激振力。为此，必须在靠近气流脉动的发源处——压缩机汽缸的地方，安装消振器（缓冲器或滤波器），使气流经消振器后脉动幅度变得较小，这种消振器还能降低排气或吸气期间气体对阀件冲击所造成的损失和管道内的阻力损失。

缓冲器实际上是个蓄能器，它像水库那样能够起到调节能量的作用。当上游处在压力波的峰值时，由于气体的弹性作用，压力波进入缓冲器后压缩其中气体，压力波的动能变为缓冲器内气体被压缩后的弹性势能。而当上游处在压力波的波谷时，缓冲器内压缩气体膨胀，势能变为动能，弥补了管道内瞬时压力的下降。这样，通过能量转换，缓冲器就等于一个气体弹簧，起到对振源的隔振作用，从而把出缓冲器后的压力脉动峰值降低了很多。

3. 装设声学滤波器

声学滤波器的消振作用是根据谐波分析中的声学滤波原理设计的。按傅里叶变换原理，任一周期性变化波形，均可分解为不同频率的谐波，因此，周期性变化的压力波形也可以分解为一系列不同频率的谐波。不同形式的滤波元件，气流能够通过和消减的谐波频率是不相同的。

常见的滤波元件有两类：一类是圆孔型滤波元件；另一类是容积型（或称膨胀型）滤波元件。圆孔型滤波元件是在管壁上开有很多小孔，它对低频压力波有很好的反射作用，使其沿主管道不透射，对低频波的抑制作用较强，但不能反射高频压力波。容积型滤波元件是在压缩机主管道上跨接一个容器，它的作用与圆孔型滤波元件相反，对高频波具有较强的抑制作用，但不能反射低频压力波。

8.3.3 管道的共振及其防治措施

一、管道共振的原因

压缩机的管道振动，除了上述气流压力脉动引起气柱共振原因之外，还有一个不能忽视的方面，那就是任何一种激振力(例如气流脉动冲击力，压缩机往复运动时的不平衡惯性力，转轴对中不良时的机械脉动力等)都能激发管道的振动，其中脉动流体在管道的转弯、变截面、阀门、盲管等处冲击产生的管道振动最为常见。管道系统根据配管情况、支承类型、支承位置以及边界条件不同，也有自己的一系列固有频率，如果激振力的主频率与管系固有频率一致，虽然激振力并不很大，但会激起很强的管道振动。

某些配管不适当的个别情况，会发生激发频率、气柱固有频率和管系固有频率同时重合或接近，则将使气柱共振和管系共振同时出现，管道振动将十分激烈，从而可能使设备或管道带来严重的损伤事故。

诊断管道共振的方法，可从两方面做工作：一是用测试方法，把连接压缩机的几段管线，用激振器激振或敲击的方法测其自振频率，观察测得的自振频率是否与压力脉动频率、压缩机往复惯性力和旋转惯性力等激振频率相一致，判断是否存在共振；二是采用计算方法，计算管道的固有频率，计算方法虽然由于假定支承条件的差别，会对计算结果带来一些误差，但是对预估或变更配管要求方面能起到一定的指导作用。

二、管道共振的防治措施

1. 改变支承条件

一般采用增加支承点、加固支承或在管路上附加质量的方法，改变管道的固有频率，使其远离激振频率。对于复杂的管道系统，固有频率很多，而且间隔很小，很难使管系脱离各阶共振区，但是高阶共振振幅因为幅值较小，故不必考虑，只要避开管系基频或低阶共振频率就可以了。

支承刚度大小是影响管道固有频率的重要因素。支承刚度越高，管系的固有频率值越高，反之固有频率值越低。所以支承的结构应做成刚度大而质量要小，管道和支承间力求采用刚性连接。

采用增加支承的方法只适用于管道振动是由共振引起的情况。否则盲目采用，有时反而会增加管道中的应力，加速管子的破裂。

2. 采用动力减振器

动力减振器是在管道上附加一个质量为 m、刚度为 k 的弹簧质量系统(见图 8－13)，并使之满足

$$\frac{k}{m}=\frac{K}{M} \qquad (8-14)$$

式中　M——管道的主质量；

K——管道的主刚度。

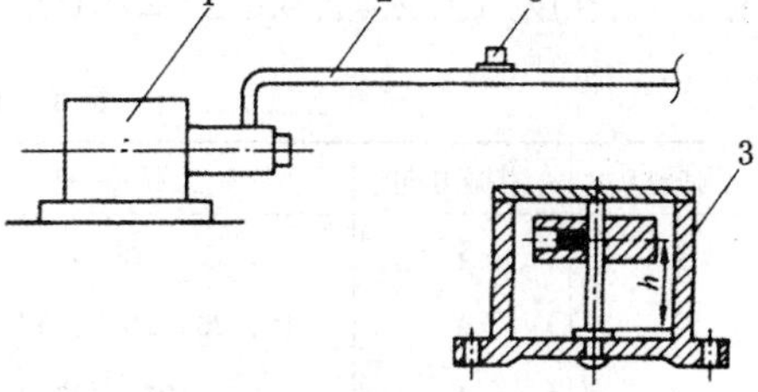

图 8－13　动力减振器示意

1—压缩机；2—管道；3—动力减振器

上式表明减振器的振动频率等于管道的固有频率，则由动力减振器产生的力恰好同激振力的大小相等而方向相反，使主振动系统不再振动，而动力减振器则振动不止，它好象把管道主振动系统的振

动吸收过来一样，达到消除管道机械共振的目的。

动力减振器分为有阻尼和无阻尼两类，有阻尼的动力减振器当阻尼调节在最佳状态下，能在一个较宽的频率范围内得到最好的减振效果。

8.3.4 管道振动故障的诊断实例

【例1】 空分装置2D8－17/45－Ⅱ型压缩机是无油润滑、二列对称平衡、四级压缩的空气压缩机。自投用以来，因管道结构设计上的不合理，其四级出口管道振动非常剧烈，在满负荷时，最大振动处的振动超过2mm。

该压缩机工作状况如下：

吸气压力：0.1MPa；

吸气温度：<38℃；

排气压力：4.51MPa；

排气温度：<146℃；

排气量：17m^3/min（吸入状态）；

活塞行程：240mm；

转速：375r/min；

连杆长：600mm；

四级活塞行程死隙：3.0mm。

1. 振动原因分析

（1）四级出口管道直径校核

根据入口压力、入口流量、入口温度、出口压力、出口温度，利用热力学 $p_1V_1/T_1=p_2V_2/T_2$，可求出出口流量为0.542m^3/min，根据出口流量及气体在管道内的平均流速（中压 V＝8～15m/s），求得允许管道内径为28～38mm，现用管道直径为89mm，满足要求。因此振动不是由于管道直径不够所引起的。

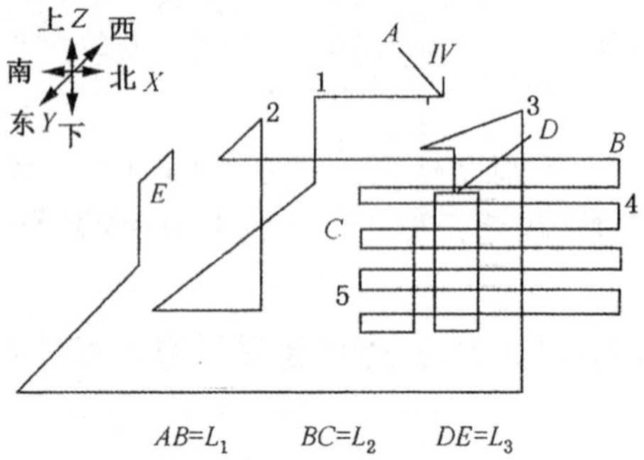

图8－14 四级出口管道结构示意图

（2）管道固有频率及振动的测试

四级出口管道结构示意见图8－14。

图8－14中5个测点处所测得的管道固有频率值见表8－12，5个测点处所测的振动值见表8－13，振动值超标严重。通过压力表显示四级出口压力在2.9～3.2MPa之间波动，因此压力脉动(3.2－2.9)/[(3.2＋2.9)/2]＝0.098，大于许用值0.02～0.06。

表8－12 管道固有频率测试值

测振点	测振方向	频率/Hz	测振点	测振方向	频率/Hz
1	Y	68.3	4	Z	20，26.7
2	X	15，20，26.7，53.3，60	5	Y	16.7，30，36.7，41.7，51.7
3	X	105，113.3			

表 8-13　各点在 X，Y，Z 方向上的振动值　　mm

项　目	1	2	3	4	5
X	0.408	0.839	0.968	0.760	0.333
Y	0.642	0.579	0.557	0.787	1.041
Z	1.267	1.228	0.073	0.650	0.225

（3）气流脉动频率

管路单元示意图见图 8-15。

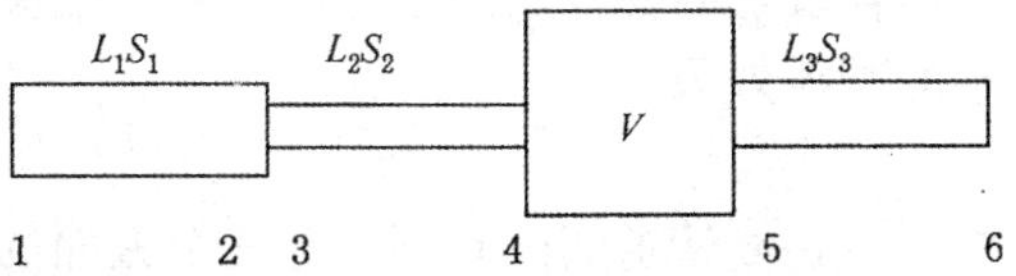

图 8-15　管路单元简图

经测试 $L_1=14.1$m；$L_2=28.85$m；$L_3=21.6$m；$S_1=0.005\text{m}^2$；$S_2=0.013\text{m}^2$；$S_3=0.002\text{m}^2$；$V=0.022\text{m}^3$。

经编程计算气流脉动频率见表 8-14。

表 8-14　气流脉动频率

阶　次	f_1	f_2	f_3	f_4	f_5	f_6	f_7	f_8
频率/Hz	1.19	3.62	7.84	11.10	13.61	16.49	20.27	23.36

（4）激振频率

$f=n/60=375/60=6.25$Hz；12.5Hz(2 倍)；18.75Hz(3 倍)。

比较三者频率可以看出，激发频率的 2、3 阶与管道固有频率的前 3 阶及气流脉动频率有第 4，6，7 阶处于共振区($0.8\sim1.2f$)内，因此造成振动的原因是气柱共振和管道共振，主振频率在激振频率的二倍频的共振区(10～15Hz)内，其中以气柱共振为主。

2. 解决方案

因激发频率和气流脉动频率较低，比较各点的管道固有频率可以看出，支承较好的 1，3 点管道固有频率较高，支承较差的 2、4 点管道固有频率较低。因此须改善 *AB* 段管道支承，使其管道固有频率提高以避开激振频率。同时因该段管道弯头较多，四级出口到冷却器前就有 8 个 90°弯头，且曲率半径较小，当压力脉动较大时引起的激振力就很大，故四级出口应有一定的缓冲能力，由四级汽缸行程容积、压力比、多方指数、余隙容积及连杆行程比，求出缓冲容积为汽缸行程容积的 35 倍。四级汽缸行程容积为 0.0045m^3，因此缓冲容积应为 0.16m^3。该段管道的容积为 0.044m^3，不能起到缓冲作用，因该段管道已经较粗，满足对出口管径的要求，且该段管道弯头较多，通过加粗管道消除压力脉动不能很好地减少激振力的影响，同时管径的变化对气流脉动频率影响不大。为消减压力脉动，同时也为改变气流脉动频率，需在四级出口处设一缓冲器，缓冲器容积为 0.16m^3。

加上缓冲器后的管道单元示意图见图8-16。

$L_1=2.1$m；$L_2=6.65$m；$L_3=28.85$m；$L_4=21.6$m；$V_1=0.16\text{m}^3$；$S_1=50\text{cm}^2$；$S_2=50\text{cm}^2$；$S_3=130\text{cm}^2$；$S_4=20\text{cm}^2$；$V_2=0.022\text{m}^3$。

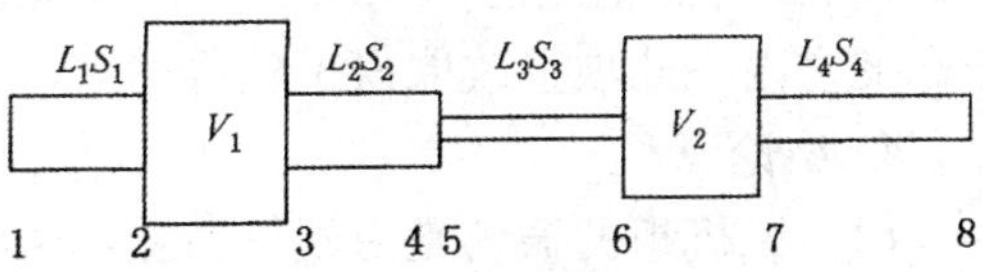

图 8-16　改进后管道单元简图

经计算加上缓冲器后的气流脉动频率见表8－15。

表8－15　加上缓冲器后的气流脉动频率

阶　次	f_1	f_2	f_3	f_4	f_5	f_6	f_7	f_8
频率/Hz	0.72	3.34	6.92	9.39	11.18	15.12	20.13	21.17

加上缓冲器后的气流脉动频率的4、5阶仍在主振频率的范围内，因此仍有一定的气柱共振，但加上缓冲器后气流平稳使压力脉动减小，激振力降低，因此虽有一定的气柱共振，但振动不会很大，且加上缓冲器及加固支撑后的管道固有频率也应提高，应能避开一定的管道共振，故该方案具有一定的减振效果。

3. 消振效果

考虑到设计、安全、维修及提高管道的固有频率等几个方面的因素，将缓冲器的容积扩大到1.5m^3，并把2点处的管道与冷却器焊到一起，提高刚性，加上缓冲器后的管道单元示意图见图8－16，$V_1=1.5m^3$，经计算加上缓冲器后的气流脉动频率见表8－16。

表8－16　实际加上缓冲器后的气流脉动频率

阶　次	f_1	f_2	f_3	f_4	f_5	f_6	f_7	f_8
频率/Hz	1.74	4.52	8.62	10.15	14.26	15.36	20.72	22.32

加上缓冲器后，5个测点处管道固有频率测试值见表8－17，所测的振动值表见8－18，通过压力表显示四级出口压力为2.97MPa，看不到指针波动，因此压力脉动很小，在许用范围之内。

表8－17　管道固有频率测试值

测振点	测振方向	频率/Hz	测振点	测振方向	频率/Hz
1	*Y*	210，215	4	*Z*	95，105
2	*X*	95，105	5	*Y*	95，105
3	*X*	105，120			

表8－18　各点在*X*，*Y*，*Z*方向上的振动值　　mm

项　目	1	2	3	4	5
X	0.112	0.036	0.020	0.030	0.005
Y	0.135	0.098	0.132	0.129	0.075
Z	0.059	0.084	0.007	0.075	0.032

通过表8－18与表8－13对比可以看出，加上缓冲器后，管道的固有频率有很大的提高，这样避开了管道共振，通过表8－16与表8－14对比，气流脉动频率有一定提高，较好地避开了激发频率，因此避开大部分气柱共振，通过表8－17与表8－12对比可以看出加上缓冲器后，由于避开了管道与气柱共振，因此振动值有很大的降低，最多降到原来的1/60，最大处振动值为0.135mm，在要求的管道振动振幅的许用值之内，压力脉动也由原来的0.098降到许用值之内。该压缩机管道通过上述方法的改造后，四级出口管道振动值一直处于标准之内，此项整改取得了较好的效果。

4. 结论

（1）该机组的振动是由气柱共振与管道共振共同引起的，以气柱共振为主。

（2）因四级出口管道缓冲能力不足，因此在四级出口处加装一缓冲器，以改变气流脉动频率及提高管道固有频率，避开气柱共振及管道共振。并把2点处的管道与冷却器焊到一起，以提高刚性。

（3）经改造后，气流脉动频率有一定的改善，管道固有频率大幅度的提高，这样改善了气柱共振，消除了管道共振。振动最多降为原值的1/60，最大振动值为0.135mm，满足要求。

【例2】 往复式空压机出口管线振动的改进

往复式空压机是制氮供风系统的关键设备，然而压缩机出口管线振动往往会导致管道和支架的疲劳破坏，甚至影响装置的安全生产。引起管线振动的主要原因有以下几个方面：

（1）由于设计或现场配管不合理而引起系统的共振；

（2）管系结构的稳定性不好或支承点稳定性不良；

（3）机组配管与管架之间没有采取缓振措施；

（4）受机组机体振动的影响。

本例对往复式空压机出口管线振动的原因作了简要的分析，并提出了相应的改进措施。

沈阳压缩机厂生产的5L－16/50－I型无油润滑往复式空气压缩机，主要用于150m³/h制氮设备中，它将空气由大气压状态压缩到3.43MPa（表压），送入空气分离塔制取氧气。空压机为三级压缩。

管线l可视为一端为闭端，另一端为开端的管道，其一阶气柱共振管长按下式计算：

$$l = (0.8 \sim 1.2) \cdot \frac{1}{4} \cdot \frac{a}{f_{ex}}$$

式中　a——气体声速；

f_{ex}——激发主频率。

激发主频率按下式计算：

$$f_{ex} = \frac{Nn}{60} i$$

式中　N——压缩机曲轴转速，428rpm；

n——简谐阶数，$n=1$ 称主简谐；

i——每一转中吸气或排气数。

$$f_{ex} = 428/60 \times 1 \times 1 = 7.13\text{Hz}$$

管道中气体声速：

$$a = \sqrt{KgRT} = [1.4 \times 9.8 \times 29.3 \times (273 + 160)]^{\frac{1}{2}}$$
$$= 417.2(\text{m/s})$$

一阶共振管长：

$$l_1 = (0.8 \sim 1.2) \times \frac{417.2}{4 \times 7.13}$$
$$= 11.7 \sim 17.5(\text{m})$$

实际管长$l=9$m，不在一阶共振管长范围之内。由此可见，三级出口管线的振动不是由共振引起的。根据现场振动视察情况，把管沟盖板揭开，结果发现，在较长的出口管线上只有一处是刚性支承，而机组机体并不振动。由此可以断定，引起三级出口管线振动的主要原因是管线支承及固定结构不合理。

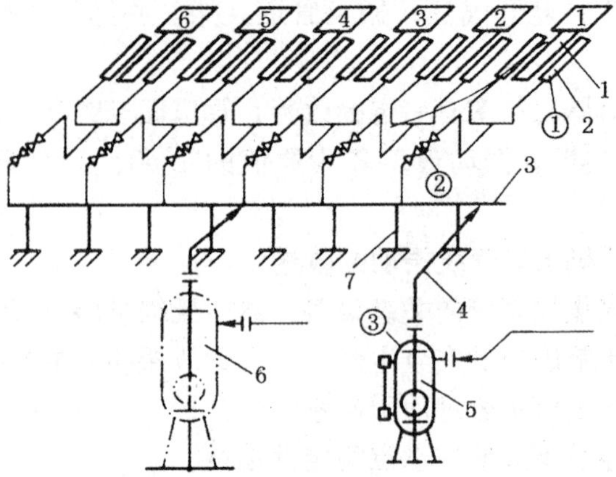

图 8－17　压缩机吸气管网布置

1—压缩机；2—吸气缓冲器；3—吸气总管；4—分离器出口管；

5—气液分离器；6—重新安装后的气液分离器；7—总管支撑架

改进措施为：

（1）增加支承点数，在较长的直管段和管线拐弯处均加上支承并固定；

（2）在管线与支承之间增加起缓振作用的弹性元件。

三级出口管线振动主要是管线支承及固定结构不合理造成的。采取相应的改进措施之后，从根本上消除了空压机三级出口管线的振动，从而有力的保证了安全生产。

【例 3】 某炼油厂的加氢压缩机房有 6 台氢气往复式压缩机，其进气管路布置如图 8－17。其中 1、2 压缩机的进气压力为 2MPa，排气压力为 9.3MPa。2 台压缩机运转时发现气液分离器 5 产生很大的振动，振幅高达500～600μm振动方向主要是在分离器出口管 4 的气流上方。

用压力传感器和应变仪测得①②③处压力不均匀度，① 处为 $\delta_1=(2.6\sim2.7)\%$，② 处为 $\delta_2=(1.7\sim2.8)\%$，③ 处为 $\delta_3=(1.0\sim1.95)\%$。从实际情况来看，压力不均匀度并不大，在一般要求范围内，但气液分离器和吸气管线的波动范围很大。对脉动信号进行频率分析，测点②和测点③的频谱图如图 8－18 所示。图中横坐标为转速频率的倍数，因为压缩机为双作用，对称平衡式结构，因此在图中显示二倍频成分有最大幅值，其余为转速频率及其谐波成分。

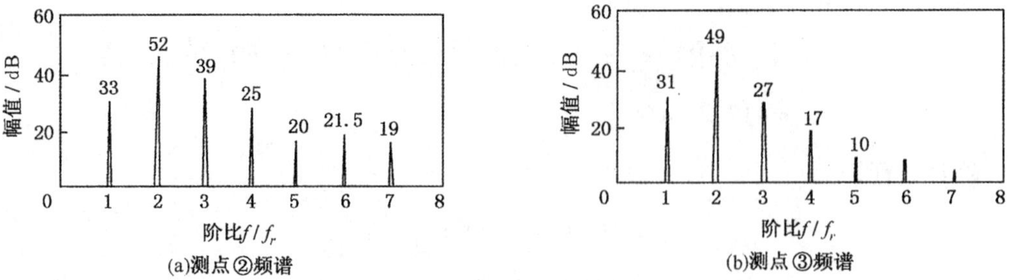

图 8－18　压力脉动信号频谱

分析该机组进气管线和气液分离器产生很大振动的原因，主要有以下几点：

（1）管道支承不合适。气液分离器出口管 4（ϕ219mm）与吸气总管 3（ϕ350mm）的起始端垂直相接，由于存在管 4 对管 3 在垂直转弯处的气流冲击（其激励力约在 500 ~ 1000N 之间），而下方又无固定支承，因此进气总管靠近起始端的振幅最大，往左振幅逐渐减弱，显然与此处无支承有关；

（2）气液分离器底部虽用 3 个钢角支承，但是支承仍显得薄弱；

（3）气液分离器的壳体振动和罐内的气流压力脉动显示间歇性的时高时低现象。这是由于多台压缩机同时工作，压缩机吸入的气体由同一个吸气总管汇集。当几台同步吸、排气时，气流压力脉动幅度增大，管网振动显得强烈。当异步吸、排气时，气流脉动减弱，管网振动趋缓。

鉴于上述诊断结果，采取的治理措施如下：

（1）加大气液分离器的容积，进一步减小分离器内的压力脉动；

（2）将气液分离器的位置由图中原来靠近进气总管右侧的起始端移至中间位置，这样布置可使气液分离器进入吸气总管的气流压力分布比较均匀，同时也改善了支承情况；

（3）加强气液分离器的底部支承情况。

采取上述措施后，压缩机的进气管线和气液分离器的明显振动消失了。

第9章 齿轮的故障诊断

齿轮箱是许多机械的变速传动部件。齿轮箱的运行是否正常对整台机器或机组的工作有较大影响。设计不当，制造不良和维护、操作不善是引起齿轮箱故障的主要原因。因此，提高齿轮箱运行的可靠性就要提高运行维护水平，对齿轮箱做运行状态的监测，进行故障诊断。表9-1列出了齿轮箱失效的主要原因及失效比重。表9-2列举了齿轮箱中各类零件损坏的百分比。其中，齿轮本身的失效占60%。说明在齿轮箱中，齿轮本身的制造和装配质量及其维护是保证齿轮正常运行的关键。齿轮的故障诊断有许多方法，如振动诊断、噪声分析、油液分析、声发射和温度及能耗检测等。

表9-1 齿轮箱失效原因及失效比重 %

失效原因		失效比重	
齿轮箱缺陷	设计	12	40
	装配	9	
	制造	8	
	材料	7	
	修理	4	
运行缺陷	维护	24	43
	操作	19	
相邻部件(联轴器，电动机)缺陷		17	

表9-2 齿轮箱的失效零件及失效比重

失效零件	失效比重/%	失效零件	失效比重/%
齿轮	60	箱体	7
轴承	19	紧固件	3
轴	10	密封件	1

9.1 齿轮的常见故障及原因

9.1.1 齿轮的常见故障

齿轮由于结构型式、材料与热处理、操作运行环境与条件等因素不同，发生故障的形式也不同，常见的齿轮故障有以下几类形式。

1. 齿面磨损

润滑油不足或油质不清洁会造成齿面磨粒磨损，使齿廓改变，侧隙加大，以至由于齿轮过度减薄导致断齿。一般情况下，只有在润滑油中夹杂有磨粒时，才会在运行中引起齿面磨粒磨损。

2. 齿面胶合和擦伤

对于重载和高速齿轮的传动，齿面工作区温度很高，一旦润滑条件不良，齿面间的油膜便会消失，一个齿面的金属会熔焊在与之啮合的另一个齿面上，在齿面上形成垂直于节线的划痕状胶合。新齿轮未经磨合便投入使用时，常在某一局部产生这种现象，使齿轮擦伤。

3. 齿面接触疲劳

齿轮在实际啮合过程中，既有相对滚动，又有相对滑动，而且相对滑动的摩擦力在节点两侧的方向相反，从而产生脉动载荷。载荷和脉动力的作用使齿轮表面层深处产生脉动循环变化的剪应力，当这种剪应力超过齿轮材料的疲劳极限时，接触表面将产生疲劳裂纹，随着裂纹的扩展，最终使齿面剥落小片金属，在齿面上形成小坑，称之为点蚀。当“点蚀”扩大连成片时，形成齿面上金属块剥落。此外，材质不均匀或局部擦伤，也容易在某一齿上首先出现接触疲劳，产生剥落。

4. 弯曲疲劳与断齿

在运行过程中承受载荷的轮齿，如同悬臂梁，其根部受到脉冲循环的弯曲应力作用最大，当这种周期性应力超过齿轮材料的疲劳极限时，会在根部产生裂纹，并逐步扩展，当剩余部分无法承受传动载荷时就会发生断齿现象。齿轮由于工作中严重的冲击、偏载以及材质不均匀也可能会引起断齿。断齿和点蚀是齿轮故障的主要形式。

齿轮故障还可分为局部故障和分布故障。局部故障集中在一个或几个齿上，而分布故障则在齿轮各个轮齿上都有体现。

9.1.2 齿轮故障的原因

产生上述齿轮故障的原因较多，但从大量故障的分析统计结果来看，主要原因有以下几个方面。

1. 制造误差

齿轮制造误差主要有偏心、齿距偏差和齿形误差等。

偏心是指齿轮(一般为旋转体)的几何中心和旋转中心不重合，如图 9－1 中的小齿轮。齿距偏差是指齿轮的实际齿距与公称齿距有较大误差，如图 9－1 中的大齿轮。而齿形误差是指渐开线齿廓有误差，如图 9－2 所示。

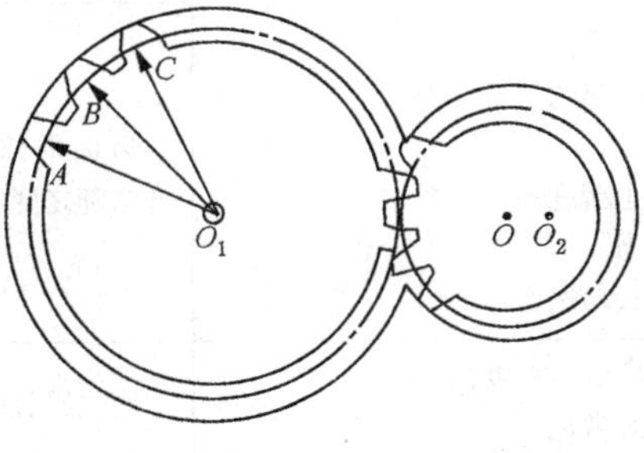

图 9－1 齿轮偏心和齿距误差

O—小齿轮中心；O_2—小齿轮旋转中心

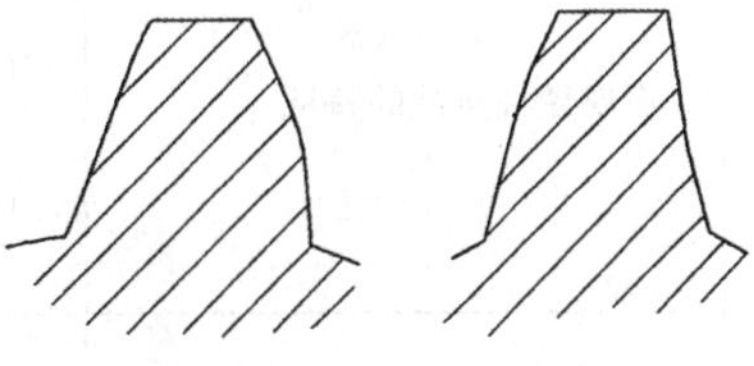

(a)正常 (b)异常

图 9－2 齿形误差

2. 装配不良

齿轮装配不当会造成工作状态劣化。如图 9－3(a)所示，当一对互相啮合的齿轮轴不平行时，会在齿宽方向只有一端接触，或者出现齿轮的直线性偏差等，使齿轮所承受的载荷在齿宽方向不均匀，不能平稳地传递动扭矩。如图 9－3(b)这种情况称为“一端接触”，会使齿的局部承受过大的载荷，有可能造成断齿。

3. 润滑不良

对于高速重载齿轮，润滑不良会导致齿面局部过热，造成色变、胶合等故障。导致润滑不良的原因是多方面的，除了油路堵塞、喷油孔堵塞外，润滑油中进水、润滑油变质、油温过高等都会造成齿面润滑不良。

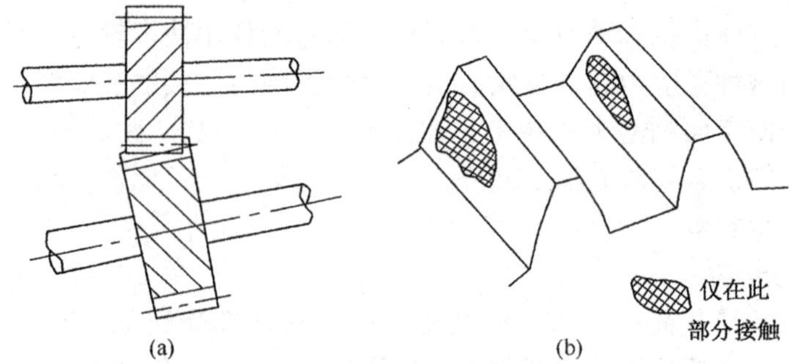

图 9－3　两齿轮轴不平行导致的啮合不良

4. 超载

对于工作负荷不平稳的齿轮驱动装置(例如矿石破碎机、采掘机等)，经常会出现过载现象，如果没有适当的保护措施，就会造成轮齿过载断裂，或者长期过载导致大量轮齿根部疲劳裂纹、断裂。

5. 操作失误

操作失误通常包括缺油、超载、长期超速等，都会造成齿轮损伤、损坏。

9.1.3　齿轮损伤形式及原因

根据上述分析，结合大量故障损坏实例，表 9－3 列出了齿轮常见的损坏形式及产生原因。

表 9－3　齿轮常见损伤形式及其产生的原因

损伤形式	损 伤 特 征	损 伤 原 因	损 伤 结 果
齿面烧伤	有腐蚀性点蚀的特征	(1) 齿面剧烈磨损 (2) 由磨损引起的局部高温 (3) 齿隙不足 (4) 齿面加工精度达不到要求 (5) 润滑不当 (6) 超负荷，超速运行	齿面局部软化，疲劳寿命随之降低
变　色	齿面有变色现象	(1) 齿面硬度低，温度高 (2) 润滑状态劣化	产生胶合的前兆
初期点蚀	发生在齿轮节线附近的齿根表面上，具有点蚀形貌	(1) 齿面局部凸起，局部承受较大负荷 (2) 受交变应力作用	对齿轮损坏影响不大
破坏性点蚀	蚀点尺寸大，齿形被破坏	(1) 由于局部点蚀，引起动态负荷加大 (2) 齿面硬度低 (3) 光洁度低 (4) 润滑油不良	蚀坑往往成为疲劳源，最终导致轮齿疲劳断裂
剥　落	凹坑比破坏性点蚀大而深，断面较为光滑，多发生在齿顶或齿端部	(1) 齿轮的表层和次层缺陷 (2) 热处理产生过大的内应力	产生范围较大的齿面疲劳损坏

续表

损伤形式	损伤特征	损伤原因	损伤结果
滚扎和锤击	齿顶或齿端部产生飞边或齿顶揉圆，主动轮在齿面节线附近出现凹坑，从动轮产生凸起	(1) 受冲击负荷作用 (2) 啮合不良致使齿面屈服和变形 (3) 齿面硬度低 (4) 润滑不良	通常在齿面上产生，局部完全被破坏，然后轮齿其余部分产生严重的塑性变形，进而齿轮报废
中等磨损	主动轮发生在齿顶，从动轮发生在齿根	(1) 齿轮承受过高载荷 (2) 润滑不良	使用寿命降低，噪声变大
破坏性磨损	工作恶化，齿形改变	(1) 齿轮啮合节圆的滑动受阻 (2) 润滑不良	可能导致点蚀和塑性变形，寿命显著降低
磨料磨损	齿面滑动方向上出现彼此独立的沟纹	(1) 外界的微粒进入轮齿啮合面 (2) 润滑油过滤网损坏	使用寿命降低，条件进一步劣化
胶合撕伤	沿齿面的滑动方向形成沟槽，在齿根和节线附近被挖成凹坑，使齿形破坏	(1) 负荷集中于局部的接触齿面上 (2) 油膜破坏 (3) 单位接触负荷过大	导致齿轮早期损坏
干涉磨损	主动齿轮的齿根被挖伤，从动齿轮顶严重破坏	(1) 设计，制造不当 (2) 组装不良	噪声增大，最终导致一对啮合齿轮完全报废
腐蚀磨损	在齿面上产生腐蚀斑点	(1) 由于空气中的潮湿气体，酸或碱性物质造成润滑油的污染 (2) 润滑油中的极压剂添加不当	降低使用寿命
剥　片	小而薄的金属片从齿面剥下，严重时可在润滑油中看到大量的金属剥片	(1) 齿面硬化层过薄或心部硬度低 (2) 热处理工艺不当	噪声增大，导致齿轮损坏
波　纹	齿面产生波纹状损伤，以渗碳的双曲线小齿轮最为常见	(1) 润滑不当 (2) 高频振动及滑动摩擦促使齿面屈服	噪声增大
隆　起	通常以横贯齿面的斜线或隆起的形式出现，也有像鲱鱼背脊或鱼尾的形状，常见于渗碳的双曲线小齿轮或青铜齿轮	(1) 负荷过大 (2) 润滑不良	产生塑性变形，若齿面加工硬化不良，齿面会完全破坏
疲劳断裂	部分齿轮或整齿折断，在断面上可见一连串的贝壳状轮廓线，在其中心有一个清晰的“眼”	(1) 设计不当 (2) 负荷过大 (3) 组装不良，偏载 (4) 轮齿表层下的缺陷引起应力集中	引起齿轮早期损坏，报废
过载断裂	硬、脆材料断口为丝状，韧性材料断口模糊，纤维状材料断口呈撕拉状	(1) 组装不当，负荷集中于轮齿一端 (2) 突然停止或换向 (3) 轴承损坏，轴弯曲或啮合面咬死，冲击过载	瞬发性严重故障，齿轮报废
淬火裂纹	沿齿顶或齿根的径向发生，轮齿端部有时也有不规则裂纹	(1) 热处理不当 (2) 齿根曲率半径过小 (3) 加工过程中刀具在齿根残留有痕迹	疲劳源，会引起疲劳断裂
磨屑裂纹	裂纹形如网状	(1) 磨削不当 (2) 热处理不当	疲劳源，会引起疲劳断裂
裂　痕	齿面在滑动方向出现断裂的裂纹或呈田垄状的外观	(1) 局部接触应力集中 (2) 油膜破坏	降低使用寿命，增加噪声

9.2 齿轮的振动机理

9.2.1 齿轮振动分析

若以一对齿轮作为研究对象，忽略齿面上摩擦力的影响，则其力学模型如图9-4所示，其振动方程为

$$M_r \ddot{x} + C\dot{x} + K(t)x = K(t)E_1 + K(t)E_2(t) \tag{9-1}$$

式中 x——沿作用线上齿轮的相对位移；

C——齿轮啮合阻尼；

$K(t)$——齿轮啮合刚度；

M_r——齿轮副的等效质量，$M_r = m_1 \cdot m_2/(m_1 + m_2)$；

E_1——齿轮受载后的平均静弹性变形；

$E_2(t)$——齿轮的误差和异常造成的两个齿轮间的相对位移(亦称故障函数)。

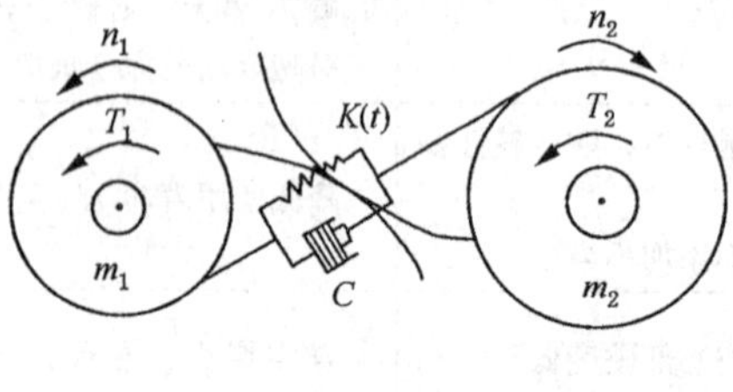

图9-4 齿轮副力学模型

由式(9-1)可见，齿轮在无异常的理想情况下亦存在振动，且其振源来自两部分；一部分为$K(t) \cdot E_1$，它与齿轮的误差和故障无关，称为常规啮合振动；另一部分为$K(t) \cdot E_2(t)$，它取决于齿轮的啮合刚度$K(t)$和故障函数$E_2(t)$。啮合刚度$K(t)$为周期性的变量，可以说齿轮的振动主要是由$K(t)$的这种周期变化引起的。

$K(t)$的变化可由两点来说明，一是随着啮合点位置的变化，参加啮合的单一轮齿的刚度发生了变化；二是随参加啮合的齿数在变化。

每当一个轮齿开始进入啮合到下一个轮齿进入啮合，齿轮的啮合刚度就变化一次。变化曲线如图9-5所示。可见直齿轮刚度变化较为陡峭，斜齿轮或人字齿轮刚度变化较为平缓。

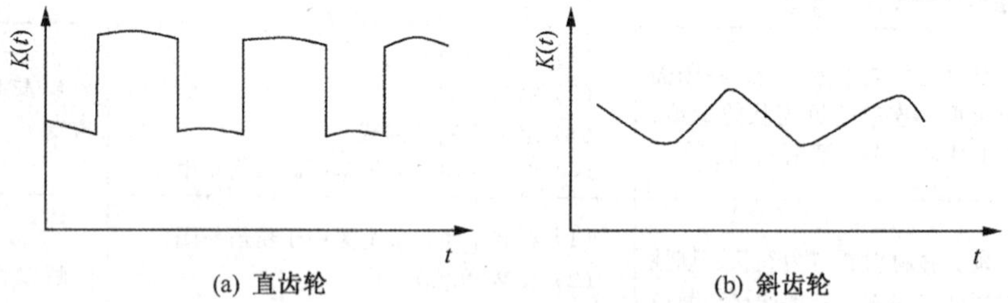

图9-5 啮合刚度变化曲线

若齿轮副主动轮转速为n_1，齿数为z_1，从动轮相应为n_2，z_2，则齿轮啮合刚度的变化频率(啮合频率)及它们的谐频为

$$f_c = Nf_1z_1 = Nf_2z_2 = N\frac{n_1}{60} \cdot z_1 = N\frac{n_2}{60} \cdot z_2 (N = 1,2,3\cdots) \tag{9-2}$$

齿轮处于正常或异常状态下，啮合频率振动成分及其谐波总是存在的，但两种状态下的振动水平是有差异的。从此意义上讲，根据齿轮振动信号啮合频率及其谐波成分诊断故障是可行的。但仅是这些还不够，因为故障对振动信号的影响是多方面的，这就是后面提出的

幅值调制、频率调制以及其他振动成分问题。

下面首先讨论齿轮产生的几种振动机理。

1. 轮齿的啮合振动

众所周知，在齿轮传动过程中，每个轮齿周期地进入和退出啮合。对于直齿圆柱齿轮，其啮合区分为单齿啮合区和双齿啮合区，在单齿啮合区内，全部载荷由一对齿副承担；当一旦进入双齿啮合区，则载荷分别由两对齿副按其啮合刚度的大小分别承担(啮合刚度是指啮合齿副在其啮合点处抵抗挠曲变形和接触变形的能力)。很显然，在单、双齿啮合区的交变位置，每对齿副所承受的载荷将发生突变，这必将激发齿轮的振动；同时，在传动过程中，每个轮齿的啮合点均从齿根向齿顶(主动齿轮)或从齿顶向齿根(从动齿轮)逐渐移动，由于啮合点沿齿高方向不断变化，各啮合点处齿副的啮合刚度也随之改变，相当于变刚度弹簧，这也是齿轮产生振动的一个原因。此外，由于轮齿的受载变形，其基节发生变化，在轮齿进入啮合和退出啮合时，将产生啮入冲击和啮出冲击，这更加剧了齿轮的振动。综上所述，在齿轮啮合过程中，由于单、双齿啮合区的交替变换、轮齿啮合刚度的周期性变化，以及啮入啮出冲击，即使齿轮系统制造得绝对准确，也会产生振动，这种振动是以每齿啮合为基本频率进行的，该频率称为啮合频率f_m，其计算公式如下：

$$f_m = \frac{Z_1 N_1}{60} = \frac{Z_2 N_2}{60} \tag{9-3}$$

式中　Z_1、Z_2——主、从动齿轮的齿数；

N_1、N_2——主、从动齿轮的转速，r/min。

对于斜齿圆柱齿轮，产生啮合振动的原因与直齿圆柱齿轮基本相同，但由于同时啮合的齿数较多，传动较平稳，所产生的啮合振动的幅值相对较低。

2. 齿轮的制造和装配误差引起振动

齿轮在制造过程中，由于机床、刀具、夹具、齿坯等方面的误差，以及操作不当、工艺不良等原因，均会使齿轮产生各种加工误差，如齿距累积误差、基节偏差、齿形误差、齿向误差等；在装配过程中，由于箱体、轴等零件的加工误差、装配不当等因素，也会使齿轮传动精度恶化。上述误差将对齿轮的运动准确性、传动平稳性和载荷分布的均匀性产生影响，引起齿轮在传动过程中产生旋转频率的振动和啮合振动。

3. 齿轮在使用过程中出现损伤引起振动

齿轮由于制造误差、装配不良或在不适当的运行条件(载荷、润滑状态等)下使用时，会使齿轮产生各种损伤，常见的损伤形式有：

(1) 磨损。是广义的磨损概念，但主要指磨粒磨损、粘着磨损和由此引起的擦伤和胶合。

(2) 表面疲劳。包括初期点蚀、破坏性点蚀和最终剥落。

(3) 塑性变形。包括压痕、起皱、隆起和犁沟等。

(4) 断裂。齿轮最严重的损伤形式，常常因此而造成停机。据其原因，可将断裂分为疲劳折断、磨损折断、过载折断等，其中疲劳折断最为常见，它是由于承受超过材料疲劳极限的反复弯曲应力而发生的。通常首先沿受力侧齿根角内部产生裂纹，此后逐渐沿齿根或向斜上方发展而致折断。折断的断面一般呈成串的贝壳状轮廓线，其中可以见到比较光滑部分的汇聚点。有的淬火裂纹和磨削裂纹也会成为疲劳折断的起因。

(5) 气蚀。主要由于润滑油中析出的气泡被压溃破裂，产生瞬时冲击力和高温，使齿面产生冲蚀麻点。

(6) 电蚀。由于电气设备传导至啮合齿廓的漏电流，产生火花放电，侵蚀齿面，产生电弧坑点。

4. 冲击载荷引起的自由衰减振动

上述各种因素在引起齿轮强迫振动的同时，还经常产生周期的冲击载荷。由于冲击脉冲具有较宽的频谱，容易激发起齿轮系统按其相关的固有频率作自由衰减振动，这也是研究齿轮振动应该考虑的一个重要问题。

9.2.2 幅值调制与频率调制

齿轮振动信号的调制现象中包含有很多故障信息，所以研究信号调制对齿轮故障诊断是非常重要的。从频域上看，信号调制的结果是使齿轮啮合频率周围出现边频带成分。信号调制可分为两种：幅值调制和频率调制。

1. 幅值调制

幅值调制是由于齿面载荷波动对振动幅值的影响而造成的。比较典型的例子是齿轮的偏心使齿轮啮合时一边紧一边松，从而产生载荷波动，使振幅按此规律周期性地变化。齿轮的加工误差(例如节距不匀)及齿轮故障使齿轮在啮合中产生短暂的“加载”和“卸载”效应，也会产生幅值调制。在齿轮信号中，啮合频率成分通常是载波成分，齿轮轴旋转频率成分通常是调制波成分。

若 $x_c(t)=A\sin(2\pi f_c t+\varphi)$ 为齿轮啮合振动信号，$a(t)=1+B\cos 2\pi f_z t$ 为齿轮轴的转频振动信号，则调幅后的振动信号为

$$x_c(t) = A(1 + B\cos 2\pi f_z t)\sin(2\pi f_c t + \varphi) \tag{9-4}$$

式中 A——为振幅；

B——幅值调制指数；

f_z——调制频率，它等于齿轮的旋转频率。

上述调制信号在频域可表示为

$$|x(f)| = A\delta(f-f_c) + \frac{1}{2}AB\delta(f-f_c-f_z) + \frac{1}{2}AB\delta(f-f_c+f_z) \tag{9-5}$$

由此可见，调制后的信号中，除原来的啮合频率分量外，增加了一对分量(f_c+f_z)和(f_c-f_z)，它们是以f_c为中心，以f_z为间距对称分布于两侧，所以称为边频带，如图 9-6 所示。

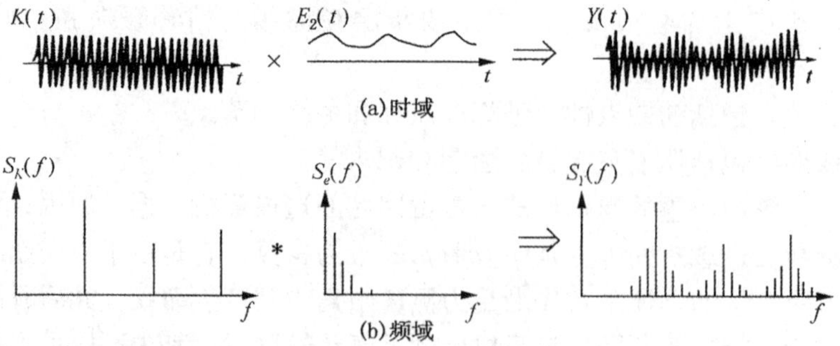

图 9-6 齿轮频谱上边频带的形成

对于实际的齿轮振动信号，载波信号、调制信号都不是单一频率的，一般来说都是周期函数。由式(9-1)可知，一般情况下，$K(t)E_2(t)$可以反映由故障而产生的幅值调制。设

$$Y(t) = K(t)E_2(t) \tag{9-6}$$

则$K(t)$为载波信号，它包含有齿轮啮合频率及其倍频成分，$E_2(t)$为调幅信号，反映齿轮的误差和故障情况。由于齿轮周而复始地运转，所以齿轮每转一圈，$E_2(t)$就变化一次，$E_2(t)$包含齿轮轴旋转频率及其倍频成分。

在时域上，
$$Y(t) = K(t)E_2(t) \tag{9-7}$$

在频域上，
$$S_Y(f) = S_K(f) \times S_E(f) \tag{9-8}$$

式中，$S_Y(f)$，$S_K(f)$和$S_E(f)$分别为$Y(t)$，$K(t)$和$E_2(t)$的频谱。由于在时域上载波信号$K(t)$和调幅信号$E_2(t)$为相乘，在频域上调制的效果相当于它们的幅值频谱的卷积。即近似于一组频率间隔较大的脉冲函数和一组频率间隔较小的脉冲函数的卷积，从而在频谱上形成若干组围绕啮合频率及其倍频成分两侧的边频族。

由此可以较好地解释齿轮集中缺陷和分布缺陷产生的边频的区别。图9-7(a)为齿轮存在局部缺陷时的振动波形及频谱。这时相当于齿轮的振动受到一个短脉冲的调制，脉冲长度等于齿轮的旋转周期。由此形成的边频带数量多且均匀。

图9-7(b)为齿轮存在分布缺陷的情形。由于分布缺陷所产生的幅值调制较为平缓，由此形成的边频带比较高而且窄。并且，齿轮上的缺陷分布越均匀，频谱上的边频带就越高、越集中。

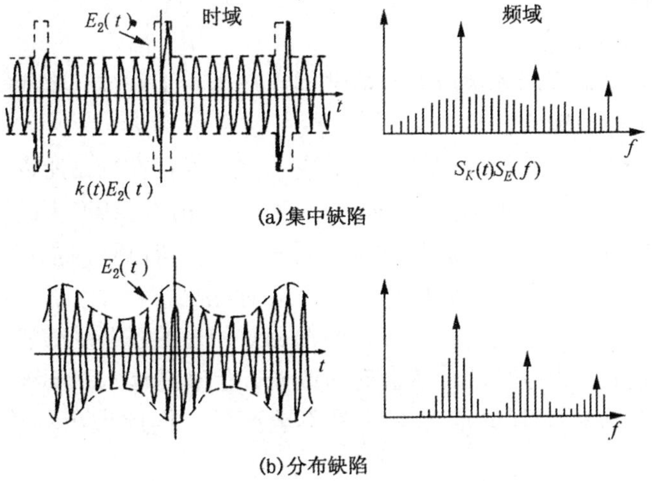

图9-7　齿轮缺陷分布对边频带的影响

2. 频率调制

齿轮载荷不均匀、齿距不均匀及故障造成的载荷波动，除了对振动幅值产生影响外，同时也必然产生扭矩波动，使齿轮转速产生波动。这种波动表现在振动上即为频率调制(也可以认为是相位调制)。对于齿轮传动，任何导致产生幅值调制的因素也同时会导致频率调制，两种调制总是同时存在的。对于质量较小的齿轮副，频率调制现象尤为突出。

频率调制即使在载波信号和调制信号均为单一频率成分的情况下，也会形成很多边频成分。若载波信号为$A\sin(2\pi f_c t+\varphi)$，调制信号为$\beta\sin(2\pi f_z t)$，则频率调制后的信号为

$$f(t) = A\sin[2\pi f_c t + \beta\sin(2\pi f_z t) + \varphi] \quad (9-9)$$

式中 A——振幅；

f_c——载波振率；

f_z——调制频率；

β——调制指数，等于由调制产生的最大相位移；

φ——初相角。

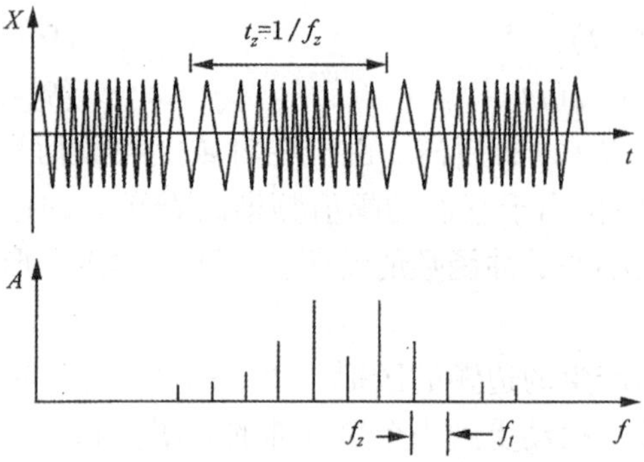

图 9-8　频率调制及其边带

上式可以用贝塞尔(Besser)函数展开，得到调频信号的特性。调频的振动信号包含有无限多个频率分量，并以啮合频率 f_c 为中心，以调制频率 f_z 为间隔形成无限多对的调制边带(图 9-8)。

相位调制具有和频率调制相同的效果。事实上，所有的相位调制也可以看作频率调制，反之亦然。

对于齿轮振动信号而言，频率调制的原因主要是由于齿轮啮合刚度、齿轮加工误差和故障的影响而产生了相位变化，这种相位变化会由于齿轮的旋转而具有周期性。因此在齿轮信号频率调制中，载波函数和调制函数均为一般周期函数，均包含基频及其各阶倍频成分。调制结果是在各阶啮合频率两侧形成一系列边频带。边频的间隔为齿轮轴的旋转频率 f_z，边频族的形状主要取决于调制指数 β。

3. 齿轮振动信号调制特点

齿轮振动信号的频率调制和幅值调制的共同点在于：①载波频率相等；②边带频率对应相等；③边带对称于载波频率。

在实际的齿轮系统中，调幅效应和调频效应总是同时存在的，所以，频谱上的边频成分为两种调制的叠加。虽然这两种调制中的任何一种单独作用时所产生的边频都是对称于载波频率的，但两者叠加时，由于边频成分具有不同的相位，所以是向量相加。叠加后有的边频幅值增加了，有的反而下降了，这就破坏了原有的对称性。

边频具有不稳定性。幅值调制与频率调制的相对相位关系会受随机因素影响而变化，所以在同样的调制指数下，边频带的形状会有所改变，但其总体水平不变。因此在齿轮故障诊断中，只监测某几个边频得到的信息往往是不全面的，据此做出的诊断结论有时是不可靠的。

9.2.3　齿轮振动的其他成分

齿轮振动信号中除了存在啮合频率、边频成分外，还存在有其他振动成分，为了有效地识别齿轮故障，需要对这些成分加以识别和区分。

1. 附加脉冲

齿轮信号的调制所产生的信号大体上都是对称于零电平的。但由于附加脉冲的影响，实际上测到的信号不一定对称于零线。附加脉冲是直接叠加在齿轮的常规振动上，而不是以调制的形式出现，在时域上比较容易区分，如图 9-9 所示。

在频域上，附加脉冲和调制效应也很容易区分。调制在谱上产生一系列边频成分，这些边频以啮合频率及其谐频为中心，而附加脉冲是齿轮旋转频率的低次谐波。

产生附加脉冲的主要原因有齿轮动平衡不良，对中不良和机械松动等。附加脉冲不一定与齿轮本身缺陷直接有关。附加脉冲的影响一般不会超出低频段，即在啮合频率以下。

齿轮的严重局部故障，如严重剥落、断齿等也会产生附加脉冲。此时在低频段上表现为齿轮旋转频率及其谐频成分的增加。

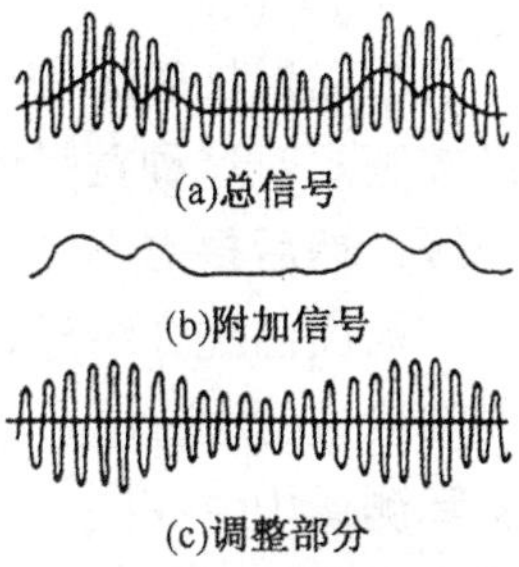

图 9-9　将齿轮箱振动信号分解出附加脉冲

2. 隐含谱线

隐含谱线是功率谱上的一种频率分量，产生的原因是由于加工过程中带来的周期性缺陷。滚齿机工作台的分度蜗轮蜗杆及齿轮的误差。隐含谱线具有如下特点。

(1) 隐含谱线一般对应于某个分度蜗轮的整齿数，因此，必然表现为一个特定旋转频率的谐波。

(2) 隐含谱线是由几何误差产生的，齿轮工作载荷对它影响很小，随着齿轮的跑合和磨损它会逐渐降低。

3. 轴承振动

由于测量齿轮振动时测点位置通常都选在轴承座上，测得的信号中必然会包含有轴承振动的成分。正常轴承的振动水平明显低于齿轮振动，一般要小一个数量级，所以在齿轮振动频率范围内，轴承振动的频率成分很不明显。滑动轴承的振动信号往往在低频段，即旋转频率及其低次谐波频率范围内可以找到其特征频率成分。而滚动轴承特征频率范围比齿轮要宽，所以，滚动轴承的诊断不宜在齿轮振动范围内进行，而应在高频段或采用其他方法进行。

当滚动轴承出现严重故障时，在齿轮振动频段内可能会出现较为明显的特征频率成分。这些成分有时单独出现，有时表现为与齿轮振动成分交叉调制，出现和频与差频成分，和频与差频会随其基本成分的改变而改变。

9.3　齿轮的振动测量与简易诊断

9.3.1　齿轮的振动测量

前面已经介绍，齿轮振动的频带很宽，而且低频和高频振动中均包含有诊断各种异常振动非常有用的信息，因此对齿轮振动的测量要求比一般机械的振动测量要高。在对齿轮振动进行测量时，应重点注意如下几个问题。

1. 测点选择

实际进行齿轮振动测量时，传感器的安装位置(测点)不同，所得到的测定值会有较大的差异。因此，最好的办法是对各测点做出标记，以保证每次测定的部位不变。另外，还应注意测定部位的表面应是光滑洁净的，避免脏物对振动传递造成衰减。

齿轮发生的异常是各种各样的，发生最大振动的方向也各不相同，因此一般应尽可能地沿水平、垂直和轴向 3 个方向进行测定。

2. 测量参数

齿轮发生的振动中，包含有固有频率、齿轮轴的旋转频率及轮齿啮合频率等成分，其频带较宽。对这种宽带频率成分的振动进行监测与诊断时，一般情况下应将所测的振动按频带分级，然后根据不同的频率范围选择相应的测量参数。

前面已经介绍过，对于低频段进行测量时，一般选用位移传感器和振动位移参数；对于中频段进行测量时，一般选用速度型传感器和振动速度参数；对于高频段进行测量时，一般实际测量中，在同一测点位安装两种或两种以上传感器是不利的，通常在进行振动测定时选用加速度传感器，再通过积分电路转换成所需的测量参数。

3. 传感器的安装方法

加速度传感器可测定频率范围较宽的振动，它最终能测定的范围取决于安装方法。关于加速度传感器的安装方法，参见相关资料。

4. 测定周期

定期测定是为了能够发现处于初期状态的异常，所以需要对齿轮的检测规定合适的周期。周期太长，不利于及时发现问题；周期太短，浪费人力物力，很不经济。比较好的办法是在设备正常时保持一定的周期，而在振动增大，达到“注意”范围内时，缩短监测周期。

9.3.2 齿轮的简易诊断方法

进行简易诊断的目的是迅速判断齿轮是否处于正常工作状态，对处于异常工作状态的齿轮进一步进行精密诊断分析或采取其他措施。当然，在许多情况下，根据对振动的简单分析，也可诊断出一些明显的故障。

齿轮的简易诊断包括噪声诊断法、振平诊断法以及冲击脉冲(SPM)诊断法等，最常用的是振平诊断法。

振平诊断法是利用齿轮的振动强度来判别齿轮是否处于正常工作状态的诊断方法。根据判定指标和标准不同，又可以分为绝对值判定法和相对值判定法。

1. 绝对值判定法

绝对值判定法是利用在齿轮箱上同一测点部位测得的振幅值直接作为评价运行状态的指标。

用绝对值判定法进行齿轮状态识别，必须根据不同的齿轮箱，不同的使用要求制定相应的判定标准。

制定齿轮绝对值判定标准的主要依据如下：

(1) 对异常振动现象的理论研究；

(2) 根据实验对振动现象所做的分析；

(3) 对测得数据的统计评价；

(4) 参考国内外的有关标准。

实际上，并不存在可适用于一切齿轮的绝对值判定标准，当齿轮的大小、类型等不同时，其判定标准自然也就不同。

按一个测定参数对宽带的振动做出判断时，标准值一定要依频率而改变。频率在 1kHz 以下，振动按速度来判定；频率在 1kHz 以上，振动按加速度来判定。实际的标准还要根据具体情况而定。

2. 相对值判定法

在实际应用中，对于尚未制定出绝对值判定标准的齿轮，可以充分利用现场测量的数据进行统计平均，制定适当的相对判定标准，采用这种标准进行判定称为相对值判定法。

相对判定标准要求将在齿轮箱同一部位测点在不同时刻测得的振幅与正常状态下的振幅相比较，当测量值和正常值相比达到一定程度时，判定为某一状态。比如，相对值判定标准规定实际值达到正常值的1.6～2倍时要引起注意，达到2.56～4倍时则表示危险等。至于具体使用时是按照1.6倍进行分级还是按照2倍进行分级，则视齿轮箱的使用要求而定，比较粗糙的设备(例如矿山机械)一般使用倍数较高的分级。

实际中，为了达到最佳效果，可以同时采用上述两种方法，以便对比比较，全面评价。

9.3.3 测定参数法进行齿轮的简易诊断

衡量设备振动值大小最直接的方法是计算振动速度或加速度信号的均方根值，它能反映出设备的振动水平。

表9－4为一个用无量纲参数诊断齿轮故障的实例，新齿轮经过运行产生了疲劳剥落故障，振动信号中有明显的冲击脉冲，除波形参数外，各参数指标均有明显上升。

表9－4 齿轮振动信号无量纲参数诊断实例

齿轮类型	裕度指标	峭度指标	脉冲指标	峰值指标	波形参数
新齿轮	4.143	2.659	3.536	2.867	1.233
坏齿轮	7.246	4.335	6.122	4.797	1.276

9.3.4 齿轮简易诊断实例

【例1】 此例是一个实际工作中运用类比法进行齿轮故障简易诊断的实例。如图9－10所示，G_1、G_2分别表示单级增速齿轮箱的两个齿轮，①、②、③、④表示其4个轴承。在4个轴承座上分别用加速度传感器测量其振动均方根值，并画出柱状图。

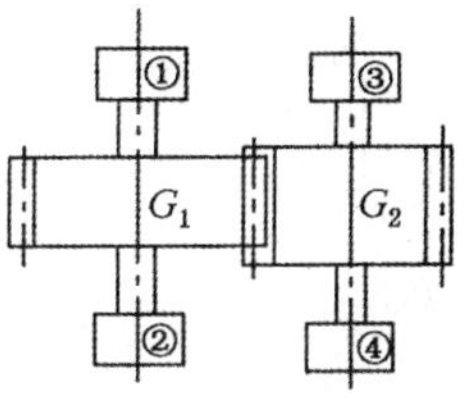

图9－10 简易识别的齿轮箱示意图

G_1、G_2—齿轮；

①、②、③、④—轴承

如图9－11(a)所示，4个轴承的振动值差异很小，且均在允许范围内，表示齿轮、各轴承均正常；如图9－11(b)所示，若4个轴承中某一个振动值明显高于其他三个，则表明该轴承可能出现了故障。如图9－11(c)所示，若4个轴承的振动值差异很小，且均已超标，则表明齿轮出现了异常。

【例2】 图9－12是减速箱简图，测振点选在A、B、C、D 4个轴承座上，若4个测振点的振动值都超出规定，且基本相同，则说明减速箱的齿轮有故障，因为齿轮故障的振动频率较低，传递损失小，所以4个测振点的振动值基本相同。若4个测振点的振动值只一个点C超出规定，则说明C处滚动轴承有故障。因为滚动轴承的特征频率较高，传递损失大，所以C处轴承故障只在C处有较强的响应，其他测振点是几乎测不出来的。当然还可利用滚动轴承特征频率与齿轮振动频率不相同的特点，适当选取检测振动的频段，也能排除轴承振动的干扰。

【例3】 某厂一台小型汽轮发电机组，在汽轮机与发电机之间用减速箱减速。汽轮机转速5550r/min，发电机转速1500r/min，小齿轮齿数27，大齿轮齿数100。齿轮啮合频率为 1497.5Hz。

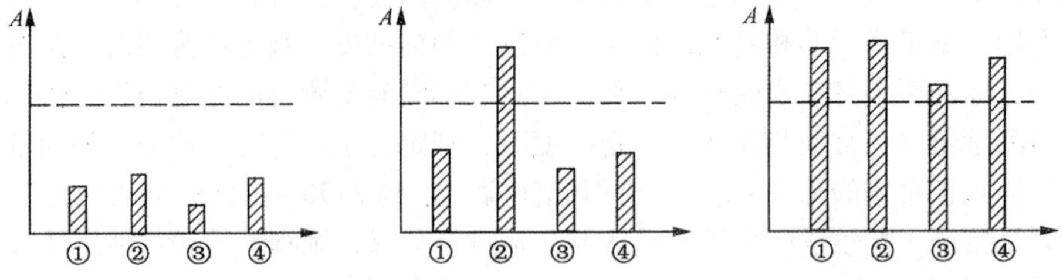

图 9－11　用类比法判断齿轮故障

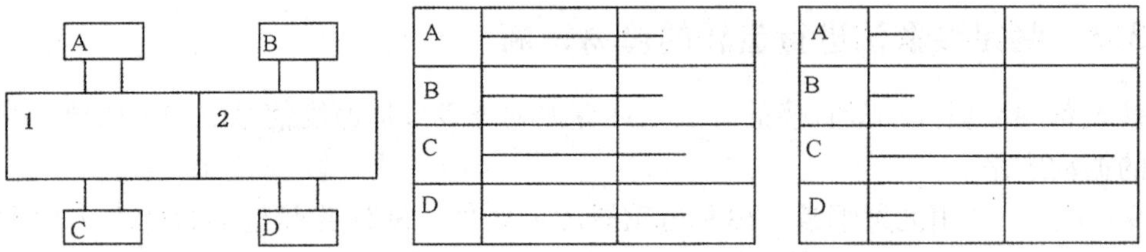

图 9－12　减速箱简图

在一次年终检修前，采用数据采集器对其进行了振动测量，其中变速器小齿轮轴承测点水平方向的振动值见表 9－5，加速度峰值显得特别突出。

表 9－5　汽轮发电机组减速器小齿轮轴承水平方向振动值

参数名称	加速度峰值 A_p/(mm/s^2)	速度有效值 V_{rms}/(mm/s)	位移峰峰值 D_{pp}/μm
测　值	217.6	2.82	17.96

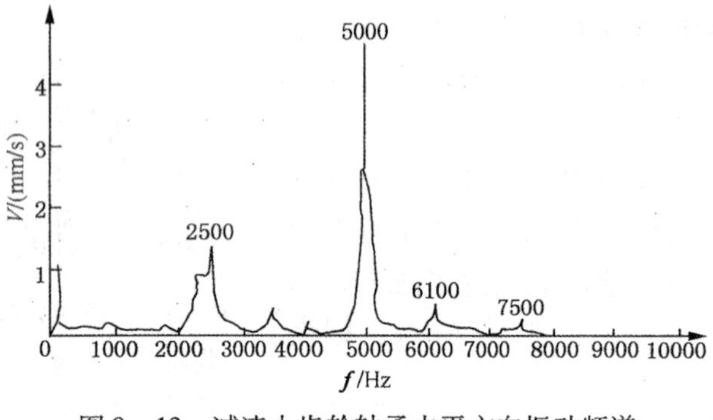

图 9－13　减速小齿轮轴承水平方向振动频谱

为查明情况，在现场利用数采器对其振动信号作频谱分析，其频谱如图 9－13 所示。

谱图上出现了三个特征频率 2500Hz，5000Hz 和 7500Hz，分别为齿轮的啮合频率及其 2 次，3 次谐波，其中以 2 次谐波的速度峰值较为突出，其他两个分量都很弱小。这表明减速器齿轮存在早期故障迹象。后来在揭盖检查时，未发现明显的齿轮缺陷，因为齿轮状态这种细微变化用肉眼是很难觉察的。

9.4　齿轮故障诊断常用信号分析处理方法

振动和噪声信号是齿轮故障特征信息，目前能够通过各种信号传感器、放大器及其他测量仪器，很方便地测量出齿轮箱的振动和噪声信号，通过各种分析和处理，提取其故障特征信息，从而诊断出齿轮的故障。

下面主要介绍频域分析方法和时域分析方法。

9.4.1 频域诊断

一、频谱分析

振动信号的频谱分析是齿轮故障信息的最基本的研究方法。齿轮的制造与安装误差、剥落和裂纹等故障会直接成为振动的激励源，这些激励源以齿轮轴的旋转为周期，齿轮振动信号中含有轴的旋转频率及其倍频。故障齿轮的振动信号往往表现为旋转频率对啮合频率及其倍频的调制，在谱图上形成以啮合频率为中心，两个等间隔分布的边频带。由于调频和调幅的共同作用，最后形成的频谱表现为以啮合频率及其各次谐波为中心的一系列边频带群，边频带反映了故障源的信息，边频带的间隔反映了故障源的频率，幅值的变化反映了故障的程度。因此，齿轮故障诊断实质上是对边频带的识别。

齿轮振动的各调制边频可以用下式表示：

$$f = pf_m \pm mf_{r1} \pm nf_{r2} \qquad (9-10)$$

式中 f_m——齿轮副的啮合频率；

f_{r1}、f_{r2}——主动齿轮和被动齿轮的转动频率；

p——啮合频率的各阶谐频的序数；

m、n——主、被动齿轮转动频率的各阶谐频的序数。

由上可知，齿轮的振动频谱图的谱线一般有齿轮的转动频率及其低阶谐频、齿轮的啮合频率及其倍频、啮合频率的边频带和齿轮副的各阶固有频率等。其中，齿轮副的固有频率是由于齿轮啮合时齿间撞击而引起的齿轮自由衰减振动，它们位于高频区且振幅较小，易被噪声信号淹没。

二、功率谱啮合频率及其倍频分量分析

齿轮均匀磨损产生的作用与齿轮小周期误差相同，使常规振动的幅值受到调制，在谱图上产生边频，但边频成分与常规振动的啮合频率及其各次倍频成分重合，故使啮合频率及其各次倍频成分的幅值增加，而且高次成分增加较多。因此，根据啮合频率及其高次倍频成分的振幅变化(至少取高、中、低3个频率成分)可以诊断齿轮的磨损程度。图9-14是齿轮磨损前后幅值的变化情况，实线是磨损前的振动分量，虚线是磨损后的增量。

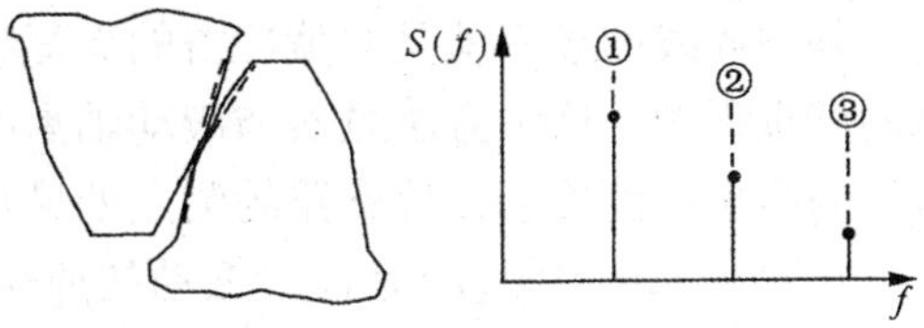

图9-14 齿轮均匀磨损功率变化

三、功率谱边频带分析

啮合频率振动分析主要用来诊断齿轮的分布故障(如轮齿的均匀磨损)，对齿轮早期局部损伤不敏感，应用面窄。大部分齿轮故障是局部故障，它使常规振动受到调制，呈现明显的边频带。根据边频带的形状和谱线的间隔可以得到许多故障信息，所以功率谱边频带分析是普遍采用的诊断方法。

图9-15(a)为齿轮上一个轮齿有剥落、压痕或断裂等局部损伤时，齿轮的振动波形及其频谱。波形图是一个齿轮的常规振动，受一个冲击脉冲(每转重复一次)调制产生的调幅波。由于冲击脉冲的频谱在较宽范围内具有相等且较小的幅值，所以，频谱图上边频带的特点是范围较宽、幅值较小、变化比较平缓，边频的间隔等于齿轮的转频。

图9-15(b)是齿轮有分布比较均匀的损伤时，齿轮的振动波形及其频谱。波形图是一

个齿轮的常规振动，受到一个变化比较平缓的宽脉冲调制产生的调幅波。由于宽脉冲的频率范围窄，高频成分很少，所以在频谱图上边频带范围比较窄，幅值较大，衰减较快。损伤分布越均匀，边频带就越高、越窄。边频的间隔仍然等于齿轮的转频。

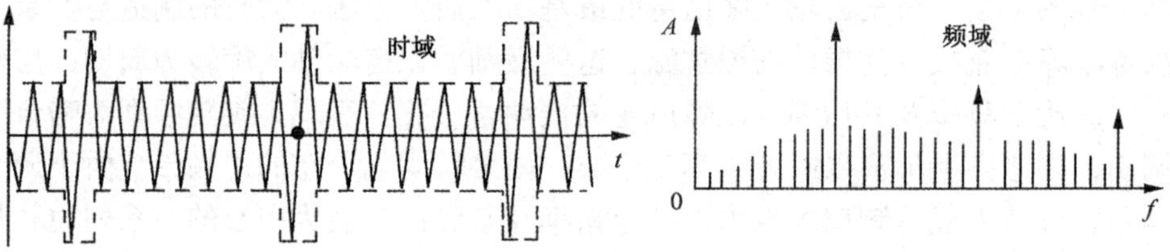

(a)

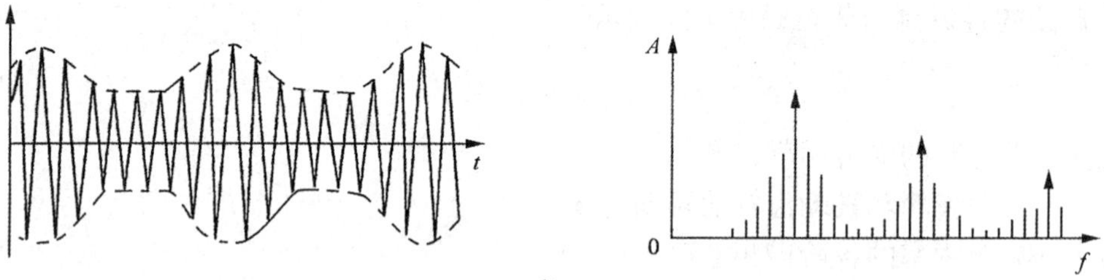

(b)

图 9 – 15　齿轮缺陷对边频带的影响

四、高频分析法

齿轮齿面有局部损伤时，在啮合过程中就要产生碰撞，激发齿轮以其固有频率作高频自由衰减振动。采用固有频率振动为分析对象，诊断齿轮状态的方法叫高频分析法。这种方法的主要过程是先用电谐振器从振动信号中排除干扰，分离并放大与谐振频率相同的高频成分，经检波器进行包络检波得到低频包络信号后，进行频谱分析就可得到频谱图。在谱图上，基频谱线的频率就是故障冲击的重复频率，根据此频率值即可诊断出有故障的齿轮及故障的严重程度。这种方法虽然与滚动轴承的高频包络分析原理一致，但难度要大得多，因为齿轮的高频振动信息在传感器的测点处异常微弱，需要使用非常精密的仪器与技术。

在图 9 – 16 中图(a)是齿轮振动的原始波形，图(b)是原始波形经过谐振器滤波后提取的高频成分，图(c)是高频成分经过包络检波后得到的低频包络波形，由于它近似周期信号，所以在它的频谱图中有较明显的尖峰，如图(d)所示，这对故障分析十分有利。

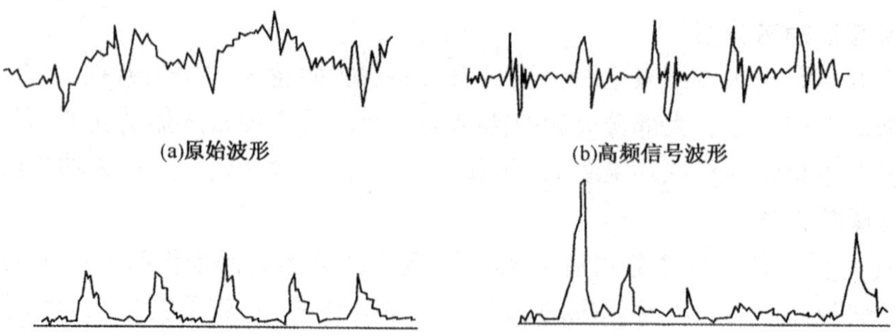

(a)原始波形　　(b)高频信号波形

(c)包络信号波形　　(d)包络信号波形频谱图

图 9 – 16　齿轮振动波形及其频谱图

五、倒频谱分析法

有一对齿轮啮合的齿轮箱，在振动频谱图上，啮合频率分量及其倍频分量两侧有两个系列边频谱线，一个是边频谱线的相互间隔为主动齿轮的转频，另一个是边频谱线的相互间隔为被动齿轮的转频。如果两齿轮的转频相差不多，这两个系列的边频谱线就十分靠近，即使采用频率细化技术也很难加以区别。有数对齿轮啮合的齿轮箱，在振动频谱图上，边频带的数量就更多，分布更加复杂，要识别它们就更加困难了。比较好的识别方法是倒频谱分析法，因为边频带具有明显的周期性，倒频谱分析法能将谱图上同一系列的边频谱线简化为倒频谱图上的单根或几根谱线，谱线的位置是原谱图上边频的频率间隔，谱线的高度反映了这一系列边频成分的强度，因此使监测者便于识别有故障的是哪个齿轮及故障的严重程度。

图 9－17(a)是某齿轮箱振动信号的功率谱，频率范围是 0～20kHz，频率间隔是 50Hz，在谱图上能观察到啮合频率(4.3kHz)及其二次、三次倍频，但不能分辨出边频带。图 9－17(b)是 2000 细分谱线功率谱，频率范围为 3.5～13.5kHz，频率间隔为 5Hz，在图上能观察到很多边频谱线，但很难加以区分。进一步对范围 7.5～9.5kHz 进行频率细化，间隔不变，得图 9－17(c)所示谱图，边频谱线虽更明显，但区分仍然困难。若进行倒频谱分析则可得

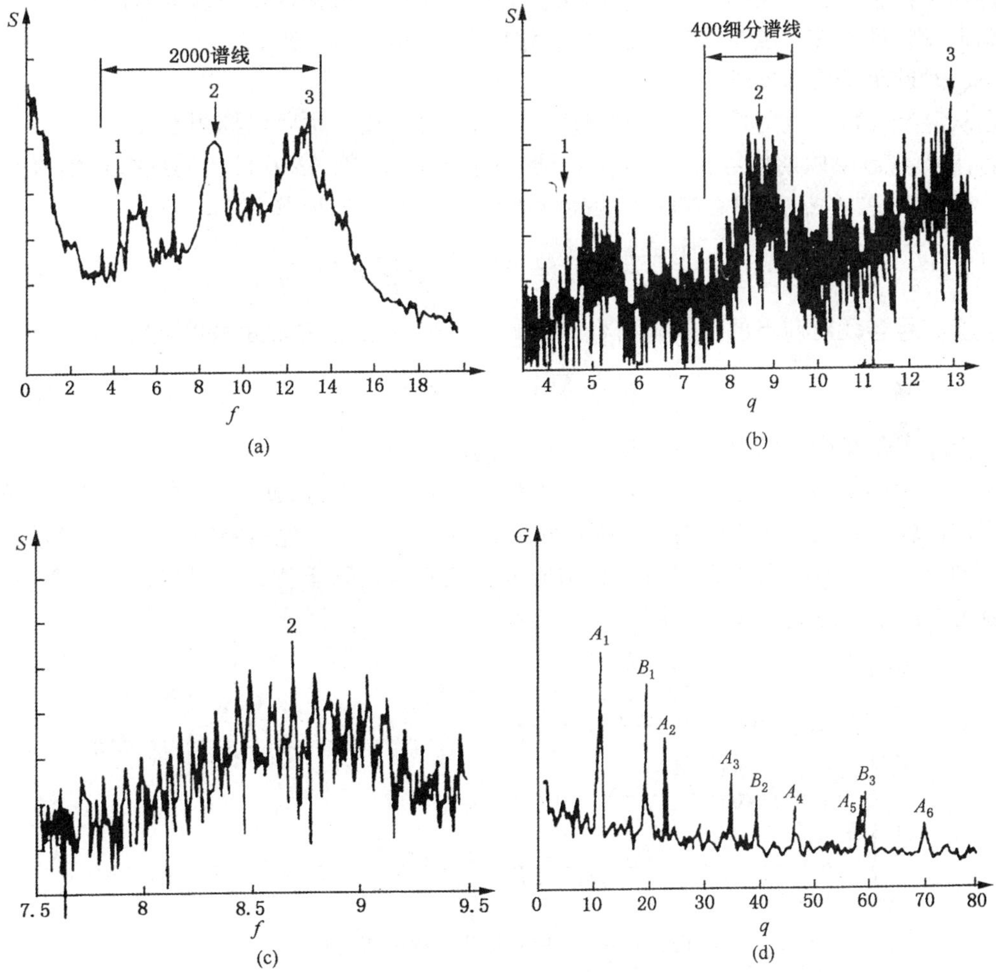

图 9－17　用倒频谱分析齿轮箱振动信号中的边频带

1—啮合频率；2，3—高次谐波；A_1～A_6—周期为 11.8ms 谐波；B_1～B_3—周期为 20ms 谐波

图 9 -17(d)所示倒频谱图，它清楚地表明了对应于两轴转频(85Hz 与 50Hz)的两个倒频分量(A_1和 B_1)，即频谱图上以两个转频为周期的两个系列边频带。

此外倒频谱分析还能排除传感器测点位置和信号传输途径带来的影响，这对齿轮监测工作的实施也是十分有利的。

六、瀑布图法

在频域故障诊断中，除上述几种方法外，瀑布图也可用于齿轮箱的故障诊断。改变齿轮箱输入轴的转速并作出相应的振动功率谱，就可以得到瀑布图。在瀑布图上可以发现，有些谱峰位置随输入轴转速的变化而偏移，这一般是由齿轮强迫振动所引起。相反，有些峰的位置始终不变，这种峰由于共振引起。通过增加系统阻尼，就可使上述问题得到解决。

9.4.2 时域平均诊断

时域波形对故障反映直观、敏感，特别是局部损伤最为明显，因为局部损伤在时域中为短促陡峭的幅值变化，容易识别。但在频域中由于能量十分分散、幅值变化很小，却不易识别。因此，时域平均法诊断，近年来有很大发展。时域平均法诊断首先要采用时域平均技术，排除各种干扰，分离出所需齿轮的振动信号，然后才可根据分离出来的信号直接观察波形，确定齿轮的损伤。当然必要时也可进行频谱分析或其他分析。

一、时域平均技术原理

是从混有噪声干扰的信号中提取周期信号的一种手段，所以也称相干检波。

若信号 $x(t)$由周期信号$f(t)$和随机干扰信号 $n(t)$组成，以$f(t)$的周期截取信号 $x(t)$为 N 段，得 $x_i(t)(i=1,2,3\cdots N)$，然后将各段对应点的值相加取平均，得

$$\frac{1}{N}\sum_{i=1}^{N}x_i(t) = f(t) + \frac{1}{N}\sum_{i=1}^{N}n_i(t) \tag{9-11}$$

由于随机信号各段对应点的值为随机数，它的平均值 N 当趋于无穷大时应趋于零，于是得

$$\frac{1}{N}\sum_{i=1}^{N}x_i(t) = f(t) \tag{9-12}$$

这样就消除了信号中的随机分量，获得信号中的周期分量。

因此，对传动装置的振动信号若以某齿轮的转动周期进行截取、平均，就可以消除振动信号中该齿轮以外的其他干扰分量(随机分量和不同周期的其他所有分量)，获得该齿轮产生的振动信号。当截取段数有限时，平均值虽不能完全排除干扰，但只要选择的 N 值适当，干扰就可减小到允许的限度，如图 9 -18 所示。

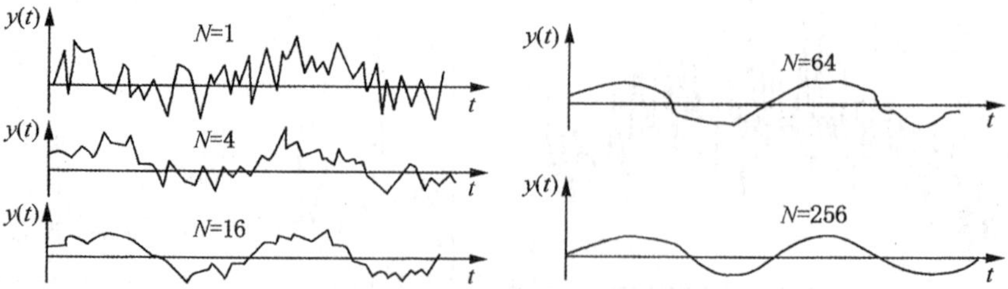

图 9 -18　时域平均法提取周期信号

图 9 -19 是实现平均技术的原理框图。图中时标扩展压缩处理环节的作用是按传动比改变输入的时标信号使之符合被诊断齿轮的转动周期，以满足对它进行时域平均的需要。

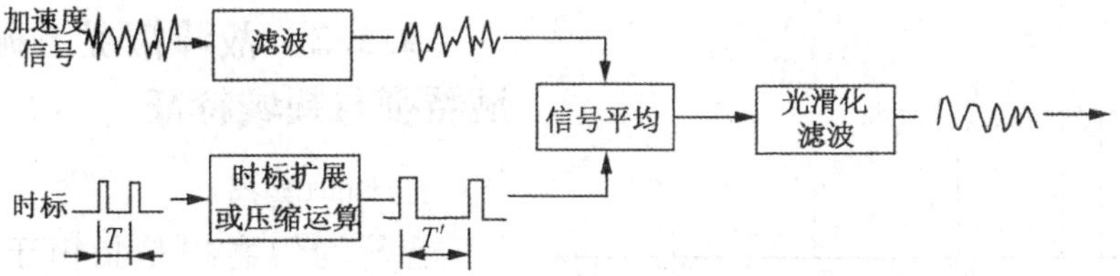

图 9－19　时域平均技术的原理框图

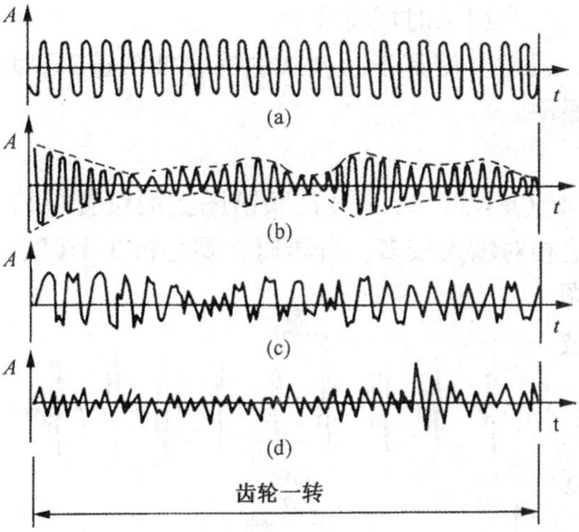

图 9－20　齿轮在各种状态下的时域平均波形

二、齿轮故障的时域波形

图 9－20 是用时域平均法对不同状态下的齿轮检测所得到的信号。图(a)是正常齿轮的时域平均信号。信号由均匀的啮合频率分量组成，没有明显的高次谐波。整个信号长度相当于齿轮一转的时间。图(b)是齿轮安装错位的情况，信号的啮合频率分量受到幅值调制。调制信号的频率比较低，相当于齿轮转速及其倍频。图(c)是齿轮的齿面严重磨损情况。啮合频率分量出现较大的高次谐波分量。但由图中可见，磨损仍然是均匀磨损。图中(d)的情况不同于前三种，在齿轮一转的信号中，有突跳现象，这种情况是在个别齿断裂时出现的。

9.5　齿轮常见故障信号特征与精密诊断

齿轮故障比较复杂，上节所述的几种信号分析处理方法针对齿轮故障诊断是非常有效的，但在实际工作中，通常是先利用常规的时域分析、频谱方法对齿轮故障做出诊断，这种诊断结果有时就是精密诊断结果，有时还需要利用上节所述的分析处理方法进一步对故障进行甄别和确认，最终得出精密诊断结果。

9.5.1　正常齿轮的时域特征与频域特征

没有缺陷的正常齿轮，其振动主要是由于齿轮自身的刚度等引起的。

（1）时域特征

正常齿轮由于刚度的影响，其波形为周期性的衰减波形。其低频信号具有近似正弦波的啮合波形，如图 9－21 所示。

（2）频域特征

正常齿轮的信号反映在功率上，有啮合频率及其谐波分量，即有 nf_c（$n=1, 2, \cdots$），且以啮合频率成分为主，其高次谐波依次减小；同时，在低频处有齿轮轴旋转频率及其高次谐波 mf_r（$m=1, 2, \cdots$），其频谱如图 9－22 所示。

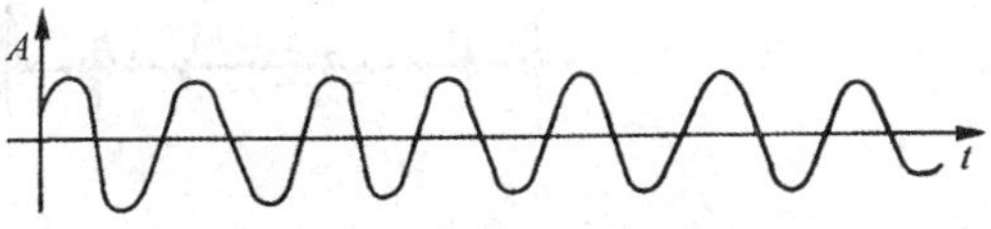

图 9－21　正常齿轮的低频振动波形

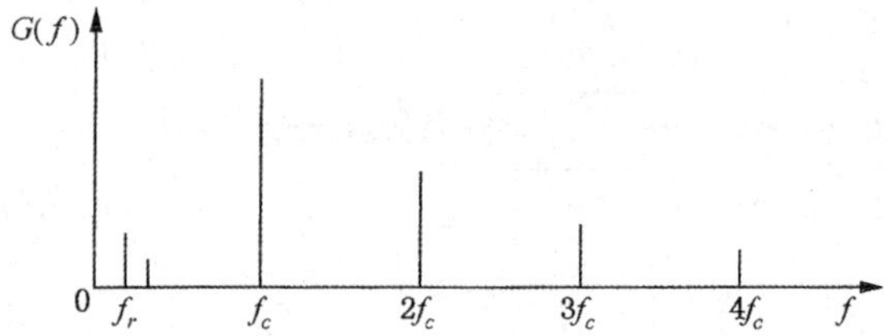

图 9－22　正常齿轮的频谱

9.5.2　故障情况下振动信号的时域特征与频域特征

1. 均匀磨损

齿轮均匀磨损是指由于齿轮的材料、润滑等方面的原因或者长期在高负荷下工作造成大部分齿面磨损。

（1）时域特征

齿轮发生均匀磨损时，导致齿侧间隙增大，通常会使其正弦波式的啮合波形遭到破坏，图 9－23 是齿轮发生磨损后引起的高频及低频振动。

（2）频域特征

齿面均匀磨损时，啮合频率及其谐波分量 $nf_c(n=1, 2, \cdots)$ 在频谱图上的位置保持不变，但其幅值大小发生改变，而且高次谐波幅值相对增大较多。分析时，要分析 3 个以上谐波的幅值变化才能从频谱上检测出这种特征。图 9－24 所示反映了磨损后齿轮的啮合频率及谐波值的变化。

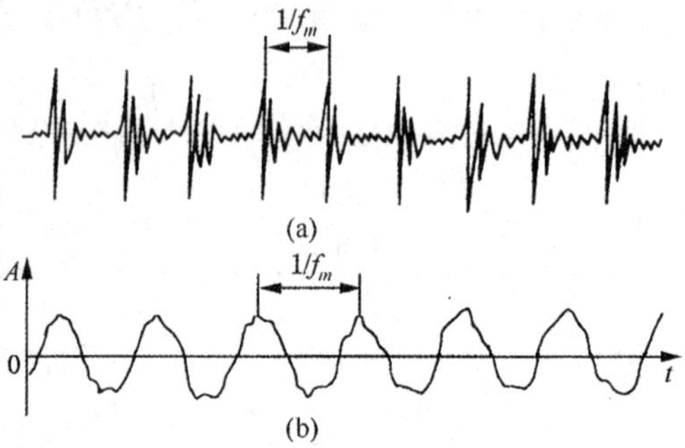

图 9－23　磨损齿轮的高频振动（a）和低频振动（b）

随着磨损的加剧，还有可能产生 $1/k(k=2, 3, 4, \cdots)$ 的分数谐波，有时在升降还会出现如图 9－25 所示的呈非线性振动的跳跃现象。

2. 齿轮偏心

齿轮偏心是指齿轮的中心与旋转轴的中心不重合，这种故障往往是由于加工造成的。

（1）时域特征

当一对互相啮合的齿轮中有一个齿轮存在偏心时，其振动波形由于偏心的影响被调制，产生调幅振动，图 9－26 为齿轮有偏心时的振动波形。

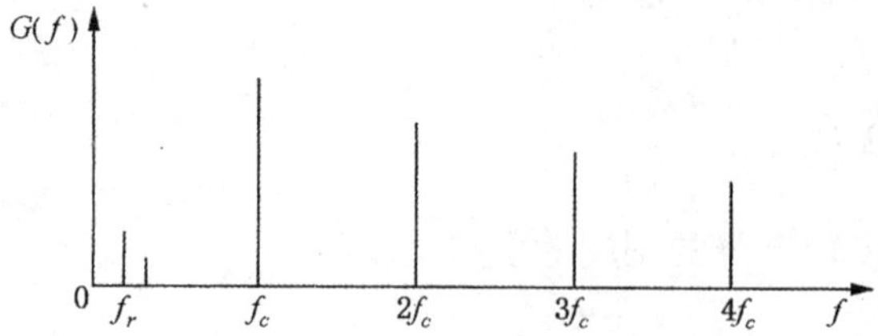

图 9－24　均匀磨损时的频谱

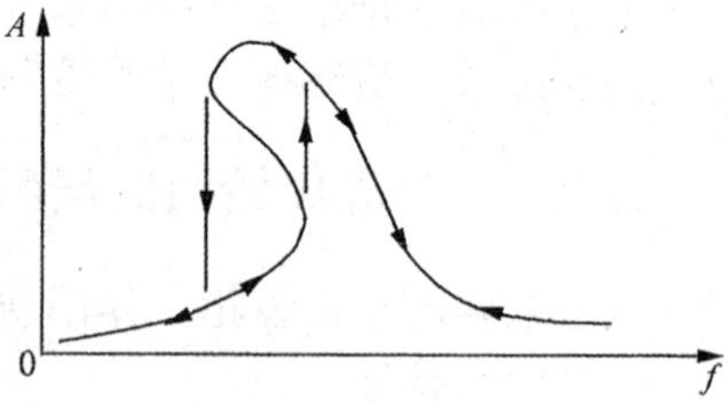

图 9－25　振幅跳跃现象

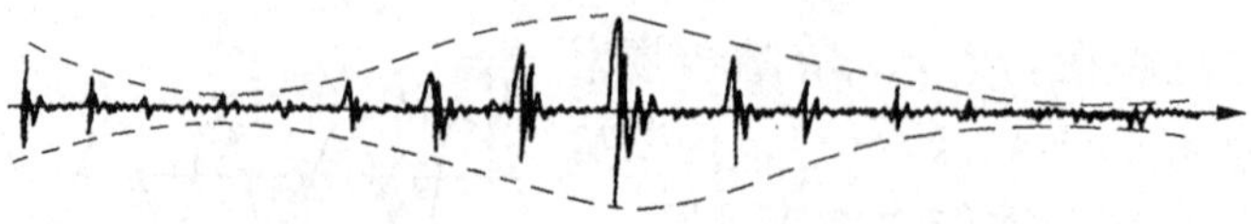

图 9－26　偏心齿轮的振动时域波形

(2) 频域特征

齿轮存在偏心时，其频谱结构将在两个方面有所反映：一是以齿轮的旋转频率为特征的附加脉冲幅值增大；二是以齿轮一转为周期的载荷波动，从而导致调幅现象，这时的调制频率为齿轮的旋转频率，比所调制的啮合频率要小得多。图9－27为具有偏心的齿轮的典型频谱的特征。

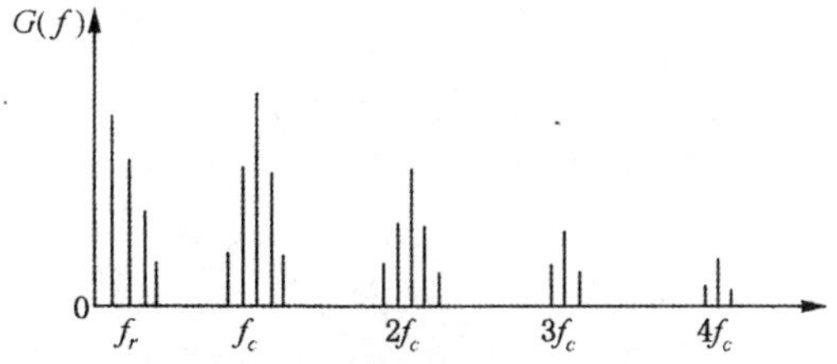

图9－27 齿轮偏心的频谱

3. 齿轮不同轴

齿轮不同轴故障是指由于齿轮和轴装配不当造成的齿轮和轴不同轴。不同轴故障会使齿轮产生局部接触，导致部分轮齿承受较大的负荷。

(1) 时域特征

当齿轮出现不同轴或不对中时，其振动的时域信号具有明显的调幅现象。如图9－28所示为其低频振动信号呈现明显的调幅现象。

(2) 频域特征

具有不同轴故障的齿轮，由于其振幅调制作用，会在频谱上产生以各阶啮合频率 nf_c $(n=1, 2, \cdots)$ 为中心，以故障齿轮的旋转频率 f_r 为间隔的一阶边频族，即 $nf_c \pm f_r (n=1, 2, \cdots)$。同时，故障齿轮的旋转特征频率 $mf_r (m=1, 2, \cdots)$ 在频谱上有一定反映。图9－29为典型的具有不同轴故障齿轮的特征频谱。

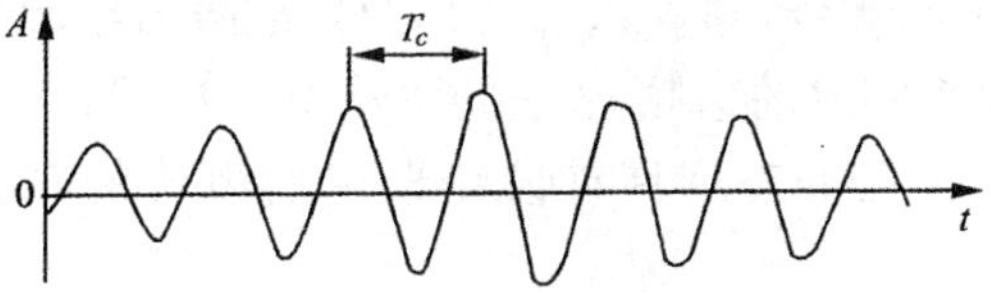

图9－28 不同轴齿轮波形

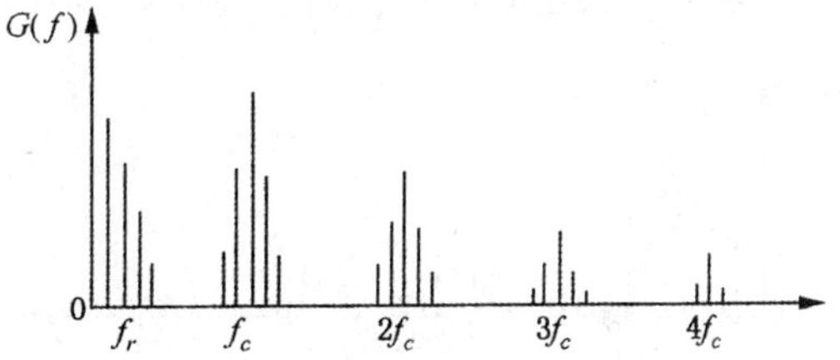

图9－29 不同轴齿轮的频谱

4. 齿轮局部异常

齿轮的局部异常包括齿根部有较大裂纹、局部齿面磨损、轮齿折断、局部齿形误差等，图9－30表示了几种常见的异常情况。

局部异常齿轮的振动波形是典型的以齿轮旋转频率为周期的冲击脉冲，如图9－31所示。

具有局部异常故障的齿轮，由于裂纹、断齿或齿形误差的影响，将以旋转频率为主要频域特征，即 $mf_r (m=1, 2, \cdots)$，如图9－32所示。

5. 齿距误差

齿距误差是指一个齿轮的各个齿距不相等，存在有误差。齿距误差是由齿形误差造成的。几乎所有的齿轮都有微小的齿距误差。

(1) 时域特征

具有齿距误差的齿轮，其振动波形理论上应具有调频特性，但由于齿距误差一般在整个齿轮上以谐波形式分布，故在低频下也可以观察到明显的调幅特征，如图9－33所示。

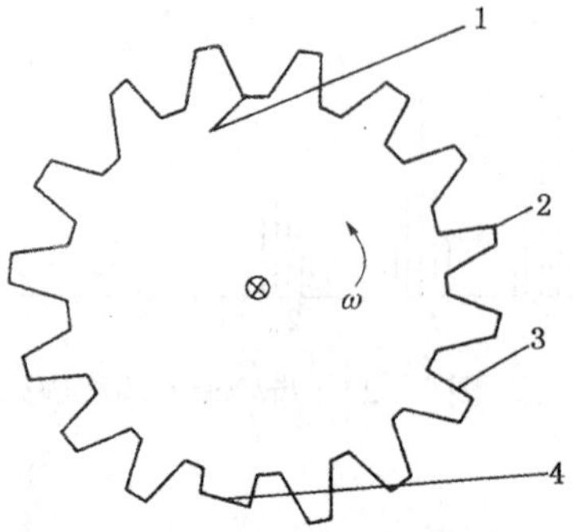

图 9-30　齿轮的局部异常

1—齿根部有裂纹；2—局部齿面磨损；3—局部齿形误差；4—断齿

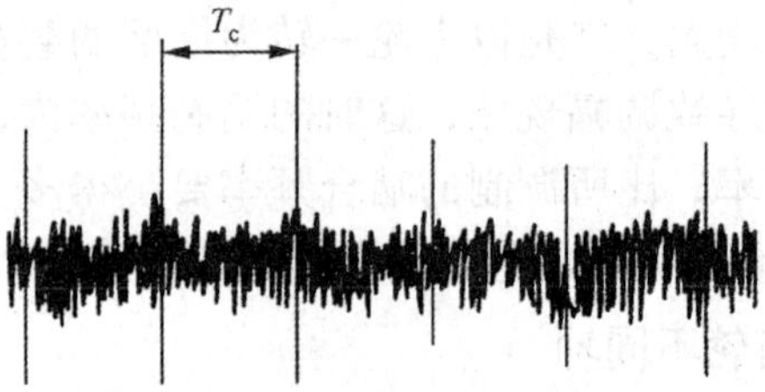

图 9-31　局部异常齿轮的振动波形

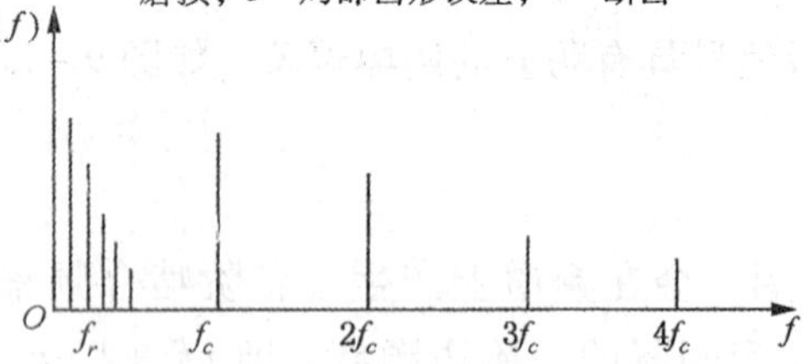

图 9-32　局部异常的齿轮频谱

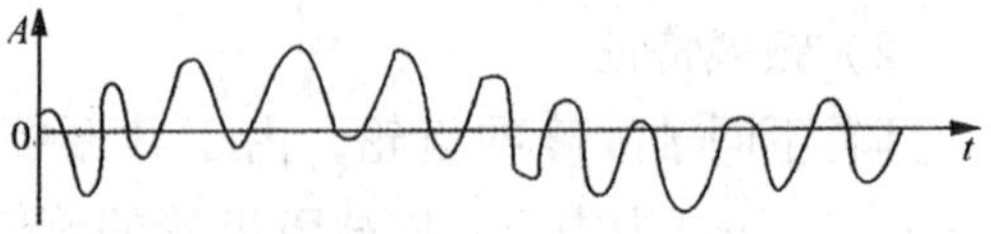

图 9-33　有齿距误差齿轮的振动波形

(2) 频域特征

有齿距误差的齿轮，由于齿距的误差影响到齿轮旋转角度的变化，在频率域表现为包含旋转频率的各次谐波 $mf_r(m=1, 2, \cdots)$、各阶啮合频率 $nf_c(n=1, 2, \cdots)$ 以及以故障齿轮的旋转频率为间隔的边频 $nf_c \pm mf_r(n, m=1, 2, \cdots)$ 等，图 9-34 表示具有齿距误差的齿轮的频谱特征。

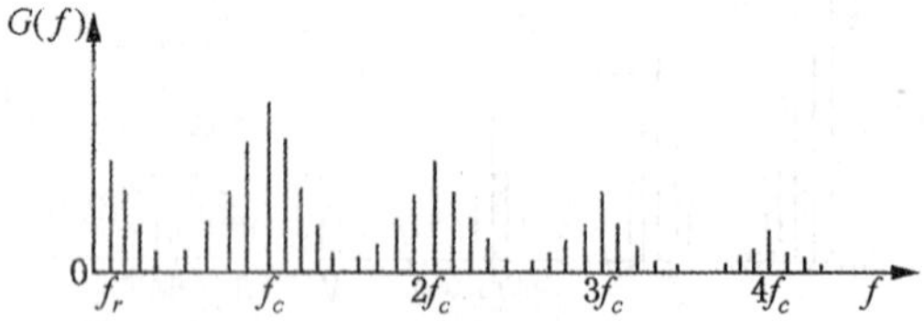

图 9-34　有齿距误差齿轮的频谱

6. 不平衡齿轮的时域特征与频域特征

齿轮的不平衡是指齿轮的质心和旋转中心不重合，从而导致齿轮副的不稳定运行和振动。

(1) 时域特征

具有不平衡质量的齿轮在不平衡力的激励下会产生以调幅为主、调频为辅的振动，其振动波形如图 9-35 所示。

(2) 频域特征

由于齿轮自身的不平衡产生的振动，将在啮合频率 f_c 及其谐波两侧产生 $mf_c \pm nf_r(m, n=1, 2, 3\cdots)$ 的边频族；同时，受不平衡力的激励，齿轮轴的旋转频率及其谐波 nf_r 的能量也有相应的增加，如图 9-36 所示。

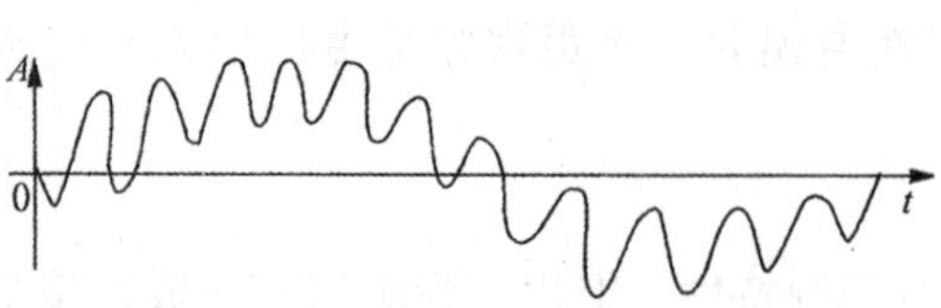

图 9-35　不平衡齿轮的振动波形

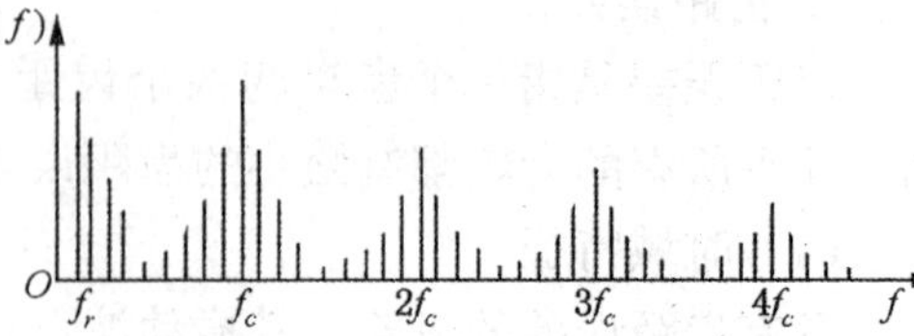

图 9-36　不平衡齿轮的频谱

9.5.3 常见齿轮故障的振动时域波形、频谱特征对照

表9－6是几种常见齿轮故障的振动时域波形、频谱特征的对照。

表9－6 常见齿轮故障的振动时域波形及频谱特征的对照

序号	齿轮状态	时域(低频)	频 域
1	正常	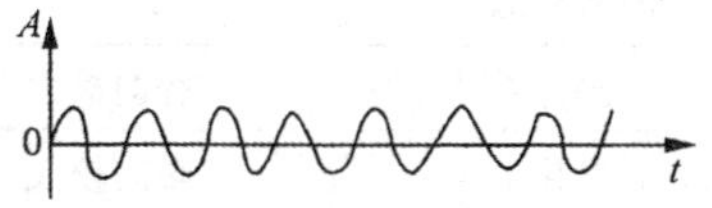	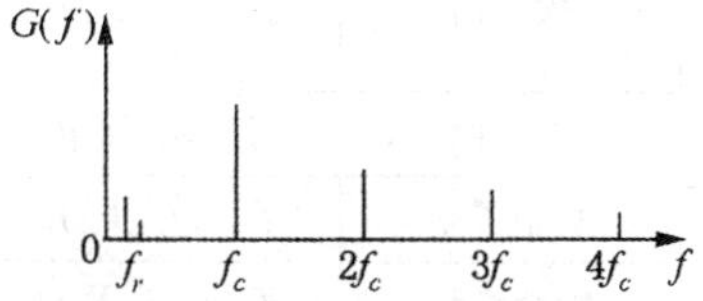
2	磨损	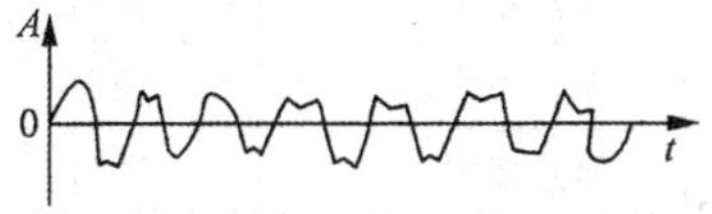	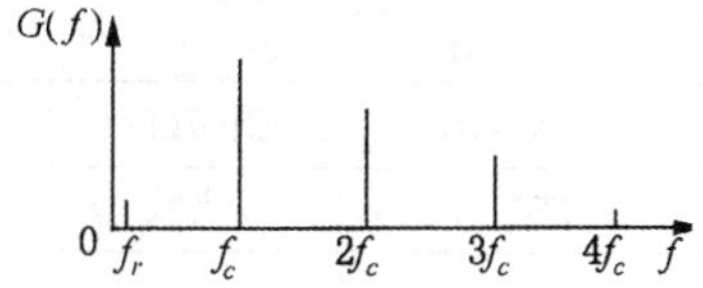
3	偏心	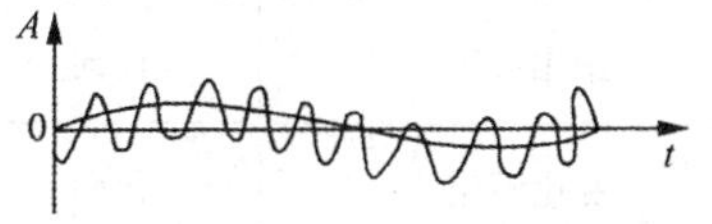	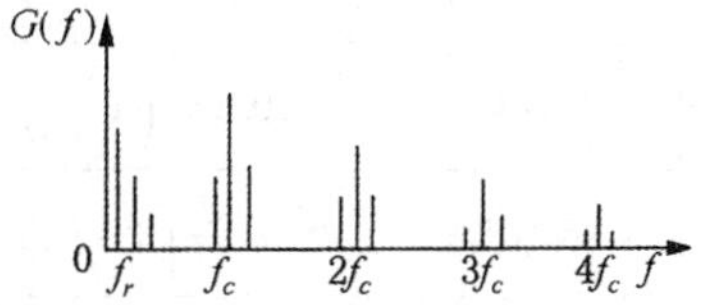
4	不同轴		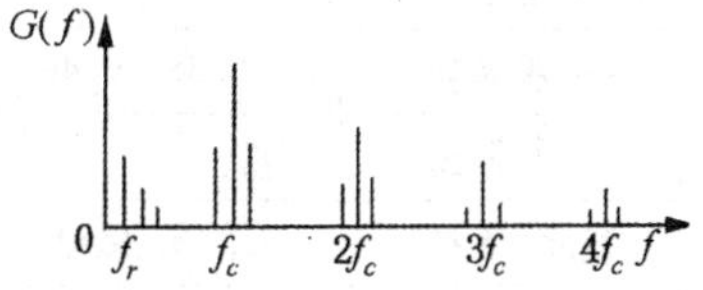
5	局部异常	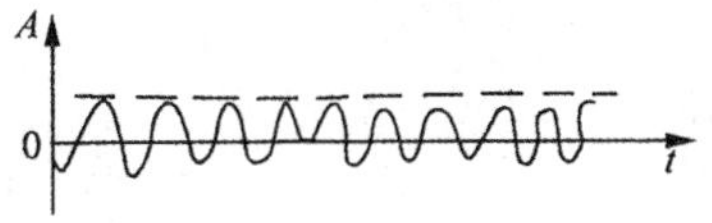	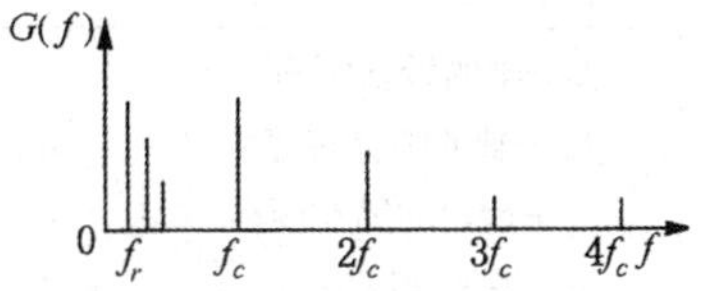
6	齿距误差	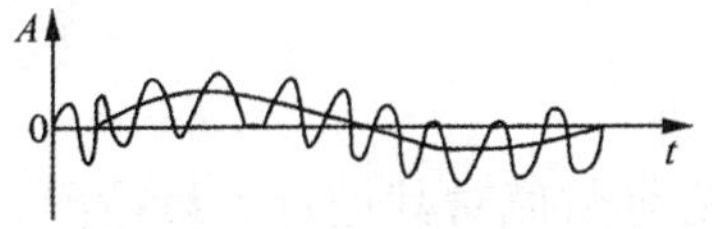	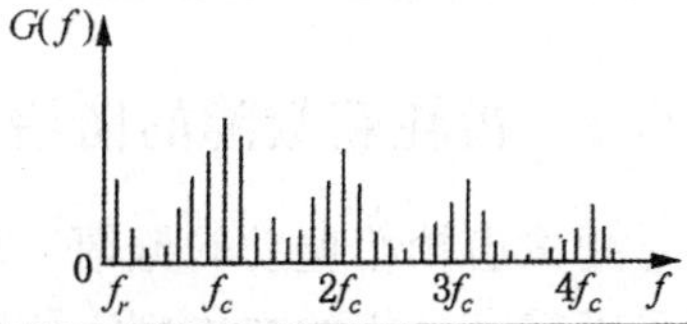
7	不平衡	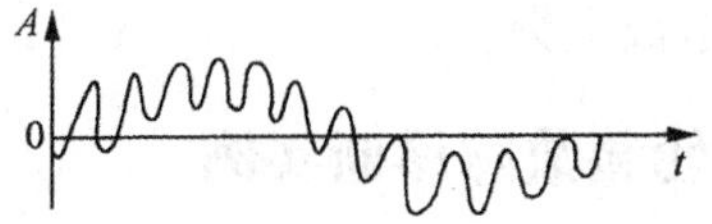	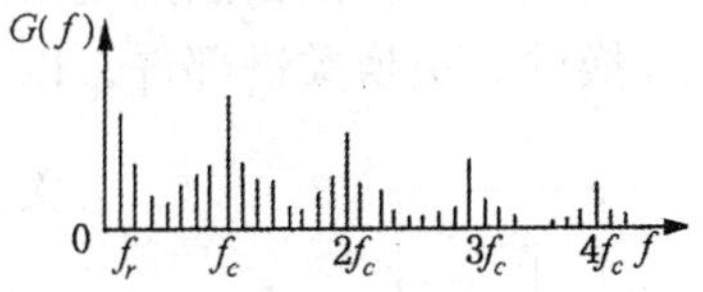

9.5.4 齿轮箱常见故障诊断

实际工程中是没有孤立的齿轮副的，所有的齿轮副都需要安装到齿轮箱中或安装到特定的支架上，还需要配以轴承或轴瓦。因此，对齿轮的故障诊断实际上是对齿轮箱的故障诊断。

对齿轮箱的故障诊断综合了对转子(参考旋转机械部分)、滚动轴承和齿轮故障诊断内

容，在此给出一个简表供参考。

齿轮箱各不同部件故障的振动特征如表 9－7 所示。

表 9－7　齿轮箱故障的振动特征简表

部　件	失效频率	振动频率	振幅特征	振动方向	备　注
转　子	失　衡	f_r	随 f_r 增大，$f_r=f_n$ 时有峰值	径向	受悬臂式载荷时有轴向振动
轴	弯　曲	f_r，$2f_r$ 及 nf_r	随 f_r 增大	径向最大	
联轴器	对中不良	f_r，$2f_r$ 及 nf_r	变化不定	轴向较大	齿轮联轴器的振动特征基本上与齿轮相同，但 $f_r=f_c$ 时有峰值
	配合松弛	f_r/n，f_r 及 nf_r	变化不定	径向	
	不平衡	f_r	随 f_r 增大	径向	
齿　轮	齿面损伤	损伤齿数 $\times f_r$	随 f_r 增大	径向	磨损严重时出现高阶振动，f_n 的振动能量明显增大
	断　齿	断齿数 $\times f_r$，f_n	随 f_r 增大	径向	
滚动轴承	内圈剥落	$0.5nZ\left(1+\frac{d}{D}\cos\alpha\right)f_r$	变化不定	径向	轴承的高频振动（10 - 60kHz）不易传给其他部件
	外圈剥落	$0.5nZ\left(1-\frac{d}{D}\cos\alpha\right)f_r$	变化不定	径向	
	钢球剥落	$n\frac{d}{D}\left[1+\left(\frac{d}{D}\right)^2\cos^2\alpha\right]f_r$	变化不定	径向	
滑动轴承	润滑不良	f_r	变化不定	径向	
	油膜涡动	$(0.38\sim0.48)f_r$	突变	径向	
	油膜振荡	f_{cr}	突变	径向	
基　础	翘曲（不平）	f_r，$2f_r$ 及 nf_r	随 f_r 增大	轴向较大	
	刚性不好	f_r	随 f_r 增大而减小	径向	
符号意义	f_r—轴的转动频率 f_{cr}—轴的临界转速频率 f_n—齿轮的固有频率 α—轴承的压力角	Z—轴承钢球数 d—轴承钢球直径 D—轴承平均直径 n—自然数 1，2，3…			

9.5.5　齿轮箱故障的防治

定时测量齿轮箱振动的振幅、均值、峰值等数值对其进行简易检测，如果发现有异常，则需要采用精密分析的方法判定故障的具体位置，对其进行维修。同时，需要定期地对齿轮箱维修，换油，更换关键部件，以免给生产造成损失。

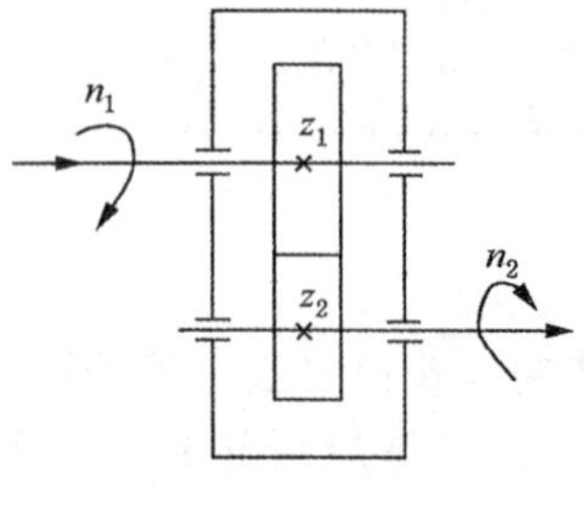

图 9－37　齿轮箱

9.5.6　齿轮箱故障诊断实例

【例 1】 某机器的齿轮箱如图 9－37 所示，由一对齿轮组成，$z_1=24$，$z_2=16$，电动机的工作转速 $n_1=2975$r/min，齿轮箱发生了异常振动，噪声很大。将采集的振动信号进行数据处理后，其时域波形及频谱图分别如图 9－38 及图 9－39 所示。

为了提高功率谱的分辨率，将分析频率范围缩小为 2000Hz 时功率谱，见图 9－40。为了确定损坏的齿轮，进一步用倒频谱分析，其频谱图见图 9－41。

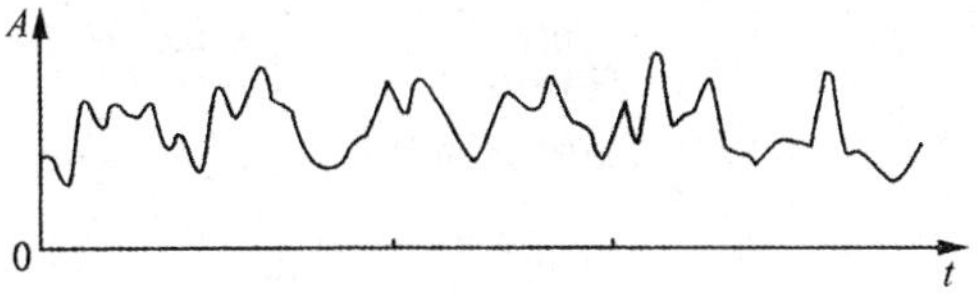

图 9－38　齿轮信号时域波形

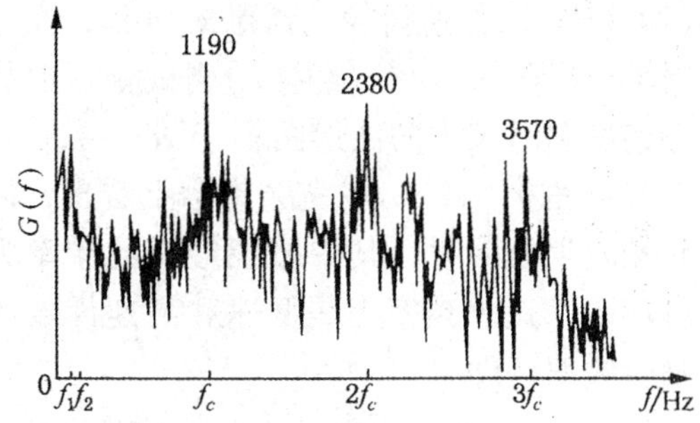

图 9－39　齿轮频谱

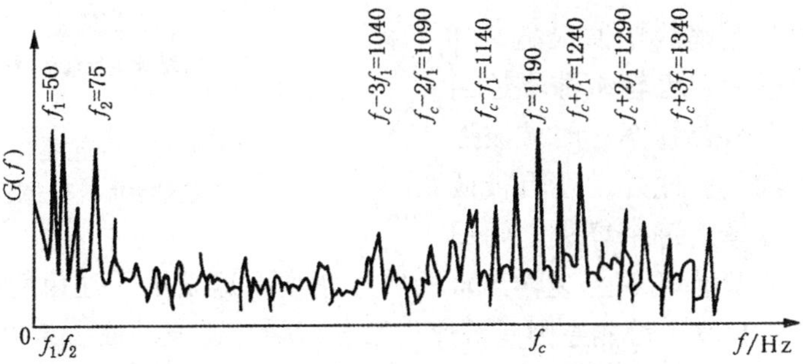

图 9－40　齿轮功率谱

齿轮传动的转频 $f_{r1}=n_1/60=49.6\text{Hz}$，$f_{r2}=n_2/60=74.4\text{Hz}$，啮合频率为 $f_c=n_1z_1/60=n_2z_2/60=1190\text{Hz}$，由倒频谱知，边带频为 49.6Hz。各边带频见表 9－8。

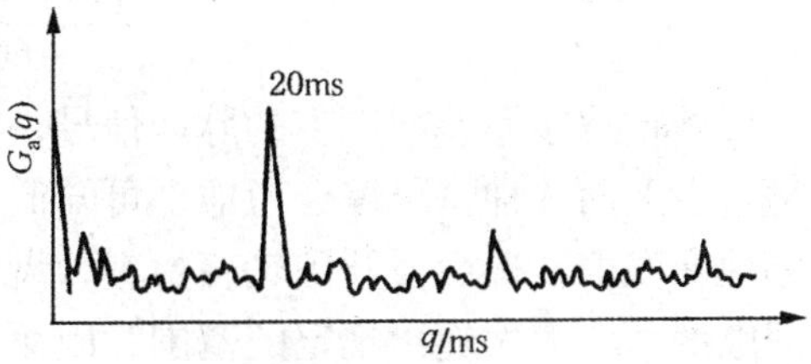

图 9－41　齿轮倒频谱

诊断意见：由于边带频率为 49.6Hz，根据其时域波形和振动特征知，该齿轮箱所发生的异常振动是由齿轮 1（$z_1=24$）激励产生的，而且该齿轮的齿面已全部磨损。

生产验证：该齿轮箱经解体检验知，齿轮 1 的齿面已全部损坏，更换新齿轮后运行正常。

表 9－8　上下边带频率

序　号	边 带 名 称	(f_c+nf_{r1})/Hz	边 带 名 称	(f_c-nf_{r1})/Hz
1	一次上边带	1190＋49.6＝1239.6	一次下边带	1190－49.6＝1140.4
2	二次上边带	1190＋2×49.6＝1289.2	二次下边带	1190－2×49.6＝1090.8
3	三次上边带	1190＋3×49.6＝1338.8	三次下边带	1190－3×49.6＝1041.2

【例 2】　高炉风机齿轮减速箱的振动诊断。

国外一台大型高炉风机，由电动机通过一台齿轮减速箱传动，齿轮箱中发出一种不寻常的低频声音。已知该齿轮箱输出轴转速 $n_2=1140\text{r/min}$（19Hz），输入轴转速 $n_1=1475\text{r/min}$

(24.6Hz)。低速齿轮的齿数 $z_2=62$，高速齿轮的齿数 $z_1=48$。经振动测试分析后的频谱图和时域内的波形图示于图9－42。

从图9－42(a)的宽频带谱上看出，齿轮箱发生故障时，其中振幅最高的频率为1178Hz，这个频率正是低速和高速齿轮的啮合频率，即

$$f_m=\frac{z_1n_1}{60}=\frac{z_2n_2}{60}=\frac{48\times1475}{60}$$

$$=\frac{62\times1140}{60}=1178\text{Hz}$$

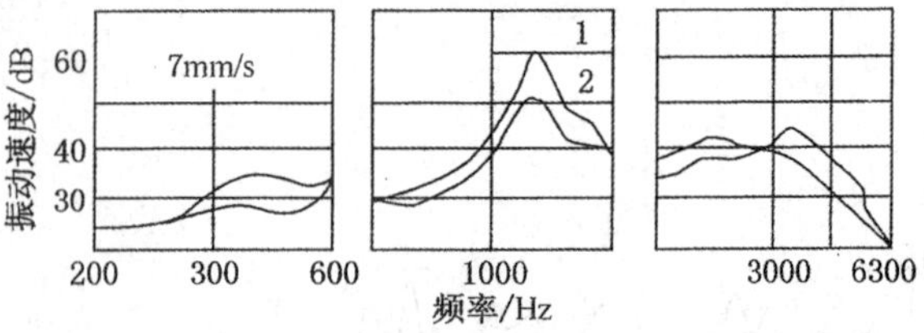

(a)轴承更换前、后的频谱

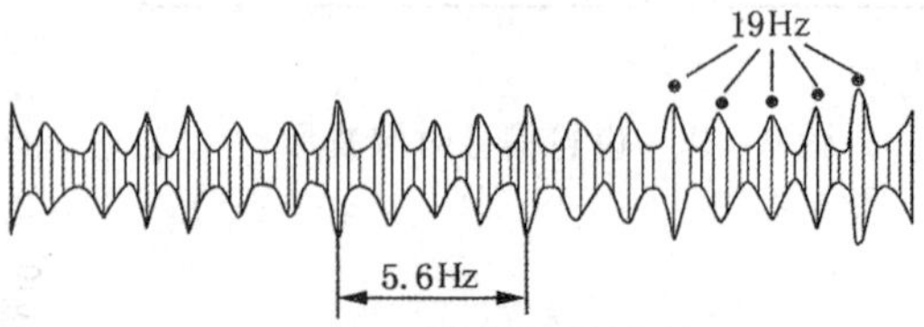

(b)轴承更换前的时域信号

图9－42 齿轮箱振动信号

1—更换轴承前；2—更换轴承后

前面讲过，啮合频率的幅值很高，可能是齿轮侧向间隙过大、齿轮游隙不适当等因素引起的。这个啮合频率在时域波形图上是间隔很密的细线。此外，还有被低频调制后的一个个波峰，每个峰头之间的间隔频率为19Hz，此即齿轮箱低速输出轴的转速频率，这表示低速齿轮每旋转一周产生一个像正弦状的低频调制波，可能原因是低速齿轮载荷随转速波动或者该齿轮相对于高速齿轮作径向浮动。从波形图中还可以看到，每隔0.18s(或者5.6Hz)左右有一个更高的波峰出现，5.6Hz频率正是高速齿轮与低速齿轮之间转速频率之差，即

$$\frac{1475-1140}{60}=5.6\text{Hz}$$

两种转速频率差所产生的脉冲信号，表示低速齿轮与高速齿轮每隔一定周期瞬间脱离或相碰。由上面几种情况综合考虑，可知低速齿轮在作同步晃动，与高速齿轮在啮合时，时松时紧地交变着。事后打开齿轮箱检查，齿轮未发现损坏，而是低速轴的锥形滚子轴承轴向浮动间隙增大，大大超出规定的范围，因而当低速轴在轴向来回蹿动时，低速齿轮的径向啮合间隙也跟着时大时小变化，这就是形成5.6Hz差频的原因。更换轴承后，不仅调制频率大大降低，而且齿轮箱异常声音也消失了。

【例3】 齿轮减速装置的断齿诊断。

美国孟山都(Monsanto)公司的一台齿轮减速箱，用来拖动一台关键设备。减速箱的输入轴与输出轴呈直角布置。如图9－43所示，输入轴转速为1200r/min，输出轴转速为52.7r/min，中间经二级减速。减速箱已运行了18个月，在输入高速轴一端产生很高幅度的振动。对振动信号进行频谱分析，得到如图9－44所示的时域和频域图。图9－44(a)为强烈振动前的原始频谱，谱图上主要是输入轴小齿轮的啮合频率及其倍频成分。图9－44(b)为故障状态的频谱，图中除了啮合频率及其倍频成分之外，还出现了大量边频。取100～200Hz频段内的数据进行细化处理，得到如图9－44(c)所示的细化谱，图中清楚地显示出间隔为20Hz(1200r/min)的边频，此即输入轴的转速频率，

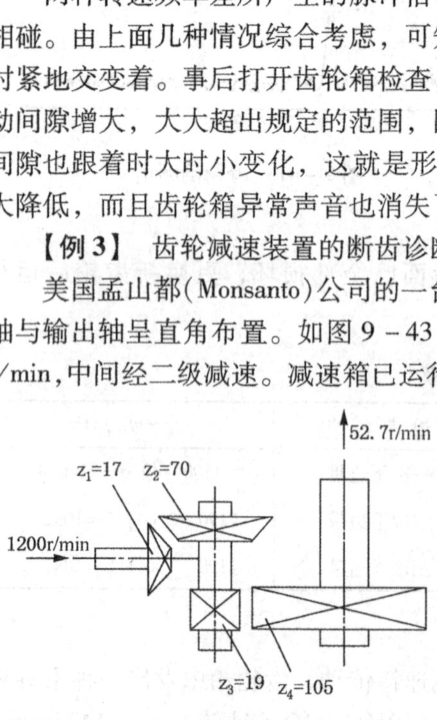

图9－43 减速装置示意图

也就是说，啮合频率为输入轴转速频率所调制。根据边带形状特征，初步怀疑是高速轴上的小齿轮发生了断齿。然后又从时域信号上进行观察，得到如图 9 - 44(d)所示的波形图，图中显示了小齿轮每转一次有一个脉冲信号，这是明显的小齿轮有一断齿或严重局部故障的迹象。停机后打开齿轮箱观察，证明小齿轮的一齿断裂。

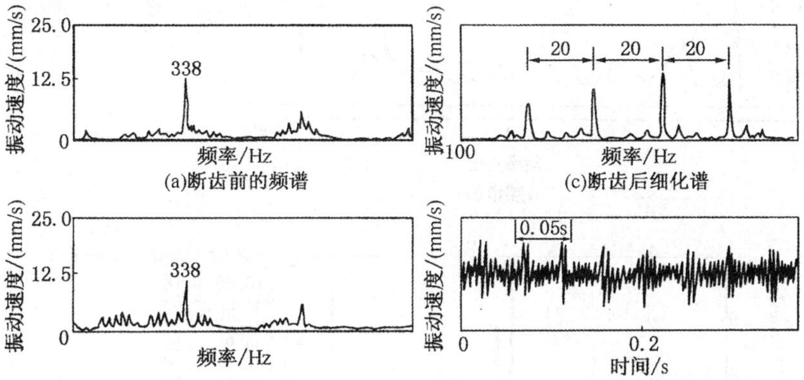

(a)断齿前的频谱
(c)断齿后细化谱
(b)断齿后的频谱
(d)断齿后的波形

图 9 - 44　齿轮箱的边频分析

【例 4】 车床传动箱齿轮故障的诊断。

某厂新造一台 C6132 车床噪声较大，甚至在较低的转速档 250r/min，其噪声仍高达 87dB，已超过了三级车床允许的范围(83dB)，表 9 - 9 是主轴 250r/min 时各轴转速，转频及啮合频率。

表 9 - 9　主轴 250r/min 时各轴转频及啮合频率(实测为 255.5r/min)

轴　序　号	传　　动	转速/(r/min)	转频/Hz	啮合频率/Hz
Ⅰ		1252.72	20.879	
Ⅱ	41/35	1467.47	24.458	856.03
Ⅲ	54/30	2641.5	44.024	1320.73
Ⅳ	154/200	2033.98	33.899	
Ⅴ	27/63	871.7	14.528	915.26
主轴	17/58	255.5	4.258	246.97

图 9 - 45 是某测试点振动速度的频谱、细化谱和解调谱。从图 9 - 45(a)可看出，存在以 IV 轴与 V 轴之间 27/63 齿的啮合频率 917.9Hz(计算 915.3Hz)及其以倍频 1831Hz 为载波频率的调制边频带，同样 9 - 45(b)是振动速度细化谱，图 9 - 45(c)是解调谱，显然在上述啮合频率附近存在带宽为 14.48Hz 的调制频率。由表 9 - 9 可知，当主轴转速为 250r/min 时，V 轴转频为 14.53Hz，即为图 9 - 45(b)和图 9 - 45(c)所示的调制频率，V 轴上由花键联接的是倍轮机构，其 63 齿齿轮的啮合频率为 915.3Hz，即为 9 - 45(a)和图 9 - 45(b)所示的载波频率，由此可诊断为：V 轴(倍轮轴)上的 63 齿齿轮故障(齿形误差或安装不好)，产生强烈的周期轰鸣噪声。当现场技术人员根据诊断结果更换该倍轮之后，周期的强烈轰鸣噪声即消失，噪声声压级由 87dB 降至 83.5dB。

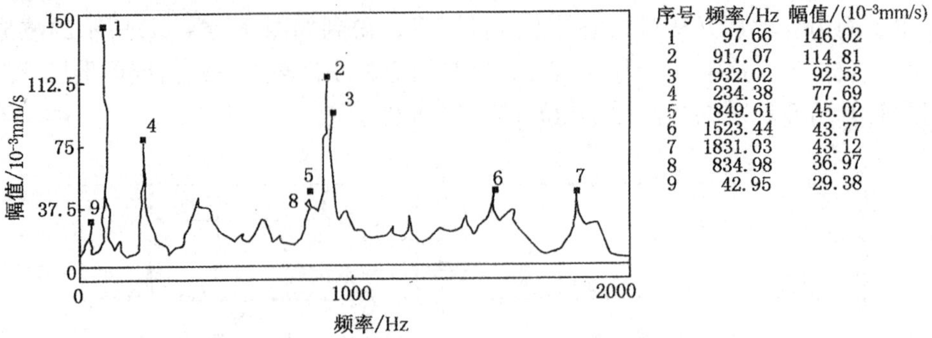

(a)频谱图

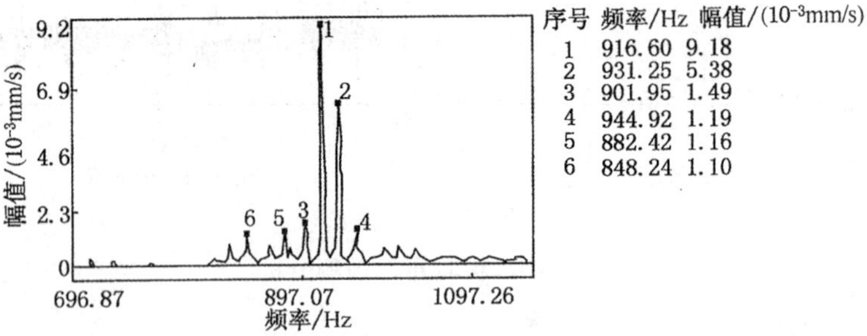

(b)细化频谱

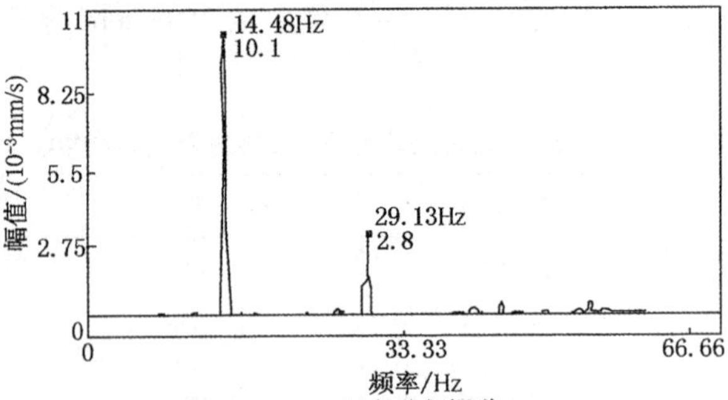

(c)细化解调谱

图9－45　C6132车床某齿轮产生齿形误差时振动速度的频谱图

第 10 章　滑动轴承的故障诊断

轴承用于支承轴颈，有时也用来支承轴上的旋转零件，是旋转机械中不可缺少的基本元件之一，在旋转机械的各种故障中，轴承故障占有相当大的比例。

根据轴承工作时的摩擦性质，轴承可以分为滑动摩擦轴承(简称滑动轴承)和滚动摩擦轴承(简称滚动轴承)两类。

滑动轴承具有结构简单、工作平稳、可靠、无噪声、承载能力强等特点，如果能够保证液体摩擦润滑，滑动表面被润滑油分开而不发生直接接触，则可以大大减小摩擦损失和表面磨损，并且油膜具有一定的吸振能力等独特的优点，特别适用于：

(1) 极高转速；

(2) 高支承定位精度；

(3) 巨大振动和冲击载荷；

(4) 要求支承为剖分形式；

(5) 小的径向尺寸；

(6) 特殊的工作条件(在水或者腐蚀性介质中工作)。

轴承作为旋转机械中的一个重要部件，它的工作状态如何将直接影响整机的性能(精度、寿命、安全性、可靠性等)。因此，对轴承的工作状态的监测及故障诊断技术的研究工作越来越受到重视，并成为保证旋转机械良好工作的一个重要措施。

滑动轴承一般是由轴承体和软化系统两部分组成，工作时轴颈在轴承中旋转带动润滑油形成动压油膜，靠油膜压力与外载荷相抵来支承并保证轴颈灵活转动。这决定了滑动轴承故障的特殊性和复杂性，而轴承失效则是导致故障的主要形式。

影响轴承寿命的原因很多，综合起来主要有以下几个方面：

(1) 结构设计方面：如轴承宽度、轴承工作表面的几何形状、轴瓦合金层厚度、轴承工作间隙等；

(2) 选材：不仅要考虑轴承的材料(包括衬背、主合金层和镀层合金)，而且还应考虑与轴的配对性能以及特定的工作条件，即从系统的角度出发考虑问题；

(3) 加工制造方面：包括轴承的几何尺寸和几何形状、表面的加工精度和光洁度以及内部缺陷，如夹渣、气孔、裂纹、疏松等；

(4) 装配质量：如轴和轴承中心线不对中、油孔位置偏斜、轴承与轴承座过盈配合不佳等；

(5) 使用方面的影响：包括润滑油本身的品质、润滑油的压力、流量、外部载荷以及工作环境等的影响。

10.1　滑动轴承的主要故障形式

一、正常磨损

轴承工作表面光滑平整，轴承的磨损率通常近似一个常值。当累积的磨损量大于设计的许用磨损值时，轴承就失效，即进入异常磨损。磨损主要原因是机组超载或超速运行；润滑油中含有过多的杂质，润滑不良，轴承磨合不好等。

减轻正常磨损故障的方法与措施：

（1）保证轴承正常运行的润滑；及时对机组的润滑系统，密封系统进行维护和保养，更换润滑油，保证润滑油中的颗粒含量及大小在允许的范围内，严格按操作规程运行；

（2）避免轴承在超载、超速状况下运行。

二、擦伤现象

轴承与轴颈表面发生金属直接接触而产生细而浅的犁痕。主要原因是机组启动或停止过程中，滑动轴承的油膜压力不够，润滑油太少，或进油管路有破裂现象或润滑油中混有其他杂质。

防止擦伤的方法与措施：与减轻正常磨损的方法措施相同。

三、胶合现象

发生在机组超负荷运行，轴承局部载荷过高、过热，缺润滑油，轴承座振动等。轴承座温度升高很快，使轴承与轴配合表面直接接触且局部熔合在一起。

防止胶合的方法与措施：

（1）避免机组超负荷运行；

（2）提高轴承装配质量和润滑油洁度，避免轴承局部载荷过大；

（3）改善润滑油的供油系统，避免缺油运行；

（4）加强轴承座的联接刚度，避免机座振动。

四、烧瓦现象

烧瓦是滑动轴承的恶性损伤，轴瓦与轴颈材料发生热膨胀，轴承间隙消失，金属之间直接接触，致使润滑油燃烧，在高温下，轴承和轴颈表面的合金发生局部熔化。严重时，轴瓦与轴一起旋转或者咬死，此时轴承减摩材料严重变形，并被撕裂。原因是轴承长时间在无润滑油环境下旋转，轴瓦温度急速上升。

防止烧轴瓦的方法与措施：

（1）应先启动润滑油系统，保证润滑系统油压达到要求，然后启动机组，机组启动后不应立即加速；

（2）避免机组不正常的超负荷或超速(甩负荷)运行；

（3）提高装配质量，保证轴承的间隙不能过小但也不能太大，油封质量要好，不泄漏；

（4）避免缺油运行。

五、疲劳破坏

滑动轴承表面受到交替变化载荷的作用，使轴承表面产生往复作用的拉应力、压应力和剪切应力，从而产生显微裂纹，以后随着应力的不断重复，特别是当润滑油进入裂纹缝隙后，由于润滑油的尖裂作用，使裂纹在轴承中不断扩展，最后形成疲劳破坏。此外铅铜合金轴承中，如果润滑油中混入了水和重油，铅相就会被腐蚀而渗出，只留下铜的枝晶，强度降低并形成疲劳源；热应力也会引起疲劳失效。

疲劳失效的特征：轴承承载区的工作表面呈网状扩展的裂纹，裂纹向减摩层的纵深方向发展，最后减摩层材料呈颗粒状、片状或块状剥落，凹块边缘不规则，有金属光泽。

六、腐蚀破坏

滑动轴承由于周围环境介质与轴承工作表面间产生化学反应，引起轴承工作表面呈黑色或无光泽的色变、孤立状且不连续的起毛，或者呈随机分布的麻坑状、蜂窝状或不规则的连通凹坑。

腐蚀原因是：润滑油被氧化或者被污染；轴承防腐不良；轴承减摩材料含有害杂质元素；轴承工作表面有寄生电流通过等。

七、气蚀失效

发电机组的滑动轴承在重载高速运转的情况下，润滑油中会形成小的油蒸气气泡，气泡运动到高压区域或润滑油压力升高时，气泡就会炸裂，周围的润滑油迅速补充原气泡所占的空间，从而形成一个个强劲的压力冲击波，使轴承表面受到强烈冲击，发生表面塑性变形，形成较大的应力，最终导致轴承表面局部剥落。

防止发生气蚀的方法与措施：

（1）加强轴承的支承，改善轴承与轴承座的刚度匹配，避免轴承局部的高频振动；

（2）改善润滑油的供应和品质；

（3）避免形成强烈的涡流区。

八、油膜振荡

油膜振荡的危害：

（1）油膜振荡是一种危险的振动，使转子更加偏离轴承中心，增加了转子的不稳定因素；

（2）油膜振荡引起交变的应力，而交变的应力将导致滑动轴承疲劳失效。

防止发生油膜振荡的方法措施：

（1）增加转子系统的刚度，即提高转子自身的固有频率，也就提高了产生油膜振荡的失稳速。一般应使系统的失稳转速在工作转速的25%以上；

（2）选择好的轴承形式和轴承参数，圆柱轴承制造简单，但抗振性最差；椭圆轴承、三油楔、多油楔轴承能显著提高轴承的稳定性和油膜刚度，是比较理想的一种选择；可摆动瓦轴承中的轴瓦的倾斜度可以随轴颈位置不同而自动调整，以适应不同的载荷、转速、轴的弹性变形和偏斜等，并建立液体润滑，是最好的一种选择；

（3）增加轴承比压，改变进油温度或黏度；轴承比压越大，轴颈越不易浮起；

（4）减小轴承间隙，改变进油压力，增加外阻尼等。

10.2 滑动轴承故障特征

（1）油膜振荡在转速为第一临界转速的2倍或2倍以上时发生，一旦发生，就在较宽的转速范围内持续存在，提高转速也不能越过油膜振荡，必须停车才行。

（2）对于在2倍临界转速以上发生的油膜振荡，必须将转速降至2倍临界转速或更低，油膜振荡才会消失。

（3）轴承载荷愈小，或偏心率愈小，愈易产生油膜振荡。

（4）轻载轴承在较低速下会因油膜不稳定存在着半速涡动，这种小幅振动危害不大，但随着转速升高，半速涡动幅值逐渐增大，当转速升到第一临界转速2倍，与涡动频率重合时，就会激发转子的油膜共振。

10.3 滑动轴承故障的诊断方法

在滑动轴承的设计、制造、安装过程中，一般均考虑了强迫振动，避免共振和加强油膜的稳定性等问题。因此，正常的工作状态下，轴承的振动量较低，若振动超过一定的界限，就预示它产生了某种故障。

一般采取的诊断方法有振动诊断方法和油温诊断方法。

10.3.1 滑动轴承的振动诊断技术

一、振动诊断简介

1. 滑动轴承的振动分类

滑动轴承的振动，可按其机理分为两种形式：一是强迫振动，又称同步振动，主要是由轴系上组件不平衡、联轴器的不对中、安装不良等原因造成，其振动的频率为转子的旋转频率及其倍频，振动的振幅在转子的临界转速前，随着转速的增加而增大，超过临界转速，则随转速的增加而减小，在临界转速处有一共振峰值；另一种振动是自激振动，又称亚同步振动，即油膜涡动及油膜振荡，它的振动频率低于转子的旋转频率(约一半)，常常在某个转速下突然发生，具有极大的危害性。

2. 滑动轴承振动诊断的原理

在滑动轴承的设计、制造和安装工作中，一般均已考虑了减小强迫振动、避免共振和加强油膜动力稳定性的问题。所以在正常工作状态下，润滑轴承的振动量级被限制在一个较低的水平下。若轴承的振动一旦超过了这个水平，将预示它已产生了某种故障，除此之外，振动作为轴承受激后的一种响应，按照线性系统的频率保持特性原理，从对其所作的频率成分分析中，就有可能发现各种振源的踪迹。

3. 振动测试

测定振动用的传感器有绝对式、相对式、加速度型、速度型、位移型等多种。在滑动轴承的振动测试中，传感器类型的选择，除了考虑传感器本身的灵敏度、动态范围、频响特性、环境适应能力和可靠性等诸多因素外，还必须考虑安装条件，测点方向和测点位置等问题，一般对轴承座外露的轴承，多选用绝对式振动速度或加速度传感器。而对轴承座隐藏在内部的滑动轴承，多选用相对式振动位移传感器。至于测量方向则以径向的铅垂和水平为主，测点位置应选在振动传递途径最短、对振源最敏感的地方。

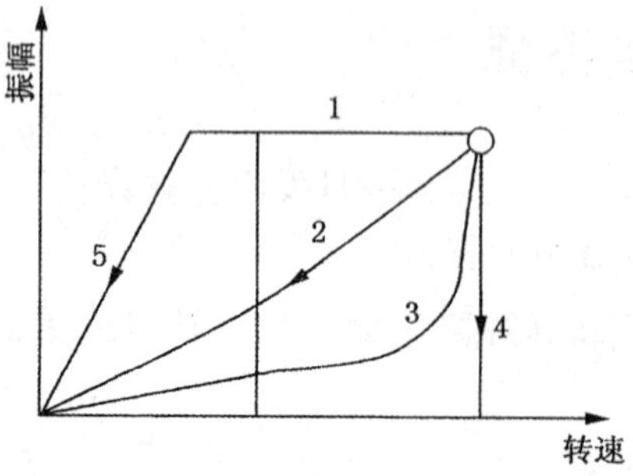

图 10－1　几种典型的振动波形

1—失稳；2—不平衡；3—共振；
4—电磁振动；5—基座松动

4. 滑动轴承的振动诊断方法

(1) 时域幅值诊断法

该方法主要计算滑动轴承振动信号指标中的均方根幅值，当均方根值大于某一界限值时，将被检轴承判为有故障，此法简单易行，常用于简易诊断中。

(2) 时域波形诊断法

该方法主要是对滑动轴承振动信号的通频幅值随转速变化的规律进行分析，从而区别被检轴承的振动究竟是受迫振动(包括共振)还是自激振动。图 10－1

中给出了几种不同振动的典型振动波形，可作为波形诊断的参考。

（3）频域诊断法

对滑动轴承振动信号进行频谱分析，根据此频谱（待检谱）和滑动轴承正常工作时的振动频谱（标准谱）之间的差异，和差异处的频率成分与振源频率之间的对应关系能确定故障的有无、程度、类别和原因。这是一种较为精密和可靠的振动诊断方法。

诊断的特征频率一般为轴转频、轴转频一半、轴转频的倍频等。

（4）轴心轨迹诊断法

由于轴承中自然间隙的存在，所以通过轴心的轨迹观察，可以了解轴系的工作情况。轴心轨迹的测量一般采用两个互成90°安装的涡流式振动位移传感器，在各自的方向上测量轴的振动，然后通过绘图得到轴心轨迹。

正常情况下滑动轴承的工作过程如图10－2所示。

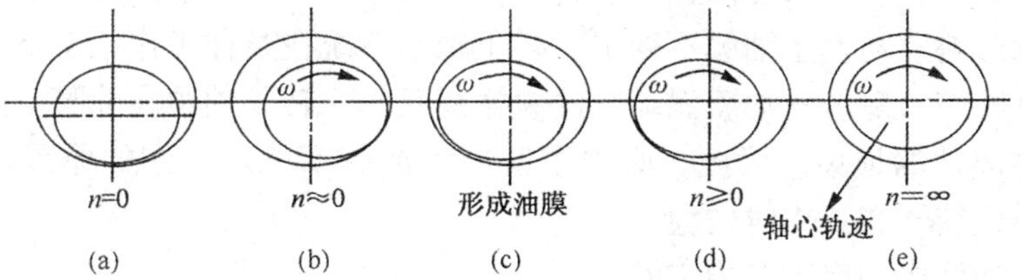

图10－2　向心滑动轴承的工作情况

当轴承开始工作时，转速极低，这时轴承和轴颈主要是金属接触，如图10－2(a)，由于轴承对轴颈的摩擦力方向与轴颈表面的圆周速度方向相反，迫使轴颈向右滚动而偏移，见图10－2(b)。随着转速的增大，带入油楔内的油量也逐渐加多，于是金属接触面被润滑油分隔开的面积将逐渐增大，而摩擦阻力却逐渐减小，使轴颈向左上方移动，当转速增加到一定大小之后，已能带入足量的油把金属接触面分开，油层内的压力已建立到能抵消轴颈上外载荷的程度，轴承开始按液体摩擦状态工作。由于油压的作用，把轴颈抬起且偏向左边，见图10－2(c)。当轴颈转速进一步增加，油层内的压力也会进一步增大，轴颈被抬高的程度也会增加，使轴颈中心更接近轴承孔的中心，见图10－2(d)。理论上，只有当轴颈转速$n=\infty$时，轴颈中心才会与孔的中心重合。所以，在有限转速内，永远达不到两个中心重合的程度。

实际工作中的轴承，当转速较低时（但已高于建立液体摩擦状态的转速），轴颈中心将绕其平衡位置作小的椭圆轨迹的变位运动。这种变位运动的角频率ω等于转子的角频率，方向与转动方向相同，通常称为“同步涡动”。角频率ω增大到某一临界角频率ω_n时发生共振；当ω超过ω_n后，振幅重又减小。这样，对于正常工作的滑动轴承，其轴心轨迹始终保持基本相同的椭圆形状，如图10－2(e)所示。

若轴承过度磨损时，椭圆的长短轴半径将有显著的增加。若对动力失稳轴承，则当ω升到某一ω_{st}值时，轴心的振动中除了含有同步涡动成分外，还增添了近乎半频$(\omega/2)$的涡动成分（称为半频涡动），二者的综合效果，将使轴心的变位运动轨迹变成大、小二圈叠连的形状，这时滑动轴承处于“油膜涡动状态”。ω继续升高时，半频涡动成分增大到主要地位。ω到达约$2\omega_n$时，半频涡动频率与ω_n接近，因此半频涡动与转子发生共振，使振幅急剧增大，这时滑动轴承处于“油膜振荡”。如果ω继续升高，这种振荡的频率基本上不再随ω而提高，仍维持约等于ω_n，且振幅通常不会减弱或显著减弱。相应地，由于同步涡动频

率大于 $2\omega_n$ 越来越多，轴心变位运动的轨迹就不断旋转和变形，使图形看起来既乱又花，典型的油膜涡动如图 10－3 所示。

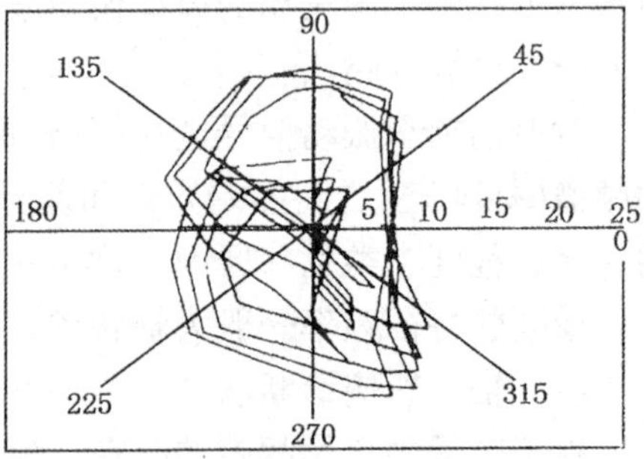

图 10－3　油膜涡动时的轴心轨迹

所以通过轴心轨迹的形状和变化，便可以对滑动轴承的工作状态进行诊断。

二、油膜涡动和油膜振荡的故障诊断

油膜涡动和油膜振荡是由于滑动轴承的非线性振动引起的，一旦发生油膜涡动和油膜振荡，将造成十分严重的后果。

1. 油膜轴承的不稳定工作机理

在石油、化工、电力、钢铁和航空工业部门中使用的高性能旋转机械，多数属于高速轻载转子，即 $\psi_p < 1$。高速轻载轴承由于设计不良或使用中多种因素的影响，易发生油膜不稳定。转子轴承系统在某种工作状态下，还会发生高速滑动轴承的一种特有故障——油膜涡动和油膜振荡问题，转子轴颈在油膜中的剧烈振动将会直接导致机器零部件的损坏。因此，必须了解产生油膜不稳定工作的原因、故障机理和特征，采取措施防止转子在工作时失稳。

（1）轴颈在油膜中的涡动与稳定性

转子轴颈在轴承中以角速度 ω 稳定运转时，轴颈上的载荷与油膜力相平衡，即作用在轴颈中心上的力大小相等、方向相反。如图 10－4 所示，假如轴颈中心在 O_1 位置上，轴颈载荷 W 和油膜力 P 大小相等，方向相反，O_1 点就是轴颈旋转的平衡位置，这个平衡位置由轴颈的偏心率 ε 和偏位角 θ 来确定的。假如转子受到外界瞬时干扰力的作用，轴颈中心移到 O' 位置时，如果能够回复到原来的位置，则认为系统是稳定的，否则认为是不稳定的。当轴心移到 O' 位置时，该处的油膜反力为 P'，与 W 不再衡，两合力为 F。把 F 分解为一个切向分量 F_2 和一个径向分量 F_1，力 F_1 与轴径的位移方向相反，试图把轴颈推回到原处，这是一种弹性恢复力；而力 F_2 与轴颈位移方向垂直，它有推动轴颈中心涡动的趋势，故 F_2 称为涡动力。如果涡动力等于或小于油膜阻尼力，轴颈的涡动将是稳定的；如果涡动力超过阻尼力，则轴心轨迹继续扩大，这时轴心是不稳定的。

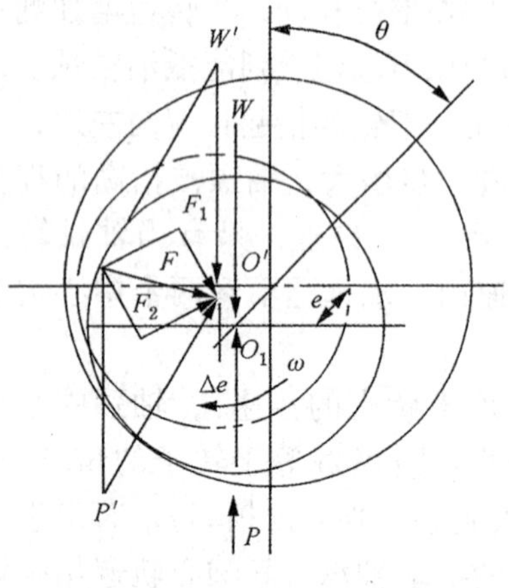

图 10－4　轴颈的受力分析

（2）半速涡动与油膜振荡

涡动是转子轴颈在作高速旋转的同时，还环绕轴颈某一平衡中心作公转运动。按照激励因素不同，涡动可以是正向的（与轴旋转方向相同），也可以是反向的（与轴旋转方向相反）；涡动角速度与转速可以是同步的，也可以是异步的。如果转子轴颈主要是由于油膜力的激励作用而引起涡动，则轴颈的涡动角速度将接近转速的一半，故有时也称之为“半速涡动”。

轴颈在轴承中作偏心旋转时，形成一个进口断面大于出口断面的油楔，如果进口处的油液流速并不马上下降（例如，对于高速轻载转子，轴颈表面线速度很高而载荷又很小，油楔力大于轴颈载荷，此时油楔压力的升高不足以把收敛形油楔中的流油速度降得较低），则轴颈从油楔间隙大的地方带入的油量大于从间隙小的地方带出的油量，由于液体的不可压缩性，多余的油就要把轴颈推向前进，形成了与转子旋转方向相同的涡动运动，涡动速度就是油楔本身的前进速度。

当转子旋转角速度为 ω 时，因润滑油具有黏性，所以轴颈表面的油流速度与轴颈线速度相同，均为 $r\omega$，而在轴瓦表面处的润滑油流速为零。为分析方便，假定间隙中的油流速呈直线分布，如图 10－5 所示。在油楔力的推动下转子发生涡动运动，涡动角速度为 Ω，假定 $\mathrm{d}t$ 时间内轴颈中心从 O_1 点涡动到 O' 点，轴颈上某一直径 $A'B'$ 扫过的面积为

$$\Omega(2r)\,\mathrm{d}t = 2r\Omega e\mathrm{d}t \qquad (10-1)$$

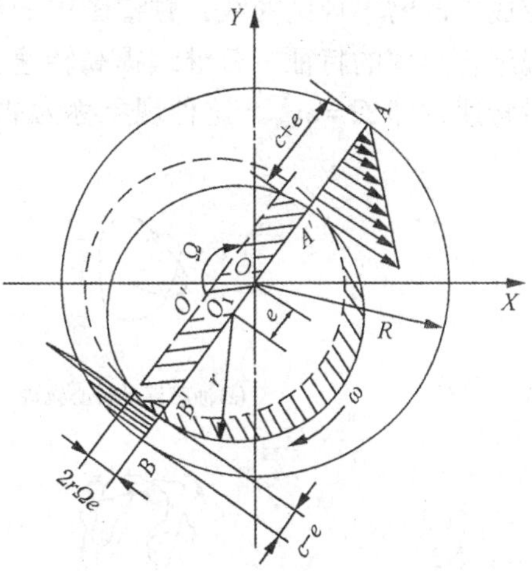

图 10－5　轴颈半速涡动分析

此面积等于轴颈掠过面积(图中有阴影线部分的月牙形面积)，这部分面积也就是油流在 AA' 断面间隙与 BB' 断面间隙中的流量差。假如轴承宽度为 l，轴承两端的泄油量为 $\mathrm{d}Q$，根据流体连续性条件，则可得到

$$r\omega l\frac{c+e}{2}\mathrm{d}t = r\omega l\frac{c-e}{2}\mathrm{d}t + 2rl\Omega e\mathrm{d}t + \mathrm{d}Q \qquad (10-2)$$

解得

$$\Omega = \frac{1}{2}\omega - \frac{1}{2rel}\frac{\mathrm{d}Q}{\mathrm{d}t} \qquad (10-3)$$

当轴承两端泄漏量 $\frac{\mathrm{d}Q}{\mathrm{d}t}=0$ 时，可得：

$$\Omega = \frac{1}{2}\omega \qquad (10-4)$$

实际上，由于以下原因的影响，涡动频率通常略低于转速频率的 1/2。

(1) 在收敛区入口的油流速度由于受到不断增大的油压作用而逐渐减慢，而在收敛区出口的油流速度在油楔压力作用下会有所增大。这两者的作用与轴颈旋转时引起的直线速度分布相叠加，就使得图 10－5 中 AA' 断面上的速度分布线向内凹进，BB' 断面上的速度分布线向外凸出，这种速度分布上的差别使轴颈的涡动速度下降。

(2) 注入轴承中的压力油不仅被轴颈带着作圆周运动，还有部分润滑油从轴承两侧泄漏，此时，$\frac{\mathrm{d}Q}{\mathrm{d}t}\neq 0$，因而，这是造成涡动速度低于转速之半的另一个原因，式(10－4)变为：$\Omega<\frac{1}{2}\omega$ 实际上，半速涡动的频率约为 $\Omega=(0.38\sim0.48)\omega$。

涡动频率在转子一阶自振频率以下时，半速涡动是一种比较平静的转子涡动运动，由于油膜具有非线性特性(即轴颈涡动幅度增加时，油膜的刚度和阻尼较线性关系增加得更快，从而抑制了转子的涡动幅度)，轴心轨迹为一稳定的封闭图形，如图 10－6(a)所示，转子仍能平稳地工作。

随着工作转速的升高，半速涡动频率也不断升高，频谱中半频谐波的振幅不断增大，使转子振动加剧。如果转子的转速升高到第一临界转速的 2 倍以上时，半速涡动频率有可能达到第一临界转速，此时会发生共振，造成振幅突然骤增，振动非常剧烈。同时轴心轨迹突然

变成扩散的不规则曲线，频谱图中的半频谐波振幅值增大到接近或超过基频振幅，频谱会呈现组合频率的特征。若继续提高转速，则转子的涡动频率保持不变，始终等于转子的一阶临界转速，即 $\Omega=\omega_{cr1}$，这种现象称为油膜振荡，如图 10-6(c)、(d)所示。

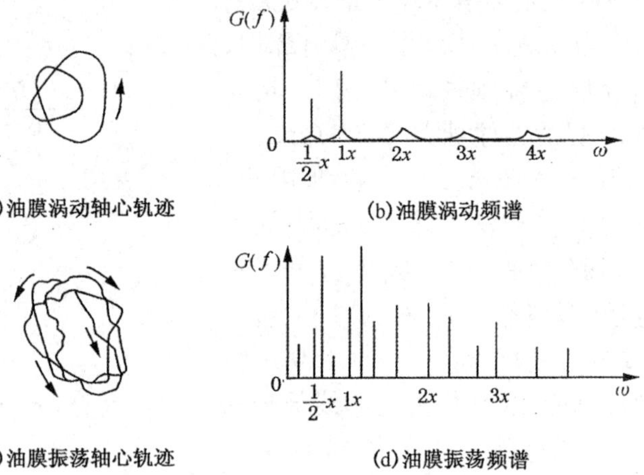

图 10-6　油膜涡动与油膜振荡的频谱及轴心轨迹

2. 油膜涡动与油膜振荡的特征

起始失稳转速与转子的相对偏心率有关，轻载转子在第一临界转速之前就可能发生不稳定的半速涡动，但不产生大幅度的振动；当转速达到两倍第一临界转速时，转子由于共振而有较大的振幅；越过第一临界转速后振幅再次减少，当转速达到两倍第一临界转速时，振幅增大并且不随转速的增加而改变，即发生了油膜振荡，如图 10-7(a)。

对于重载转子，因为轴颈在轴承中相对偏心率较大，转子的稳定性好，低转速时并不存在半速涡动现象，甚至转速达到两倍的第一临界转速时，也不会立即发生很大的振动，当转速达到两倍的第一临界转速之后的某一转速时，才突然发生油膜振荡，如图 10-7(c)。

中载转子在过了一阶临界转速 ω_{cr1} 后会出现半速涡动，而油膜振荡则在二倍的第一临界转速之后出现，如图 10-7(b)。

油膜振荡还具有以下特征：

(1) 油膜振荡在一阶临界转速的二倍以上时发生。一旦发生振荡，振幅急剧加大，即使再提高转速，振幅也不会下降；

(2) 油膜振荡时，轴颈中心的涡动频率为转子一阶固有频率；

(3) 油膜振荡具有惯性效应，升速时产生油膜振荡的转速和降速时油膜振荡消失时的转速不同，如图 10-7(c)所示；

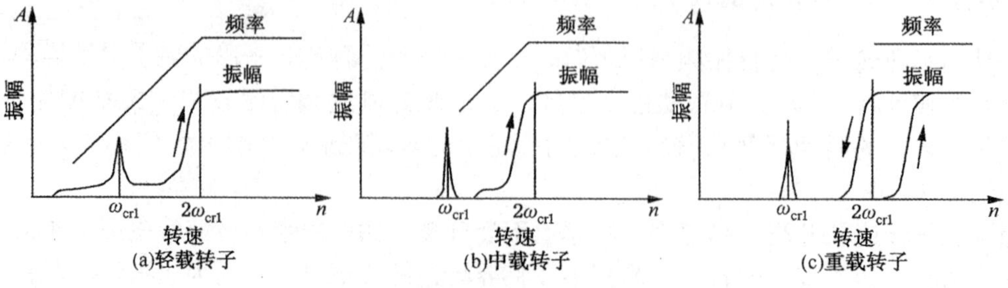

图 10-7　不同载荷下的油膜振荡特点

（4）油膜振荡为正进动，即轴心涡动的方向和转子旋转方向相同。

3. 油膜涡动与油膜振荡的诊断

油膜涡动与油膜振荡的诊断依据见表 10－1 和表 10－2。

表 10－1　油膜涡动与油膜振荡振动特征

序　号	特征参量	故障特性	
		油膜涡动	油膜振荡
1	时域波形	有低频成分	低频成分明显
2	特征频率	≤0.5×	(0.42～0.48)×
3	常伴频率	1×	组合频率
4	振动稳定性	较稳定	不稳定
5	振动方向	径向	径向
6	相位特征	不稳定	不稳定（突发）
7	轴心轨迹	双环椭圆	扩散，不规则
8	进动方向	正进动	正进动
9	矢量区域	变化	变化

表 10－2　油膜涡动与油膜振荡振动敏感参数续表

序　号	敏感参数	随敏感参数变化情况	
		油膜涡动	油膜振荡
1	振动随转速变化	明显	振动突然增大后，即使转速升高振动值也不变化
2	振动随油温变化	有影响	有影响
3	振动随介质温度变化	不变	不变
4	振动随压力变化	不变	不变
5	振动随流量变化	不变	不变
6	振动随负荷变化	不明显	不明显
7	其他识别方法	（1）提高润滑油压有时振动有明显改善 （2）降低润滑油黏度振动有明显改善	

4. 油膜涡动与油膜振荡的故障原因及治理措施

根据油膜轴承的工作原理，油膜涡动与油膜振荡的故障原因及治理措施如表 10－3 所示。

表 10－3　油膜涡动与油膜振荡故障原因及治理措施

1	设计原因	轴承参数设计不合理	（1）按技术要求安装轴承，保证间隙符合技术要求 （2）提高轴承比压 （3）适当提高油温 （4）更换润滑油，降低黏度 （5）控制轴承预负荷 （6）避开油膜共振转速区
2	制造原因	轴承制造不符合技术要求	
3	安装维修	（1）轴承间隙不符合要求 （2）轴瓦参数不当 （3）轴承壳体配合过盈不足	
4	操作运行	（1）油温或油压不当 （2）润滑不良	
5	状态劣化	（1）轴承磨损 （2）疲劳损坏、腐蚀、气蚀等	

5. 诊断实例

【例 1】　圆筒瓦油膜振荡故障的诊断。

某气体压缩机运行期间，状态一直不稳定，大部分时间振动值较小，但蒸汽透平时常有短时强振发生，有时透平前后两端测点在一周内发生了 20 余次振动报警现象，时间长者达

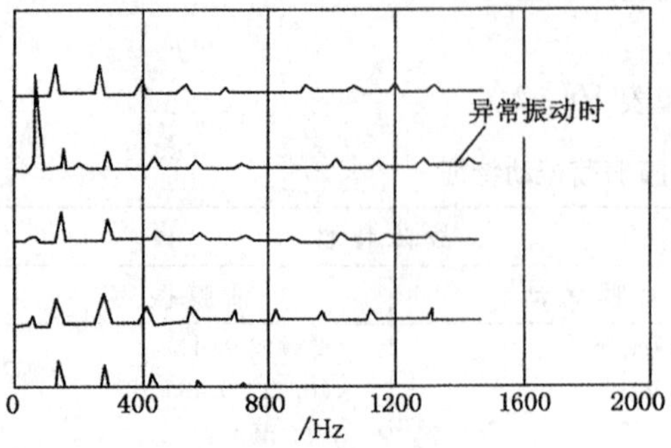

图 10－8　1#轴承的测点频谱变化趋势

半小时，短者仅 1min 左右。图 10－8 是透平 1# 轴承的频谱趋势，图 10－9、图 10－10 分别是该测点振动值较小时和强振时的时域波形和频谱图。经现场测试、数据分析，发现透平振动具有如下特点。

（1）正常时，机组各测点振动均以工频成分(143.3Hz)幅值最大，同时存在着丰富的低次谐波成分，并有幅值较小但不稳定的 69.8Hz(相当于 0.49×)成分存在，时域波形存在单边削顶现象，呈现动静件碰磨的特征。

（2）振动异常时，工频及其他低次谐波的幅值基本保持不变，但透平前后两端测点出现很大的 0.49×成分，其幅度大大超过了工频幅值，其能量占到通频能量的 75% 左右。

（3）分频成分随转速的改变而改变，与转速频率保持 0.49×左右的比例关系。

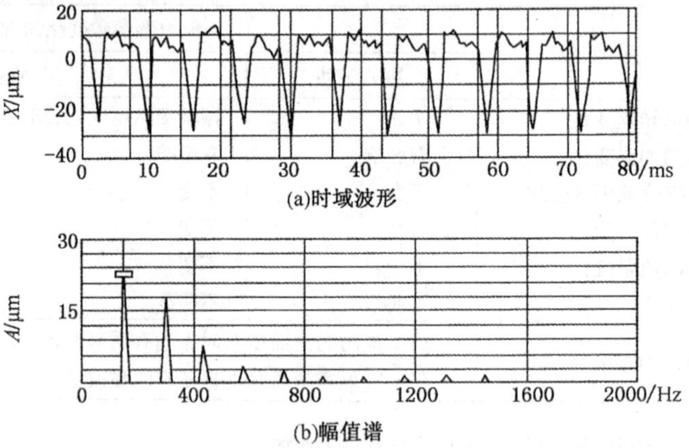

图 10－9　测点振动值较小时的波形与频谱

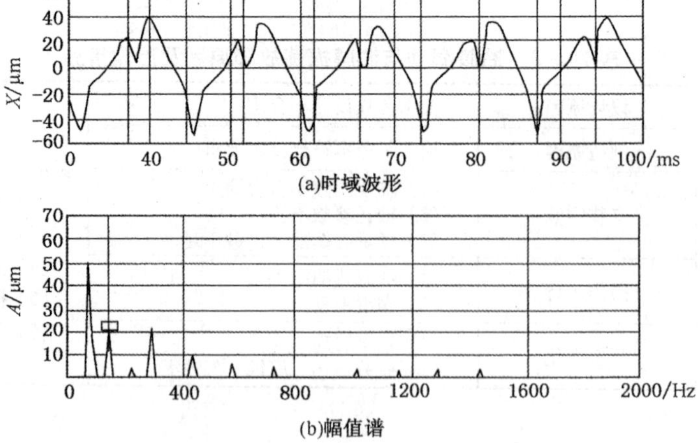

图 10－10　测点强振时的波形和频谱

（4）将同一轴承两个方向的振动进行合成，得到提纯轴心轨迹。正常时，轴心轨迹稳定，强振时，轴心轨迹的重复性明显变差，说明机组在某些随机干扰因素的激励下，运行开始失稳。

（5）随着强振的发生，机组声响明显异常，有时油温也明显升高。

诊断意见：根据现场了解到，压缩机第一临界转速为3362r/min，透平的第一临界转速为8243r/min，根据上述振动特点，判断故障原因为油膜涡动。根据机组运行情况，建议降低负荷和转速，在加强监测的情况下，维持运行等待检修机会处理。

生产验证：机组一直平稳运行至当年大检修。检修中将轴瓦形式由原先的圆筒瓦更改为椭圆瓦后，以后运行一直正常。

【例2】 催化气压机油膜振荡。

某压缩机组配置为汽轮机+齿轮箱+压缩机，压缩机技术参数如下：

工作转速：7500r/min	出口压力：1.0MPa
轴功率：1700kW	进口流量：220m^3/min
进口压力：0.115MPa	转子第一临界转速：2960r/min

1986年7月，气压机在运行过程中轴振动突然报警，Bently 7200系列指示仪表打满量程，轴振动值和轴承座振动值明显增大，为确保安全，决定停机检查。

揭盖检查，零部件无明显损坏，测量转子对中数据、前后轴承的间隙、瓦背紧力和转子弯曲度，各项数据均符合要求。对转子进行低速动平衡后重新安装投用，振动状况不但没有得到改善，反而比停机前更差。气压机前端轴振动值达到185μm，其中47Hz幅值为181μm，125Hz幅值为42μm，如图10－11（a）所示。气压机后端轴振动值为115μm，其中47Hz幅值为84μm，125Hz幅值为18μm，如图10－11（b）所示。轴心轨迹为畸形椭圆，气压机前后轴承座水平方向振动剧烈，分别达到39μm、29μm。

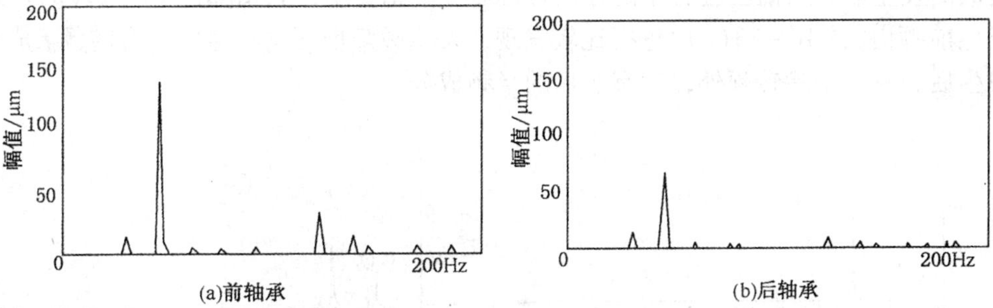

图10－11　气压机轴承振动频谱

为进行故障识别，又一次进行升速试验，记录振动与转速变化的关系，气压机升速过程三维谱图，如图10－12所示。

前后轴承振动频谱图均发现有47Hz低频峰值存在，观察三维谱图可发现，当升速至4260r/min时出现半速涡动，随着转速的上升，涡动频率和振幅不断增加，当涡动频率达到47Hz时不再随转速而上升，转速提高到7500r/min工作转速时，振动频率仍为47Hz，但振幅非常大，低频分量为179μm，而工频分量只有40μm。

诊断意见：对转子—支承系统进行核算，发现转子第一临界转速为：2820r/min（47Hz）。

据此进一步分析发现，其振动特征及变化规律与典型的高速轻载转子的油膜振荡故障现象完全吻合。因此可以判定其故障原因为油膜振动。

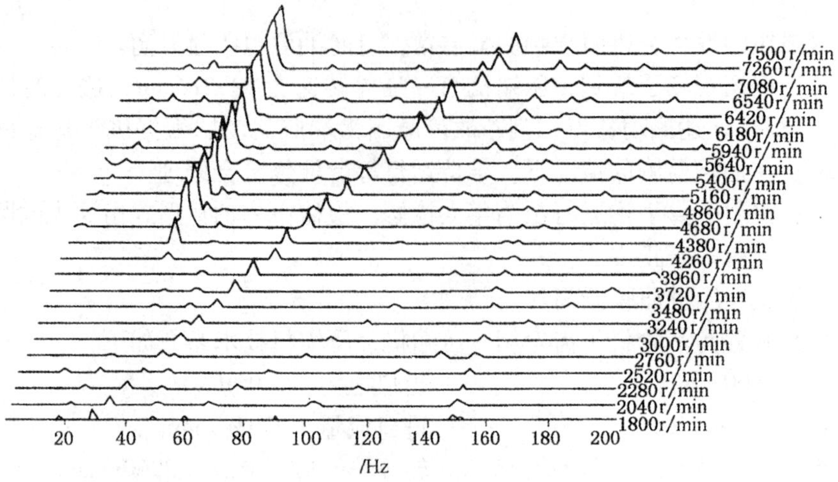

图 10-12　前轴承升速过程振动瀑布图

由于油膜振荡故障危害极大，可能在短时间内造成机组损坏，所以必须立即停机检修处理。

生产验证：停机后解体检查发现，轴瓦巴氏合金表面发黑，上瓦有磨损并伴有大量小气孔，前轴承巴氏合金有部分脱落。更换新的可倾瓦轴承后，再次启动机组，47Hz 的低频分量不再出现，油膜振荡故障消失。

【例 3】 某化肥厂的 CO_2 压缩机组，某年 3 月 10 日开始振动值渐增，至当年 9 月 4 日高压缸振动突然升到报警值。

在故障发生后，对高压缸转子的径向振动做了频谱分析，频谱如图 10-13(b)所示，与故障发生前频谱[图 10-13(a)]进行比较发现，发生故障前振动信号中只有转频 f_r 成分，而故障发生后，频谱中除转频外，还有明显的半频成分。

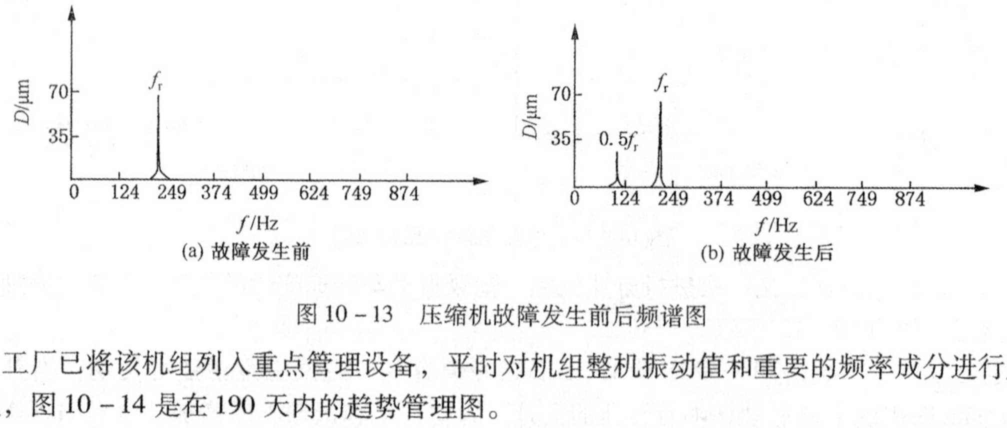

(a) 故障发生前　　(b) 故障发生后

图 10-13　压缩机故障发生前后频谱图

工厂已将该机组列入重点管理设备，平时对机组整机振动值和重要的频率成分进行趋势管理，图 10-14 是在 190 天内的趋势管理图。

在机器运行了 140 多天后，到 9 月 4 日，半频幅值突增，整机振幅也有所增大，但 1 倍频、2 倍频幅值变化很小，故判断压缩机高压缸轴承存在油膜振荡。之后对工艺参数进行了调整，改善了运行状态，振动值降低，频谱半频成分已经消失，只存在转频成分，说明油膜振荡已消失，但转子还在不平衡状态。

此例利用油膜振荡的标志特征，即近似半频特性，并辅以趋势管理所提供的信息，作出了准确的故障诊断，说明了频率分析在简易诊断中具有重要意义。

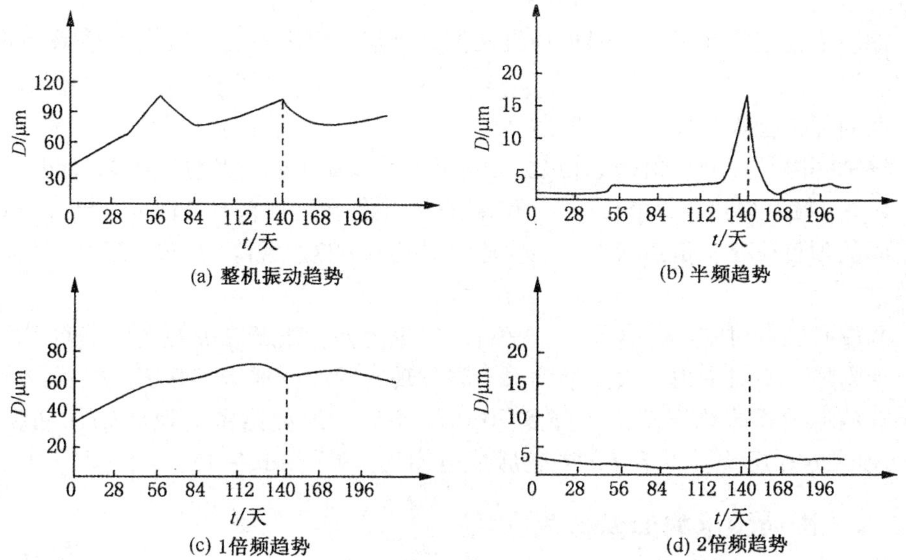

图 10－14　压缩机整机振动和特征频率幅值趋势管理图

【例 4】　轴承油膜不稳定振动的诊断。

某公司一台空气压缩机，由高压缸和低压缸组成。低压缸在一次大修后，转子两端轴振动持续上升，振幅达 50～55μm，大大超过允许值 33μm，但低压缸前端的增速箱和后端的高压缸振动较小。低压缸前、后轴承上的振动测点信号频谱图如图 10－15(a)、(b)所示，图中主振动频率为 91.2Hz，幅值为工频成分 190Hz 的 3 倍多，另外还有 2 倍频和 4 倍频成分。值得注意的是，图中除了非常突出的低频 91.2Hz 之外，4 倍频成分也非常明显。对该

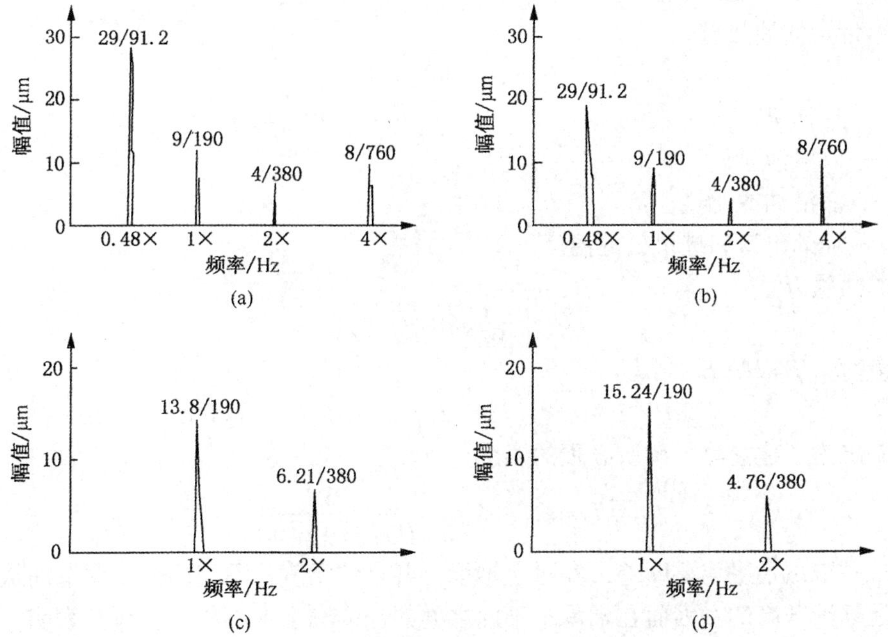

图 10－15　低压缸前、后轴承整修前后的振动频谱比较

机振动信号的分析认为：

（1）低频成分突出，它与工频成分的比值为0.48，可认为是轴承油膜不稳定的半速涡动；

（2）油膜不稳定的起因可能是低压缸两端联轴器的对中不良，改变了轴承上的负荷大小和方向。

大修期间停机检查，发现如下问题：

（1）轴承间隙超过允许值（设计最大允许间隙为0.18mm，实测为0.21mm）；

（2）5块可倾瓦厚度不均匀，同一瓦块最薄与最厚处相差0.03mm，超过设计允许值，瓦块内表面的预负荷处于负值状态（P_R 值原设计为0.027，现降为-0.135），降低了轴承工作稳定性；

（3）两端联轴器对中不符合要求，平行对中量超差，角度对中的张口方向相反，使机器运转时产生附加的不对中力，大修期间对上述发现的问题分别作了修正，机器投运后恢复正常，低压缸两端轴承的总振动值下降到20μm，检修前原频谱图上反映轴承油膜不稳定的91.2Hz低频成分和反映对中不良的4倍频成分均已消失[图10-15(c)、(d)]。

10.3.2 滑动轴承的油温检测方法

一、诊断的原理

滑动轴承在工作工程中有产生热量和放出热量的两个过程，为了防止过热，必须在某个限度内达到热平衡。

单位时间内产生的热量

$$H = \mu PV \tag{10-5}$$

式中 μ——摩擦系数；

P——载荷；

V——轴瓦表面的线速度。

由流出带走的油热量

$$H = QrC(T_1 - T_0) \tag{10-6}$$

式中 Q——耗油量；

r——润滑油量；

C——润滑油的比热；

T_1，T_0——油的出口和进口处的温度。

散发的热量 H'：

$$H' = \alpha_s \pi dl(T_1 - T_0) \tag{10-7}$$

热平衡时：$H = H + H'$，即

$$\mu PV = \alpha_s \pi dl(T_1 - T_0) + QrC(T_1 - T_0) \tag{10-8}$$

于是得出为了建立热平衡所必须的温度差 ΔT 为

$$\Delta T = T_1 - T_0 = \frac{\mu PV}{Q_r C + \alpha_s dl\pi} \tag{10-9}$$

上式只是求出了平均温度差，实际上轴承上各点的温度是不相同的，润滑油从入口到出口，温度是逐渐升高的，因而在轴承中不同之处的油的黏度也不相同。研究表明，润滑油的平均温度 T_m，建议按下式计算

$$T_m = T_0 + \Delta T/2 \quad (10-10)$$

在滑动轴承设计时，为了保证轴承的承载能力，规定平均温度不得超过75℃。

如果滑动轴承达到热平衡时的平均温度超过了75℃，则说明轴承在工作中出现了异常现象，即滑动轴承可能出现了过载、磨损严重或供油系统工作不正常等。因此必须积极采取措施，以防止故障的进一步发展，带来不必要的经济损失。

表10－4是根据温度确定轴承运转界限的一个例子，这是德国阿里昂兹机械保险公司的事故调查研究所根据经验制定的，具体应用时，须根据具体的轴承结构和所使用的润滑油类型作适当的调整。

表10－4　轴承运转界限温度

测定部位	运转界限温度/℃		测定部位	运转界限温度/℃	
	注意	停止		注意	停止
轴承箱	70	90	轴承内的润滑油	80	100
轴承本体	90	120	排出后的润滑油	80	100

二、温度判别方法

在滑动轴承温度诊断中，在测得其润滑油温随时间变化的关系曲线之后（如图10－16所示），可以采用以下三类具体的判别诊断方法。

1. 门槛判别法

如果油温达到门槛值时，便可认为轴承产生异常。

2. 斜率判别法

利用不同时刻 t_1，t_2 测得的温度值 T_1，T_2 求出油温从 t_1 到 t_2 的平均变化率

$$k_c = (T_2 - T_1)/(t_2 - t_1) \quad (10-11)$$

根据 k_c 的符号和绝对值大小，可以判断故障发展的速度。

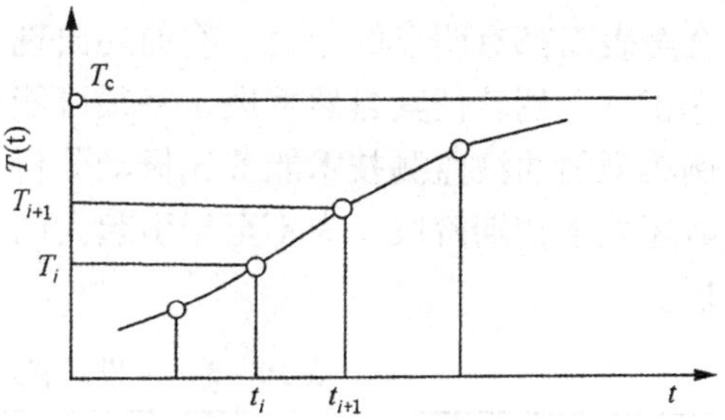

图10－16　滑动轴承油温随时间变化的关系曲线

3. 趋势预报法

根据已测得的温度值 $T_1 \sim T_n$，利用拟合原理，建立温度与时间的数学模型，即可对故障发展趋势及轴承剩余寿命作出预报。

滑动轴承的温度诊断是一种简单易行的方法，因此，很早就进入了工程应用。但它对某些故障诊断的能力较弱，特别是表面剥落、腐蚀等轴承转动面上的局部损伤，在初期阶段几乎不可能用这种方法检测出来。

尽管如此，轴承由于受轴承材料或润滑油等使用温度界限的制约，监测温度是否超出规定的界限值，对防止轴承的异常是非常重要的。

10.4　故障诊断实例

【例1】　主排风机排气量21000m^3/min，风压2000mmH_2O柱，电动机功率9300kW，使滑动轴承采用铅基。巴氏合金（含锡5%～11%）衬套，它的抗镶嵌能力极好，抗烧结能力、抗腐蚀能力及容不同轴能力都比较好，图10－17为主排风机示意图，采样点①～④均为滑

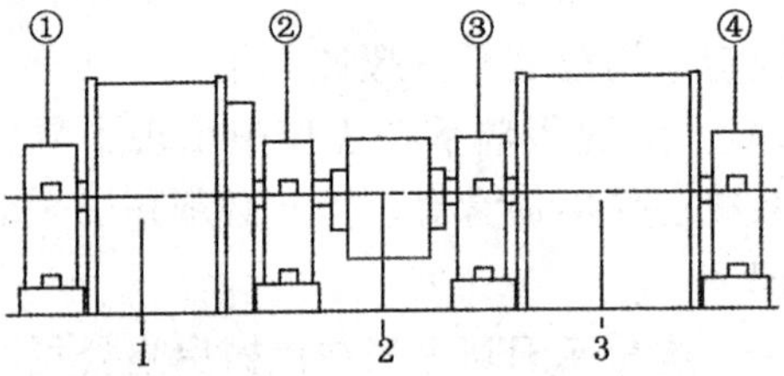

图 10 - 17　主排风机示意图

1—电动机；2—联轴节；3—风机

动轴承。

1999 年 2 月 23 日，在对主排风机油样分析时，发现其直读铁谱分析数据较前几次分析数据有明显上升趋势，特别是大磨粒读数 DL 有大幅度增加（表 10 - 5），光谱分析中铅、锡元素含量较高。分析铁谱谱片上除少量正常滑动磨粒外，全长位置沉积有较多的有色金属颗粒，尺寸在 10 ~ 20μm，表面粗糙，为有粒状表面的团状物，其颜色较深，夹杂有蓝、紫色小斑点色彩，是一种有效的吸光体，在偏振光下没有明亮闪烁的光泽，在铁谱片上随机排列而沿磁力线方向排列，因而可以排除其作为黑色氧化物（FeO）的可能性。这些有色金属磨粒是来自滑动轴承上的巴氏合金，表明轴瓦有异常磨损出现，系润滑不良所致。由于当时油液分析和振动分析是同步进行的，而振动分析结果表明各样点的振动值均在正常范围内，故点检方未采取任何措施。3 月 23 日再次对其进行油液分析，采集了包括系统油箱在内的共计五个样点的油样进行全面分析，结果发现各样点的油样中均含有较多的巴氏合金磨料，表面有明显熔融现象，有的甚至已经成为球状，轴瓦的磨损有进一步发展的趋势，得出的结论依然是警告，并建议点检方停机检修，检查轴瓦等零部件的磨损状况。4 月 13 日点检方对主排风机的轴瓦进行了拆检，发现 4 个样点的滑动轴承轴瓦均有不同程度的擦伤，巴氏合金表面都有明显的划痕，有的还出现了龟裂和剥落现象。经更换轴瓦并作适当调整后，工作正常。倘若任其自然发展，将很可能出现咬死现象，并最终导致电动机烧毁事故。这是一例典型的油液监测技术能够比振动分析技术更早地预报故障隐患的案例，当时主排风机的故障还处于初期阶段，尚不至于引起大的振动值的变化，对现场所测振动值，没有进行频谱分析。

表 10 - 5　主排风机润滑系统磨粒浓度铁谱分析结果

铁谱读数	分析日期				
	1998. 2. 23	1998. 6. 8	1998. 10. 23	1999. 2. 23	1999. 3. 23
DL	4. 40	4. 40	2. 70	29. 80	15. 70
DS	1. 50	1. 90	2. 10	4. 00	3. 60
WPC	5. 90	6. 30	4. 80	33. 80	19. 30
IS	17. 11	15. 75	2. 88	872. 04	233. 53

【例 2】　国内某大型化肥装置的合成气压缩机组（由中压抽注汽凝汽式蒸汽透平驱动），其透平的前端轴瓦总是发生异常磨损，每次检修总发现轴瓦间隙严重超标，无论是运行一年半一次的大检修，还是运行二、三个月的临时停车检修均不例外。严重时轴承底瓦巴氏合金完全磨去，露出大面积黄铜过镀层，轴瓦间隙超差 5 倍以上，并导致对中超差十多倍，严重影响机组的安全稳定长期运行。

诊断意见：检查磨损的轴瓦，发现有明显的电蚀现象，并在另一缸体的浮环密封处发现大面积放电造成的蚀坑。根据以上现象，判定为轴电流造成的损坏。

生产验证：在轴系末端增加放电刷后，上述问题消失，影响机组安全稳定长周期运行的隐患得以消除。

【例 3】　国内某大化肥厂的一台大型离心式氮气压缩机，高压缸多次发生止推轴承烧瓦事故，事故的主要原因经计算证明是轴向推力过大，实际轴向力超过轴承允许承载能力一倍以上。经过轴向力调整后，突然烧瓦事故得以避免，但轴承比压和轴位移仍然较大。

分析诊断：经过检查，发现推力盘受力面及推力瓦块表面均有严重的轴承电流侵蚀，具体表现在以下两方面：

（1）每个瓦块上的巴氏合金沿止推盘旋转方向磨成一斜坡，瓦块上油楔的出口端[图10－18(a)]磨蚀区和非磨蚀之间有着明显的界线，磨蚀区已失去金属光泽，非磨蚀区仍保持巴氏合金原有加工面的光泽。经过光学显微镜观察，可以看到腐蚀区呈典型的电火花放电腐蚀特征。

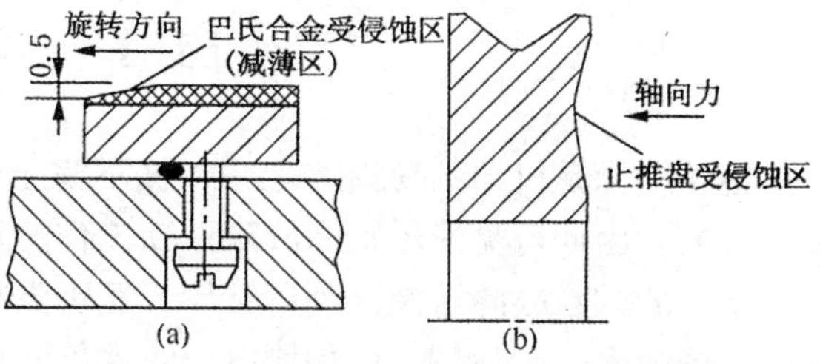

图10－18　推力盘被电流侵蚀后的形状

（2）推力盘的两侧面外貌完全不同，如图10－18(b)所示，承力瓦块侧表面呈浅灰色，像喷过砂那样完全没有光泽，其上布满电蚀凹坑，非承力侧面则保持原有加工面的金属光泽。

生产验证：在轴承上安装滑刷接地装置后，上述问题得到解决，多年内未再发生“烧瓦”事故，这台机组也不再是困扰全厂生产的瓶颈问题了。

第11章 滚动轴承的故障诊断

11.1 概　　述

滚动轴承是机器的易损件之一，据不完全统计，旋转机械的故障约有30%是因滚动轴承引起的，由此可见滚动轴承故障诊断工作的重要性。

最初的轴承故障诊断是利用听棒，靠听觉来判断。这种方法至今仍在沿用，其中的一部分已改进为电子听诊器，例如用电子听诊器来检查、判断轴承的疲劳损伤。训练有素的人员凭经验能诊断出刚刚发生的疲劳剥落，有时甚至能辨别出损伤的位置，但毕竟影响因素较多，可靠性较差。

继听棒、电子听诊器之后，在滚动轴承的状态监测与故障诊断工作中又引入了各种测振仪，用振动位移、速度和加速度的均方根值或峰值来判断轴承有无故障，这样减少了监测人员对经验的依赖性，提高了监测诊断的准确性，但仍很难在故障初期及时做出诊断。

1966年，全球主要滚动轴承生产商之一，瑞典SKF公司在多年对轴承故障机理研究的基础上发明了用冲击脉冲仪(Shock Pulse Meter)检测轴承损伤，将滚动轴承的故障诊断水平提高了一个档次。之后，几十家公司相继安装了大批传感器用于长期监测轴承的运转情况，在航空飞机上也安装了类似的监测仪器。

1976年，日本新日铁株式会社研制了MCV系列机器检测仪(Machine Checker)，可分别在低频、中频和高频段检测轴承的异常信号。1976～1983年，日本精工公司(NSK)相继研制出了NB系列轴承监测仪，利用1～15kHz范围内的轴承振动信号测量其RMS值和峰值来检测轴承故障。由于滤除了低频干扰，灵敏度有所提高，其中有些型号的仪器仪表还具有报警、自动停机功能。

随着对滚动轴承的运动学、动力学的深入研究，对于轴承振动信号中的频率成分和轴承零件的几何尺寸及缺陷类型的关系有了比较清楚的了解，加之快速傅里叶变换技术的发展，开创了用频域分析方法来检测和诊断轴承故障的新领域。其中最具代表性的有对钢球共振频率的研究，对轴承圈自由共振频率的研究，对滚动轴承振动和缺陷、尺寸不均匀及磨损之间关系的研究。1969年，H. L. Balderston根据滚动轴承的运动分析得出了滚动轴承的滚动体在内外滚道上的通过频率和滚动体及保持架的旋转频率的计算公式，以上研究奠定了这方面的理论基础。

11.2 滚动轴承故障的主要失效形式与原因

滚动轴承在运转过程中可能会由于各种原因引起损坏，如装配不当、润滑不良、水分和异物侵入、腐蚀和过载等都可能会导致轴承过早损坏。即使在安装、润滑和使用维护都正常的情况下，经过一段时间运转，轴承也会出现疲劳剥落和磨损而不能正常工作。总之，轴承失效的原因往往是多因素的，所有设计制造过程的影响因素都会与轴承的失效有关，分析起来不易判断。在一般情况下，大体上可以从使用因素和内在因素两方面考虑和分析。

使用因素主要是指安装调整、使用保养、维护修理等是否符合技术要求。安装条件是使用因素中的首要因素之一，轴承往往因安装不合适而导致整套轴承各零件之间的受力状态发生变化，轴承在不正常的状态下运转并提早失效。根据轴承安装、使用、维护、保养的技术要求，对运转中的轴承所承受的载荷、转速、工作温度、振动、噪声和润滑条件进行监控和检查，发现异常立即查找原因，进行调整，使其恢复正常。此外，对润滑脂质量和周围介质、气氛进行分析检验也很重要。

内在因素主要是指结构设计、制造工艺和材料质量等决定轴承质量的三大因素。

首先，结构设计合理的同时具备有先进性，才会有较长的轴承寿命。轴承的制造一般要经过锻造、热处理、车削、磨削和装配等多道加工工序。各加工工艺的合理性、先进性、稳定性也会影响到轴承的寿命。其中影响成品轴承质量的热处理和磨削加工工序，往往与轴承的失效有着更直接的关系。近年来对轴承工作表面变质层的研究表明，磨削工艺与轴承表面质量的关系密切。

轴承材料的冶金质量曾经是影响滚动轴承早期失效的主要因素。随着冶金技术(例如轴承钢的真空脱气等)的进步，原材料质量得到改善。原材料质量因素在轴承失效分析中所占的比重已经明显下降，但它仍然是轴承失效的主要影响因素之一。选材是否得当仍然是轴承失效分析必须考虑的因素。

滚动轴承的主要故障形式如下：

1. 疲劳剥落

滚动轴承的内外滚道和滚动体表面既承受载荷又相对滚动，由于交变载荷的作用，首先在表面下一定深度处(最大剪应力处)形成裂纹，继而扩展到接触表面使表层发生剥落坑，最后发展到大片剥落，这种现象就是疲劳剥落。疲劳剥落会造成运转时的冲击载荷、振动和噪声加剧。通常情况下，疲劳剥落往往是滚动轴承失效的主要原因，一般所说的轴承寿命就是指轴承的疲劳寿命，轴承的寿命试验就是疲劳试验。试验规程规定，在滚道或滚动体上出现面积为$0.5mm^2$的疲劳剥落坑就认为轴承寿命终结。滚动轴承的疲劳寿命分散性很大，同一批轴承中，其最高寿命与最低寿命可以相差几十倍乃至上百倍，这从另一角度说明了滚动轴承故障监测的重要性。

2. 磨损

由于尘埃、异物的侵入，滚道和滚动体相对运动时会引起表面磨损，润滑不良也会加剧磨损，磨损的结果使轴承游隙增大，表面粗糙度增加，降低了轴承运转精度，因而也降低了机器的运动精度，振动及噪声也随之增大。对于精密机械轴承，往往是磨损量限制了轴承的寿命。

此外，还有一种微振磨损。在轴承不旋转的情况下，由于振动的作用，滚动体和滚道接触面间有微小的、反复的相对滑动而产生磨损，在滚道表面上形成振纹状的磨痕。

3. 塑性变形

当轴承受到过大的冲击载荷或静载荷时，或因热变形引起额外的载荷，或有硬度很高的异物侵入时都会在滚道表面上形成凹痕或划痕。这将使轴承在运转过程中产生剧烈的振动和噪声。而且一旦有了压痕，压痕引起的冲击载荷会进一步引起附近表面的剥落。

4. 锈蚀

锈蚀是滚动轴承最严重的问题之一，高精度轴承可能会由于表面锈蚀导致精度丧失而不能继续工作。水分或酸、碱性物质直接侵入会引起轴承锈蚀。当轴承停止工作后，轴承温度下降达到露点，空气中水分凝结成水滴附在轴承表面上也会引起锈蚀。此外，当轴承内部有电流通过时，电流有可能通过滚道和滚动体上的接触点处，很薄的油膜引起电火花而产生电蚀，在表面上形成搓板状的凹凸不平。

5. 断裂

过高的载荷会可能引起轴承零件断裂。磨削、热处理和装配不当都会引起残余应力，工作时热应力过大也会引起轴承零件断裂。另外，装配方法、装配工艺不当，也可能造成轴承套圈挡边和滚子倒角处掉块。

6. 胶合

在润滑不良、高速重载情况下工作时，由于摩擦发热，轴承零件可以在极短时间内达到很高的温度，导致表面烧伤及胶合。

7. 保持架损坏

由于装配或使用不当可能会引起保持架发生变形，增加它与滚动体之间的摩擦，甚至使某些滚动体卡死不能滚动，也有可能造成保持架与内外圈发生摩擦等。这一损伤会进一步使振动、噪声与发热加剧，导致轴承损坏。

11.3 滚动轴承的振动机理与信号特征

滚动轴承的振动可由外部振源引起，也可由轴承本身的结构特点及缺陷引起。此外，润滑剂在轴承运转时产生的流体动力也可以是振动(噪声)源。上述振源施加于轴承零件及附近的结构件上时都会激励起振动。

11.3.1 滚动轴承振动的基本参数

一、滚动轴承的典型结构

滚动轴承的典型结构如图 11－1 所示，它由内圈、外圈、滚动体和保持架 4 部分组成。

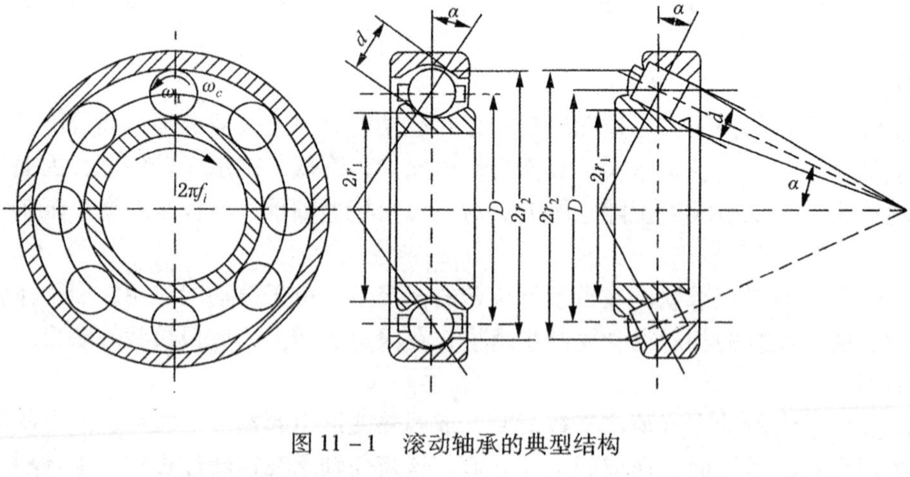

图 11－1 滚动轴承的典型结构

滚动轴承的几何参数主要有：

轴承节径 D：轴承滚动体中心所在的圆的直径

滚动体直径 d：滚动体的平均直径

内圈滚道半径 r_1：内圈滚道的平均半径

外圈滚道半径 r_2：外圈滚道的平均半径

接触角 α：滚动体受力方向与内外滚道垂直线的夹角

滚动体个数 Z：滚珠或滚珠的数目

二、滚动轴承的特征频率

为分析轴承各部运动参数，先做如下假设：

(1) 滚道与滚动体之间无相对滑动；

(2) 承受径向、轴向载荷时各部分无变形；

(3) 内圈滚道旋转频率为 f_i；

(4) 外圈滚道旋转频率为 f_o；

(5) 保持架旋转频率(即滚动体公转频率为 f_c)。

参见图 11－1，则滚动轴承工作时各点的转动速度如下：

内滑道上一点的速度为：

$$V_i = 2\pi r_1 f_i = \pi f_i(D - d\cos\alpha) \tag{11－1}$$

外滑道上一点的速度为：

$$V_o = 2\pi r_1 f_o = \pi f_o(D + d\cos\alpha) \tag{11－2}$$

保持架上一点的速度为：

$$V_c = \frac{1}{2}(V_i + V_o) = \pi f_c D \tag{11－3}$$

由此可得保持架的旋转频率(即滚动体的公转频率)为：

$$f_c = \frac{V_i + V_o}{2\pi D} = \frac{1}{2}\left[\left(1 - \frac{d}{D}\cos\alpha\right)f_i + \left(1 + \frac{d}{D}\cos\alpha\right)f_0\right] \tag{11－4}$$

单个滚动体在外轨道上的通过频率，即保持架相对外圈的旋转频率为：

$$f_{oc} = f_o - f_c = \frac{1}{2}(f_o - f_i)\left(1 - \frac{d}{D}\cos\alpha\right) \tag{11－5}$$

单个滚动体在内轨道上的通过频率，即保持架相对内圈的旋转频率为：

$$f_{ic} = f_i - f_c = \frac{1}{2}(f_o - f_i)\left(1 + \frac{d}{D}\cos\alpha\right) \tag{11－6}$$

从固定在保持架上的动坐标系来看，滚动体与内圈作无滑动滚动，它的旋转频率之比与 $d/2r_1$ 成反比。由此可得滚动体相对于保持架的旋转频率(即滚动体的自转频率，滚动体通过内滚道或外滚道的频率) f_{bc}：

$$\frac{f_{bc}}{f_{ic}} = \frac{2r_1}{d} = \frac{D - d\cos\alpha}{d} = \frac{D}{d}\left(1 - \frac{d}{D}\cos\alpha\right) \tag{11－7}$$

$$f_{bc} = \frac{1}{2} \times \frac{D}{d}(f_i - f_o)\left[1 - \left(\frac{d}{D}\right)^2\cos^2\alpha\right] \tag{11－8}$$

根据滚动轴承的实际工作情况，定义滚动轴承内、外圈的相对转动频率为

$$f_r = f_i - f_o$$

一般情况下，滚动轴承外圈固定，内圈旋转，即：$f_o = 0$，$f_r = f_i - f_o = f_i$

同时考虑到滚动轴承有 Z 个滚动体，则滚动轴承的特征频率：

滚动体在外圈滚道上的通过频率 Zf_{oc} 为：

$$Zf_{oc} = \frac{1}{2}Z\left(1 - \frac{d}{D}\cos\alpha\right)f_r \tag{11－9}$$

滚动体在内圈滚道上的通过频率 Zf_{ic} 为：

$$Zf_{ic} = \frac{1}{2}Z\left(1 + \frac{d}{D}\cos\alpha\right)f_r \quad (11-10)$$

滚动体在保持架上的通过频率（即滚动体自转频率 f_{bc}）为：

$$f_{bc} = \frac{2D}{d}\left[1 - \left(\frac{d}{D}\right)^2\cos^2\alpha\right]f \quad (11-11)$$

三、止推轴承的特征频率

止推轴承可以看作上述滚动轴承的一个特例，即 $\alpha = 90°$，同时内、外环相对转动频率为轴的转动频率 f_r，此时滚动体在止推环滚道上的频率为：

$$Zf_{oc} = \frac{1}{2}Zf_r \quad (11-12)$$

滚动体相对于保持架的旋转频率为：

$$f_{bc} = \frac{1}{2} \times \frac{D}{d}f_r \quad (11-13)$$

以上各特征频率是利用振动信号诊断滚动轴承故障的基础，对故障诊断非常重要。

四、滚动轴承的固有振动频率

滚动轴承在运行过程中，由于滚动体与内圈或外圈冲击而产生振动，这时的振动频率为轴承各部分的固有频率。

固有振动中，内、外圈的振动表现最明显，如图 11－2 所示。

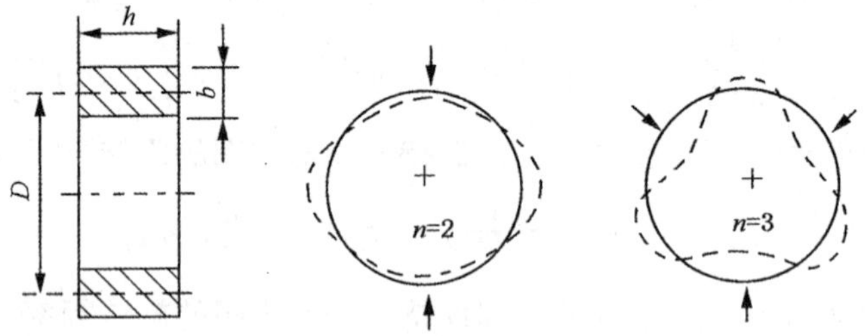

图 11－2　滚动轴承套圈横截面简化图与径向弯曲振动振型示意图

轴承圈在自由状态下的径向弯曲振动的固有频率为：

$$f_n = \frac{n(n^2-1)}{2\pi\sqrt{n^2+1}} \times \frac{4}{D^2}\sqrt{\frac{EIg}{\gamma A}} \quad (11-14)$$

式中 n——振动阶数（变形波数），$n = 2, 3, \cdots$；

E——弹性模量，钢材为 210GPa；

I——套圈横截面的惯性矩，mm^4；

γ——密度，钢材为 $7.86 \times 10^{-6} kg/mm^3$；

A——套圈横截面积，$A \approx bh$，mm^2；

D——套圈横截面中性轴直径，mm；

g——重力加速度，$g = 9800mm/s^2$。

对钢材，将各常数代入式得

$$f_n = 9.4 \times 10^5 \times \frac{h}{b^2} \times \frac{n(n^2-1)}{\sqrt{n^2+1}} \quad (11-15)$$

有时钢球也会产生振动，钢球振动的固有频率为：

$$f_{bn} = 0.212\frac{Eg}{R\gamma} \tag{11-16}$$

式中　R——钢球半径；

E、g、γ 的意义和式(11－14)相同。

五、滚动轴承特征频率表

为方便使用，将以上介绍的滚动轴承各特征频率列于表 11－1 中。

表 11－1　滚动轴承特征频率表(假定外圈固定、内圈旋转)

项　目	特征频率	备　注
内圈特征频率 f_i	$f_i = N/60$	转轴转速 N，单位 r/min
内外圈相对旋转频率 f_r	$f_r = f_i - f_o = f_i$	假定外圈固定，内圈旋转
Z 个滚动体通过内圈上一点频率 Zf_{ic}	$0.5Z\left(1+\frac{d}{D}\cos\alpha\right)f_r$	
Z 个滚动体通过外圈上一点频率 Zf_{oc}	$0.5Z\left(1-\frac{d}{D}\cos\alpha\right)f_r$	
滚动体在保持架上的通过频率 f_{bc}	$\frac{D}{2d}\left[1-\left(\frac{d}{D}\right)^2\cos^2\alpha\right]f_r$	
滚动体的公转频率 f_{bc}		
滚动体上的一点通过内圈或外圈频率 f_{bc}		
保持架旋转频率 f_c	$0.5\left(1-\frac{d}{D}\cos\alpha\right)f_r$	
滚动体的公转频率 f_c		
止推轴承在止推滚道上的通过频率 $Z f_{oc}$	$0.5Zf_r$	在两滑道上的通过频率相等
止推轴承保持架的旋转频率 f_{bc}	$f_{bc} = 0.5\frac{D}{d}f_r$	f_r 为两止推环的相对转动频率
止推轴承滚动体的公转频率 f_{bc}		
内外滚道的自振频率 f_n	$\frac{n(n^2-1)}{2\pi\sqrt{n^2+1}}\times\frac{4}{D^2}\times\sqrt{\frac{Elg}{\gamma A}}$	
钢球的固有频率 f_{bn}	$0.212\frac{E_R}{R\gamma}$	

11.3.2　正常轴承的振动信号特征

正常的轴承也有相当复杂的振动和噪声，有些是由轴承本身结构特点引起的，有些和制造装配有关，如滚动体和滚道的表面波纹、表面粗糙度以及几何精度不够高，在运转中都会引起振动和噪声。

一、轴承结构特点引起的振动

滚动轴承在承载时，由于在不同位置承载的滚子数目不同，因而承载刚度会有所变化，引起轴心的起伏波动，振动频率为 Zf_{oc}(图 11－3)。要减少这种振动的振幅可以采用游隙小的轴承或加预紧力去除游隙。

二、轴承刚度非线性引起的振动

滚动轴承的轴向刚度常呈非线性(图 11－4)，特别是当润滑不良时，易产生异常的轴向振动。在刚度曲线呈对称非线性时，振动频率为 f_n，$2f_n$，$3f_n$，…倍频；在刚度曲线呈非对称非线性时，振动频率为f_n，$\frac{1}{2}f_n$，$\frac{1}{3}f_n$，…分数谐频(f_n为轴旋转频率)。这是一种自激振动，常发生在深沟球轴承，自调心球轴承和滚柱轴承不常发生。

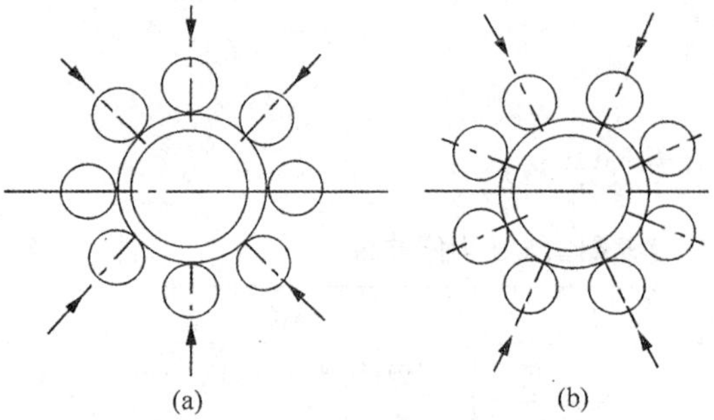

图 11－3　滚动轴承的承载刚度和滚子位置的关系

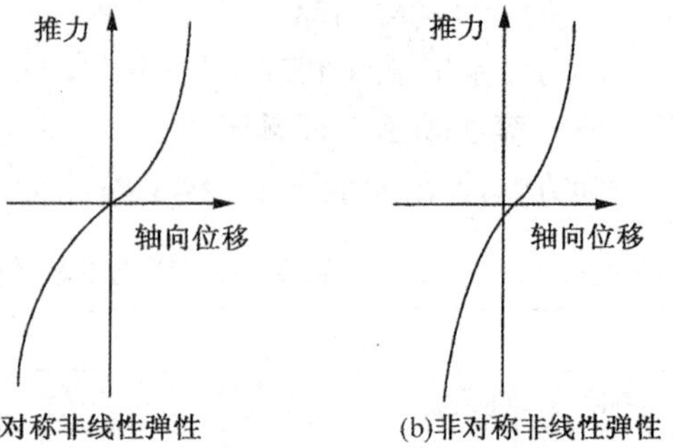

图 11－4　轴承的轴向刚度

三、轴承制造装配的原因

1. 加工面波纹度引起的振动

由轴承零件的加工面(内圈、外圈滚道面及滚动体面)的波纹度引起的振动和噪声在轴承中比较常见，这些缺陷引起的振动为高频振动(比滚动体在滚道上的通过频率高很多倍)。高频振动及轴心的振摆不仅会引起轴承的径向振动，在一定条件下还会引起轴向振动。表11－2列出的振动频率与波纹度峰数的关系。表中，n为正整数，Z为球(滚动体)数，f_{ic}为单个滚动体在内圈滚道上的通过频率，f_c为保持架转速，f_{bc}为滚动体相对于保持架的转动频率。

表 11－2　振动频率与波纹度峰数的关系

有波纹度的零件	波纹峰数		振动频率	
	径向振动	轴向振动	径向振动	轴向振动
内　圈	$nZ\pm1$	nZ	$nZf_{ic}\pm f_n$	nZf_{ic}
外　圈	$nZ\pm1$	nZ	nZf_c	nZf_c
滚动体	$2n$	$2n$	$2nf_{bc}\pm f_c$	$2nf_{bc}$

下面简单介绍一下这种振动的机理。在图11－5中，轴承内圈加工过程中残留有波纹，球个数$Z=8$，内圈旋转，当内圈波纹峰数分别为$nZ-1$，nZ，$nZ+1$时，对外圈径向振动影响情况如下：

图 11－5　内圈波纹率引起外圈径向振动的机理($n=1$，$Z=8$)

在图中讨论编号为“1”的球与波峰接触时的情况。当波峰为nZ时，外圈在径向无移动，

但球与 $nZ\pm1$ 个波峰数的波纹面接触时，在外圈箭头方向上有最大位移。在另一种情况下，当编号为"1"的球与波谷接触时，波峰数为 nZ 个时，外圈则无径向位移；在 $nZ\pm1$ 个波峰数时，外圈在与箭头相反方向有最大位移。由此可以说明在波峰数等于 $nZ\pm1$ 时产生振动的原因。

表 11－2 中所列的条件是理想的，即波纹是均匀分布，波纹形状是正弦变化的。而对实际的波纹形状，可能有其他频率成分出现。用类似方法可说明波峰数对轴向振动的影响。对于精密轴承，波纹度引起的轴心摆动是不能忽视的。图 11－6 所示为在机床中使用的加有预紧力的两个超精密向心球轴承，由于滚道波纹度引起轴心摆动轨迹。此时轴心轨迹呈现内卷形和外卷形两种形式。还应注意，不仅轴承滚道和滚动体的波纹度会引起轴承振动，轴承的内外配合面及轴颈和轴承座孔的波纹度对精密轴承也会引起类似的振动，因为在预紧力作用下，轴承装配后会引起套圈的相应变形。

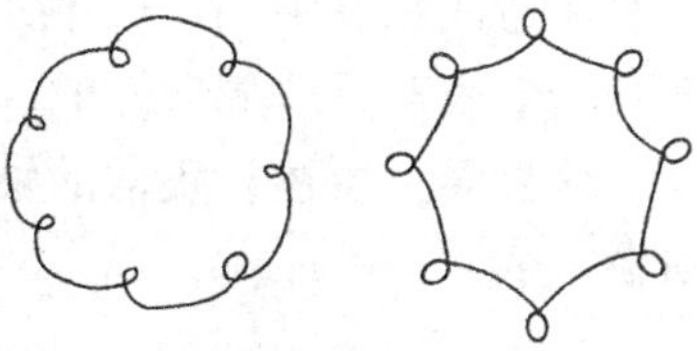

图 11－6　由轴承零件波纹度引起的轴心摆动

2. 轴承偏心引起的振动

如图 11－7 所示，当轴承游隙过大或滚道偏心时都会引起轴承振动，振动频率为 nf_n，f_n 为轴旋转频率，$n=1, 2, \cdots$。

3. 滚动体大小不均匀引起轴心摆动

如图 11－8 所示，滚动体大小不均匀会导致轴心摆动，还有支承刚性的变化。振动频率为 f_c 和 $nf_c\pm f_n$，$n=1, 2, \cdots$，此处 f_c 为保持架旋转频率，f_n 为轴旋转频率。

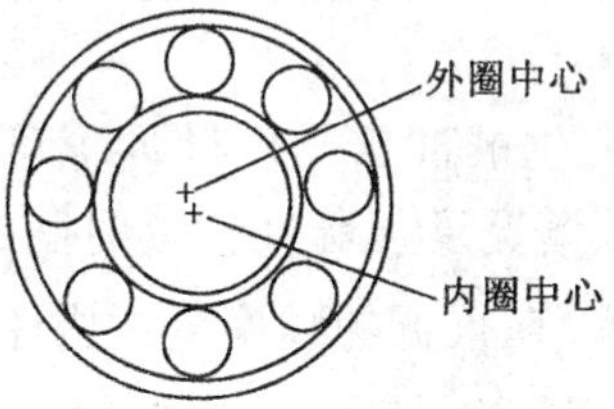

图 11－7　轴承偏心引起的轴承振动

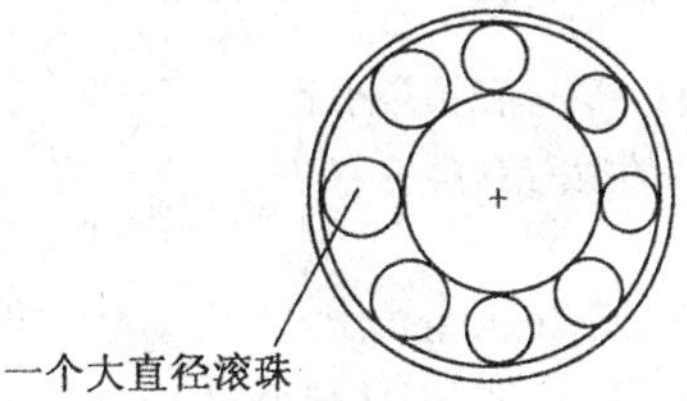

图 11－8　滚动体大小不均匀引起的轴心摆动

4. 轴弯曲引起轴承偏斜

轴弯曲会引起轴上所装轴承的偏移，造成轴承振动。轴承的振动频率为 $nf_c\pm f_n$，$n=1, 2, \cdots$。此处 f_c 为保持架旋转频率，f_n 为轴旋转频率。

四、滚动轴承的声音

滚动轴承在运转时由于各种原因会产生振动，并通过空气传播成为声音，声音中包含着轴承状态的信息。轴承声音有如下几种：

- 轴承声音
  - 轴承本质的声音
    - 滚道声
    - 碾扎声
  - 与制造有关的声音
    - 保持架声音
    - 高频振动声
  - 与使用有关的声音
    - 伤痕声
    - 尘埃声

所谓轴承本质的声音是一切轴承都有的声音。滚道声是滚动体在滚动面上滚动而发生的，是一种滑溜连续的声音。它与套圈的固有振动有关，频率一般都在 1kHz 以上，并与轴承转速有关。辗压声主要发生在脂润滑的低速重载圆柱滚动轴承中，类似于"咯吱咯吱"的声音。

保持架声音是由保持架的自激振动引起的，保持架振动时会与滚动体发生冲撞而发出声音。高频振动声是由加工面的波纹度引起的振动而发出的声音。

在与使用有关的声音中，伤痕声是由滚动面上的压痕或锈蚀引起的，为周期性的振动和声音。尘埃声是非周期性的。

综合以上所述，正常的轴承在运转时也会有十分复杂的振动和声音，而故障轴承的声音则更复杂。

11.3.3 故障轴承振动信号特点

轴承发生故障后，其振动特征会有明显的变化，主要有以下几方面。

1. 疲劳剥落损伤

当轴承零件上产生了疲劳剥落坑后(图 11－9 以夸大的方式画出了疲劳剥落坑)，在轴承运转中会因为碰撞而产生冲击脉冲。图 11－10 给出了钢球落下产生的冲击过程的示意图。

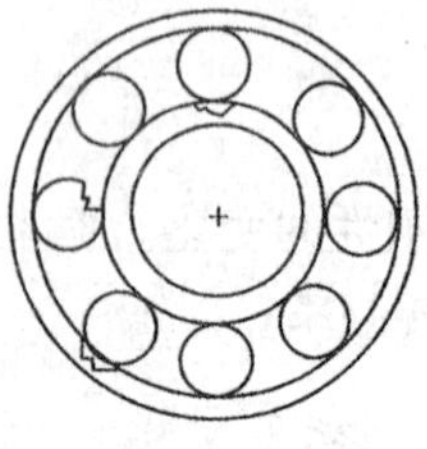

图 11－9 轴承零件上的疲劳剥落坑

在冲击的第一阶段，在碰撞点产生很大的冲击加速度[图 11－10(a)和(b)]，它的大小和冲击速度 v 成正比(在轴承中与疲劳损伤的大小成正比)。第二阶段，构件变形产生衰减自由振动[图 11－10(c)]，振动频率取决于系统的结构，为其固有频率[图 11－10(d)]。振幅的增加量 A 也与冲击速度 v 成正比[图 11－10(e)]。

在滚动轴承剥落坑处碰撞产生的冲击力的脉冲宽度一般都很小，大致为微秒级。因力的频谱宽度与脉冲持续时间成反比，所以其频谱可从直流延展到 100～500kHz。疲劳剥落损伤可以在很宽的频率范围内激发起轴承—传感器系统的固有振动。由于从冲击发生处到测量点的传递特性对此有很大影响，因此测点位置选择非常关键，测点应尽量接近承载区，振动传递界面越少越好。

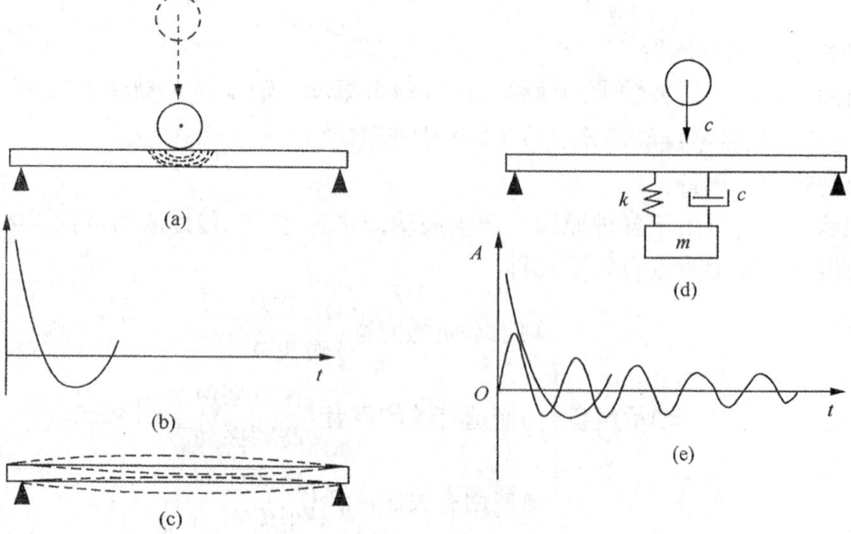

图 11－10 冲击过程示意图

有疲劳剥落故障轴承的振动信号如图 11－11(a)所示，图 11－11(b)为其简化的波形。T 取决于碰撞的频率，$T=1/f_{碰}$。在简单情况下，碰撞频率就等于滚动体在滚道上的通过频率 Zf_{ic} 或 Zf_{oc} 或滚动体自转频率 f_{bc}。

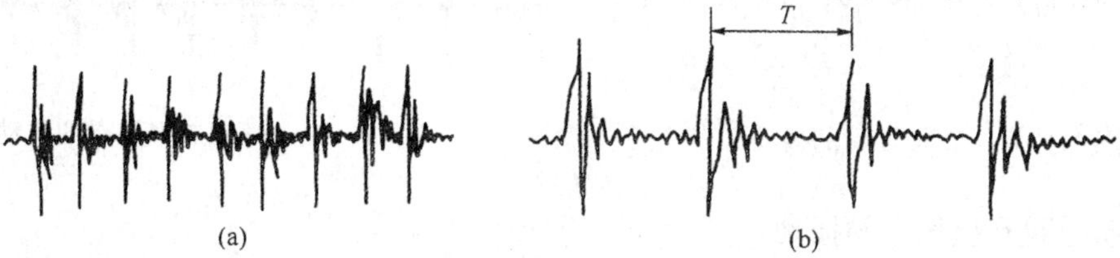

图 11－11　有疲劳剥落故障轴承的振动信号

2. 磨损

随着磨损的进行，振动加速度峰值和 RMS 值缓慢上升，振动信号呈现较强的随机性，峰值与 RMS 值的比值从 5 左右逐渐增加到 5.5～6。如果不发生疲劳剥落，最后振动幅值可比最初增大很多倍，变化情况见图 11－12。

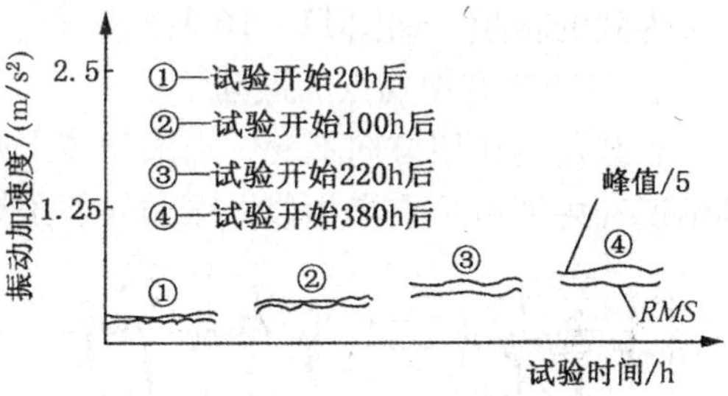

图 11－12　轴承磨损时振动加速度

3. 胶合

图 11－13 为一运转过程中发生胶合的滚动轴承的振动加速度及外圈温度的变化情形。在 A 点以前，振动加速度略微下降，温度缓慢上升。A 点之后振动值急剧上升，而温度却还有些下降，这一段轴承表面状态已恶化。在 B 点以后振动值第二次急剧上升，以致超过了仪器的测量范围，同时温度也急剧上升。在 B 点之前，轴承中已有明显的金属与金属的直接接触和短暂的滑动，B 点之后有更频繁的金属之间直接接触及滑动，润滑剂恶化甚至发生炭化，直至发生胶合。从图中可以看出，振动值比温度能更早地预报胶合的发生，由此可见轴承振动是一个比较敏感的故障参数。

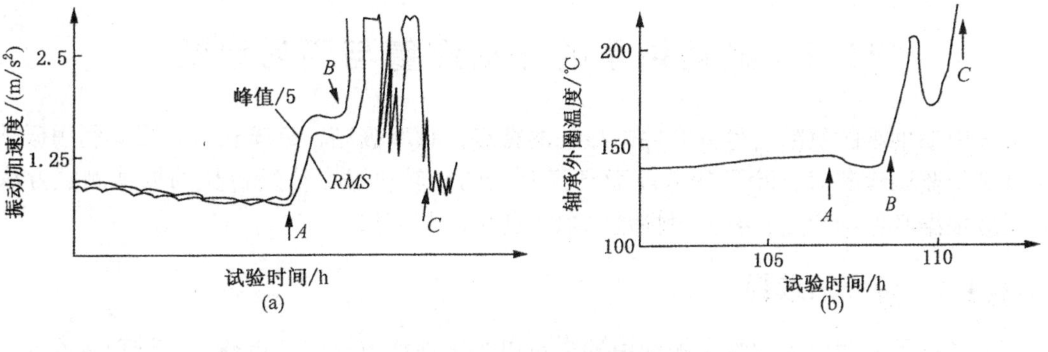

图 11－13　发生胶合的轴承试验曲线

从时域波形上，我们可以进一步分析有故障滚动轴承的波形特点。

正常轴承的时域振动波形如图 11－14 所示。没有冲击尖峰，没有高频率的变化，杂乱无章，没有规律。

1. 固定外圈有损伤点的振动

若载荷的作用方向不变，则损伤点和载荷的相对位置关系固定不变，每次碰撞有相同的强度，振动波形如图 11－15 所示。

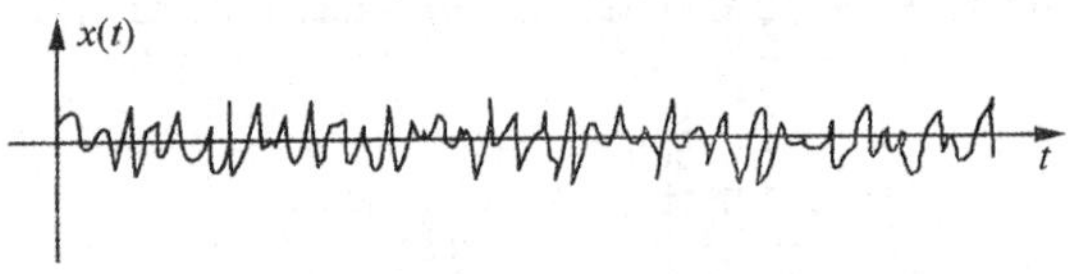

图 11－14　正常轴承的振动

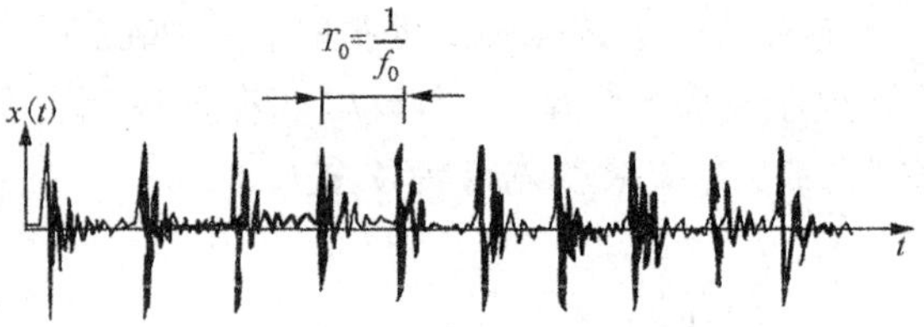

图 11－15　外圈有损伤点的振动

2. 转动内圈有损伤点的振动

若载荷的作用方向不变，当滚动轴承内圈转动时，则损伤点和载荷的相对位置关系呈周期变化。每次碰撞有不同的强度，振动幅值发生周期性的强弱变化，呈现调幅现象，周期取决于内圈的转频，如图 11－16 所示。

3. 滚动体有损伤点的振动

若载荷的作用方向不变，当滚动体上有损伤点时，则发生的振动如图 11－17 所示。这种情况和内圈有损伤点相似，振动幅值呈周期性强弱变化，周期取决于滚动体的公转频率。

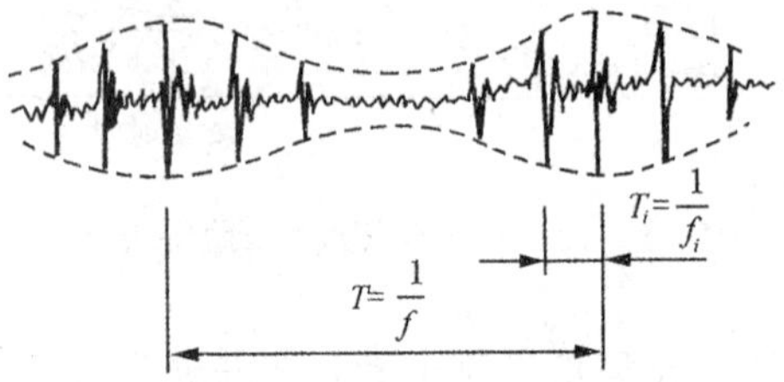

图 11－16　内圈有损伤点的振动

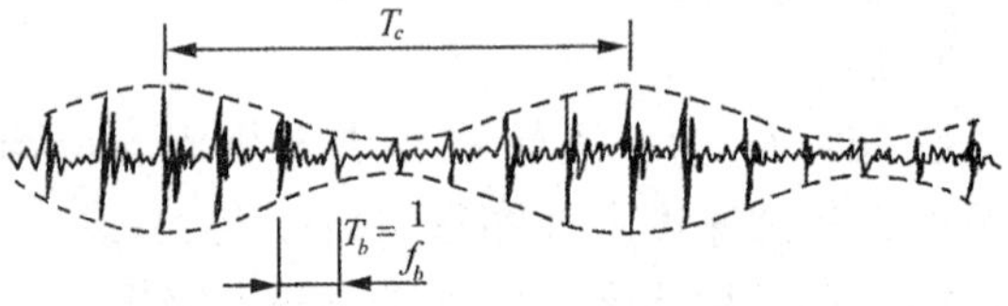

图 11－17　滚动体有损伤点的振动

4. 分布故障(均匀磨损)

轴承工作面有均匀磨损时，振动性质与正常轴承相似，杂乱无章、没有规律，故障的特征频率不明显，只是幅值明显变大。因此，只可根据振动的均方根值变化判别轴承的状态。

11.4　滚动轴承的振动测量与简易诊断

由于滚动轴承的故障信号具有冲击振动的特点，频率极高，衰减较快，因此利用振动信号对其进行监测诊断时，除了参考前面已经介绍的旋转机械、往复机械的振动测试方法以外，还应根据其振动特点，有针对性地采取一些措施和方法。

11.4.1　测点的选择

滚动轴承因故障引起的冲击振动由冲击点以半球面波方式向外传播，通过轴承零件、轴承座传到箱体或机架。由于冲击振动所含的频率很高，每通过零件的界面传递一次，其能量损失约 80%。因此，测量点应尽量靠近被测轴承的承载区，应尽量减少中间传递环节，探测点离轴承外圈的距离越近越直接越好。

图 11－18 表示了传感器位置对故障检测灵敏度的影响。在图 11－18 (a)中，假如传感器放在承载方向时为 100%，则在承载方向 ±45°方向上降为 95%（－5dB），在轴向则降为 22% ~25%（－12 ~ －13dB）。在图 11－18 (b)中，当止推轴承发生故障产生冲击并向外散

发球面波时，假如在轴承盖正对故障处的读数为 100%，则在轴承座轴向的读数降为 5%（-19dB）。在图 11-18(c)和(d)中给出了传感器安装的正确位置和错误位置。

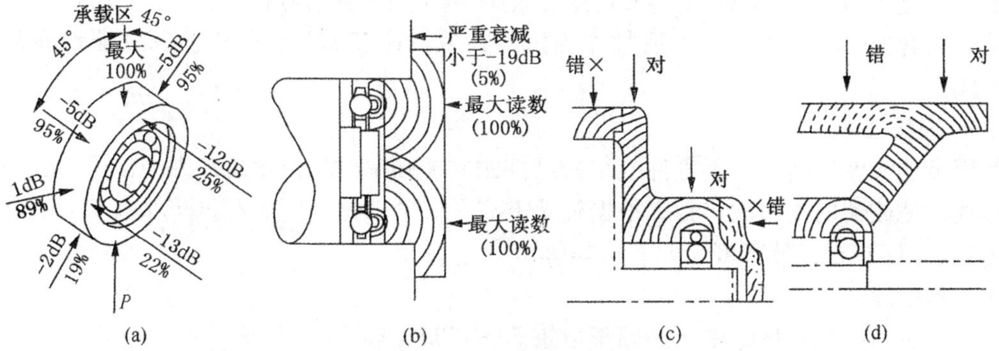

图 11-18　传感器位置对故障检测灵敏度的影响

由于滚动轴承的振动在不同方向上反映出不同的特性，因此应尽量考虑在水平(x)、垂直(y)和轴向(z)3 个方向上进行振动检测，但由于设备构造、安装条件的限制，或出于经济方面的考虑，不可能在每个方向上都进行检测，这时可选择其中的两个方向进行检测。

11.4.2　传感器的选择与固定方式

根据滚动轴承的结构特点，使用条件不同，它所引起的振动可能是频率约为 1kHz 以下的低频脉动（通过振动），也可能是频率在 1kHz 以上，数千赫乃至数十千赫的高频振动（固有振动），通常情况下是同时包含了上述两种振动成分。因此，检测滚动轴承振动速度和加速度信号时应同时覆盖或分别覆盖上述两个频带，必要时可以采用滤波器取出需要的频率成分。考虑到滚动轴承多用于中小型机械，其结构通常比较轻薄，因此，传感器的尺寸和重量都应尽可能地小，以免对被测对象造成影响，改变其振动频率和振幅大小。

滚动轴承的振动属于高频振动，对于高频振动的测量，传感器的固定采用手持式方法显然不合适，一般也不推荐磁性座固定，建议采用钢制螺栓固定，这样不仅谐振频率高，可以满足要求，而且定点性也好，对于衰减较大的高频振动，可以避免每次测量的偏差，使数据具有可比性。

11.4.3　分析谱带的选择

滚动轴承的故障特征在不同频带上都有反映，因此，可以利用不同的频带，采用不同的方法对轴承的故障做出诊断。

一、低频段

在滚动轴承的故障诊断中，低频率段指 1kHz 以下的频率范围。

一般可以采用低通滤波器（例如截止频率 $f_b \leqslant 1\text{kHz}$）滤去高频成分后再作频谱分析。由于轴承的故障特征频率（通过频率）通常都在 1kHz 以下，此法可直接观察频谱图上相应的特征谱线，作出判断。由于在这个频率范围容易受到机械及电源干扰，并且在故障初期反映故障的频率成分在低频段的能量很小，因此，信噪比低，故障检测灵敏度差，目前已较少采用。

二、中频段

在滚动轴承的故障诊断中，中频段指 1～20kHz 频率范围。同样，利用该频率时也可以使用滤波器。

1. 高通滤波器

使用截止频率为 1kHz 的高通滤波器滤去 1kHz 以下的低频成分，以消除机械干扰；然后用信号的峰值、*RMS* 值或峭度系数作为监测参数。许多简易的轴承监测仪器仪表都采用这种方式。

2. 带通滤波器

使用带通滤波器提取轴承零件或结构零件的共振频率成分，用通带内的信号总功率作为监测参数，滤波器的通带截止频率根据轴承类型及尺寸选择，例如对 309 球轴承，通带中心频率为 2. 2kHz 左右，带宽可选为 1 ~ 2kHz。

三、高频段

在滚动轴承的故障诊断中，高频率段指 20 ~ 80kHz 频率范围。

由于轴承故障引起的冲击有很大部分冲击能量分布在高频段，如果采用合适的加速度传感器和固定方式保证传感器较高的谐振频率，利用传感器的谐振或电路的谐振增强所得到衰减振动信号，对故障诊断非常有效。瑞典的冲击脉冲计(SPM)和美国首创的 IFD 法就是利用这个频段。

11. 4. 4　滚动轴承的简易诊断

利用滚动轴承的振动信号分析故障诊断的方法可分为简易诊断法和精密诊断法两种。简易诊断的目的是为了初步判断被列为诊断对象的滚动轴承是否出现了故障；精密诊断的目的是要判断在简易诊断中被认为出现了故障的轴承的故障类别及原因。

一、滚动轴承故障的简易标准

在利用振动对滚动轴承进行简易诊断的过程中，通常需要将测得的振动值(峰值、有效值等)与预先给定的某种判定标准进行比较，根据实测的振动值是否超出了标准给出的界限来判断轴承是否出现了故障，以决定是否需要进一步进行精密诊断。因此，判定标准就显得十分重要。

用于滚动轴承简易诊断的判定标准大致可分为以下 3 种。

1. 绝对判定标准

绝对判定标准是指用于判断实测振动值是否超限的绝对量值。

2. 相对判定标准

相对判定标准是指对轴承的同一部位定期进行振动检测，并按时间先后进行比较，以轴承无故障情况下的振动值为基准，根据实测振动值与该基准振动值之比来进行判断的标准。

3. 类比判定标准

类比判定标准是指对若干同一型号的轴承在相同的条件下在同一部位进行振动检测，并将振动值相互比较进行判断的标准。

需要注意的是，绝对判定标准是在标准和规范规定的检测方法的基础上制定的标准，因此必须注意其适用频率范围，并且必须按规定的方法进行振动检测。适用于所有轴承的绝对判定标准是不存在的，因此一般都是兼用绝对判定标准、相对判定标准和类比判定标准，这样才能获得准确、可靠的诊断结果。

为了正确地进行滚动轴承的故障诊断，将诊断中的注意事项总结如下。

(1) 由于滚动轴承的异常种类不同，会产生低频和高频振动。因此，对滚动轴承进行诊断时，最好对低频振动用速度传感器测定，对高频振动则用加速度传感器测定，然后根据两者进行综合诊断。

（2）由轴承引起的振动通常不容易传递给设备的其他点，一般离坏轴承最近的地方振动最大。所以轴承故障诊断中的测定部位，以轴承座最为理想。测定低频振动时，最好在水平、垂直、轴向等三个方向都进行；而测定高频振动时可选其中的任何一个方向。

（3）应尽量根据绝对标准、相对标准或类比标准的综合作出诊断结论。此外，对于不露在外面的特殊减震器等轴承座，需要根据各自的情况制定出专门的标准。

（4）轴承是最精密的部件之一，它不会过早地失效，除非有某种引起振动的力存在。如重新安装轴承后，振动仍未消失，应仔细检查是否有不平衡和不同轴的问题存在，特别是在轴承发生频繁断裂的地方，这会有助于延长其寿命，减少其故障。

（5）有时，滚动轴承本体并无异常，但因润滑状态不良，振动的变化也会很大，尤其是高频振动。在这种情况下，振动虽然增大，但不要立即判定为异常，而应首先检查它的润滑状态。如发现缺少润滑油，就应在加油（脂）之后再作测定。这时，比较理想的作法是，在加油后数小时乃至数天后再进行测定。

（6）在滚动轴承的振动监测中，除了上述一些基本要求外，还应使轴承有充分的润滑、承受一定载荷并以给定的速度运行。测振用的传感器要安置在轴承载荷区的中心，以保证信号的真实性。

二、振动信号简易诊断法

1. 振幅值诊断法

这里所说的振幅值指峰值 X_p、均值 $\overline{X}$（对于简谐振动为半个周期内的平均值，对于轴承冲击振动为经绝对值处理后的平均值）以及均方根值（有效值）X_{rms}。

这是一种最简单、最常用的诊断法，它是通过将实测的振幅值与判定标准中给定的值进行比较来诊断的。

峰值反映的是某时刻振幅的最大值，因而它适用于像表面点蚀损伤之类的具有瞬时冲击的故障诊断。另外，对于转速较低的情况（如 300r/min 以下），也常采用峰值进行诊断。

均值用于诊断的效果与峰值基本一样，其优点是检测值较峰值稳定，但一般用于转速较高的情况（如 300r/min 以上）。

均方根值是对时间平均的，因而它适用于像磨损之类的振幅值随时间缓慢变化的故障诊断。

2. 波形因数诊断法

波形因数定义为峰值与均值之比（$X_p/\overline{X}$），也是用于滚动轴承简易诊断的有效指标之一。如图 11－19 所示，当 $X_p/\overline{X}$ 值过大时，表明滚动轴承可能有点蚀；而 $X_p/\overline{X}$ 小时，则有可能发生了磨损。

3. 波峰因数诊断法

波峰因数定义为峰值与均方根值之比（X_p/X_{rms}），用于滚动轴承简易诊断的优点在于它不受轴承尺寸、转速及载荷的影响，也不受传感器、放大器等一、二次仪表灵敏度变化的影响。该值适用于点蚀类故障的诊断。通过对 X_p/X_{rms} 值随时间变化趋势的监测，可以有效地对滚动轴承故障进行早期预报，并能反映故障的发展变化趋势。当滚动轴承无故障时，X_p/X_{rms} 为一较小的稳定值；一旦轴承出现了损伤，则会产生冲击信号，振动峰值明显增大，但此时均方根值尚无明显的增大，故 X_p/X_{rms} 增大；当故障不断扩展，峰值逐步达到极限值后，均方根值则开始增大，X_p/X_{rms} 逐步减小，直至恢复到无故障时的大小。

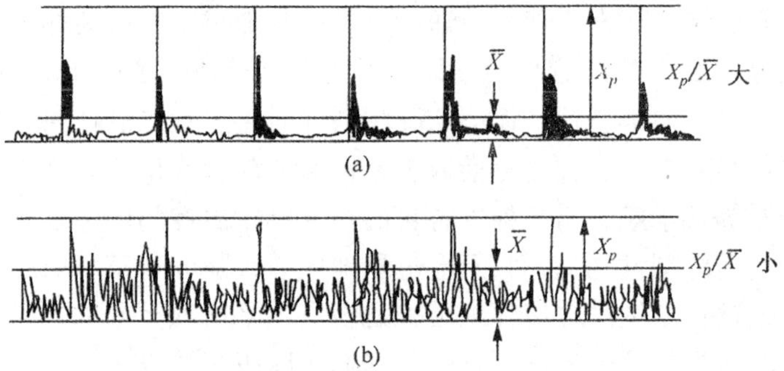

图 11－19　滚动轴承冲击振动的波形因数

4. 概率密度诊断法

无故障滚动轴承振幅的概率密度曲线是典型的正态分布曲线；而一旦出现故障，则概率密度曲线可能出现偏斜或分散的现象，如图 11－20 所示。

5. 峭度系数诊断法

峭度(Kurtosis)β 定义为归一化的 4 阶中心矩，即 $\beta = \dfrac{\int_{-\infty}^{+\infty}(x-\bar{x})^4 p(x)\,\mathrm{d}x}{\sigma^4}$

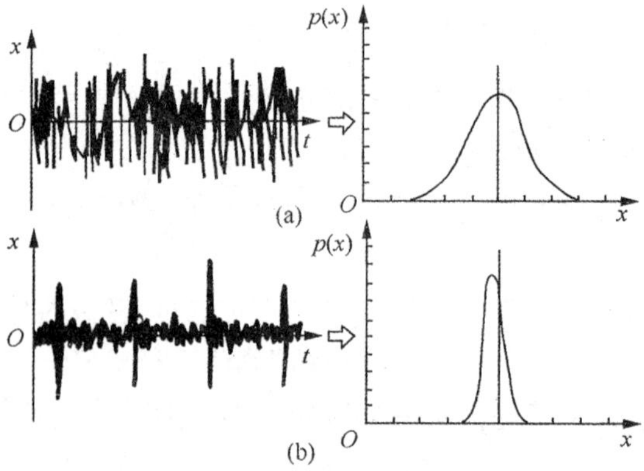

图 11－20　滚动轴承的损伤

式中　x——瞬时振幅；

$\bar{x}$——振幅均值；

$p(x)$——概率密度；

σ——标准差。

振幅满足正态分布规律的无故障轴承，其峭度值约为 3。随着故障的出现和发展，峭度值具有与波峰因数类似的变化趋势。此方法的优点在于与轴承的转速、尺寸和载荷无关，主要适用于点蚀类故障的诊断。

英国钢铁公司研制的峭度仪在滚动轴承故障的监测诊断方面取得了很好的效果。利用快装接头，仪器的加速度传感器探头直接接触轴承外圈，可以测量峭度系数、加速度峰值和 *RMS* 值。图 11－21 为使用该仪器监测同一轴承疲劳试验的结果。试验中第 74h 轴承发生了疲劳破坏，峭度系数由 3 上升到 6[图(a)]，而此时峰值[图(b)]和 *RMS* 值尚无明显增大。故障进一步明显恶化后，峰值、*RMS* 值才有所反映。

图中虚线表示在不同转速(800～2700r/min)和不同载荷(0～11kN)下进行试验时上述各值的变动范围。很明显，峭度系数的变化范围最小，约为 ±8%。轴承的工作条件对它的影响最小，即可靠性及一致性较高。

有统计资料表明，使用峭度系数和 *RMS* 值共同来监测滚动轴承振动情况，故障诊断成功率可达到 96% 以上。

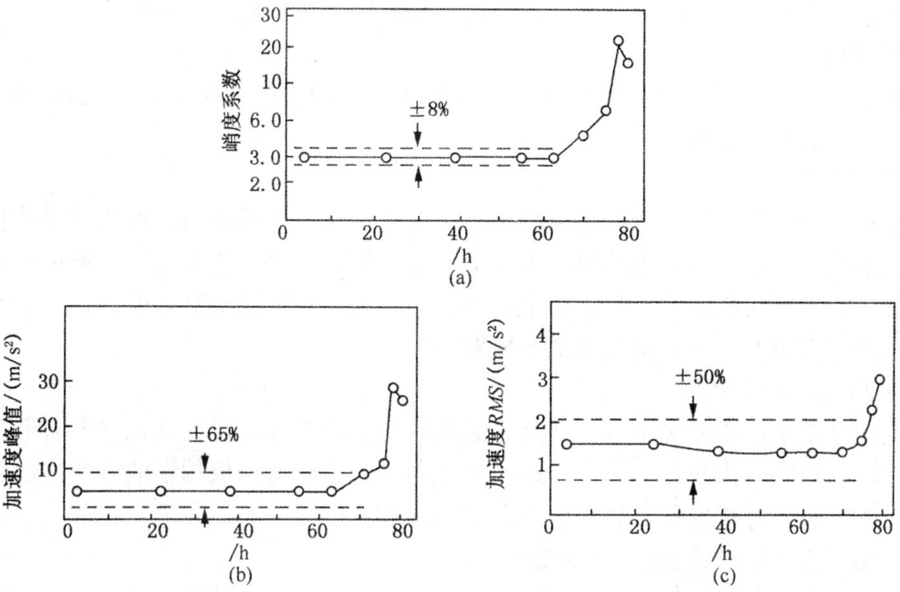

图 11－21　轴承疲劳试验过程

三、滚动轴承的冲击脉冲诊断法(SPM 法)

滚动轴承存在缺陷时，如有疲劳剥落、裂纹、磨损和滚道进入异物时，会发生冲击，引起脉冲性振动。由于阻尼的作用，这种振动是一种衰减振动。冲击脉冲的强弱反映了故障的程度，它还和轴承的线速度有关。SPM 冲击脉冲法(Shock Pulse Method)就是基于这一原理。根据统计规律得出的脉冲值与轴承寿命的关系如图 11－22 所示。

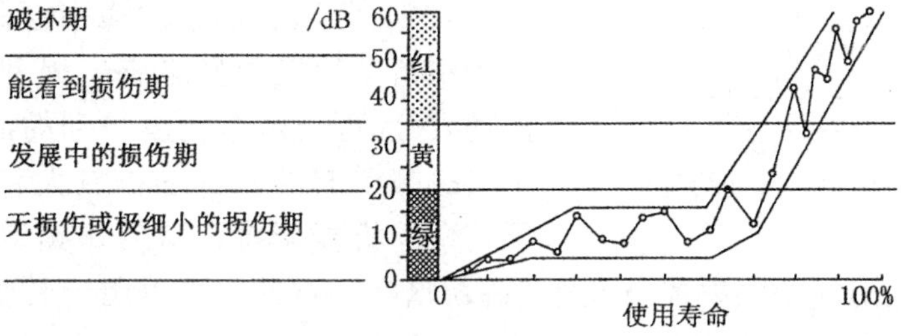

图 11－22　冲击脉冲值与轴承寿命的关系

在无损伤或极微小的损伤期，脉冲值(dB 值)大体在水平线上下波动。随着故障的发展，脉冲值逐渐增大。当冲击能量达到初始值的 1000 倍(60dB)时，就认为该轴承的寿命已经结束。总的冲击能量 dB_{SV} 与初始冲击能量 dB_i 之差称为标准冲击能量 dB_N。

$$dB_N = dB_{SV} - dB_i$$

可以根据 dB_N 的值判断轴承的状态：

$0 \leqslant dB_N < 20\text{dB}$　正常状态，轴承工作状态良好；

$20\text{dB} \leqslant dB_N < 35\text{dB}$　注意状态，轴承有初期损伤；

$35\text{dB} \leqslant dB_N < 60\text{dB}$　警告状态，轴承已有明显损伤。

初始冲击能量也称背景分贝，可根据轴承内径及转速加以确定。

冲击脉冲法对使用者的要求较高，初学者在现场使用中往往由于经验不足、对设备工况条件考虑不周造成诊断失误，因此采用此方法进行诊断时应注意以下几方面问题。

1. 传感器的安装

对于固定安装的 SPM 传感器，经常由于机器本身的结构限制，无法完全达到 SPM 传感器的安装标准，造成信号衰减。

2. 设备安装条件

对滚动轴承状态有明显影响的设备安装因素主要有不对中和轴弯曲。这两种安装状态都会使轴承产生不均匀载荷，对轴承油膜的形成造成很大影响。这一方面会加剧轴承状态的恶化；另一方面，在轴承状态恶化以前也会造成冲击值增大，导致误报警。因此，对于此类轴承，在加强监护的同时，对其报警限要适当放宽。

3. 对辅助传动轴承的考虑

对于辅助传动轴承，由于经常处于从动轻载荷状况，因此冲击值比其正常载荷下获得的标准值要小很多。但同时由于载荷小而容易受其他轴承或齿轮冲击值的影响，使冲击值快速增高。因此对此类轴承应放宽其下限，但上限应基本不变。

四、滚动轴承共振解调诊断法(IFD 法)

共振解调法是利用传感器及电路的谐振，将故障冲击引起的衰减振动放大，从而大大提高故障探测的灵敏度，这是与冲击脉冲法相同之点。但该方法还利用解调技术将故障信息提取出来，通过对解调后的信号进行频谱分析，可以诊断出故障的部位，指出故障发生在轴承外圈、内圈滚道或滚动体上。这是美国波音公司提出的一项技术，称为早期故障探测法(Incipient Failure Detection)。

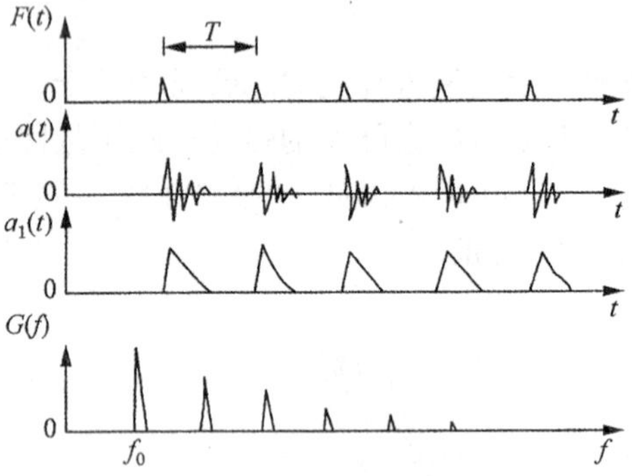

图 11－23　IFD 法的信号变换过程

利用解调技术对信号进行频谱分析的过程如图 11－23 所示。轴承故障引起的冲击脉冲 $F(t)$ 经传感器拾取及电路谐振，得到放大的高频衰减振动$a(t)$，再经包络检波得到的波形 $a_1(t)$，相当于将故障引起的脉冲加以放大和拓宽，并且摒除了其余的机械干扰，最后作频谱分析可以得到与故障冲击周期 T 相对应的频率成分 f 及其高次谐波。据此，可以用于滚动轴承故障及故障部位的诊断。

五、高通绝对值频率分析法

将加速度计测得的振动加速度信号经电荷放大器放大后，再经过 1kHz 高通滤波器，只抽出其高频成分，然后将滤波后的波形作绝对值处理，再对经绝对值处理后的波形进行频率分析，即可判明各种故障原因。

图 11－24 为高通绝对值频率分析的测试分析原理框图。图(c)给出了振动波形绝对值处理结果。

11.4.5　简易诊断实例

【例 1】　某单位有一台变频机组，主轴转速 2996r/min(轴频 50Hz)，设备结构如图 11－25所示，通过计算，机器上端轴承各特征频率分别为：内圈 f_i = 390Hz，外圈 f_o = 260Hz，滚动体 f_b = 117Hz，保持架 f_c = 20Hz。

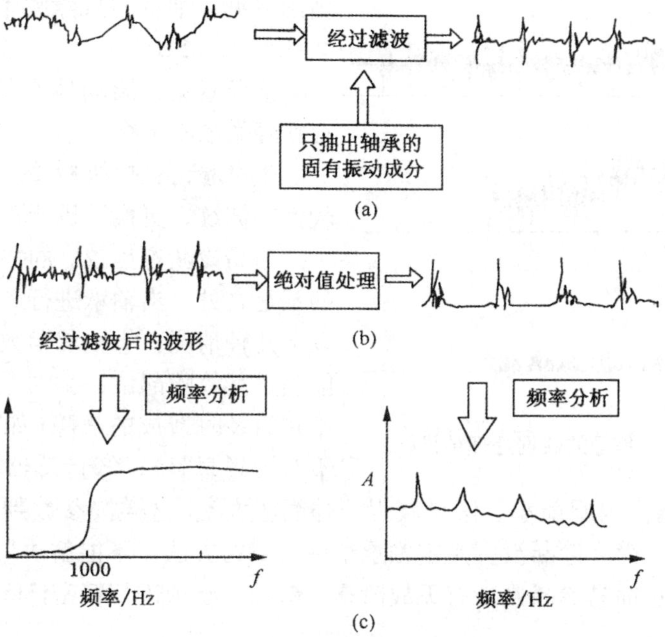

图 11－24　高通绝对值频率分析法的测试分析原理图

在一个月的时间内，变频机运行不正常。对 A 处的速度信号作频率分析。频谱图中 20Hz 的频率峰值最突出，呈保持架的特征频率。此外转速频率及分数倍低次谐波，说明有非线性问题存在，频率结构如图 11－26 所示。

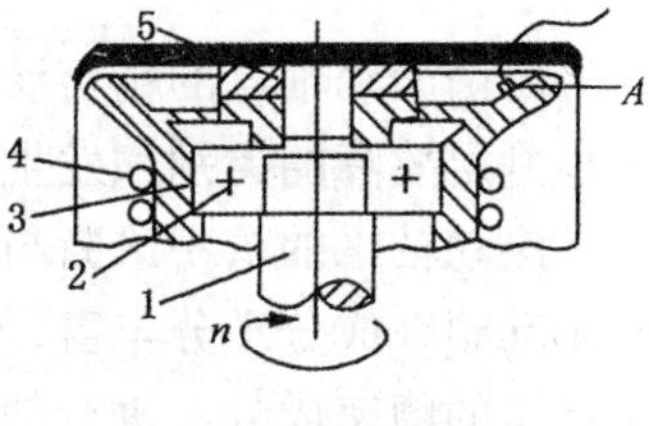

图 11－25　变频机主轴上端结构

1—主轴；2—轴承；3—轴承座；4—冷却管；5—密封；A—传感器

从时域波形图上可见，其振动波形上下不对称，下边呈“截头”状，上边尖锐，呈摩擦特征，见图 11－27。拆机检查发现，轴承座孔有滑动摩擦痕迹，孔径呈不均匀磨损，保持破裂。经查明，引起故障原因，主要在于安装不良，对中性不好所致。

【例 2】　某机器的 204 滚动轴承（$d=7.94$mm，$D=33.9$mm，$Z=8$）轴的转速 $n=1580$r/min，机器在运行过程中出现了异常振动。经计算该轴承的频率为：轴转动频率 $f_r=26.35$Hz，内圈转动的通过频率为 $f_i=130.06$Hz，滚动体的通过频率 $f_b=106.35$Hz，外圈的通过频率为 $f_b=80.7$Hz。将轴承的振动信号进行处理，其时域波形、功率谱及倒谱见图11－28。

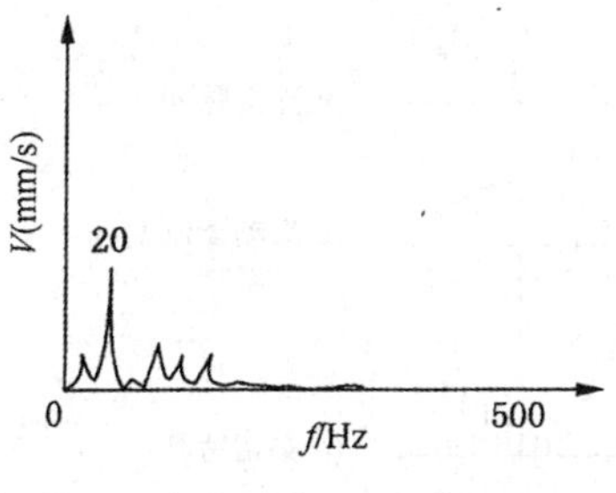

图 11－26　变频机上端轴承速度信号频谱

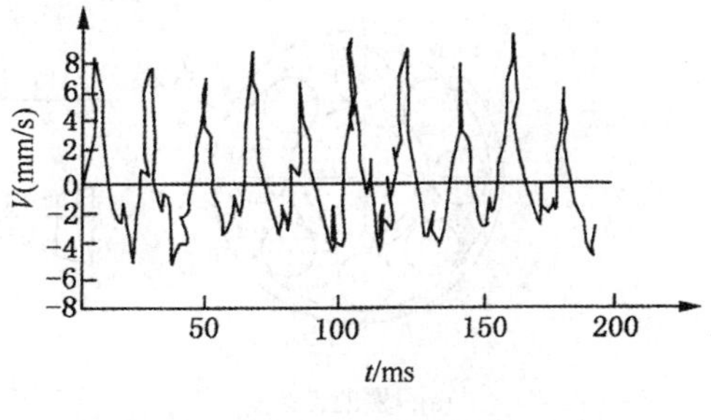

图 11－27　变频机上端轴承速度信号波形

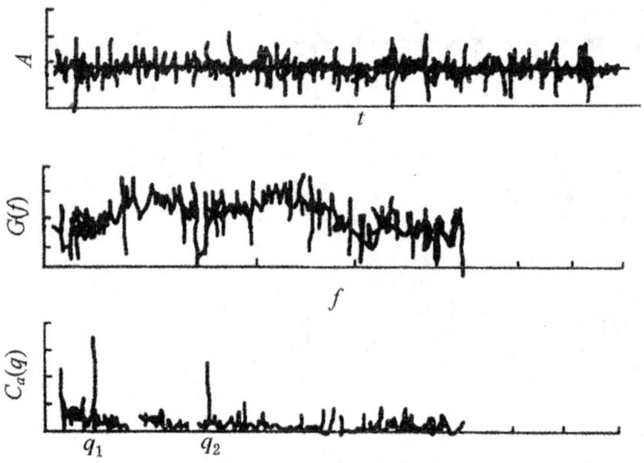

图 11－28　轴承信号的数据处理结果

由图可见，轴承的故障频率为 106Hz，其边带频率为 26.35Hz。

诊断意见：滚动体有缺陷，轴承不合格，存在轻微的不平衡。

生产验证：拆机检验，滚动体已损坏，有较大的波纹，更换后机器正常运行。

简易诊断有比较好的一面，但也存在许多的不足之处，当轴承进行简易诊断时，会出现以下几种情况：①轴承参数超值有故障，但不能确定其故障部位；②轴承本身无故障而是由于在组装时造成的故障(如转子动不平衡、轴不对中碰磨等)；③传感器置于机座时，测得的故障信号有强有弱(内圈最小、滚子较强、外圈较大)，这样按参数判会产生误差。通过以上 3 种情况分析，简易诊断没有判定轴承组件故障的方法，不能解决“视情维修”的问题，因此轴承诊断仅通过简易诊断判断有无故障是不够的，必须进行精密诊断。

11.5　滚动轴承的精密诊断方法

所谓滚动轴承的精密诊断方法，就是在利用简易诊断法确定轴承已经发生故障之后，进一步判定故障的类别和发生部位，以便采取相应对策。

滚动轴承的精密诊断与旋转机械等精密诊断一样，主要采用频谱分析法。由于滚动轴承的振动频率成分十分丰富，既含有低频成分，又含有高频成分，而且每一种特定的故障都对应特定的频率成分。进行频谱分析之前需要通过适当的信号处理方法将特定的频率成分分离出来，然后对其进行绝对值处理，最后进行频率分析，以找出信号的特征频率，确定故障的部位和类别。

11.5.1　滚动轴承故障振动特征

一、轴承内滚道损伤

轴承内滚道产生损伤时，如：剥落、裂纹、点蚀等(如图 11－29 所示)，若滚动轴无径向间隙时，会产生频率为 nZf_i($n=1$，2，…)的冲击振动。

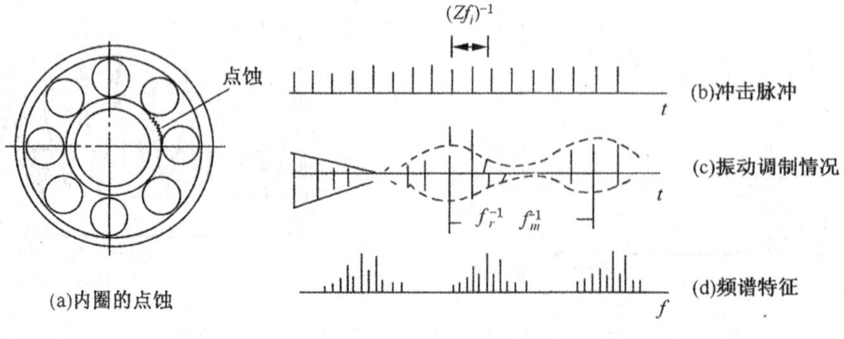

图 11－29　内滚道损伤振动特征

通常滚动轴承都有径向间隙，且为单边载荷，根据点蚀部分与滚动体发生冲击接触的位置的不同，振动的振幅大小会发生周期性的变化，即发生振幅调制。若以轴旋转频率 f_r 进行振幅调制，这时的振动频率为 $nZf_i \pm f_r(n=1, 2, \cdots)$；若以滚动体的公转频率(即保持架旋转频率)$f_c$ 进行振幅调制，这时的振动频率为 $nZf_i \pm f_c(n=1, 2, \cdots)$。

二、轴承外滚道损伤

当轴承外滚道产生损伤时，如剥落、裂纹、点蚀等，在滚动体通过时也会产生冲击振动。由于点蚀的位置与载荷方向的相对位置关系是一定的，所以，这时不存在振幅调制的情况，振动频率为 $nZf_o(n=1, 2, \cdots)$，如图 11－30 所示。

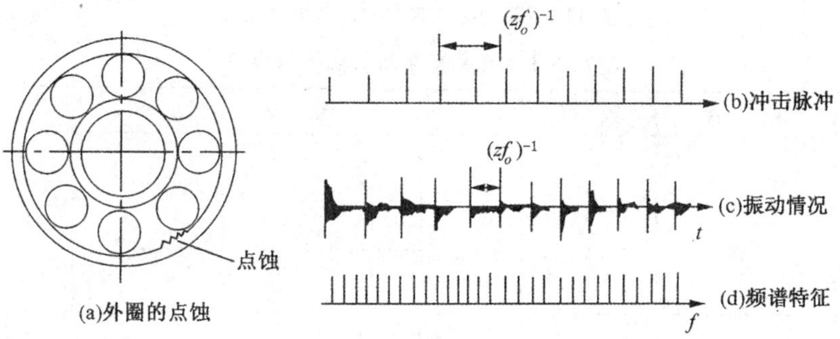

图 11－30　外滚道损伤振动特征

三、滚动体损伤

当轴承滚动体产生损伤时，如剥落、裂纹、点蚀等，缺陷部位通过内圈或外圈滚道表面时会产生冲击振动。

在滚动轴承无径向间隙时，会产生频率为 $nZf_b(n=1, 2, \cdots)$ 的冲击振动。

通常滚动轴承都有径向间隙，因此，同内圈存在点蚀时的情况一样，根据点蚀部位与内圈或外圈发生冲击接触的位置不同，也会发生振幅调制的情况，不过此时是以滚动体的公转频率 f_c 进行振幅调制。这时的振动频率为 $nZf_b \pm f_c$，如图 11－31 所示。

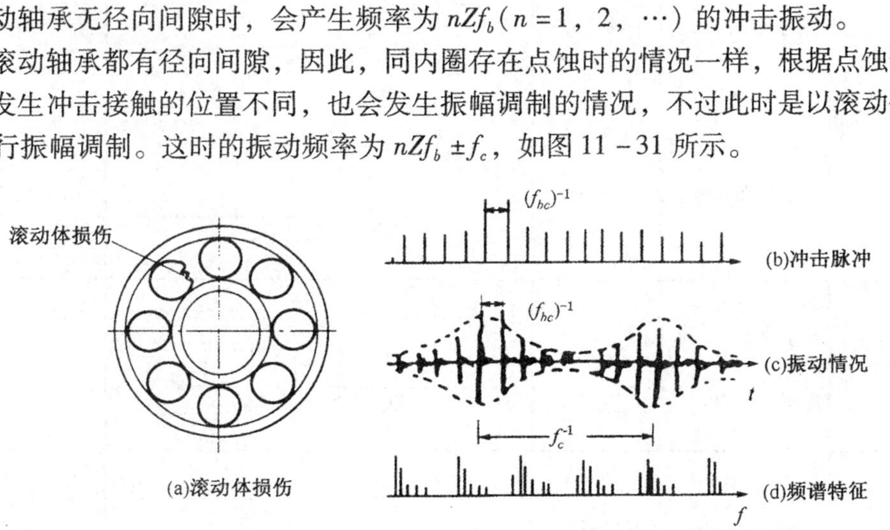

图 11－31　滚动体损伤振动情况

四、轴承偏心

当滚动轴承的内圈出现严重磨损等情况时，轴承会出现偏心现象，当轴旋转时，轴心(内圈中心)便会绕外圈中心摆动，如图 11－32 示，此时的振动频率为 $nf_r(n=1, 2, \cdots)$。

为方便轴承故障诊断，将以上与轴承部件损伤有关的特征频率列于表 11－3 中。

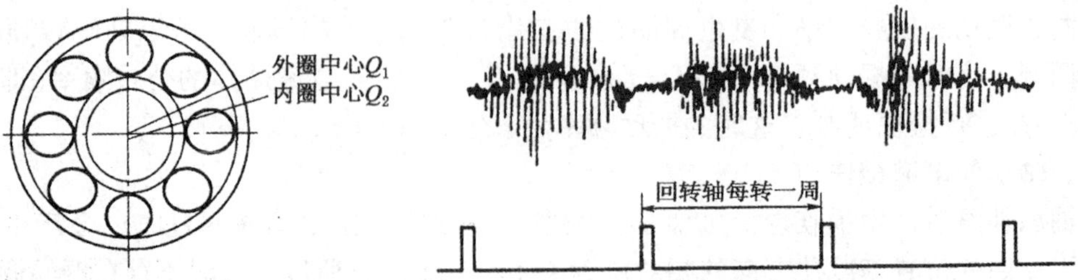

(a)轴承偏心　　(b)振动波形

图 11－32　滚动轴承偏心振动特征

表 11－3　轴承部件损伤特征频率表

故障类型	条　件	频　率	频　谱	备　注
轴承偏心		nf_r	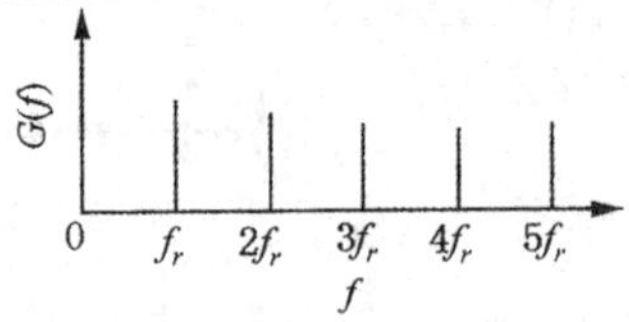	$n=1, 2, 3, \cdots$
内圈有点蚀	无径向间隙	nZf_r	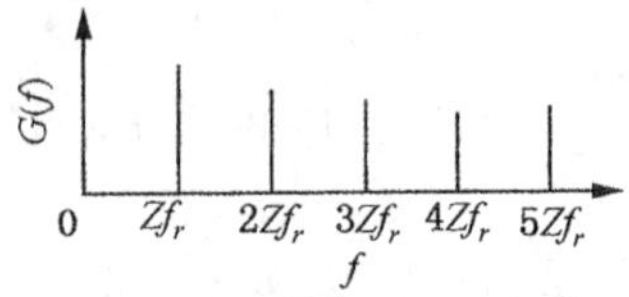	$n=1, 2, 3, \cdots$
	有径向间隙	$nZf_i \pm f_r$	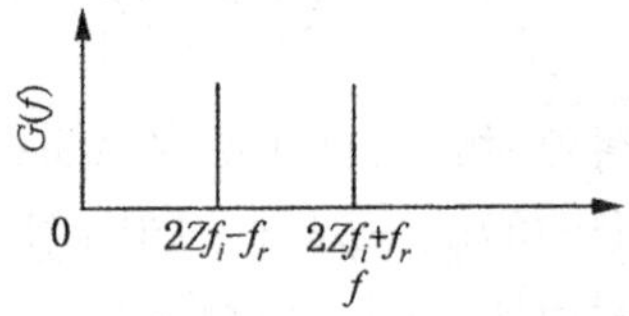	$n=1, 2, 3, \cdots$
内圈有点蚀	有径向间隙	$nZf_i \pm f_c$	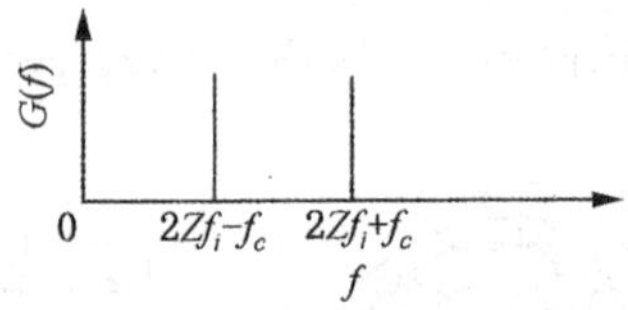	$n=1, 2, 3, \cdots$
外圈有点蚀		nZf_o	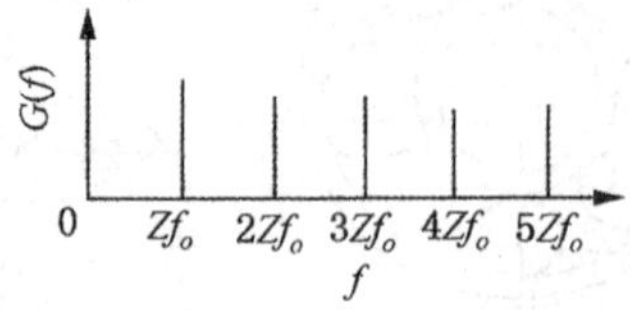	$n=1, 2, 3, \cdots$
滚动体有点蚀	无径向间隙	nZf_b	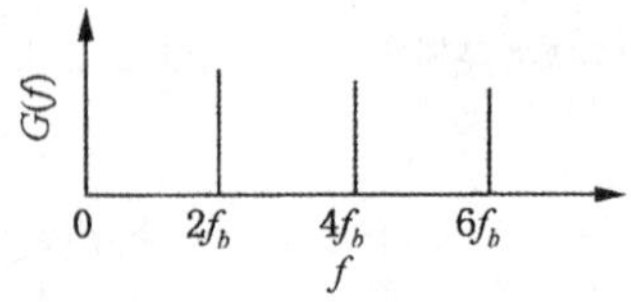	$n=1, 2, 3, \cdots$
	有径向间隙	$2nf_b \pm f_c$	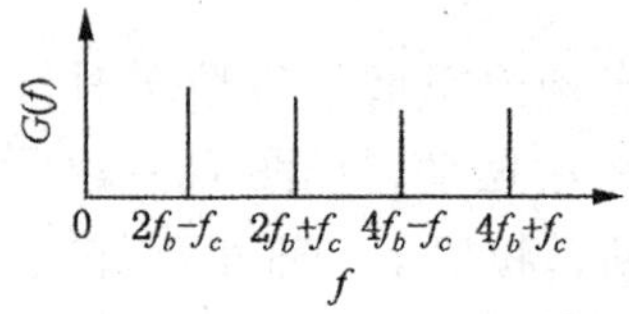	$n=1, 2, 3, \cdots$

11.5.2　滚动轴承精密诊断方法

轴承最常见、最有害、也是最受重视的故障是局部故障，所以发展了许多针对这类故障的精密诊断方法。根据监测频段不同，这些方法可划分为低频（特征频率段）分析法和高频（固有频率段）分析法两种。

一、低频分析法

有损伤的轴承元件在运行中产生具有特征频率的振动，直接监测特征频率分量的幅值变化是诊断轴承故障部位最直接的方法。由于轴承的特征频率低，所以这种方法通常称为低频分析法。

一种低频分析法的信号处理过程如图 11－33 所示，加速度传感器拾取的振动信号经电荷放大器放大、积分器转换为速度信号（低频振动一般用振动速度作诊断参数）、低通滤波器去掉高频分量，然后送入分析仪中进行频谱分析。在频谱图上根据故障的特征频率的峰值就能确定故障的大小和部位。

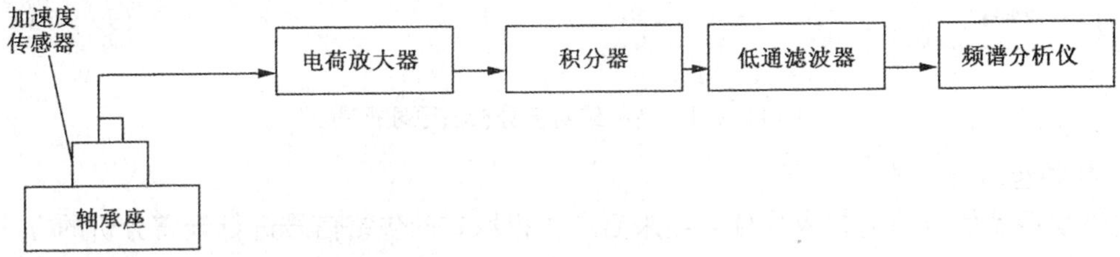

图 11－33　低频分析法原理框图

但是，由于机械、电源和流体动力学的干扰能量都集中在这个频段（低频段）而轴承早期损伤产生的冲量值又很小，其低频分量的振幅更微弱，所以信噪比很低，无论从时域或频域都很难在这个频段将轴承早期故障揭示出来。目前只有简单的机械设备才采用这种简单的检测方法。

二、高频分析法

轴承局部故障激发的高频固有振动具有振幅较大、持续时间较长，重复频率与冲击的重复频率（故障特征频率）相同等优点外，而且可以避开低频干扰，有较高的信噪比；可以不受转速变化的影响，有较高的稳定性，所以根据这个频段的幅值变化判别轴承的早期故障有较好的效果，是当前使用较普遍的方法。

高频分析法根据分析对象划分，主要有两种。一种是选用轴承元件的固有频率作为分析对象。因为监测轴承振动的测点通常都选在轴承座上，外圈距测点最近传输损失最少，所以一般都选用轴承外圈的固有频率作分析对象。由于外圈的固有频率为数千赫兹相对较低，所以也称为中频段（1～20kHz）分析法。另一种是选用频率较高的加速度传感器的固有频率或电谐振器的谐振频率作为分析对象。轴承局部损伤能激发轴承系统各组成部分产生固有频率振动，同样也能激发加速度传感器产生固有频率振动。所以高频分析法的分析对象也可以选用加速度传感器的固有频率。由于它的频率更高，只有冲击性质的激励力才能激发它的固有频率，产生固有频率振动，同样也能激发加速度传感器产生固有频率振动。所以高频分析法的分析对象也可以选用加速度传感器的固有频率。由于它的频率更高，只有冲击性质的激励力才能激发它的固有频率振动，不易受非轴承局部损伤因素的影响，所以信噪比高，诊断效果好。电谐振器实际是一个窄带带通滤波器，它拾取振动信号中与谐振频率一致的高频成分作为分析对象，同样具有较高的信噪比，诊断效果好。

高频分析法根据对信号的分析处理方法划分，主要有两种。

1. 高频常规分析法

对振动信号用带通滤波器分离出需要的高频信号后，只作某些时域处理和频域处理的分析方法叫常规分析法。

图 11－34 是这种方法的一种处理过程，加速度传感器拾取的振动信号经电荷放大器放大、带通滤波器分离出需要分量后，进行绝对值处理和频谱分析。在频谱图上根据故障的特征频率就能确定故障的大小和部位。

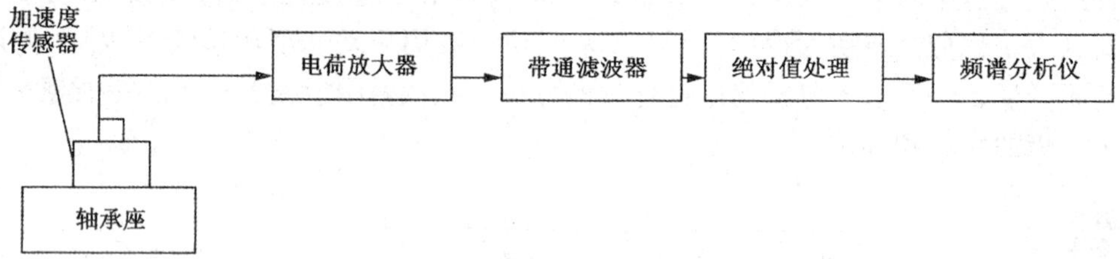

图 11－34　高频绝对值分析法原理框图

2. 高频包络分析法

将轴承振动信号的高频成分分离出来后，再提取它的包络信号进行频谱分析的方法叫高频包络分析法，也叫共振解调分析法。由于包络信号是近似的周期信号，幅值大、持续时间长、但重复频率没有改变，而且没有低频干扰，所以在谱图上获得较明显的特征谱线，对故障识别十分有利。

图 11－35(a)是这种方法的一种处理过程，加速度传感器拾取的振动信号经电荷放大器、高通滤波器、绝对值处理器后还要经过低通滤波器，才送入分析仪进行频谱分析。

各环节的输出如图 11－35(b)所示，最上面是轴承局部损伤产生的冲击脉冲 $F(t)$，下面是冲击脉冲激发的振动信号通过放大器和中心频率为某固有频率的带通滤波器后，得到的高频固有振动信号 $a(t)$，再下面是经过绝对值处理和低通滤波后，得到的低频包络信号 $a_1(t)$，最下面是对它进行频谱分析获得的功率谱 $G(f)$ 及其高次谐波成分，显示了与轴承损伤对应的频率。

按照高频包络分析原理，美国波音公司首先研制成了脉冲测振仪，在仪表中设置了若干个不同谐振频率的谐振器，因此分析频率可以选择，以适应各种不同的需要。

我国航空工业研制的冲击测振仪，不受高频固有振动波形重叠的影响，能始终保持较高的测量精度。

11.5.3　滚动轴承精密诊断实例

【例 1】　一台单级并流式鼓风机，电动机功率 30kW，电动机转速 1480r/min，经减速风机转速 900r/min。两个叶轮叶片均为 60 片，同样大小的两个叶轮分别装在两根轴上，中间用联轴器连接，每轴有两个滚动轴承支撑，风机结构见图 11－36。

某日该机组测点③的振动加速度从 0.07g 逐渐上升，10 天后达到 0.68g。为查明原因，对测点③的振动信号进行了频谱分析。

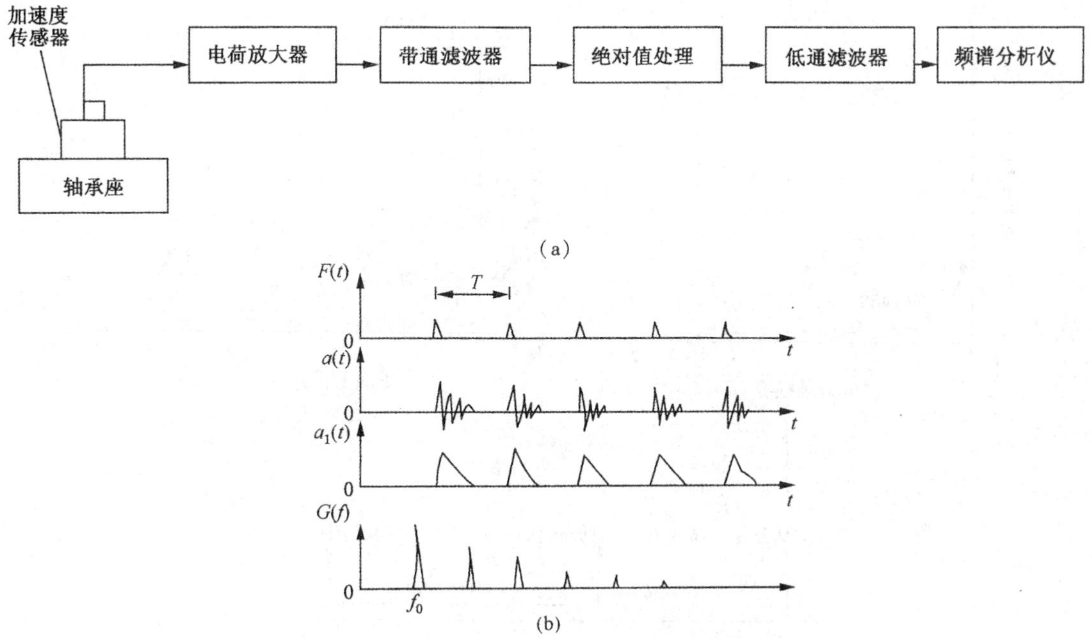

图 11－35　包络分析法原理框图

轴承的几何尺寸如下：

轴承型号：210；滚动体直径：$d=12.7$mm；轴承节径：$D=70$mm

滚动体个数：$Z=10$；压力角：$a=0°$。

故轴承的特征频率如下：

鼓风机的转速频率：15Hz

轴承内圈通过频率：88.6 Hz

轴承外圈通过频率：61.3 Hz

滚动体通过频率：40.6 Hz

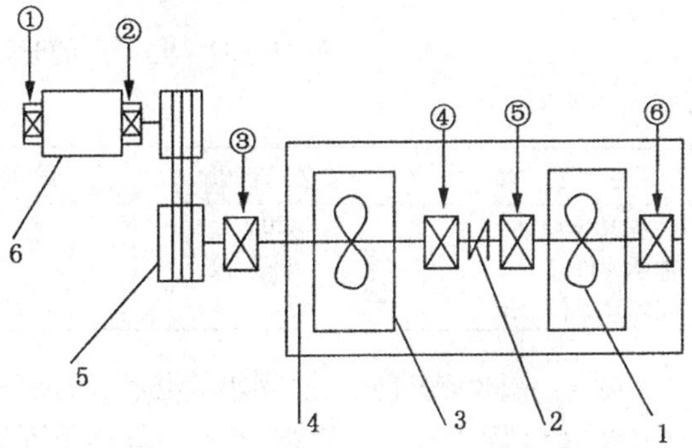

图 11－36　鼓风机系统

1—叶轮；2—联轴器；3—蜗壳；4—风室；
5—带机构；6—电动机
①～⑥测点

在图 11－37(a)所显示的高频段加速度信号的频谱图上，出现了 1350Hz 和 2450Hz 频段成分，形成小段高频峰群，可以判定这是轴承元件的固有频率。图 11－37(b)是低频段的频谱，图中清晰地显示出转速频率 f_r(15Hz)，外圈通过频率 f_0(61Hz)，内圈通过频率 f_1(88Hz)及外圈通过频率的 2 次，3 次谐波(122Hz 和 183Hz)，图 11－37(c)是加速度时域波形，图上显示出间隔为 5.46ms 的波峰，其频率为 183Hz($1000 \div 5.46=183$Hz)，亦为外圈通过频率的 3 次谐波，与频谱图显示的频率相印证[图 11－37 (b)]。

诊断意见：根据两个频段分析所得到的频率信息，判断轴承外圈存在的故障，如滚道剥落，裂纹或其他伤痕。同时估计每圈也有些问题。

生产验证：停机检查发现，轴承内，外圈都有很长的轴向裂纹，与诊断结论一致。

【例 2】　小波包络解调诊断滚动轴承故障。

吐丝机是高速线材厂的关键设备之一。某线材公司吐丝机齿轮箱上的轴承参数见表 11－4，轴的转速为 1107.6r/min。为了识别该轴承故障，采用了小波包络解调的信号处理方法。

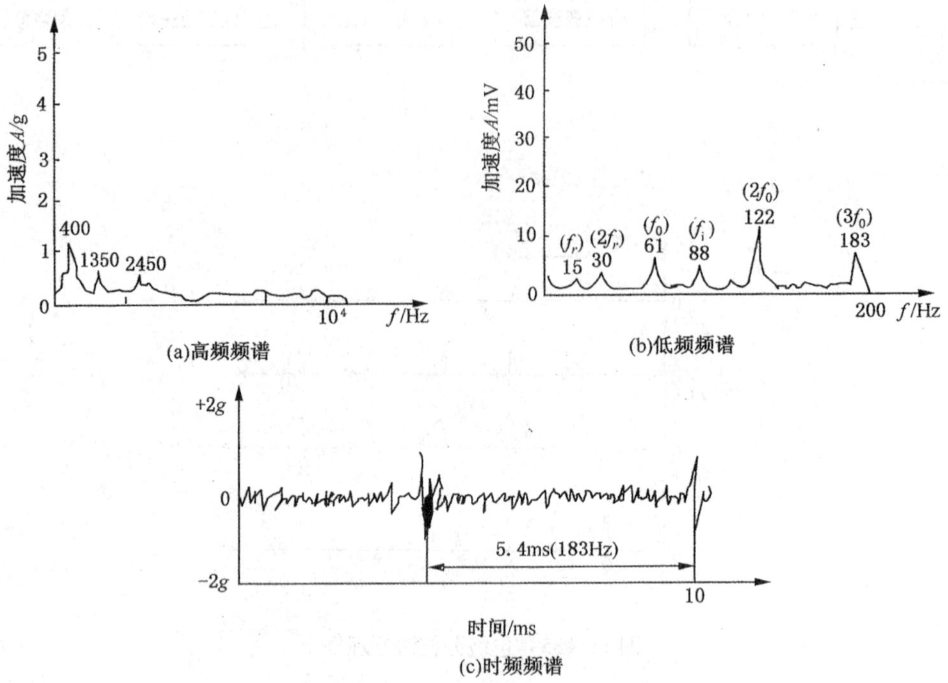

图 11－37　是测点的时域波形和高低两个频段的频谱

表 11－4　轴承参数和间隔频率

参 数 名	节圆直径	滚珠直径	滚珠个数	接触角度
参数值/mm	450	16	24	0°
轴承元件	外圈	内圈	滚珠	保持架
间隔频率值/Hz	214	230	259	8.9

图 11－38 是轴承上测得波形图和频谱图。从频谱图上看到的几个具有突出峰值的频率成分及其倍频成分，这些频率成分与计算得到轴承故障间隔频率不符。为此采用小波变换方法对高频段和低频段进行分离。图 11－39 是对图 11－38 中 1258Hz 的高频及其边频进行分

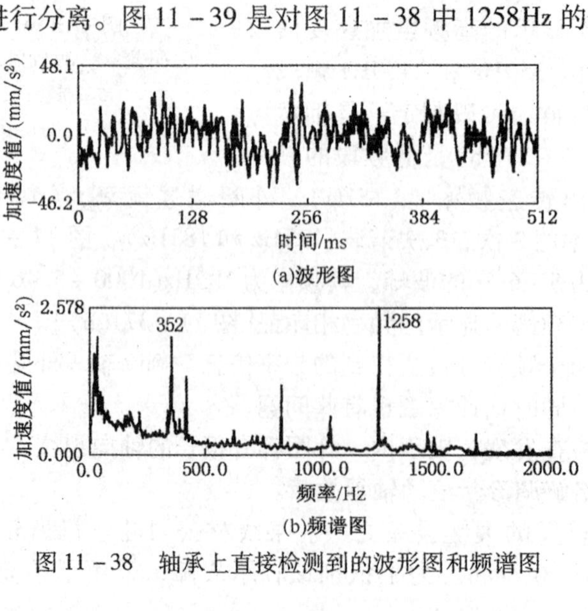

图 11－38　轴承上直接检测到的波形图和频谱图

离，在高频段取较小的尺度(尺度=2)，使之在时域上的局部性增强，其波形如图 11-39(a)所示，图 11-39(b)是经过包络检波后的波形，再经频率分析得到图 11-39(c)的频率图。图中出现的主要频率成分是211Hz 及其2 倍频和3 倍频，这是轴承外圈的间隔频率，说明外圈存在局部性故障。另外，图 11-38 中还存在 352Hz 明显峰值的频率成分，为了分析该频段的故障信息，采用的小波变换尺度为6.5，使之具有较高的频率分辨率，其波形图如图 11-40(a)所示。图 11-40(b)是其包络解调波形，对它进行频率分析，得到 11-40(c)的频率图。从频谱图上可以看到最高峰值的频率成分是 8.8Hz，还出现它的2 倍频和3 倍频成分。8.8Hz 正是保持架的故障间隙频率，说明保持架也存在局部性故障。

最后在停车检修时发现，轴承外圈有一个比较大的剥落凹坑，同时有磨损现象，保持架也出现剥落凹坑并伴有重度磨损。

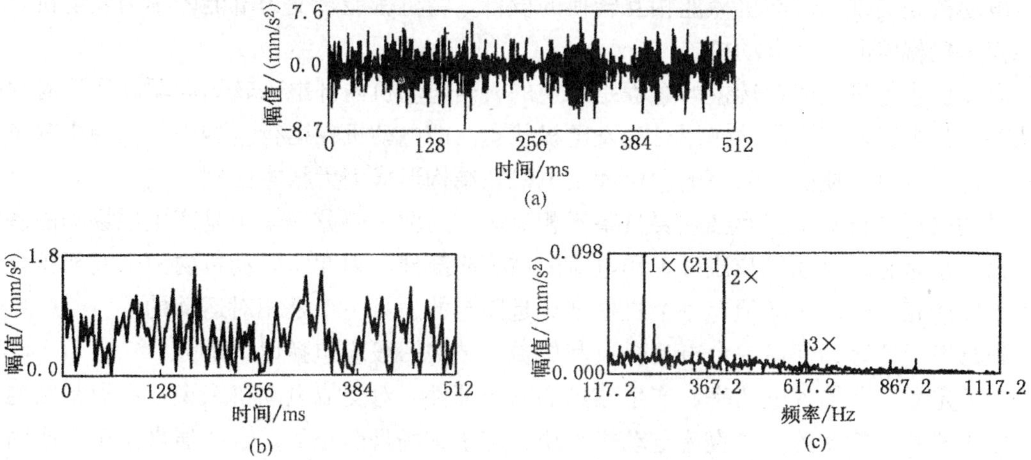

图 11-39　对高频段的小波包络分析(尺度=2)

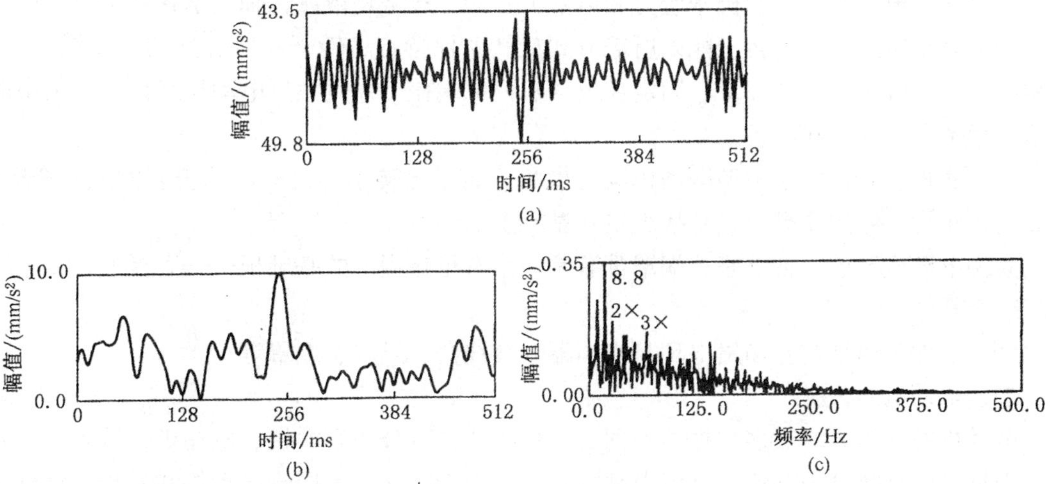

图 11-40　对低频段的小波包络分析(尺度=6.5)

第12章　电动机的故障诊断

12.1　电动机类型及故障现象

12.1.1　电动机的主要类型

一、电动机及其基本组成部分

电动机是实现电能与机械能相互转换的设备，将机械能转变为电能的称为发电机，将电能转变为机械能的称为电动机。

电动机进行机电能量转换的过程是可逆的，当电动机内部电磁转矩起驱动作用时为电动机状态；当电磁转矩起制动作用时为发电机状态。即电动机在运行过程中，电动机状态和发电机状态是可以互换的，因而电动机和发电机在结构形式上无根本区别。

电动机要进行能量交换必须要具备有相对运动的两个部分，一个是产生磁场的磁感应部件；另一个是感应电动势和流过工作电流的被感应部件。因此，电动机内两个互相耦合的磁场为了要能相对运动，必须有一个机械部分是固定的，另一个是相对运动的。

根据以上原理，任何一台电动机及其机械总结构一般应包括以下部分：

（1）定子。是输入电功率，产生磁场的静止部件。对交流电动机来说，在通常结构型式下，定子磁场是旋转的；对直流电动机来说，定子磁场是静止的。定子通常是由机座固定在底板上（对大型电动机）或基础上（对中、小型电动机）。

（2）转子。是产生一个与定子磁场相对运动的磁场，轴上输出机械功率的重要部件，其上各部件往往要承受较大的机械应力和电磁力，转子通常是依靠转轴支承在轴承上。

（3）轴承装置。是使转子能以所需方式旋转，保持定、转子相对位置的主要结构。中、小型电动机一般采用滚动轴承，固定在电动机两侧端盖上；对大型电动机来说一般采用滑动轴承，用轴承座固定在底板上。

（4）底板。单台的中小型电动机没有底板，定子、转子、机座、端盖装配成一个整体，依靠与机座为一体的底脚板，直接固定在基础上。

大型电动机定子、轴承座、端罩都装到一个有足够刚度的基础板——底板上，使电动机成为一个整体。

（5）其他附属结构。如集电环与换向器、接线盒、风扇、端罩等。

二、电动机的分类

电动机的分类方式很多，根据不同的工作方式，可分为发电机、电动机、转换机、调相机；根据电流种类分为直流、交流电动机；交流电动机又分为同步电动机和异步电动机；按励磁方式分为自励、他励、并励、复励，当今使用最广泛的是同步发电机、同步电动机、异步电动机和直流电动机。具体可参照图12－1。

电动机还可以按外壳的防护型式、冷却方式、安装型式、使用环境条件、绝缘结构、励磁方式和工作制等特征进行分类。电动机按结构型式的分类如表12－1所示。

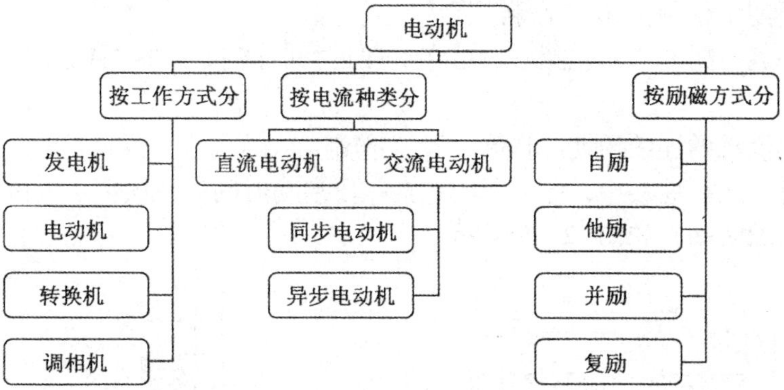

图 12－1　电动机的分类

表 12－1　电动机按结构型式的分类

<table>
<tr><th>类　型</th><th>分　类</th><th>类　型</th><th colspan="4">分　类</th></tr>
<tr><td rowspan="2">按外壳防护型式</td><td rowspan="2">开启式、防护式、封闭式、防尘式、防暴式</td><td>按绝缘等级</td><td colspan="4">A、E、B、F、H 级</td></tr>
<tr><td>按工作制</td><td colspan="4">连续、短时、周期、非周期</td></tr>
<tr><td>按通风冷却方式</td><td>自冷式、自扇冷式、他扇冷式、管道通风式等</td><td rowspan="2">按电动机尺寸中心高/mm
定子铁心外径/mm</td><td>大型
>630
>990</td><td>中型
400～630
590～990</td><td>小型
80～355
120～590</td><td>小功率
<90
<160</td></tr>
<tr><td>按安装方式</td><td>卧式、立式、凸缘(带底脚或不带底脚)</td><td></td><td></td><td></td><td></td></tr>
</table>

12.1.2　电动机的工作制

电动机容量选择决定于电动机的负荷和机械结构强度，即取决于电动机的温升和机械应力。电动机的温升则与其负载大小、运行方式以及通风冷却方式有关，电动机的运行方式（即工作制）是选型时必须要考虑的重要因素。GB 755—87 旋转电动机基本技术要求中规定，电动机额定的工作制分为如下九类。

（1）连续工作制—S1 工作制

电动机带不变负荷运行，其持续时间足以达到热平衡，如图 12－2 所示。

（2）短时工作制—S2 工作制

带负荷运行时间很短，不能达到热平衡。随之间隔时间很长，实际上已使电动机温度降到冷却介质温度，如图 12－3 所示。

（3）断续周期工作制—S3 工作制

电动机按相同周期运行，每一个周期包括一段恒定负载运行和一段间歇时间，如图 12－4所示。但是，无论是负荷时间或冷却时间都不足以在这段时间内达到平衡，并假设启动电流对温升没有显著影响。

（4）包括启动的断续周期工作制—S4 工作制

电动机按相同的工作周期运行，每一周期都包括一段对温升有显著影响的时间，一段恒定负载的时间和一段间歇时间，如图 12－5 所示。

（5）包括电制动的断续周期工作制—S5 工作制

电动机运行周期中，包括一段对温升有显著影响的启动时间、一段恒定负载的时间、一段快速电制动的时间和一段间歇时间，这些时间都不足以在该时间间隔内达到热平衡，如图 12－6 所示。

（6）连续周期工作制—S6 工作制

电动机每一运行周期中，包括一段恒定负载运行时间和一段空转时间，但无间隔时间，如图 12－7 所示。

（7）包括电制动的连续周期工作制—S7 工作制

电动机的每一运行周期中，每一周期包括一段启动时间、一段恒定负荷时间和一段电制动时间，但无间歇时间，如图 12－8 所示。

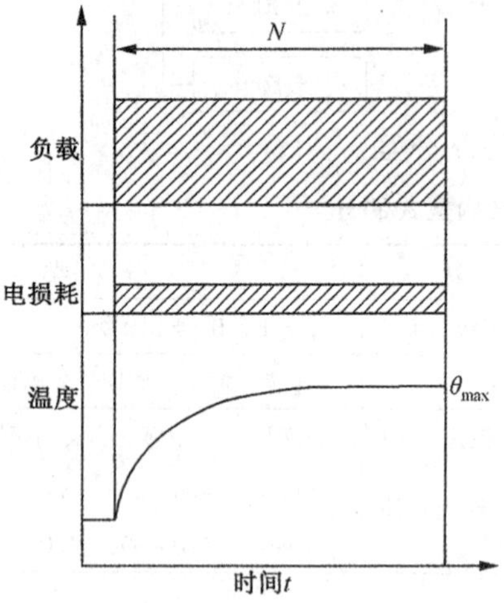

图 12－2　连续工作制 S1

N—恒定负载下运行；

θ_{max}—达到的最高温度

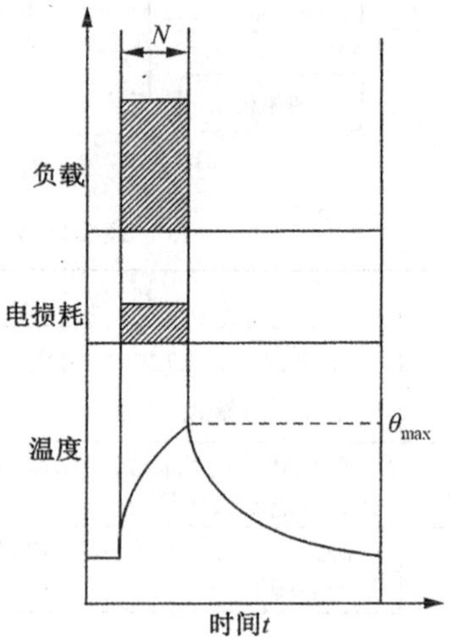

图 12－3　短时工作制 S2

N—在恒定负载下运行；

θ_{max}—工作周期中达到的最高温度

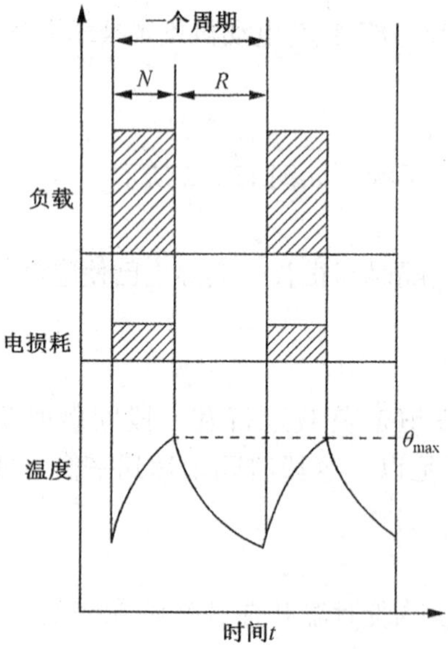

图 12－4　断续周期工作制 S3

N—恒定负载下运行；R—断能停转；

θ_{max}—工作周期中达到的最高温度

负载持续率：$\frac{N}{N+R}\times 100\%$

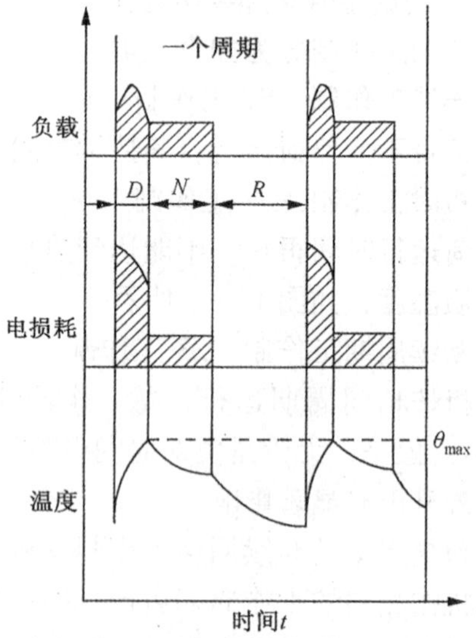

图 12－5　包括启动的断续周期工作制 S4

D—启动；N—在恒定负载下运行；

R—断能停转；θ_{max}—工作周期中达到的

最高温度；负载持续率：$\frac{D+N}{D+N+R}\times 100\%$

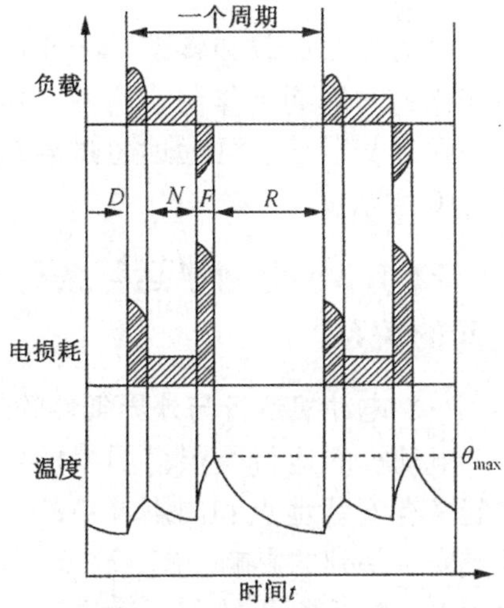

图 12－6　包括电制动的断续周期工作制 S5

D—启动；*N*—在恒定负载下运行；

F—电制动；*R*－断能停转；

θ_{max}—工作周期中达到的最高温度

负载持续率：$\frac{D+N+F}{D+N+F+R}\times 100\%$

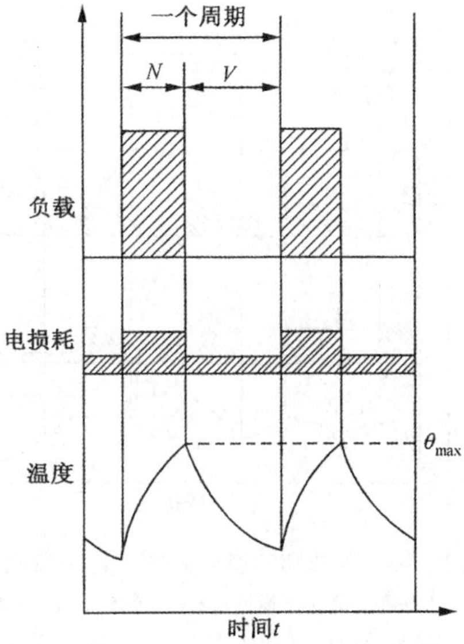

图 12－7　连续周期工作制 S6

N—在恒定负载下运行；*V*—空载运行；

θ_{max}—工作周期中达到的最高温度

负载持续率：$\frac{N}{N+V}\times 100\%$

（8）包括变速变负荷的连续周期工作制—S8 工作制

电动机工作周期中，包括一段在一种速度下的恒定负荷时间，和其他转速下恒定负载的时间，但无间歇时间，如图 12－9 所示。

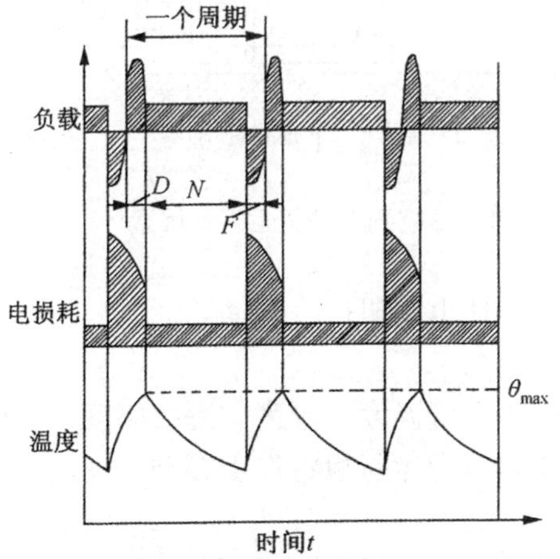

图 12－8　包括电制动的持续周期工作制 S7

D—启动；*N*—在恒定负载下运行；*F*—电制动；

θ_{max}—工作周期中达到的最高温度

负载持续率：1

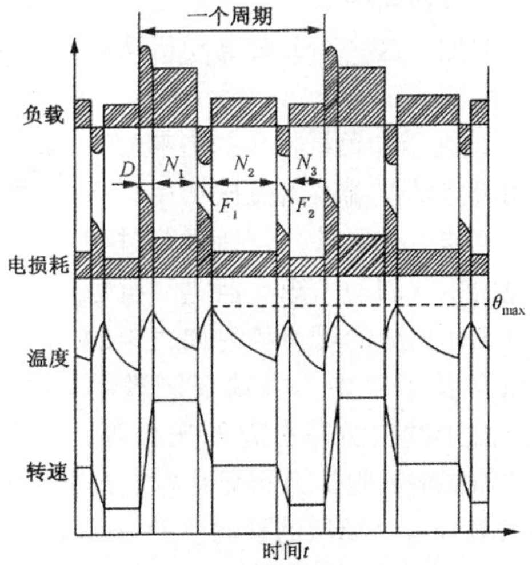

图 12－9　包括变速变负载的连续周期工作制 S8

D—启动；N_1, N_2, N_3—在恒定负载下运行；

F_1, F_2—电制动；θ_{max}—工作周期中达到的最高温度

负载持续率：$\frac{D+N_1}{D+N_1+F_1+N_2+F_2+N_3}\times 100\%$

$\frac{D+N_2}{D+N_1+F_1+N_2+F_2+N_3}\times 100\%$

$\frac{D+N_3}{D+N_1+F_1+N_2+F_2+N_3}\times 100\%$

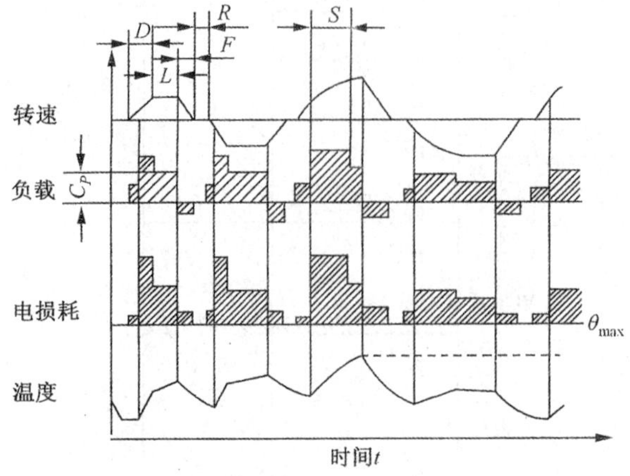

图 12 - 10　负载和转速非周期变化工作制 S9

D—启动；L—可变负载下运行；F—电制动；R—断能停转；C_p—满载；θ_{max}—达到的最高温度；S—过载运行

（9）负载和转速非周期变化工作制—S9 工作制

电动机的负载和转速，在允许的范围内变化的非周期工作制，这种工作制度包括经常过载，其值可远远超过满载，如图 12 - 10 所示。

12.1.3　电动机运行条件与故障之间的关系

一、电动机运行与外界条件的影响

电动机的运行受很多因素的影响，归纳起来有安装地点和周围环境的影响、地基或安装基础的影响。图 12 - 11 是这些因素对电动机运行影响的示意图。这些因素造成了对电动机运行的干扰，在极端的条件下将使电动机出现故障，甚至无法运行。

1. 电网和电源的影响

电网和电源除向电动机输入功率外，同时伴随而来的有些因素却给电动机运行带来干扰，如电网的电压和频率波动。当电压过低时，重载的异步电动机会因堵转而烧毁。快速开关或油开关切断时产生的浪涌电压或操作过电压，会造成过电压击穿，雷击过电压同样会使绝缘系统因过电压而击穿。电源中的谐波分量会造成换向困难和交流电动机谐波转矩的增加。这些都会对电动机运行产生不利影响。

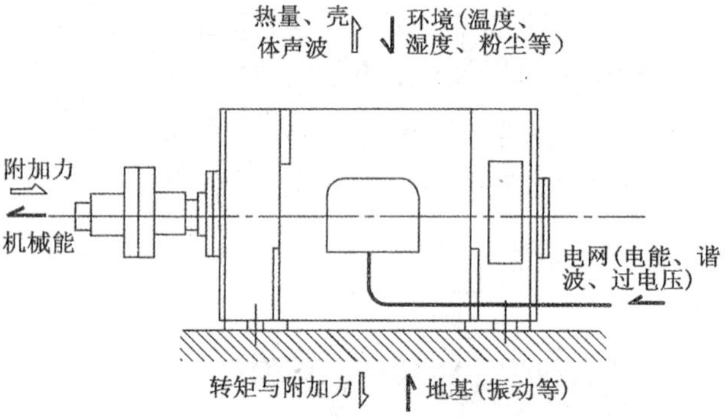

图 12 - 11　影响到电动机运行的因素

2. 负载性质和负载机械的影响

电动机在轴伸端输出机械功率，必须要满足工作机械要求，包括过渡过程所需加速力矩或制动力矩。但电动机也受到来自工作机械的反力和附加力矩的影响，如安装不对中，联轴节调整不当，以及由于冲击负荷引起的扭振等，都会从轴伸端输入附加力和交变力矩，影响电动机运行，使电动机产生振动。

3. 安装环境和场所的影响

电动机在运行时，向周围空间发散热量和噪声，但是环境温度、湿度、海拔高度以及电动机安装场所的粉尘、有害气体、烟雾、酸气等，对电动机的运行也将产生影响。

4. 地基或基础的影响

电动机向工作机械传输的转矩和电动机自重必须由地基或基础来承受，由轴伸传入的工作机械附加力和力矩，合闸、拉闸时出现的冲击力矩，也通过电动机的基座传到地基。但是，电动机也常常会受到来自地基的反作用力，如因基础振动冲击使电动机受到影响。

二、运行条件与电动机故障

1. 电动机的正确选型和使用

电动机的安全运行是以正确选型和使用为前提的，当电动机在其额定技术指标内运行时，电动机是安全的；若超出规定范围，则会出现不正常征兆，甚至发生事故。电动机的技术条件规定了它的适用环境条件、负载条件和工作制。

电动机的选型是最重要的。电动机的类型、结构型号、防护方式、容量和转速的选择，必须根据负载机械的性质、转矩、转速和启、制动与加速要求来确定，电动机的选型必须满足使用要求，特殊用途和运行条件的电动机，必须专门设计和特殊工艺处理，以适应特殊要求。电动机选型同时也应考虑经济合理性。例如不需要调速和经常启动的负载机械，如水泵、风机、皮带运输机和小型机床等，可用异步电动机来驱动，不但价格便宜，而且使用，维护方便；对于不需要调速、长期工作或重载启动的负载机械，如球磨机、大型空压机、不调速轧钢机，可选用大型同步电动机来施加，其特点是过载力矩大，运行稳定，有利于改善功率因数；对于需要正反转和调速的轧钢机、经常发生堵转和频繁启、制动的矿山卷扬机等，均需采用调速性能好、控制性能好、能迅速正、反转的直流电动机。

2. 故障与运行条件

恶劣的环境和苛刻的运行条件，以及超过技术条件所规定的允许范围运行，往往是直接导致故障的起因。例如电动机因过载会导致温升过高而销毁；环境湿度过高往往会使绝缘受潮而绝缘电阻降低，泄漏电流增加，甚至发生击穿；湿度过低又常常造成直流电动机电刷噪声和换向火花加大；电网电压过低也会使电动机堵转或过热而销毁；快速开关动作时的浪涌电压可能会导致绝缘击穿；多次连续启动往往会导致同步电动机阻尼绕组开焊或断条。运行条件不适合将导致各种故障，可参见表 12－2。

表 12－2　运行条件引起电动机故障

运行条件	条件特性	原　因	引起故障
负载条件	工作机械和工作过程特性	经常过载 启动次数过多 负载机械振动 冲击负荷 连续、重载启动	电动机过热、轴承损坏、换向不良 异步机过热、断条 轴承损坏、换向不良 转子结构部件松动、疲劳、轴扭振 阻尼绕组开焊、笼型绕组断条
电源条件	电网或电源特性	电网电压缓慢波动 操作过电压 高次谐波	启动困难、转速不稳、过热 定子绝缘击穿 谐波转矩增加，换向恶化
安装及基础条件	电动机的安装状态	不对中 接触不良 轴承绝缘接地 座脚螺钉松 基础振动 吊装碰撞	振动大 接头处局部发热 轴电流 机座振动 机座振动 绝缘局部损伤
环境条件	作业场地特点	高温 低温 有害气体	过热、绝缘老化 霜冻 结构件、绝缘腐蚀、氧化膜异常
	地理、气象特点	高湿度 低湿度 海拔 > 1000m	绝缘吸潮、击穿 电刷噪声、氧化膜不易建立 允许温升降低、换向困难
	污染情况	粉尘、油雾	绝缘电阻降低、电刷磨损增加

3. 运行条件对各类电动机的影响

运行条件对各类电动机产生的影响和结果是不同的，例如频繁启动对直流电动机影响不大，而同步电动机和异步电动机在通常情况下是不允许的，会产生各种故障；电压降低对直流电动机不致造成过大威胁，而对交流电动机则危害甚大；湿度变化、环境污染对交流电动机影响较小，而对直流电动机会产生很大影响，由于不同类型电动机运行原理和特点不同，易产生故障的部位也不相同，见表12－3。

表12－3　电动机易产生的故障

电动机类型	结构特点和运行方式	易产生的故障
笼型异步电动机	以中、小型为主，结构简单、多自带风扇通风、气隙小。应避免频繁启动	转子偏心，断条，绕组过热
绕线型异步电动机	以中、大型为多，可串入电阻启动和调速，气隙小	转子偏心，转子匝间短路、开焊，绕组过热
大型同步电动机	高压电动机、封闭强制通风为主，连续工作制，启动方式有：全压启动、降压启动，准同步启动和变频启动	绕组端部松动、绝缘磨损，转子结构部件松动，脱落，阻尼绕组开焊，端环接触不良
中型同步电动机	有低压和高压两种，转子多为凸极结构，自带风扇通风，利用阻尼绕组直接启动	转子结构部件松动，集电环磨损
大型直流电动机	启动和过载力矩大，结构坚实，能承受冲击负荷，多数为晶闸管电源供电，封闭强制通风	换向恶化，结构部件松动和断裂，绝缘电阻受环境影响而降低
中、小型直流电动机	调速运行，多数为晶闸管电源供电，强制通风	换向器与电刷磨损快，绝缘电阻低
交流调速同步电动机	可逆运行，能承受冲击负荷，由变频电源供电，强制通风，结构坚实	转子结构部件松动，扭振现象，失步造成阻尼绕组过热，堵转造成绕组单相过热
交流调速异步电动机	调速运行，允许连续启动，调速方式有串级和变频两种，气隙小	转子偏心，转子结构部件松动

三、电动机故障机理与征兆

电动机运行中由于不同因素起作用，有一些结构、部件会逐渐老化，逐渐失去原有的性能和功能，电动机就会暴露一些不正常的状态，诊断技术是要通过各种检测技术，测定出能反映故障隐患和趋向参数，从中得到预警信息。进一步通过信息分析对电动机故障程度和起因有一个准确判断，能及时和有效的对电动机进行维修、排除故障，以实现电动机的预知维修，而不致影响生产。

但是检测技术只能测出各种参数，而且有些参数不是直接反映事故的一次参数，而是间接反映事故的二次参数，因此，故障识别必须有大量的经验积累，形成一个数据库和专家系统后，才有较高的可靠性。表12－4是常见的电动机故障起因与征兆，了解这些具体内容有助于准确诊断各种故障。

表12－4　电动机故障起因与征兆

电动机部位	故　障	起　因	早期征兆
机　座	机座振动	设计不良 安装不当 强迫机械振动	振动加大

续表

电动机部位	故　障	起　因	早期征兆
机　座	机座带电	制造问题 安装不当	温升增加 绝缘热分解
	冷却介质流失	管道堵塞 软管破裂 泵故障	湿度增加 温升增加 绝缘热分解
	接　地	绕组绝缘破损 绝缘电阻过低 带电导体碰壳	机座带电 放电
定子铁心	铁心松动	压装不紧 机械振动 压紧部件失效 铁心风道压条损坏	启动和运行噪声大 绝缘磨损 振动加大
	局部过热	定、转子相擦 制造与安装中铁心绝缘局部损坏	局部温升 绝缘热分解
定子绕组	绝缘局部破损	安装、运行中撞坏	局部放电
	绝缘磨损	多次启动，定子绕组松动 绕组端部支承环设计、制造不当 绕组端部绑扎不紧，槽楔松动 铁心松动，电动机振动	端部振动加大 泄漏电流增加 局部放电增加
	绝缘受污染	冷却空气湿度过高 冷却空气过滤不好 轴承漏油 风路和端罩漏风	绝缘电阻下降 泄漏电流增加
	连接线损坏	焊接不良 振动 电流过大	放电
	绝缘裂纹	端部固定不良 机械振动 温度过高，湿度过低	绝缘电阻下降 泄漏电流增加 局部放电增加
	电晕	铁心出口处电位梯度过大 绝缘层间间隙制造工艺缺陷	暗处能看到电晕现象，绝缘电腐蚀
	绕组窜位	槽楔松、线圈与槽有间隙 端部绑扎不紧，绑扎垫块脱落，启动时电动力大	
定子绕组	匝间短路	端部固定不好 机械碰撞使绕组变形 绕组振动 制造缺陷	三相流不对称 电动机振动 有短路匝线圈温度高
转子本身	铁心，支架松动	冲击负荷使键连接松动 制造缺陷	电动机振动
	支架开裂	冲击负荷 轴承扭振	噪声 焊缝开裂
	不平衡	匝间短路或断条 转子零部件脱落 转子绕组或端环移位	振动 噪声
	与定子相擦	偏心产生的单边磁拉力 轴承磨损	振动、温升压强 电流摆动

电动机部位	故障	起因	早期征兆
转子绕组	接地	绝缘损伤 过热	振动 放电
	匝间短路	绝缘损伤 过热 污垢积存	电流摆动 三相阻抗不平衡 振动、绝缘热、分解
	断条，开焊	设计、制造缺陷 焊接不良，长期过载 启动次数频繁	电流摆动，启动困难 振动，滑差增强 换向火花加大
轴承	温度高	润滑不良 轴瓦间隙过小	发热
	带电	接地不好 轴电压过高	轴电流、轴瓦和轴颈上出现电火花产生麻点
	振动	滚动轴承内、外圈和滚动体损坏滑动轴承，油膜振荡	振动
	漏油	密封失效	润滑油渗漏 润滑脂溢出
换向器	环火	换向恶化 维护不良、云母间存在导电粉末	换向火花拉长或条状片间闪络
	变形	云母材料收缩，片间压力降低 拉紧螺杆松，电动机振动	电刷跳动 换向火花大
	表面烧伤	换向不良	换向火花大
	磨损	换向火花、冷却空气多尘埃 长期低电刷电密运行，电刷材质不合适	换向器出现轴向波浪度
	升高片断裂	振动大、轴系扭振	换向火花大
滑环	磨损	火花大，电刷压力大 电刷材质不合适，环境尘埃多	表面出现“打印”烧黑和沟纹
	火花大	电刷材质不合适，电流分配不均匀 电刷工作状态不良，电流过大，冷却不良	电刷下火花
	绝缘不良	绝缘表面炭粉、油污粘结	绝缘电阻低
	松动	绝缘材料收缩	滑环移位，偏转
电刷结构	烧毁	环火	换向火花拉长，片间闪络
	电刷磨损快	换向火花大，材质不合适 换向器表面状态不好，换向器变形	炭粉多，电刷消耗量大
	电刷不均匀火花	维护不当，电刷压力不均匀 电刷材质不均匀	个别或少数电刷下火花
	电刷抖动	湿度过低，电刷润滑性能不好	电刷噪声

四、电动机故障原因分析

1. 定子铁心的故障

（1）定子铁心短路，大部分发生在齿顶部分，常见于异步电动机和高速大容量同步电动机中。交流电动机定子铁心中磁通是交变的，铁心中的磁滞损耗、涡流损耗和表面磁通脉振都将使铁心发热，为了减少定子铁心的损失，通常都将定子冲片两边涂有绝缘层以形成隔离层，以减少铁损。因此，大容量的和重要的交流电动机，在定子铁心叠装后必须进行铁损试验，检查硅钢片的质量和铁心是否存在过热的短路现象。

当异步电动机气隙小，装配不当，轴承磨损以及其他一些原因，使定子铁心局部区域齿顶上绝缘层被磨去，并因毛刺使片间相连，至使涡流损耗增大而局部过热，甚至危及定子绕组。此时电动机会出现振动和噪声加大，甚至局部温度过高等现象，此时应及时停机检修。

（2）定子铁心松动。往往是由于制造时压装不紧，或定子铁心紧固件松脱或失效时发生，其主要征兆是电磁噪声增加，特别是在启动过程中的噪声，振动大是铁心松动的另一征兆。

2. 绝缘故障

电动机各绝缘部分都是由不同材料组成的，其性质各不相同，另外绝缘部分的机械强度和对环境的抵抗能力等都是电动机的较薄弱环节，因此其发生故障的概率也较高，老化、磨损、过热、受潮、污染和电晕都会造成绝缘故障。

（1）老化。电动机的绝缘结构，运行中由于长期的高温、机械应力、电磁场、日照、臭氧等因素的作用，发生了种种物理和化学的变化，使其机械强度降低，电气性能劣化，如失去弹性，泄漏电流增加，介质损耗增加，击穿电压降低等，这些都是老化现象。

（2）磨损。绝缘结构由于电磁力的作用和机械振动等原因，绕组间、绕组与铁心、固定结构之间会发生位移和不断摩擦，而使绝缘局部变薄、损坏。

（3）过热。绝缘材料和绝缘结构中，由于内部挥发成分的逸出，氧化裂解，热裂解等化学、物理变化，生成氧化物，使绝缘层变硬、发脆、出现裂纹、针孔，而导致机械和电气性能降低。

（4）受潮。绝缘材料中的特殊结构，使水分子能透入各种绝缘材料的裂纹和毛细孔，使绝缘结构的漏导电流大大增加，电气性能大大降低。

（5）污染。导电性尘埃渗入绝缘材料的裂纹和针孔时，使绝缘结构的漏导电流大大增加，降低了绝缘可靠性。

（6）电晕。当定子电压较高，电动机环境海拔较高时易发生。电晕会对绝缘物产生腐蚀现象，使局部绝缘很快销蚀，耐压强度降低。

电动机绕组的绝缘故障：

（1）绕组绝缘磨损。是由于绝缘收缩和电动力的作用造成的。长期高温作用，绝缘层内溶剂挥发等原因，使槽楔、绝缘衬垫和垫块因收缩而尺寸变小，绑扎绳变得松弛，线圈和槽壁、线圈与垫块等部之间产生了间隙，在启动、冲击负载引起的电动力的作用下，将发生相对位移，时间久了就会产生摩擦，使绝缘层变薄。

（2）绝缘破损。通常是线圈受到了碰撞，或转子部件脱落碰刮导致绝缘局部损伤，运行时往往表现为对地击穿。

（3）匝间短路。高压定子绕组通常在股线间需要换位，在制造过程中若操作不当易造成匝间短路。匝间短路使绕组三相电流不对称，使电动机振动加大。在短路匝线圈温升较高时，往往会使线圈表面变色，或线圈局部过热，绝缘在高温下分解，甚至产生局部放电现象。

（4）绝缘电阻降低。多数情况是由于绕组吸潮或导电性物质粘在线圈表面，或渗入绝缘层的裂纹所致。此时往往要用专用清洗剂清洗，干燥和浸漆后方能恢复。

3. 异步电动机转子绕组故障

(1) 断条和端环开裂。鼠笼式异步电动机在启动时，绕组内短时间流过很大电流，不仅承受很大冲击力，而且很快升温，产生热应力，端环还需承受较大离心应力。反复的启动、运行、停转，使笼条和端环受到循环热应力和变形，由于各部分位移量不同，受力不均匀，会使笼条和端环因为应力不均而断裂。另外，笼条受到交变负荷的作用，容易产生疲劳。当笼型绕组铸造质量、导条与端环的材质和焊接质量存在问题时，笼条和端环的断裂、开焊更易发生。

笼条、端环断裂的征兆是电动机启动时间长，滑差加大，力矩减小，同时也将出现电动机振动和噪声增加，电流表指针出现摆动等。

(2) 绕线型转子绕组击穿、开焊和匝间短路。绕线型异步电动机需要通过滑环串入电阻器进行启动和调速，和笼型异步电动机不同的是，它的条形绕组对地和相间必须是绝缘的，由于转子铁心在设计时大都采用半闭口槽，制造时卷包绝缘的条形绕组，从一端插入槽内后，另一端需弯折、排列成型方可接线，两端再用并头套连接起来，焊接后由连接线与滑环相接，在这个制造过程中，绝缘层易受机械损伤。而绕线型转子绕组在电动机启动时，开路电压较高，当滑环与电刷接触不好时，受过机械损伤绕组和连接线容易击穿。

当重载启动或负荷较大时，过大的启动电流和负载电流不仅使绕组温升升高，而且也会使并头套发生开焊、淌锡或发生放电现象；另外，转子绕组并头套之间的间隙中，易积存导电粉尘，易产生片间短路现象；绕线型异步电动机在外接三相调速电阻时，转子三相绕组也会出现三相电流不平衡现象，往往出现某相绕组过热现象。

4. 直流电动机换向故障

对直流电动机来说，良好的换向是保证直流电动机可靠运行的前提。而换向故障的影响因素众多，发生概率较高的一种常见故障就是换向火花，无论是电动机负载条件变化，环境条件变化，还是安装调整及运行维护的变化，均使换向条件变坏，都会导致换向火花，进而滑动接触变坏，造成恶性循环。

换向不良最直接的征兆是换向火花大，换向器与电刷工作表面异常磨损。换向恶化最严重的后果是环火，由于电弧飞越和刷架之间的弧光短路，产生的巨大能量和高温可能烧毁整台电动机。

5. 转子本体的故障

转子是电动机输出机械功率的部件，工作时往往承受各种复杂和交变的应力，如离心力、电磁力、热应力、惯性力和附加强迫振荡力，容易出现各种各样的故障。

转子上零件的脱落和松动造成转子失衡，转子偏心产生不对称磁拉力，转轴弯曲，轴颈椭圆等原因，都将导致电动机振动增加。

冲击性载荷在电动机和负载机械构成的弹性惯量系统中会激发起扭转振荡，使转子结构部件和转轴因高交变力矩而疲劳。

12.2 电动机振动的测量与诊断

振动是所有设备在运行过程中普遍存在的现象，电动机和其他设备一样，在运转过程中都会发生不同程度的振动。对于各种类型和规格的电动机来说，它们稳定运行时，振动都有一种典型特性和一个允许限值。当电动机内部出现故障、零部件产生缺陷、装配和安装情况发生变化时，其振动的振幅值、振动型式及频谱成分均会发生变化，不同的缺陷和故障，其引起振动的方式也不同。因此振动能客观的反映电动机的运行状态，对电动机的振动进行监测和诊断，是掌握其运行状态和发现故障的重要技术手段。

12.2.1　电动机振动异常的识别

引起电动机振动的原因很多，产生振动的部位和振动的特征又各不相同，如果把电动机各种原因引起的振动特征和有关因素加以分析，将有助于电动机振动异常的识别和诊断。电动机常见的异常振动有以下几种。

一、定子异常产生的电磁振动

定子电磁振动的特征是：

（1）振动频率为电源频率的2倍；

（2）切断电源，电磁振动立即消失；

（3）振动可以在定子机座和轴承上测得；

（4）振动与机座刚度和电动机的负载有关。

其产生的主要原因有：

（1）定子三相磁场不对称；

（2）定子铁心和定子线圈松动，将使定子电磁振动和电磁噪声加大，在这种情况下，振动频谱图中，电磁振动除了$2f$的基本成分外，还可出现$4f$、$6f$、$8f$的谐波成分；

（3）电动机座底脚螺钉松动，其结果相当于机座刚度降低，使电动机在接近$2f$的频率范围发生共振，因而使定子振动增大，结果产生异常振动。

二、气隙不均匀引起的电磁振动

这有两种情况：一种是静态不均匀；另一种是动态的不均匀，两者的振动特征并不完全相同。

1. 静态气隙偏心产生的电磁振动特征

（1）电磁振动频率是电源频率f_0的2倍，即$f=2f_0$。

（2）振动随偏心值的增大而增加，与电动机负荷关系也是如此。

（3）气隙偏心产生的电磁振动与定子异常产生的电磁振动较难区别。

2. 动态气隙偏心产生的电磁振动特征

（1）转子旋转频率和旋转磁场同步转速频率的电磁振动都可能出现。

（2）电磁振动以$1/2sf_0$周期在脉动，因此，在电动机负载增加，s加大时，其脉动节拍加快。

（3）电动机往往发生与脉动节拍相一致的电磁噪声。

三、转子导体异常引起的电磁振动

转子绕组异常引起的电磁振动的特征：

（1）转子绕组异常引起电磁振动与转子动态偏心所产生的电磁振动的电磁力和振动波形相似，现象相似，较难判别。

（2）电动机负载增加时，这种振动随之增加，当负载超过50%以上时较为显著。

（3）若对电动机定子电流波形或振动波形作频谱分析，在频谱图中，基频两边出现$\pm 2sf$的边频，根据边频与基频幅值之间的关系，可判断故障的程度。

四、转子不平衡产生的机械振动

电动机转子失衡原因有：转子零部件脱落和移位，绝缘收缩造成转子线圈移位、松动，联轴器不平衡，冷却风扇与转子表面不均匀积垢等，以上因素对高速电动机尤为敏感。转子失衡产生的振动有如下特征：

（1）振动频率和转速频率相等。

（2）振动值随转速增高而加大，但与电动机负载无关；

（3）振动以径向为最大，轴向很小。

五、滚动轴承异常产生的机械振动

由于滚动轴承损坏、设计和制造中的误差，在运行中会出现机械振动。

1. 滚动轴承损坏

滚动轴承因负载过重、润滑不良、安装不正确、轴电流、异物进入等原因，将会出现磨损、表面剥落、点蚀、碎裂、锈蚀和胶合等故障。轴承的损伤，加工和装配的误差，以及滚动轴承自身结构都会引起振动，振动作为一种信息，预示轴承运行状态是否正常。

2. 加工和装配不良引起振动

轴承这种振动的特征是：

（1）振动幅值以轴向为最大；

（2）振动频率和旋转频率相同。

3. 轴承非线性特性引起振动

轴承非线性振动的特征是：

（1）振动频率是旋转频率的整数或分数倍；

（2）振动是轴向的；

（3）振动与转速密切相关。

六、滑动轴承振动

1. 油膜涡动引起异常振动

其主要特征为：

（1）振动频率略低于转子旋转频率f_r的一半，通常为$0.42 \sim 0.48f_r$；

（2）油膜涡动的振动是径向的；

（3）油膜涡动往往是突然出现的，诊断的方法是油膜涡动后，改变润滑油的黏度和温度，振动就能减轻或消失。

2. 油膜振荡产生异常振动

油膜振荡的特征：

（1）振动频率等于转子一阶临界转速，工作转速接近一阶临界转速2倍的大型高速柔性转子电动机，极易发生油膜振荡；

（2）油膜振荡是一种径向振动；

（3）减少转子不平衡、降低润滑油的黏度和提高油温，能使油膜振荡消失。

七、安装、调整不良引起的机械振动

1. 安装时轴线不对中引起振动

轴心线不一致产生振动的特征：

（1）轴心线偏差越大，振动也越大；

（2）振动中2倍旋转频率的成分增加；

（3）电动机单独运行时，这些振动就会立即消失。

2. 联轴器配合不良产生的振动

这种振动的特征是：

（1）振动频率和电动机旋转频率相同；

（2）连接机械和电动机端振动相位相反，相位差 180°；

（3）电动机单独运动时，振动消失。

12.2.2 电动机振动的测定及诊断

一、电动机振动的测定

电动机振动测定是指电动机在制造厂试验、实验室内的振动研究试验、检修后现场试验时的电动机振动水平的准确测量，因此，对于电动机的安装条件、测试仪器、测点装置、测量要求等都作了规定。这种测定的目的：一是为了确定电动机振动初始状态时的振动水平，判定这台电动机出厂时或投入运行时振动值是否符合有关标准的规定；二是为以后电动机异常振动的诊断提供初始的参照数据。因此电动机振动的测定，其目的和方法均与电动机异常振动诊断有所区别。

1. 测量值的表示方法

不同转速范围的电动机，其测量值的表示方法是不同的。国家标准规定，对转速为 600 ~ 3600r/min 的电动机，稳态运行时采用振动速度有效值表示，其单位 mm/s。对转速低于 600r/min 的电动机，则采用振幅值表示，其单位为 mm。

2. 对测量仪器的要求

（1）仪器的频率响应范围应为 10 ~ 1000Hz，在此频率范围内的相对灵敏度为基准，其他频率的相对灵敏度应在基准灵敏度 +10% ~ -20% 的范围以内，测量误差不超过 ±10% 。

（2）测量转速低于 600r/min 电动机的振动时，应采用低频传感器和低频测振仪，测量误差应不超过 ±10% 。

3. 电动机的安装要求

（1）弹性安装。轴中心高为 400mm 及以下的电动机，测振时应采用弹性安装。

轴中心高 $H \leqslant 250$mm 的电动机，弹性悬挂系统拉伸量或弹性支撑系统压缩量应符合以下要求。

$$15\left(\frac{1000}{n}\right)^2 < \delta \leqslant \varepsilon Z \qquad (12-1)$$

式中 δ——电动机悬置后弹性系统的实际变形量，mm；

n——电动机转速，r/min；

ε——弹性材料线性范围系数，对孔胶海绵，$\varepsilon = 0.4$；

Z——弹性系统变形前的自由高度，mm。

轴中心高 250 ~ 400mm，可以直接采用橡胶板作弹性垫，通常可用二块 12mm 厚，含胶量 70% 的普通橡胶板相叠而成。

（2）刚性安装　轴中心高超过 400mm 的电动机，测量时应刚性安装。

① 被测电动机直接置于平台上测量，要求安装平台、基础和地基三者为刚性连接；

② 被测电动机放在方箱平台上测振，方箱平台应与基础刚性连接；

③ 如基础有隔振措施，或与地基无刚性连接，则要求基础和平台总重大于电动机重量

的 10 倍，安装平台和基础不应产生附加振动或与电动机共振；

④ 在安装平台上，测得被测电动机静止时的振动速度有效值应小于在运转时最大值的 10%；

⑤ 在电动机底脚上或座式轴承相邻的基座底脚上测得的振动速度有效值，应不超过相邻轴承同方向上测得值的 50%，否则认为安装不符合要求。

4. 电动机在测定时的状态

电动机的测振应在电动机空载状态下进行。

（1）直流电动机的转速和电压应保持额定值。

（2）交流电动机应在电源频率和电压额定值时测定。

（3）多速电动机和调速电动机应在振动为最大的额定转速下测定，允许正反转运行的电动机应在产生最大振动的那个转向下测定。

5. 对电动机轴伸键的要求

采用键联结的电动机，测量时轴伸上应带半键，并采取不破坏平衡为前提的安装措施。

6. 电动机上测振点的配置

（1）轴中心高 45 ~ 400mm 的电动机，测点数为 6 点，在电动机两端的轴向、垂直径向、水平径向各一点，如图 12 - 12 所示。径向测量方向延长线应尽可能通过轴承支撑点中心。

（2）轴中心高大于 400mm 的整台电动机，测点数为 6 点，测点配置如图 12 - 13 所示。

（3）对座式轴承的电动机测点数为 6 点，测点按图 12 - 14 配置。

7. 测量要求

测量时，测振传感器与测振接触点接触应良好，具有可靠联结而不影响被测部件的振动状态。

传感器及其安装附件的总重量应小于电动机重量的 1/50。

当测振仪读数出现周期性稳态摆动时，取读数的最大值。

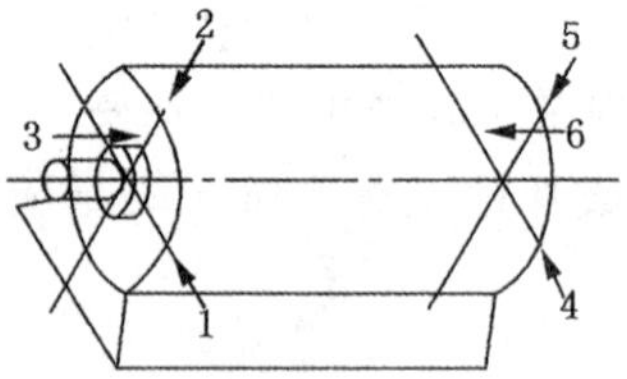

图 12 - 12　小型电动机测振点的配置

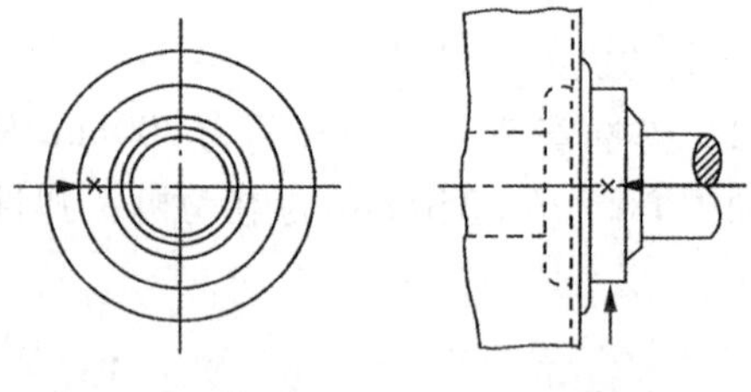

图 12 - 13　端盖式轴承电动机测振点配置

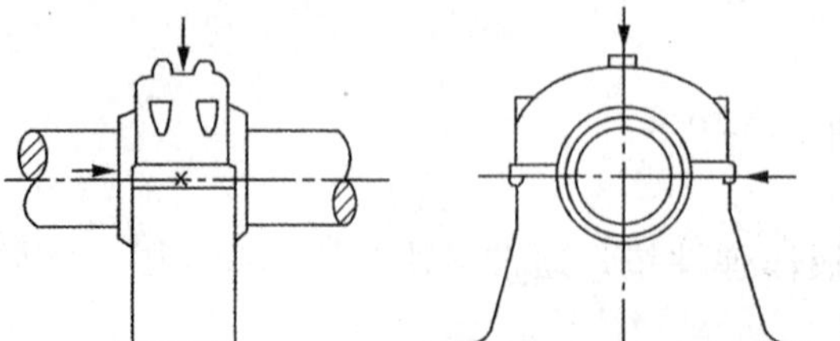

图 12 - 14　座式轴承电动机测振点配置

二、电动机振动的诊断程序和内容

1. 诊断流程

电动机产生振动原因较复杂，振动诊断分两个层次进行。一次诊断是简易诊断，确定电动机总振动级是否超过各种标准规定的限值，决定是否需要进行二次诊断；二次诊断是振动的精密诊断，诊断的目的是要确定产生故障的部位和振动产生的原因。电动机振动出现异常时，通常采用图 12 - 15 所示的程序来进行分析和诊断。

2. 一次诊断

（1）诊断的目的：测量运行中电动机的振动水平及其变化，及早发现电动机异常振动的征兆。

（2）诊断前准备工作。在诊断前应详细调查并记录下列项目：电动机的规格，包括容量、电流、电压、转速；电动机负载机械及复合性质；振动测试场所和测试方法；测量所使用的传感器和测振仪的型号及仪器编号；振动值判定标准。

（3）测量方法。电动机振动的一次诊断的测量方法有两种：一是定时、定点巡回监测，使用仪器通常是手持式测振仪，或数据采集器；二是远距离集中监测，使用固定安装的传感器和固定的测振仪，能连续记录信号，并输出振动超限的报警信号。

（4）数据整理和诊断结论。测量得到的数据与振动初始值和判定标准进行比较，看电动机振动值是否在允许值之内。如在允许范围内，一次诊断就算完成，其测量数据可存在数据库，作为趋势分析之用；如超出允许范围，或发现异常振动，则需要二次诊断。

3. 二次诊断

（1）二次诊断的目的：要查清电动机异常振动和振动值超限的原因，确定故障部位，并作出处理决策。

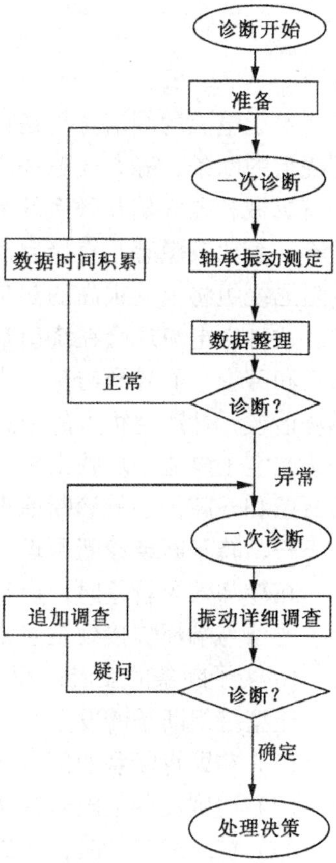

图 12－15　电动机振动异常诊断程序

（2）二次诊断的调查项目：振动发生情况的调查，如查明电动机及负载机械运行条件的变化，振动发生前后电动机状态变化等；振动信号的记录、测量和各种分析。将记录的信号经过各种变换和处理，并分析得到的振动幅值、频率成分和变换后的信号，与正常状态时的参数进行比较，以分析故障性质和产生故障的原因，对振动发生的原因加以诊断。诊断人员对于电动机各种故障产生的振动特征必须要有良好的理解，才能得出可靠的诊断结论，并作出正确的处理决策。

（3）追加调查：经过二次诊断后，如果对于电动机异常振动发生的原因不能作出诊断结论时，此时必须进行追加调查，追加调查的项目有：增加测量项目；增加振动分析项目；改变电动机运行条件再作测量。

根据追加调查的结果和分析结果，再次进行诊断，直至得到肯定的诊断结论。

三、电动机振动的简易诊断

电动机的简易诊断一般在现场进行，使用设备通常是便携式测振仪，定期、定点对电动机进行单一频段内的总振级的测量。仪器频响范围一般为 10～1000Hz，拾振器通常采用手持式或配有探针、磁座的测振传感器。

四、精密诊断的振动测量方法

精密诊断通常包括现场的测量、信号录取和实验室的信号分析和诊断两个部分。下面是较常用的测量方法：

（1）利用数据采集器，计算机和专用诊断软件；

（2）利用测振和信号分析仪器作精密诊断。

12.3 电气综合诊断

定子电流的频谱分析是诊断和检测交流电动机故障的有效方法，可以诊断交流电动机笼型绕组的断条、静态气隙偏心、动态气隙偏心、机械不平衡等故障。交流电动机的故障往往是由机械和电气相互联系的复合原因引起；异步电动机因气隙较小，因而对磁动势和磁拉力的不平衡比较敏感；直接启动的交流电动机因启动电流大，在很短的启动过程中，笼型绕组或阻尼绕组将承受很高的热应力和机械应力，致使笼条和端环在很高的应力作用下疲劳断裂。这种大电流还会在绕组端部产生很大电动力，使绕组端部变形和振动，造成绝缘的机械损伤和磨损，而导致击穿。大电流还会造成铁心振动，机械原因造成的气隙偏心将产生气隙磁场谐波，并产生很大的单边磁拉力等等。笼条断裂和气隙偏心等故障征兆都会通过气隙磁势场在定子电流中反映出来，通过定子电流检测和频谱分析可对这些故障进行诊断，下面介绍断条和气隙偏心的诊断原理和方法。

一、转子断条诊断原理

在冷却效果较差时，启动电流产生的热应力和机械应力较大，当在重载和频繁启动情况下，笼条与端环焊接处是经常发生开焊和断裂的部位。

1. 转子断条的发展过程

笼型绕组断条的发生和发展过程如下：

（1）在即将断裂的部位经常出现过热、很高的热应力或机械应力。

（2）达到疲劳极限时笼条断裂，并产生电弧。

（3）在继续启动时，相邻的笼条通过更大的电流，并承受更大的机械应力和热应力。

（4）造成更多笼条断裂，故障更加扩大，产生较大的单边磁拉力、使电动机产生振动、噪声、定子电流摆动和温升增加、转速波动。

2. 定子电流检测诊断断条的原理

理想的异步电动机定子电流的频率是单一的，即电源频率。但是当转子回路出现故障时，定子电流频谱图上，在与电源频率相差二倍转差率($\pm 2sf$)的位置上将出现一个旁频带，这一现象已为英国 Hargis 等学者的理论所推论证实。

一台极对数为 p 的异步电动机，当电网供电频率为 f 时，工作时定子绕组产生磁动势 m_1，其基波表达式为：

$$m_1 = K_1 N_1 I_1 \sin(\omega t - p\theta) \tag{12-2}$$

式中 K_1——与极对数，绕组系数有关的常数；

N_1——定子绕组每相匝数；

I_1——定子电流；

ω——电网角频率；$\omega = 2\pi f$；

θ——以机械角度表示的初相角。

转子绕组相位角

$$\phi = \theta - \omega_r t \tag{12-3}$$

式中 ω_r——转子旋转角频率。

对于两极($p=1$)电动机来说，其磁动势

$$m_1 = K_1 N_1 I_1 \sin[(\omega - \omega_r)t - \phi] \tag{12-4}$$

转子转速与定子旋转磁场转速之差即为转差率，转子绕组在定子旋转磁场作用下，将感应电动势并产生电流，建立起一个与定子磁动势相平衡的转子磁动势，转子磁动势基波的表达式为

$$m_2 = K_2N_2I_2\min[(\omega - \omega_r)t - \phi] \tag{12-5}$$

式中 K_2——与极对数和转子绕组系数有关的常数；

N_2——转子绕组匝数；

I_2——转子电流。

当转子绕组存在故障时，例如，有一根断条时，转子电流的磁动势被 $\sin2\phi$ 所调制，这时转子绕组磁动势将变为以下表达式：

$$m_2 = K_2N_2I_2\sin[(\omega - \omega_r)t - \phi]\sin2\phi \tag{12-6}$$

因此

$$m_2 = \frac{K_2N_2I_2}{2}\{\cos[(\omega - \omega_r)t - 3\phi] - \cos[(\omega - \omega_r)t - \phi]\} \tag{12-7}$$

由于转子磁动势和定子磁动势相互平衡，将式(12-3)代入，则得到反映定子的磁动势表达式

$$m_1 = m_2 = \frac{K_2N_2I_2}{2}\{\cos[(\omega - 2\omega_r)t - 3\theta] - \cos[(\omega - 2\omega_r)t + \theta]\} \tag{12-8}$$

对于两极电动机，其转差率

$$s = \frac{\omega - \omega_r}{\omega} \tag{12-9}$$

式(12-9)代入(12-8)即得：

$$m_1 = \frac{K_2N_2I_2}{2}\{\cos[(3-2s)\omega t - 3\theta] - \cos[(1-2s)\omega t - \theta]\} \tag{12-10}$$

分析式(12-10)就可以发现，磁动势表达式中第一项磁动势分量含有 $3\omega t$ 和 3θ，将在三相定子绕组中产生一个零序电动势，此电动势对电源电流并无影响。第二项磁动势分量中含有一个比电源角频率低 $2s\omega$ 的分量，这个分量将使异步电动机定子绕组中出现一个比电源电流角频率低 $2s\omega$ 的三相电流分量，它与电源电流频率十分接近，由于它的调制作用，定子电流将会出现节拍性变化，电流周期性的脉动将使定子电流表指针发生摆动，也使电动机的转矩随之而脉动，从而使异步电动机转子转速也将按2倍滑差频率而波动。

转速波动将使异步电动机的电流在以电源频率为中心，在 $\pm 2sf$ 上、下限之间变化，由于电动机定子中三次谐波磁通的调制作用，这种转速和电流的波动将更加明显。边频电流的幅值与基频电流幅值的比值大小，与异步电动机转子断条损坏程度有明显的、直接的关系。

实践和理论上均可以验证，当异步电动机笼型绕组断条时，定子电流中围绕基频将出现频率为 $\pm 2sf$ 的边频，从边频幅值以及它与基频电流幅值的差值大小，可以推断出断裂笼条的估计数。这就是异步电动机定子电流频谱分析诊断断条的原理。

二、气隙偏心度诊断原理

异步电动机的气隙很小，气隙的偏心往往会成为故障的诱因。气隙偏心有两种情况：静态偏心和动态偏心。电动机定子中心与转子轴心不重合时，定、转子之间气隙将出现偏心现象，这种气隙偏心的最小气隙的位置是固定的，不随转子的旋转而改变位置。也就是说静态

偏心是由定子铁心内径的椭圆度或装配不正确造成的。动态偏心是由转轴挠曲或转子铁芯不圆造成的，偏心的位置对定子是不固定的，对转子是固定的，通常与转子的位置和旋转频率有关。即偏心位置随转子的旋转而同步移动，其偏心位置在空间上是变化的。动态偏心是空间位置和时间的函数。

气隙偏心将导致沿气隙圆周方向的磁导不均匀，造成气隙磁场的不对称分布，这种不对称磁场分布将在定子电流中以谐波形式反映出来。Cameron 等人研究证明，表示气隙偏心特征的定子电流频谱，能够鉴别出这种独特的频谱成分，这些分量的频率可用式(12－11)来计算：

$$f_{ag} = f_1\left[(n_{rt}Z_2 \pm n_d) \frac{(1-s)}{p} \pm n_{\omega s}\right] \tag{12-11}$$

式中 f_1——电源频率，H_Z；

n_{rt}——任一整数；

Z_2——转子槽数；

n_d——任意整数($n_d=0$，用于静态偏心；$n_d=1$、2…用于动态偏心)；

p——极对数；

s——转差率；

$n_{\omega s}$——奇整数(1、3、5…)。

实践证明，气隙偏心的频率成分的分布是从低频到高频都存在的，它取决于电动机的设计和结构参数。

通过定子电流检测和频谱分析，如在频谱图出现气隙偏心特征频率时，就能确定电动机存在气隙偏心，根据特征频率分量大小和变化情况，就能确定转子在气隙中的动态位移值，这就是诊断的原理。

可以采用定子电流法和振动信号检测气隙偏心故障。

1. 定子电流法检测气隙偏心

由定子和转子气隙分析，可以看出由于气隙偏心，它将在定子绕组中产生电流，其电流波形出现边频带现象，它是进行气隙故障诊断的理论基础。

由于静态偏心产生的转子磁势能够被动态偏心气隙磁导波调制，在气隙中产生 P 及 $P\pm2$ 对极的 $\omega\pm\omega_r$ 及 $\omega\pm2\omega_r$ 频率的磁场。反之，由于动态偏心产生的转子磁势能够被静态偏心气隙磁导波调制，在气隙中同样产生 P 及 $P\pm2$ 对极的 $\omega\pm\omega_r$ 及 $\omega\pm2\omega_r$ 的磁场，它将在定子绕组中感生电动势和电流，为线电流的边频带电流监测提供了基础。

$$f_v = f_1 \pm \frac{1-s}{p} f_1 \tag{12-12}$$

式(12－12)即为气隙偏心特征频率，通过定子电流检测，如在定子电流中出现气隙偏心特征频率时，就能确定电动机存在气隙偏心。

2. 振动信号检测气隙偏心故障

当电动机发生静态气隙偏心时，如果气隙误差不超过气隙平均值的±10%，那么是允许的。从图 12－16(a)可以看出，由于通过气隙最小点 A 的旋转磁场率为 f_0/p，这时不平衡磁拉力将变化 $2p$ 次，因此不平衡磁拉力和电磁振动频率为 $f=2p\times f_0/p=2f_0$。

电动机动态气隙偏心如图 12－16(b)所示。电动机运行时，旋转磁场的同步速度为 f_0/p，转子速度为 $(1-s)f_0/p$，(s 为异步电动机的滑差率)，由于存在动态偏心和转子不平衡同时产生了不平衡电磁力和不平衡机械力，机械振动助长了不平衡电磁力。对偏心点 A 来说，旋转磁场超越转子转速的速度：

$$[f_0/p-(1-s)f_0/p]\times 2p=2sf_0 \tag{12-13}$$

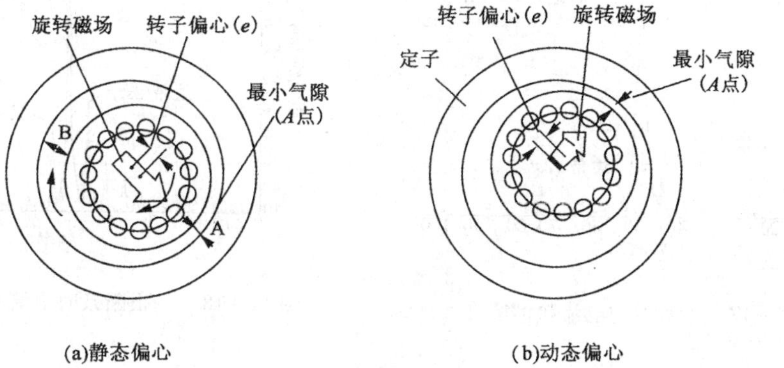

图 12－16　气隙偏心故障

三、转子断条的频谱图变化

通过各种状态下的电流频谱分析，得出以下结果：表 12－5 是电动机在满载时，不同状态下的基频分量和边频分量的差值与故障之间的关系，说明在同样负载情况下，故障越严重，则边频分量越大，差值越小。表 12－6 是在同一故障状态下(一根断条)电动机负荷与边频分量和基、边频差值之间的关系，发现随电动机负荷增大，则边频值也增大，而差值越减小，说明电动机负载增大，则故障状态更趋明显。

表 12－5　不同故障情况下的边频分量(满载时)

故障情况	电流/A	转速/(r/min)	50Hz 分量/dB	边频/Hz	边频分量/dB	基频与边频级差/dB
无断条	21.8	1430	115.6	45.25	51.6	64
一根断条	21.8	1430	115.6	45.25	71	44.6
二根断条	21.8	1430	115.6	45.25	78.4	37.2

表 12－6　基频与边频间级差与负载之间的关系(一根断条情况下)

电流/A	转速/(r/min)	50Hz 分量/dB	边频/Hz	边频分量/dB	基频与边频级差/dB
24.2	1420	116.4	44.5	72	44.4
21.8	1430	115.6	45.25	71	44.6
19.5	1440	114.7	46	69	45.7
17.4	1450	113.7	46.25	66	47.7
15.8	1460	112.8	47.25	63.9	48.9
14.5	1470	111.9	48	60.5	51.4
13.4	1480	110.2	48.625	56.7	53.4
13	1480	110.9	49.35	49.6	61.3

图 12－17～图 12－20 是不同情况下的频谱图。

通过不同负载和故障情况的电流频谱分析可知：

(1) 边频分量随负载增加而增加，基频分量与边频分量之差值则随负载增加而减少。因此，电动机在用电流频谱分析诊断时，负载不能过低，应大于 1/3 满载电流。

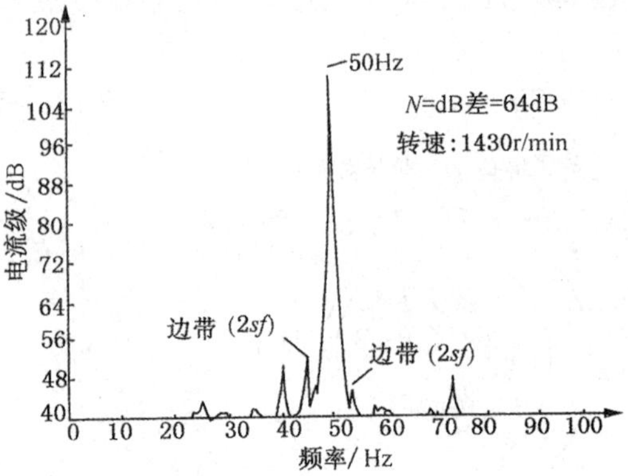

图 12－17　正常时的电流频谱图

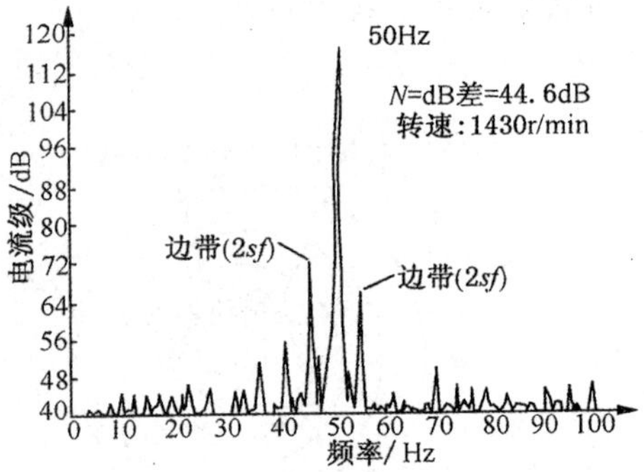

图 12－18　一根断条时电流频谱图(满载)

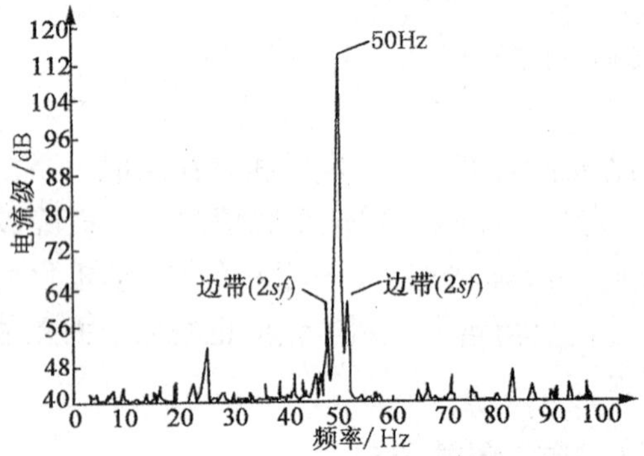

图 12－19　一根断条时电流频谱图(67% 满载)

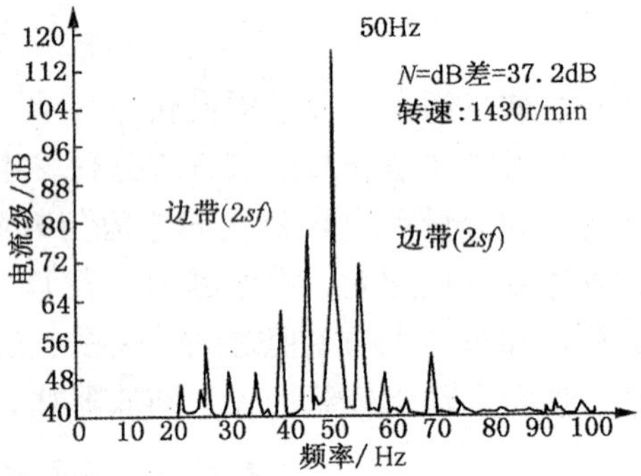

图 12－20　两根断条时电流频谱图(满载)

（2）边频分量随故障程度加重而增加，基频分量与边频分量之差值则随故障程度加重而减少。根据这一规律，可以诊断异步电动机笼型绕组的状况，如正常、存在高阻、一根断条或多根断条等。

附录1　设备状态监测与故障诊断仪介绍

Y303设备故障诊断仪(4通道)是一种专门用于机械状态数据采集、故障诊断及预测维修的便携式多功能频谱分析仪。具有振动分析实时监测功能，系统提供了完善的现场分析、滤波、故障自动识别、数据管理、趋势分析、现场动平衡、启停机分析、自动生成报表等功能。

- 四通道实时监测

在线功能默认进入四通道界面，实时显示时域波形、频谱图和监测过程中的峰值、峰峰值、峭度、有效值等，并可实时显示各时域参数趋势。1，2，3，4通道任选，图形显示简洁明快，转速显示实时刷新。

- 设备状态监测

根据ISO2732国际小型机械振动标准，标定实际工况条件下的现场报警值和危险值。在实时监视过程中，通过棒图的颜色来决定设备的运行状态。绿色代表正常，黄色视为报警，红色则为危险。也可根据需要由操作人员设定报警值和危险值。

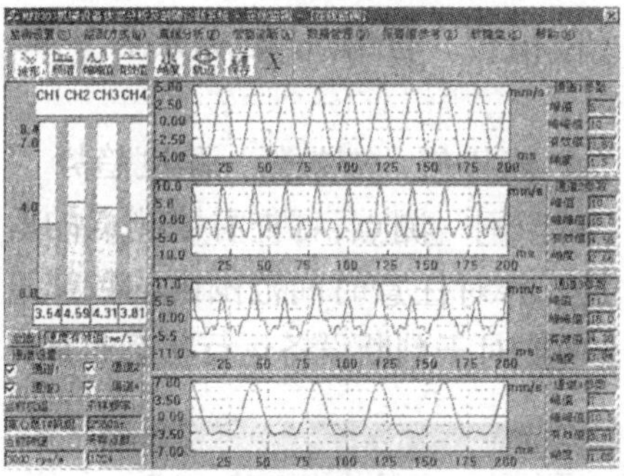

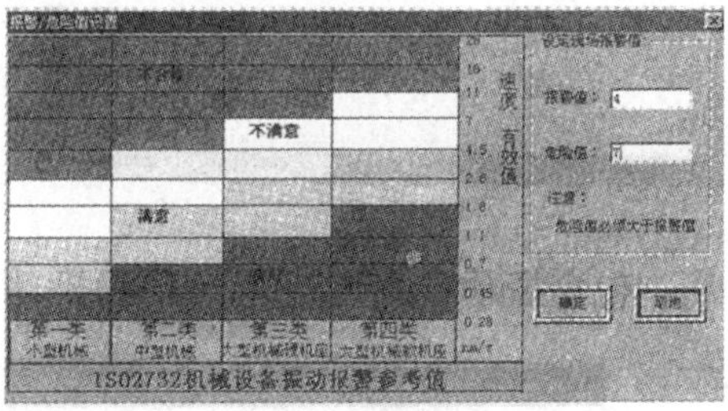

- 实时"跟踪"轴心位置

可以实时显示轴心轨迹。轴心轨迹标尺自动放大或缩小，单位根据传感器测量参数自动转换，不需人为干预。

- 时域波形分析

显示数据不同时刻的幅值变化曲线，同时可进行任意波形段扩展，方便观察。

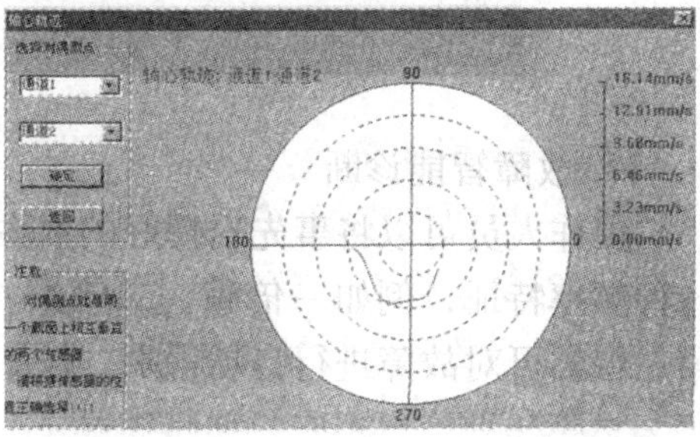

- 频谱分析

频谱图是目前进行故障分析和诊断使用的最普遍的图形，从中可以得到有关信号所含频率成分的重要信息。包括工程中常用的对数功率谱、频谱扩展以及频谱细化等功能。

- 倒谱分析

倒谱具有检测和分离频谱中周期性成分的能力，频谱中的周期分量在倒谱中简化为单根谱线。采用倒谱分析技术可以分离出边带信号，倒谱图中的离散谱线高度就反映原功率谱中周期分量的大小。当功率谱图中包含许多大小和周期都不同的周期成分时，功率谱图很难直观地看出其特点，此时，应用倒谱来分析具有很大的优点。

- 谱差分析

当显示频谱时，该功能将工况谱图与正常谱图作谱差分析，不具备诊断知识的巡检人员也能明显看出谱图间的差别，很容易提取故障特征，得出故障原因。

- 包络波和包络谱分析

在滚动轴承和齿轮箱故障诊断中，低频段包含丰富的故障信息，但其能量较小，往往被噪声所淹没。包络是通过分离出原信号中的低频信息进行解调，因此，由包络分析得到的结果用于诊断滚动轴承和齿轮往往比较清晰直观。

- 瀑布图分析

当选择多文件时，它显示机组在某一段时间内各种频率成分的大小随时间和工况的变化趋势，它是在一段时间内连续测得的一组频谱图顺序组成的三维频谱图。当采用整周期采样时，三维瀑布图可用于启、停机分析。

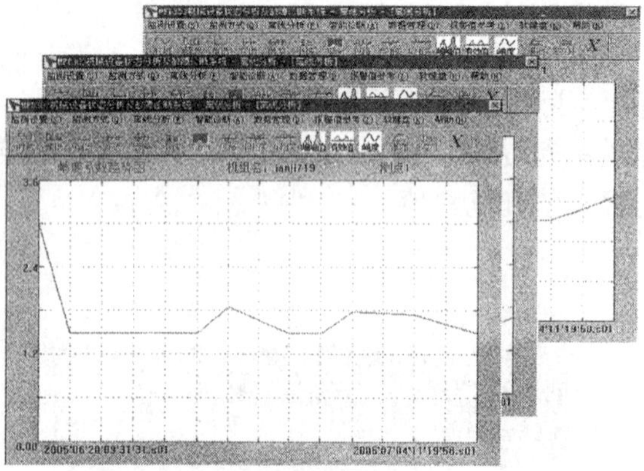

- 波德图分析

波德图显示转子启、停机过程中振动幅值和相位，能很好地识别转子的临界转速。

- 峰峰值、有效值、峭度趋势

对于同一测点,可查看该测点的所有历史数据,并对任意时间范围内的数据进行趋势分析。包含振动峰值趋势、有效值趋势、峭度趋势。该功能对于判断设备运行状态非常有用。

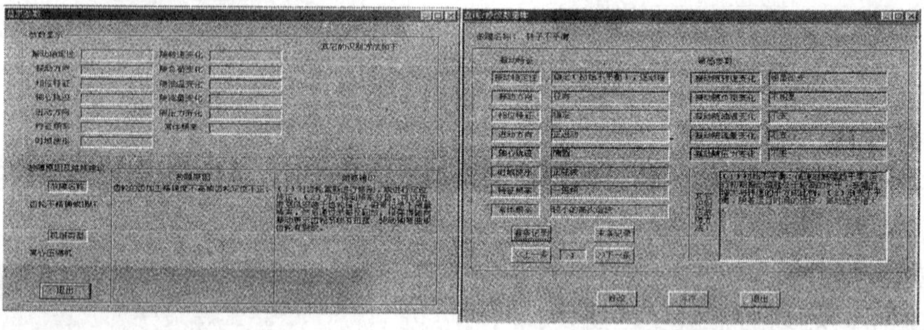

- 故障智能诊断

操作人员可以将事先选择好的数据，通过输入该数据对应机组的转速，来提取该数据的各种频率特征，例如一倍频、二倍频、三倍频及分频等。然后根据提取到的频率特征及幅值，仪器可对故障进行自动识别。按照故障可能性，诊断出四个相匹配的故障结论，并按照每个故障分别给出相应的维修建议。

- 自动生成诊断报表

该功能可自动生成检测报告，以所分析数据的在线保存时间为报告的生成时间。报表包括了工厂、车间、机组信息。也包括了时域，频域的各种参数指标。图表会自动载入设备图形或简图，如有必要，还可以把时域波形和频谱图粘贴到相应位置，便于进一步的分析。离线报告可做为备案、检查、申报之用。

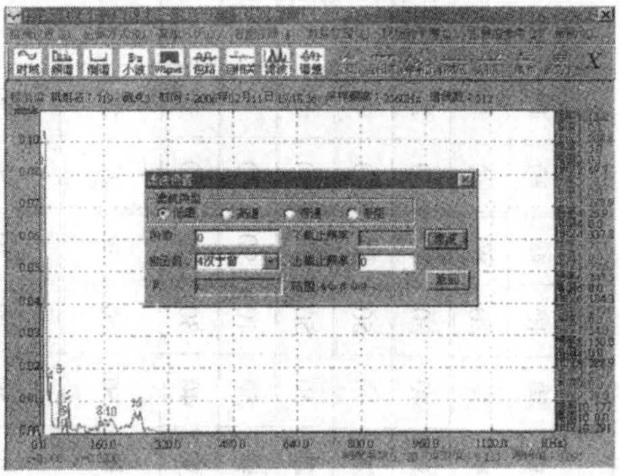

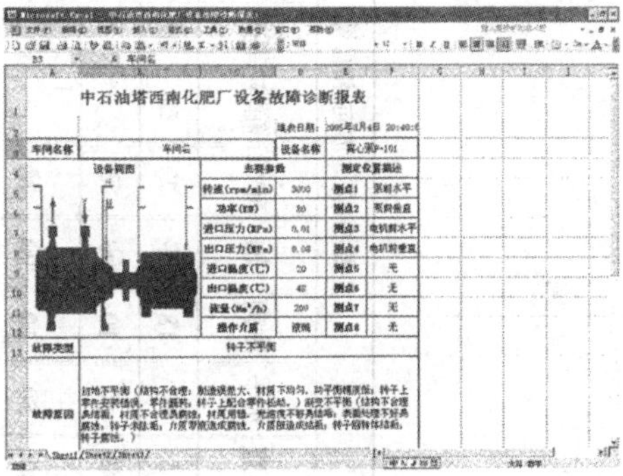

- 数字滤波技术

该功能可实现低通、高通、带通、带阻数字滤波，截止频率、阶数、窗函数等任选，操作人员可提取任意频段、倍频或分频成分，该功能主要用于滚动轴承故障信号的预处理。

附录 2　常用故障诊断图表

附表 2－1　振动原因及振动特征表*

	振动原因	主要频率											电的			主要振幅的方向和位置								
		0～40%工频	40%～50%工频	50%～100%工频	1倍工频	2倍工频	高阶工频	0.5倍工频	0.25倍工频	低阶工频	奇数频率	极高频率	线频	多倍线频	差频	垂直	水平	轴向	轴	轴承	箱体	基础	管道	联轴器
	1	2	3	4	5	6	7	8	9	10	11	12	13	14	15	16	17	18	19	20	21	22	23	24
1	初识不平衡				90	5	5									40	50	10	90	10				
2	转子永弓形变形或转子上碎块飞出(叶片)				90	5	5									40	50	10	90	10				
3	转子临时呈弓形				90	5	5									40	50	10	90	10				
4	箱体随温度而变箱体永久变形	—	10	—	80	5	5									40	50	10	90	10				
5	基础变形		20		50	20					10					40	50	10	40	30	10	10	10	
6	密封碰磨	10	10	10	20	10	10			10	10	10				30	40	30	80	10	10			
7	转子轴向碰磨	—	20	—	30	10	10			10	10	10				30	40	30	70	10	20			
8	不对中				40	50	10									20	30	50	80	10	10			
9	管道力				40	50	10									20	30	50	80	10	10			
10	轴颈和轴承偏心				80	20										40	50	10	90	10				
11	轴承损坏	10	10	—	40	20										30	40	30	70	20	10			
12	轴承和支座的振动刺激(油膜等)	40	40	10	6											40	50	10	50	20	20	10		
13	不相等轴承刚度(水平－垂直)					90	10 临界转速									40	50	10	40	30	30			

续表

	振动原因	主要频率											电的			主要振幅的方向和位置								
		0～40%工频	40%～50%工频	50%～100%工频	1倍工频	2倍工频	高阶工频	0.5倍工频	0.25倍工频	低阶工频	奇数频率	极高频率	线频	多倍线频	差频	垂直	水平	轴向	轴	轴承	箱体	基础	管道	联轴器
14	过盈不足	主要频率出现在低频或共振频率																						
	转子红套	40	40	10								10				40	50	10	60	20	20			
	轴承－衬瓦	90	—									10				40	50	10	80	10	10			
	轴承－箱体	90	—									10				40	50	10	70	20	10			
	箱体和支承	50	—									50				40	50	10	50	20	30			
15	齿轮不精确						20				20	60				30	50	20	80	10	10			
16	联轴器不精确或损坏		20		20	60	(10)									30	40	30	70	20				10
17	转子和轴承系统临界				100											40	50	10	70	30				
18	推力轴承损坏			90								10				20	30	50	60	20	20			
19	联轴器临界				100											20	40	40	10	10				80
20	悬臂部分临界				100											40	50	10	70	10				20
21	结构共振																							
	箱体		10		70	10		10					30	30	30	40	50	10		40	40	10	10	
	支座		10		70	10		10					30	30	30	40	50	10		20	50	20	10	
	基础		20		60	10		10					30	30	30	30	40	30		10	40	40	10	
	压力脉动	大多数故障与共振有关								100						30	40	30			30	30	40	
22	电刺激力振动													100		30	40	30	可激起涡动和共振		40	40	20	
23	传动设备刺激振动										90					30	40	30			40	40	20	
	阀门振动											100				30	40	30			80	10	10	
24	问题的名称	以下各项可用来区别基本原理																						
	次谐波共振								—	100	—						30	30	40	20	20	20	20	20
	谐波共振							—	100	—							40	40	20	10	10	10	30	30

续表

	振动原因	主要频率											电的			主要振幅的方向和位置								
		0～40%工频	40%～50%工频	50%～100%工频	1倍工频	2倍工频	高阶工频	0.5倍工频	0.25倍工频	低阶工频	奇数频率	极高频率	线频	多倍线频	差频	垂直	水平	轴向	轴	轴承	箱体	基础	管道	联轴器
24	摩擦引起涡动	80	10	10												40	50	10	80	20				
	临界速度				100											40	40	20	60	40				
	共振振动				100											40	50	10	20	10	20	30	20	
	油膜涡动		80					10	5	5						40	50	10	80	20				
	油膜共振		100													40	50	10	20	20	20	20	20	
	干摩擦涡动										100					30	40	30	40	20	20	10		10
	间隙引起振动	10	80	10												40	50	10	70	10	10			10
	扭振				40	20	20			20			—	100	—		扭转	扭转振幅 100	横向振幅 40	40				10
	瞬态扭振				50					50			—	100	—	100		100	40	40				10
25	旋转失速	30		30	30	10																		
26	喘振	35		10	35	20																		
27	气体涡轮		30	60				10																
28	气动激励		20		20						10	10												

* 引自美国学者约翰·索赫(John sohre)题为“高速涡轮机械运行问题(故障)的起因与治理”一文。

附表 2-2　振动时振幅与转速关系

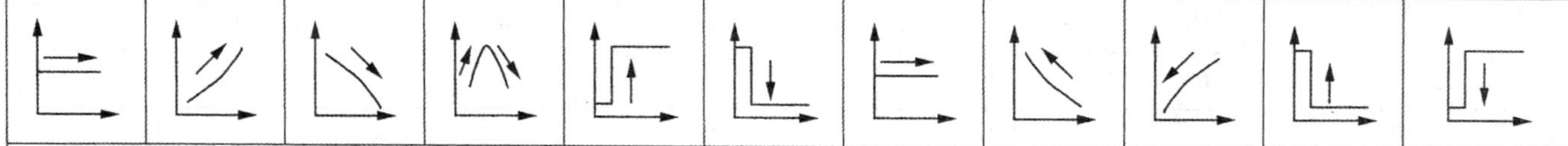

	振动原因	振动时振幅与转速关系										
		不变的振幅	随转速增加	随转速下降	出现峰值	突然上升	突然下降	不变的振幅	随转速增加	随转速下降	突然上升	突然下降
		开车期间						停车期间				
		25	26	27	28	29	30	31	32	33	34	35
1	初识不平衡		100		峰值在临界转速					100		
2	转子永久弓形变形或转子上碎块飞出(叶片)		100							100		
3	转子临时呈弓形	30	60	5		5		30	5	50	5	10
4	箱体随温度而变箱体永久变形	30 40	50 60	5		5	10	30 40	5	50 60	5	10
5	基础变形	20	80					20		80		
6	密封碰磨	10	70			10	10	10		70	10	10
7	转子轴向碰磨	10	40			20	20	10		50	20	20
8	不对中	20	30			20	20	20		40	20	20
9	管道力	20	40			20	20	20		40	20	20
10	轴颈和轴承偏心	40	50	10				40	10	50		
11	轴承损坏	10	50	10		20	10	10	10	50	10	20
12	轴承和支座的振动刺激(油膜等)		10			90				40		10
13	不相等轴承刚度(水平-垂直)		40		50	10				40		10

续表

振动原因		振动时振幅与转速关系										
		不变的振幅	随转速增加	随转速下降	出现峰值	突然上升	突然下降	不变的振幅	随转速增加	随转速下降	突然上升	突然下降
		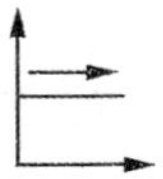	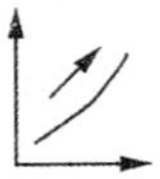			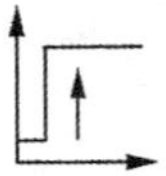	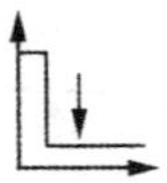	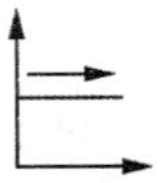	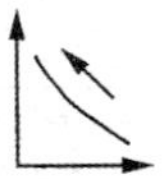	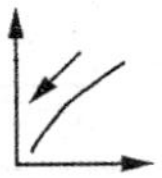	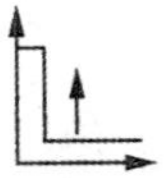	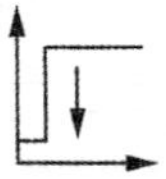
		开车期间						停车期间				
14	过盈不足											
	转子红套					90	10				10	90
	轴承－衬瓦					90	10				10	90
	轴承－箱体					90	10				10	90
	箱体和支承					90	10				10	90
15	齿轮不精确	20	20	20	20	10	10	20	20	20	10	10
16	联轴器不精确或损坏	10	20		20	40	10	10		20	10	40
17	转子和轴承系统临界		20		80					20		
18	推力轴承损坏	20	50	10		10	10	20	10	50	10	10
19	联轴器临界		20		80					20		
20	悬臂部分临界		30		70					30		
21	结构共振											
	箱体		20		80					20		
	支座		20		80					20		
	基础		20		80					20		
	压力脉动	90	10 →					90	10 →			

续表

	振动原因	振动时振幅与转速关系										
		不变的振幅	随转速增加	随转速下降	出现峰值	突然上升	突然下降	不变的振幅	随转速增加	随转速下降	突然上升	突然下降
		开车期间						停车期间				
22	电刺激力振动	90			↓			90	↓			
23	传动设备刺激振动	90						90				
	阀门振动	80				10	10	80				
24	问题的名称											
	次谐波共振		20		20	30	30			20	30	30
	谐波共振	20	20		60					20		
	磨擦引起涡动					90	10					
	临界速度		20		80					20		
	共振振动		20		80					20		
	油膜涡动					100						100
	油膜共振					80	20				20	80
	干摩擦涡动					80	20	80				20
	间隙引起振动					80	20	20			20	60
	扭振		20		30	30	20	20			20	30
	瞬态扭振				50	30	20				30	20

附表 2-3　故障诊断图谱表

故障源		典型的图谱	相位关系	说　明
质量不平衡	1. 力不平衡	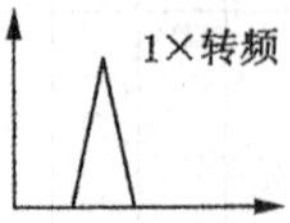	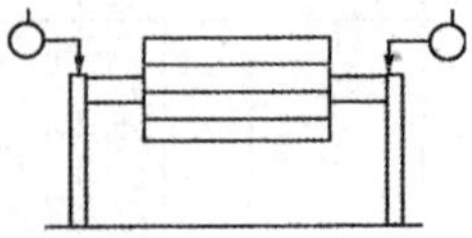	力不平衡特征为同相位且转速稳定，不平衡幅值按转速平方增大(转速增加3倍，则振动幅值增加9倍)总存在1×转频分量，并在频谱中占优势。在转子重心平面稍加一个平衡质量，可修正此力不平衡
质量不平衡	2. 力偶不平衡	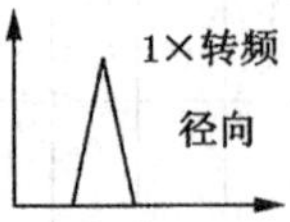	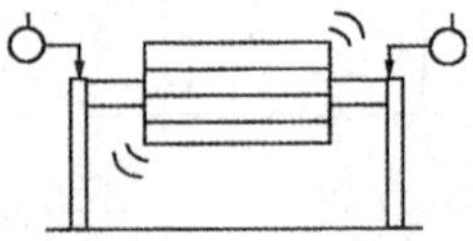	力偶不平衡在轴两端相位相反，总存在1×转频分量且在频谱中占优势，幅值随增高转速的平方变化，可能会引起轴向和径向振动，至少在两个平面内加平衡质量修正力偶不平衡
质量不平衡	3. 悬臂转子不平衡	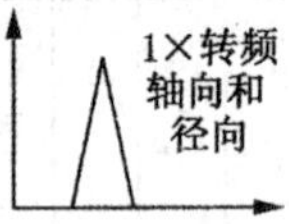	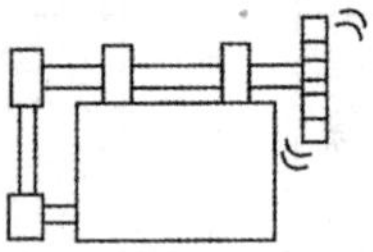	悬臂转子不平衡在轴向和径向引起高的1×转频分量，轴向振动趋于同相位，而径向方向相位可能是不稳定的。悬臂转子往往有力不平衡和力偶不平衡，这两种不平衡似乎都需要修正
偏心转子		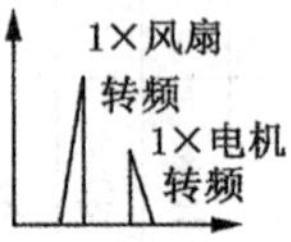	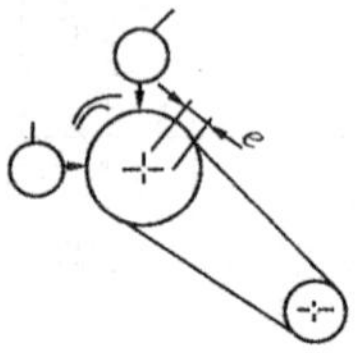	齿轮、轴承、电动机绕组等的几何中心偏离旋转中心时出现偏心距，最大振动在两个转子中心连线方向上出现1×转频分量。水平与垂直方向相位与通常情况相比差0°或180°(两者表明是直线运动)，但是另一个方向振动会增大(与偏心量有关)
轴弯曲		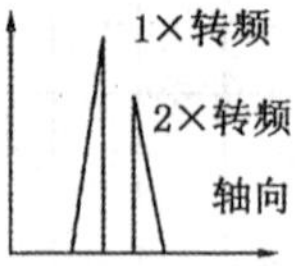	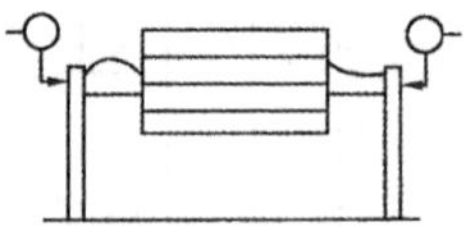	弯曲轴问题会引起很高的轴向振动，同时相位差在同一机器部件上趋向于180°。弯曲在中心附近占优势的振动分量通常为1×转频，弯曲在联轴器附近占优势的振动分量为2×转速(请注意，若改变传感器的方向，请考虑每次轴向测量的传感器的定位)
不对中	1. 角不对中	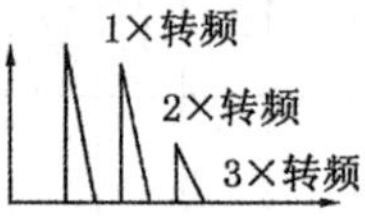	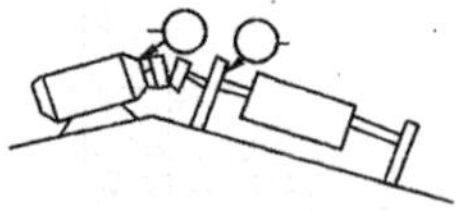	角不对中的特征是轴向振动大，联轴器两端相位差为180°。典型的将有轴向振动，频率分量为1×转频分量和2×转频分量。然而，还常见3×转频分量占优势。这些特征也是联轴器有故障的指示
不对中	2. 平行不对中力不平衡	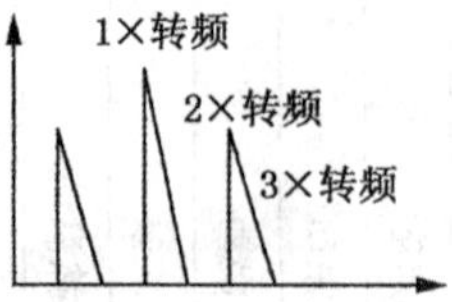	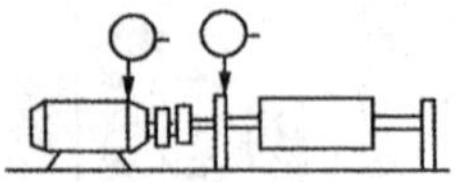	偏置不对中的特征是轴向振动大，联轴器两端的相位差约为180°，2×转频分量大于1×转频分量。但是2×转频分量的高度对于1×转频分量高度比值大小由联轴器类型和结构决定。角不对中和平行不对中严重时，在较多阶谐波出现很高幅值振动，甚至出现类似于机械松动中的高次谐波分量。不对中严重时，联轴器结构影响频率

续表

故障源	典型的图谱	相位关系	说　　明
不对中 3. 不对中的轴承在轴上摇摆	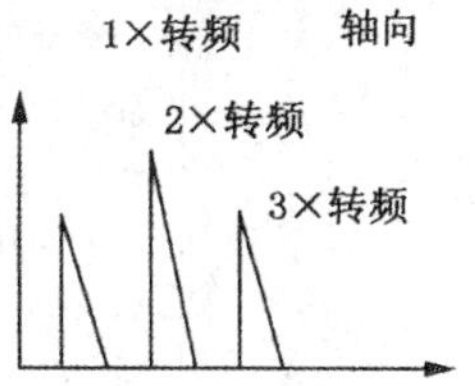	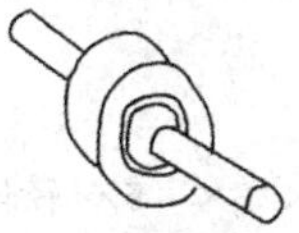 1,2,3,4均分布在带轮上， 相位 1　2:00　2　5:00 3　8:00　4　11:00	摇摆的轴承将产生明显的轴向振动，并引起相位角度的扭转运动。对同一轴承座的轴向方向上下或左右两侧测量时，对中联轴器或重做平衡不能解决这种问题，只能卸下轴承并重新正确安装
共　　振	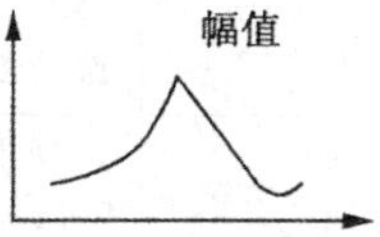	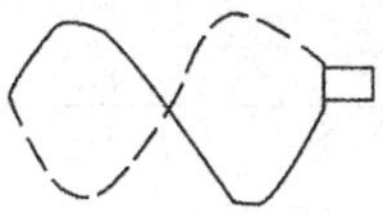	强迫激励频率与固有频率一致时会出现共振，引起振幅放大可能会导致毁坏性故障。此图有可能是转子的固有频率，也可能是支承座、结构、齿轮箱的固有频率
机械松动	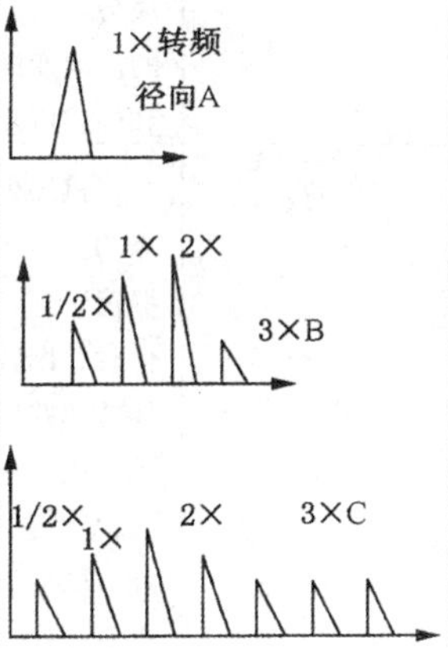	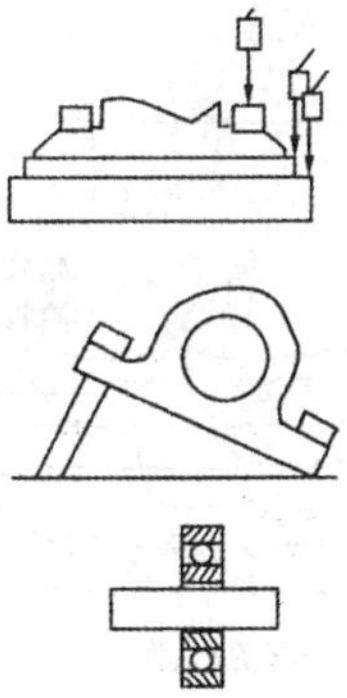	机械松动分三种：A 型，B 型，C 型频谱。机器的地脚平板结构松动，安装时灌浆不良，基座螺母松动，基础变形(即软底脚)等引起 A 型频谱。相位分析可能呈现为机械底脚，基座平板和基座本身的测量的垂直振动，相位差为 180°。底脚螺栓松动和基座结构或轴承座裂纹等可产生 B 型频谱；配合部件之间的配合不当可能产生轴间 C 型频谱。这种配合不当将由于松动部位对转子的振动力非线性响应。引起时域波形的截断。C 型频谱往往是由于轴承底套在其盖内松动引起的。一般滑动轴承或者滚动轴承中间隙过大而引起 C 型频谱。其相位往往是不稳定的，一次测量与另一次测量变化可能很大，尤其是如果转子在轴的位置从一个启动到另一个启动偏移时更是如此。机器松动方向往往是定向的。在整个轴承径向方向上的变化 30°，其振动幅度的测量值变化非常大，还可发现，松动往往会引起许多精确的亚谐波频率分量，即 1/2，1/3 倍转速的谐波(0.5 1.5 2.5)
转子摩擦力不平衡	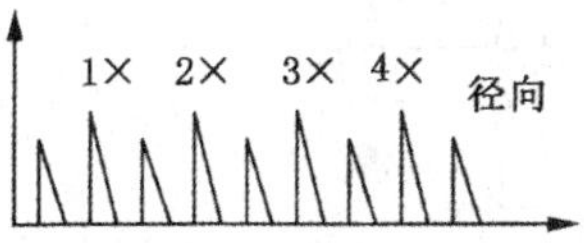 截断的平顶的波 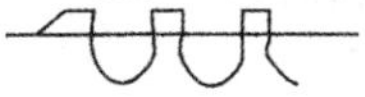		当旋转体与静止件相接触时转子摩擦产生与机器松动类似的频谱。摩擦在一转动体中可能是整个圆周摩擦，一般产生许多频率，往往会激起一个或几个共振，会激起转速的较多亚谐波(1/2，1/3，1/4 等等)，与转子自然频率的位置有关，转子摩擦会激起许多高频成分的振动(类似于粉笔在黑板上滑动的宽带噪声)。如果轴与轴承接触，则可能摩擦很严重；轴与密封接触摩擦则轻一些

故障源		典型的图谱	相位关系	说　明
滑动轴承	1. 摩擦/间隙故障问题	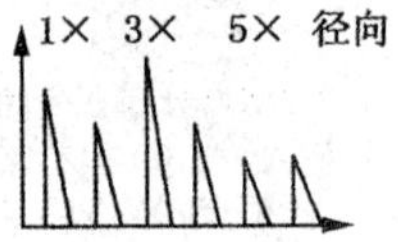		滑动轴承摩擦后期通常出现一系列转速谐波（多达10至20次）。老的滑动轴承往往产生垂直方向比水平方向振动幅度更大的振动，间隙过大的滑动轴承可能因不平衡或不对中引起更大的振动。若轴承的间隙不是很大则振动会小一些
	2. 油膜失稳（半速涡动）	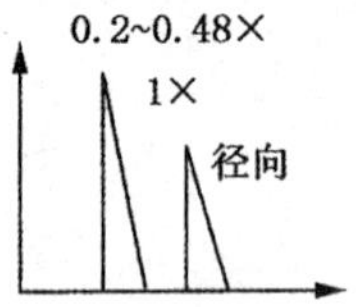		油膜振荡不稳定性出现在0.12～0.48转频并且往往十分剧烈，当振动幅值超过轴承间隙的50%时认为转速过大。半速涡动是油膜激起的振动，偏离正常状态时（姿态角和偏心率），油锲使轴承内作涡旋运动，旋转方向的不稳定力导致回转（或进动），涡动会增大回转力，所以是不稳定的。改变润滑油黏度，供油压力和外载可改善或消除半速涡动
	3. 油膜失稳（油膜振荡）	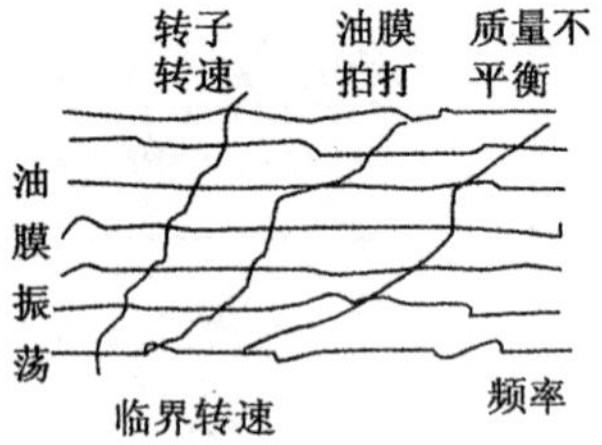		若机器处在或高于转子临界转速的二倍运转，则可能产生油膜振荡。当转子进入临界转速的二倍时，回转将非常接近转子的临界转速并可能引起油膜不再起支承作用的过大振动。转速实际上“锁定”在转子临界转速振动尖峰，即使机器转速升高，振动值也不变化
拍　振		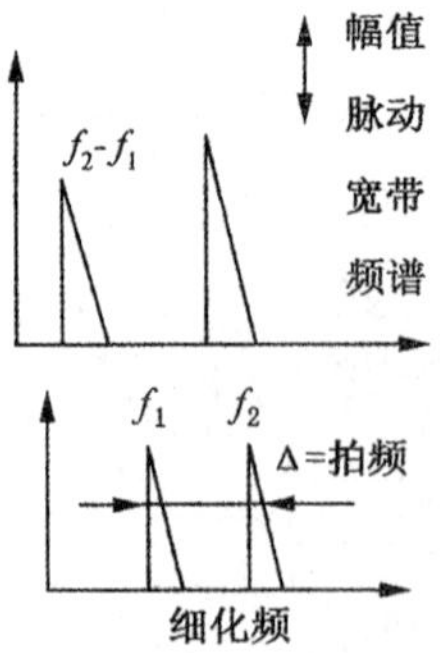		拍频率是指两个很相近的频率彼此进入或退出同步的结果，频带频谱通常表现出一个上下波动的尖峰。当对比尖峰作细化分析时，实际上将显示出两个非常接近的频率尖峰。这两个尖峰（f_1-f_2）的差就是拍频，就是在宽带频谱上出现的尖峰。由于拍频一般都是在5～100r/min内的旋转频率。所以在通常的频率范围内一般看不出一个频率f_1与另一个频率f_2的时域波形同相位时将产生最大振动。这两个频率时域波形相位差180°时产生最小振动

故障源	典型的图谱	相位关系	说明
滑动轴承(四个故障阶段) $BPFI=\frac{N_m}{2}\times(1+\frac{B_d}{P_d}\cos\beta)\times RPM$ $BPFO=\frac{N_m}{2}\times(1-\frac{B_d}{P_d}\cos\beta)\times RPM$ $BSF=\frac{P_d}{2B_d}\times(1-\frac{B_d}{P_d}\cos^2\beta)\times RPM$ $FIF=\frac{1}{2}\times(1-\frac{B_d}{P_d}\cos\beta)\times RPM$ 式中 N_m——滚珠式轴承滚珠数目 B_d——滚珠式滚棒直径 P_d——轴承平均直径 β——接触角	主要故障概要 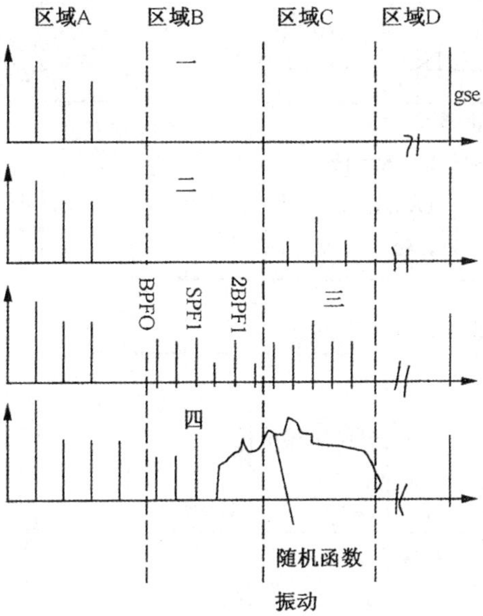		滚动轴承故障的四个阶段： 第一阶段：轴承故障最早的指示出现在 20000 ~ 60000Hz 的超声频率范围内。这些频率就是用尖峰能量 gse，高频(HFD)g 和冲击脉冲(dB)评定的频率。例如，在第一阶段，尖峰能量首先以 0.25 gse 出现(实际值与测量值和机器转速有关) 第二阶段：轻微的轴承故障，开始出现轴承元件的固有频率 f_n 的振动。f_n 主要在 30 ~ 120kHz 频率内出现。在第二阶段末期，在自然频率的两侧出现边带频率，振动尖峰能量增大(例如从 0.5 gse ~ 1gse 以上)。 第三阶段：灼烧故障频率和谐波出现。磨损发展时出现更多的故障频率谐波，并且边带的数目增多。在这些故障频率的两侧和轴承自然频率的两侧的边带数目较多。正中尖峰能量持续增大。这时通常可直观检查出磨损。特别是在轴承故障频率两边有许多边带时可能扩展到轴承的其他部位，这时应该更换轴承。 第四阶段：到这一阶段末，甚至影响一倍转速分量幅值。此分量增大，并且经常还会引起许多转速谐波分量的增大。离散的轴承故障频率和轴承元件自然频率实际上开始"消灭"，而被随机振动代替，即宽带的高频振动"噪声"。此外，事实上，高频噪声和振动尖峰能量可能增大。但是在接近破坏时振动尖峰能量幅值增大到过大的幅值
液压力和气动力 1. 转子叶片通过频率和静止叶片通过频率 BPF = 叶片数×转速， BPF——转子叶片或静止叶片通过频率	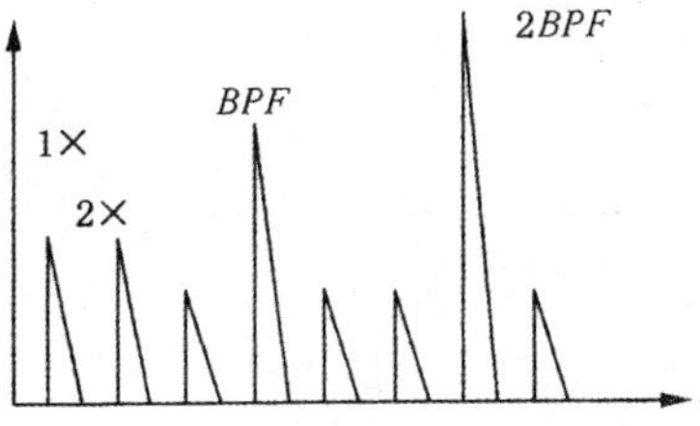 BPF为转子叶片或静止叶片通过频率		叶片通过转频分量 = 转子叶片(或静止叶片)数目×转频。这个叶片通过频率是泵、风扇和压缩机固有的频率，通常不会出现问题。然而如果旋转的叶片上和静止的扩压器之间的环绕通道上间隙不均，则可能在泵中产生幅值大的叶片通过频率分量(及其谐波分量)。而且有时叶片通过频率分量(及其谐波分量)可能与系统的共振频率一致，从而引起大的振动。如果轴上的叶环磨损或焊接固定的扩压器故障，也可引起高的叶片通过频率分量，因为管道弯曲也会引起高的叶片通过频率分量，管道内的流动发生畸变，或者泵和风扇转子在壳体内偏心定位时也会产生高的叶片通过频率的振动

续表

故障源		典型的图谱	相位关系	说　明
液压力和气动力	2. 紊流力不平衡	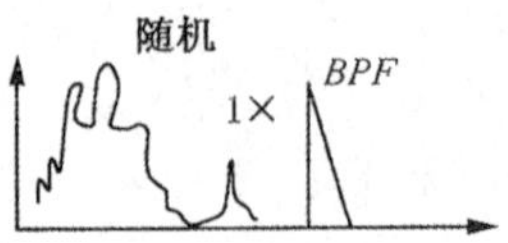		由于风扇或连接管道中气流压力或速度的变化，风机中常会发生紊流流动，这种流动引起紊流。紊流会产生随机低频率振动，典型的频率范围为50～2000Hz
	3. 气穴	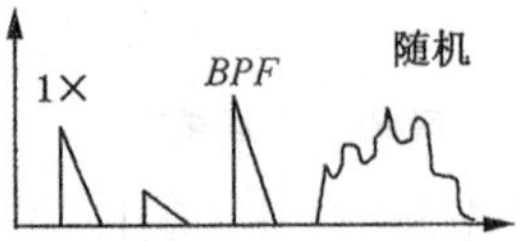		气穴通常产生较高频率宽带随机振动。有时与叶片通过频率叠加在一起，气穴可能使泵损坏，尤其容易损坏叶轮的叶片，发生气穴时会产生声音
齿轮	1. 正常的频谱	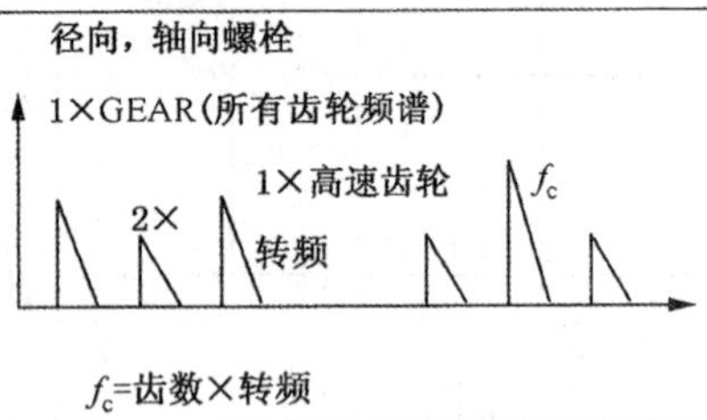		标准的频谱表示1×和2×及齿轮啮合频率。齿轮啮合频率的两侧将有转速边带。所有的尖峰的幅度都比较小，并且为激起齿轮的固有频率
	2. 齿磨损	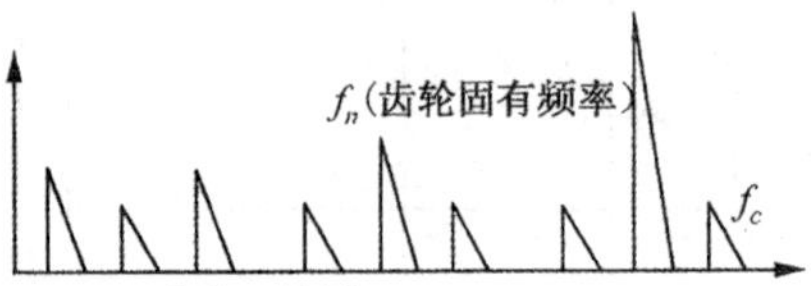 f_c=齿数×转频		齿磨损的典型特征是激起齿轮的固有频率以及在齿轮的固有频率两侧有以磨损齿轮的转速间隔的边带。齿轮啮合频率的幅值也可能无变化，在磨损明显时，齿轮啮合频率两侧出现高幅值的边带，这些边带可能是比齿轮啮合频率本身更好的磨损指示
	3. 齿负载	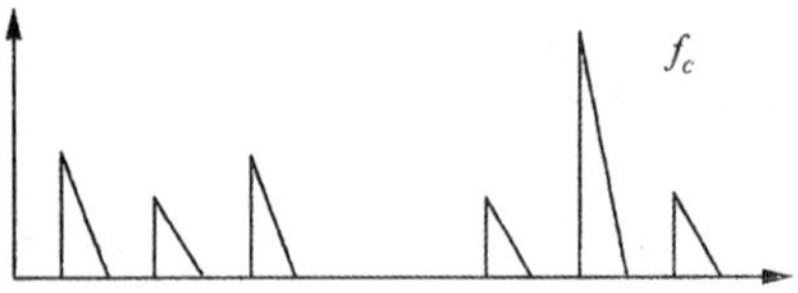		齿轮啮合频率往往对负载很敏感，齿轮啮合频率幅值高未必说明有故障问题，尤其是在边带频率幅值保持较小，并且未激起齿固有频率时，每次分析均应在系统最大负载下进行
	4. 齿轮偏心和游隙	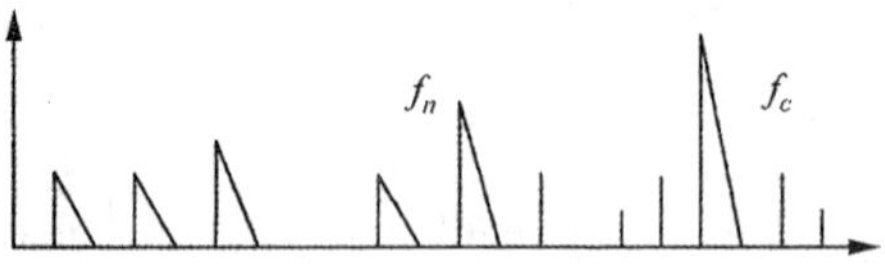		齿轮啮合频率两侧幅值很高的边带往往说明齿轮偏心，游隙或齿轮不平行。这就使一个齿轮的旋转调制另一个齿轮的转速，边带频率的间隔指示这种故障的齿轮。不适当的游隙常会激起带有1×转频边带频率的齿轮啮合频率和齿轮固有频率。如果有游隙问题，则齿啮合频率的幅值常随负载的增大而增大
	5. 齿轮不对中	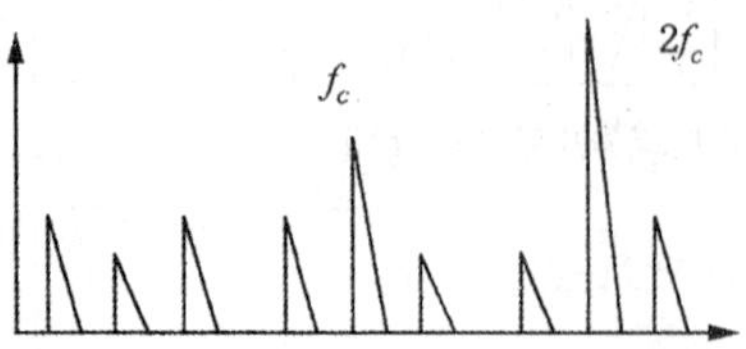		齿轮不对中几乎总是会激起齿轮啮合频率的二次或更高次谐波。它们都常有转速的边带频率，往往只表示幅值较小的1×齿轮啮合频率而更高的幅值在2×或3×齿轮啮合频率，把分析频率f_{max}置于至少能捕捉二倍齿啮合频率是很重要的，如果传感器系统有这种能力的话

续表

故障源		典型的图谱	相位关系	说　明
齿轮	6. 齿裂纹或断裂	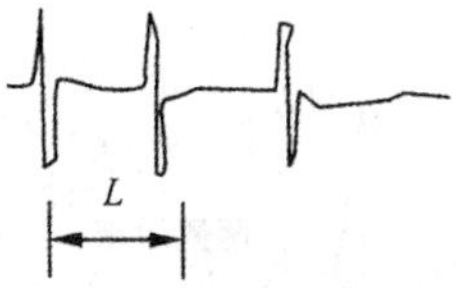 △=1/*RMP*(损坏的齿轮) 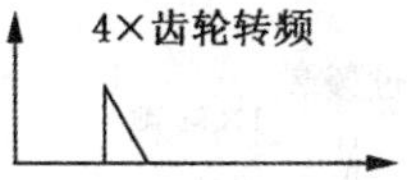		裂纹的或断裂的齿将产生高幅值的该齿轮的1×转频分量。而且它将激起齿轮的固有频率，且在其两侧有该齿轮的边带频率。在时域波形中最能检测出这种故障。时域波形表现出只当有裂纹或断裂齿与其匹配的齿轮上的齿啮合时，每次都产生一个尖峰脉冲。两次时间间隔相当于有故障齿轮的转速的倒数。时域波形上撞击尖峰脉冲往往比频谱上1×齿轮转频的幅值更高
	7. 摆动齿的问题 齿轮摆动频率 $f_m=\dfrac{f_c\times N_o}{z_G\times z_p}$	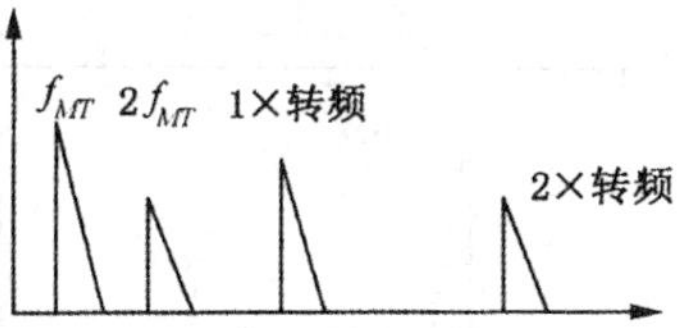		摆动齿轮的齿频率对于检测在齿轮加工过程中或处理中低速和高速齿轮可能出现的故障特别有效。它可能引起十分高的振动，但是由于它出现在低于600r/min低频区域内，所以往往被忽视。一对有这种故障的齿轮常会发出一种声音
电气问题	1. 定子偏心 绝缘层短路和铁芯松动	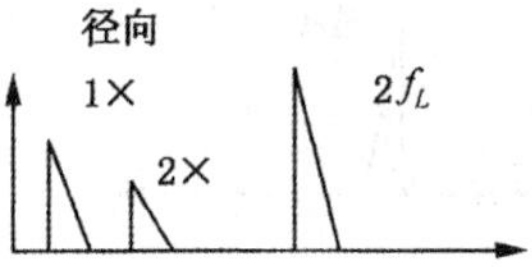		定子问题产生高的2×电源频率($2f_L$)振动。定子偏心产生与定子之间不均匀静止气隙而引起振动，气隙不应该超过5%(感应电机)，10%(同步电机)短底脚和软基础可能产生偏心定子，定子支承软弱或松动会引起铁芯松动。定子绝缘层短路可引起不均匀的局部发热，从而使电机轴弯曲，产生热引起的振动，可随运行时间加长而明显增大
	2. 转子偏心	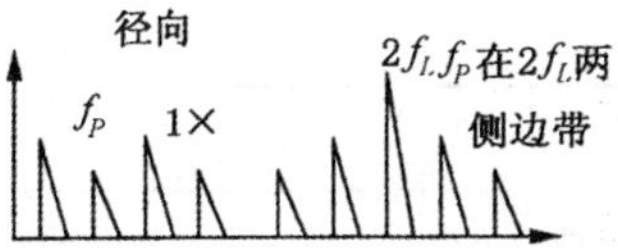		偏心的转子在转子与定子之间产生旋转变化的气隙，引起脉动的振动(通常在$2f_L$与精确的转速谐波之间)，往往需用“细化”谱分离$2f_L$与转速谐波。偏心的转子产生$2f_L$及其两侧极通过频率边带(f_P)以及在转频两侧的f_P边带。f_P本身在低频区出现(极通过频率f_P = 谐差频率×极对数目)。f_P值的范围从0.3～2.0Hz(20～120r/min)
	3. 转子问题	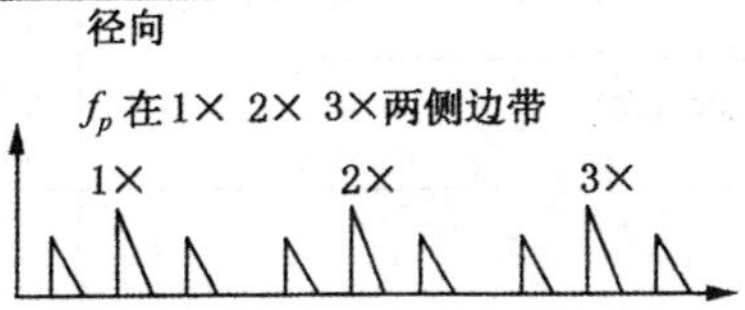 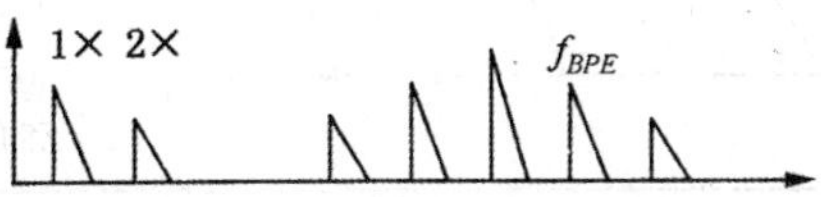		裂纹或断裂的转子条或短路环，转子条与短路环之间连接损坏或转子绝缘层短路将产生高的1×转频振动及极通过频率，此外，断裂的转子条往往将有转频的3×，4×和5×谐波和两侧有f_P边带。转子条通过频率(f_{BPF})及其谐波两侧(f_{BPF} = 转子条数目×转频)，常常将引起幅值很高的2×f_{BPF}，并且只有幅值很小的1×f_{BPF}

续表

故障源		典型的图谱	相位关系	说明
电气问题	4. 相位问题（接头松动）	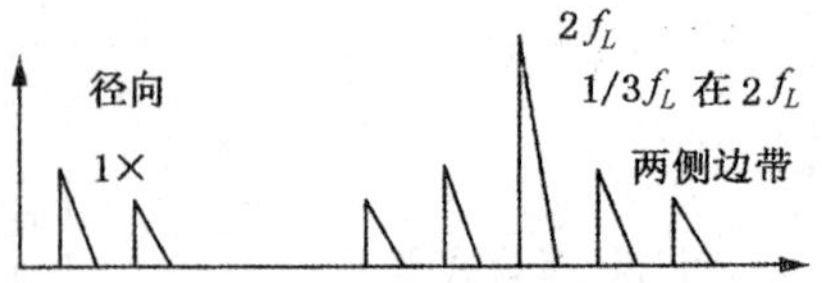		由于松动或断裂的接头引起的相位问题可引起过大的 2 × 电源频率（$2f_L$）振动。并且在两侧有（1/3）× 电源频率的边带频率，$2f_L$ 的幅值可能超过 25.4mm/s，若未解决相位问题的话，则此故障更成问题
	5. 同步电机	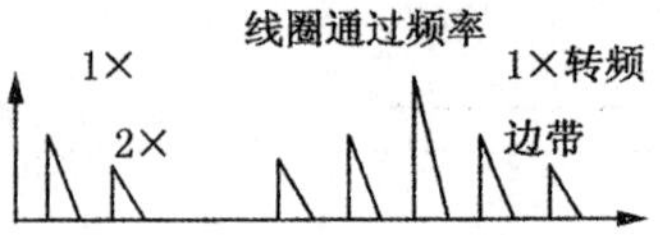		同步电机的定子线圈松动将产生线圈通过频率的大振动。它等于定子线圈数目 × 转频，定子线圈数目 = 极对数 × 线圈数目。此线圈通过频率两侧将出现 1 × 转频的边带
	6. 直流电机的问题	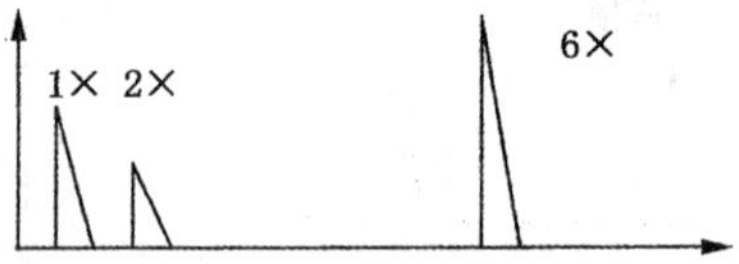		
带传动问题	1. 损坏的松动的或不匹配的带	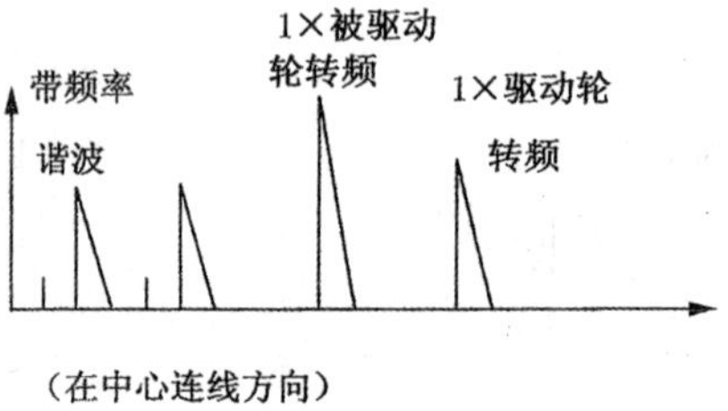		带频率 = 3.142 × 转轮转频 × 平均直径/带长度，实时带频率 = 带频率 × 带的转速 = 带轮转频 × 带轮齿数。带频率都低于电动机或传动机的转频。当带有损坏，松动或不对中时，还常会引起带频率的尖峰占优势。幅值常常不稳定，有时伴有传动或被传动机器转速的脉冲。在实时带传动中，大幅值的实时带频率说明磨损或带轮不对中
	2. 带和带轮不对中绝缘层短路和铁心松动	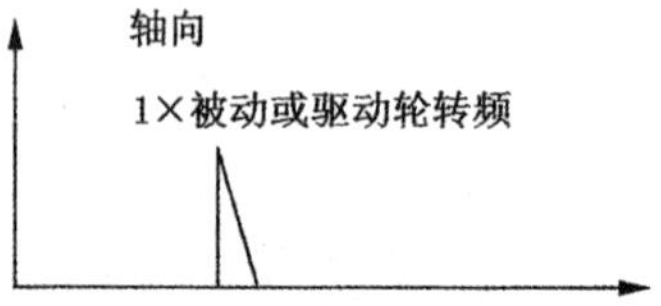		带轮的不对中产生轴向方向 1 × 转频的大振动。传动与被传动及其转速之间的幅值比与在何处取数据及相对质量和框架刚度有关。带轮不对中时，电动机上的最大的轴向振动往往是风扇的转速频率的振动
	3. 带轮偏心	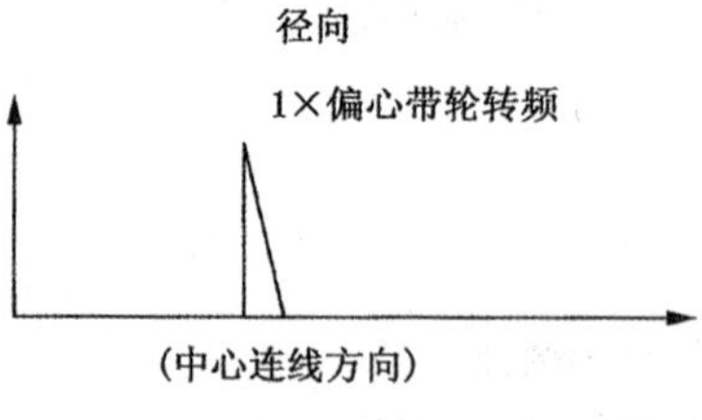		偏心的带轮引起带轮的 1 × 转频的大振动，振动的幅值往往在带连线上最大，并且在传动和被传动轴承上表现出来。有时在切向锁紧螺栓上加垫圈可能平衡偏心带轮，然而，即使平衡了，偏心距依然仍引起振动和带的疲劳应力
	4. 带共振	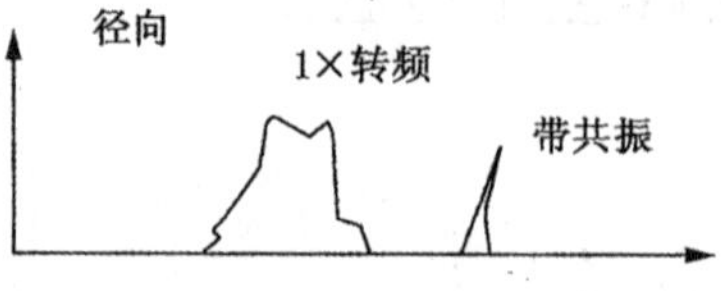		带共振可引起很大的振幅的振动。如果带的固有频率接近或与电动机的转频相一致时，改变带的长度或张力可以改变带的固有频率，拉紧带然后松开带，测量带轮或轴承的响应，可以检测出带的固有频率

原　因	幅　值	频　率	相　位	说　明
不平衡	与不平衡成正比，径向最大	1×转频	单一相位稳定重复	最常见的振动原因
不对中的联轴器或轴承或弯曲的轴	轴向方向大——轴向振动是径向的50%或更大	通常是1×转频，有时为2×和3×转频	单一两个或多个	出现大的轴向振动最易发现不对中。用指针指示器或其他方法帮助诊断。若是滑动轴承和无联轴器不对中，则动平衡转子
滚动轴承损坏	用振动速度和加速度以及尖峰能量测量不稳定	非常高，是转频的9倍	不稳定	轴承响应最可能出现在最大的高频附近，分析轴承故障时建议用尖峰能量gse测量
齿轮损坏或齿轮噪声	幅值小——用振动速度加速度和尖峰能量测量	非常高 齿轮齿数与转频的乘积	不稳定	分析齿轮时，最大振动在齿轮连线上。若在电动机或发电机上，切断电源时振动不消失。在泵或风机上，应试着做动平衡
机械松动	有时不稳定	2×转频	稍不稳定	通常伴有不平衡或不对中
带传动损坏	不稳定或脉动	1，2，3，4×转频(带转频)	一个或两个与频率有关，通常不稳定	
电气	切断电源时消失	1×或1×，2×同步频率	单一或旋转	若切断电源时，振动幅值消失，则振动原因是电气的，机械和电气问题将产生“拍”
气动力和液压力	可能轴向方向幅值大	1×转频或风扇或叶轮的叶片数×转频	不稳定	除了共振状态之外，很少是故障的原因
往复力	在运动方向上幅值较大	1，2和较高阶×转频	不稳定	往复式机器固有的特性。只能通过修改设计或隔振才能减小此振动

附表2-4　故障诊断主要方法分析

方　法	典型图谱	说　明
1. 频率分析	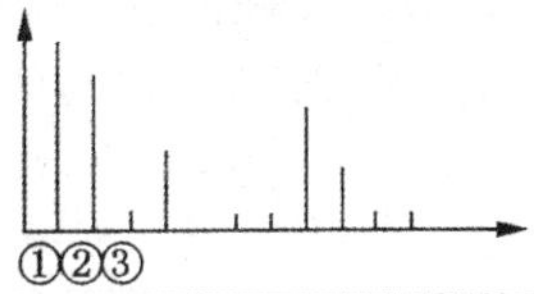	① 不平衡成分 ② 不同轴成分 ③ 压力脉动成分
2. 相位分析	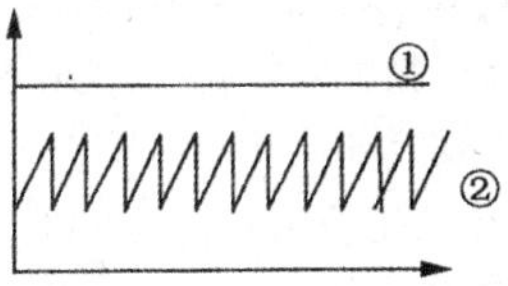	① 不变化的(同步)强迫振动 ② 变化的(不同步)自激振动
3. 振动形态分析	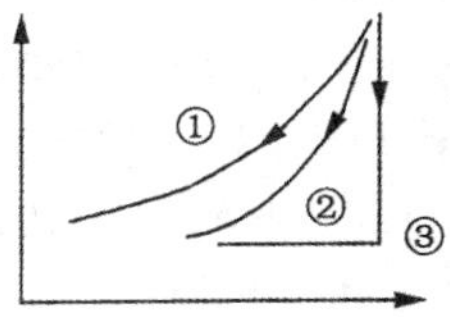	① 强迫振动 ② 共振 ③ 电力引起的振动
4. 概率密度	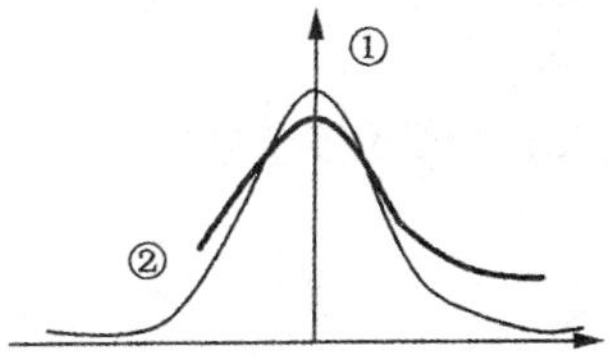	① 流体噪声振动 ② 冲击振动

参 考 文 献

1 贺兴书．机械振动学[M]．上海交通大学出版社，1985
2 方同等．振动理论及应用[M]．西北工业大学出版社，1998
3 郑兆昌．机械振动(上册)[M]．机械工业出版社，1980
4 李晓雷，俞德孚，孙逢春．机械振动基础[M]．北京理工大学出版社，1996
5 季文美，方同，陈松淇．机械振动[M]．科学出版社，1985
6 易良榘编著．简易振动诊断现场实用技术[M]．机械工业出版社，2003
7 陈大禧，朱铁光编著．大型回转机械诊断现场实用技术[M]．机械工业出版社，2003
8 李国华，张永忠编著．机械故障诊断[M]．化学工业出版社，1999
9 张碧波主编．设备状态监测与故障诊断[M]．化学工业出版社，2005
10 廖伯瑜主编．机械故障诊断基础[M]．冶金工业出版社，2005
11 盛兆顺，尹琦岭主编．设备状态监测与故障诊断技术发展及应用[M]．北京：化学工业出版社，2003
12 丁康，李巍华，朱小勇编著．齿轮及齿轮箱故障诊断实用技术．机械工业出版社，2005
13 钟秉林，黄仁．机械故障诊断学[M]．北京：高等教育出版社，2002
14 黄文虎．设备故障诊断原理、技术及应用[M]．北京：科学出版社，1996
15 何正嘉．机械设备非平稳信号的故障诊断原理及应用[M]．北京：高等教育出版社，2001
16 陈进．机械故障诊断中关于特征提取的若干研究前沿，面向21世纪的中国振动工程研究－中国科协第30次“青年科学家”报告文集，航空工业出版社，1999：110～122
17 张优云．现代机械测试技术[M]．北京：科学出版社，2005
18 周生国．机械工程测试技术[M]．北京：国防工业出版社，2005
19 程佩青．数字信号处理教程[M]．北京：清华大学出版社，1995
20 Q u L S, Xu G H. The fault recognition problem in engineering diagnosis. J. Insight，1998，39(8)：567～573
21 朱继梅．非稳态振动信号分析[J]．振动与冲击，2000. 19(1)：86
22 卢文祥，杜润生．工程测试与信息处理[M]．华中科技大学出版社，2002. 4
23 屈梁生，张海军．机械诊断中的几个基本问题[J]．中国机械工程，2000. 11(1，2)：211～216
24 丁康．平稳和非平稳振动信号的若干处理方法及发展[J]．振动与冲击，2002. 20(3)
25 冯建国．大型旋转机械轴承振动故障诊断与治理措施的研究[J]．西南民族学院学报，2002. 28(3)
26 颜定宏．轮齿根部疲劳裂纹的诊断和断齿预报[J]．齿轮，2001，43(2)：38～43
27 张文苑．滚动轴承故障的倒频谱分析[J]．河北科技大学学报，2001. 22(1)
28 A. V. Oppenheim，R. W. Schafer，Digital Signal Processing，PRENTICE－HALL INC，1975
29 沈庆根，郑水英．设备故障诊断[M]．北京：化学工业出版社，2006
30 沈庆根．化工机械故障振动技术[M]．杭州：浙江大学出版社，1994
31 沈水福，高大勇．设备故障诊断技术[M]．北京：科学出版社，1990
32 张正松，傅尚新．旋转机械振动监测及故障诊断[M]．北京：机械工业出版社，1991
33 丰田利夫[日]．设备现场诊断的开展方法[M]．北京：机械工业出版社，1997
34 钟一谔等．转子动力学[M]．北京：清华大学出版社，1987
35 姚其峰，刘建民，王立江，崔忠善．汽轮机转子不平衡的诊断及治理[J]．中国修船，2001，4：19～20
36 种亚奇，程向荥．离心式压缩机旋转失速故障机理研究及诊断[J]．化工设备与管道，2005，42(1)：37～39
37 卢自州．牵引电动机主动齿轮热套的改进建议[J]．内燃机车，2000，7：34～35
38 王江萍等．机械设备故障诊断技术及应用[M]．西北工业大学出版社，2001，8：149～150

39 李斌，窦谦明．4D12A 压缩机Ⅳ级进气阀故障分析及改进[J]．压缩机技术，2005，(5)：42～43
40 党锡淇等编．活塞式压缩机气流脉动与管道振动．西安：西安交通大学出版社，1984
41 吴孝强，秦江阳．208 型压缩机管道振动分析及处理[J]．石油化工设备技术，1999，20(4)：64～66
42 张来斌，王朝晖主编．机械设备故障诊断技术及方法．北京：石油工业出版社，2000
43 丁康．齿轮箱典型故障振动特征与诊断策略．振动与冲击，2001.30.(3)：7～12
44 樊长博．应用倒频谱分析法对风力发电机组齿轮箱故障诊断．科学技术与工程，2006.1，6(2)
45 孙恒，陈作模主编．机械原理[M]．北京：高等教育出版社，1996
46 关惠玲．设备故障诊断专家系统原理及实践[M]．北京：机械工业出版社，2000
47 韩捷，张瑞林等．旋转机械故障机理及诊断技术[M]．北京：机械工业出版社，1997.8
48 施维新．汽轮发电机组振动及事故[M]．北京：中国电力出版社，1991.4
49 屈梁生，何正嘉．机械故障诊断学．上海：上海科学技术出版社，1986
50 杨通强等．基于声测法的齿轮箱齿轮故障诊断研究．军械工程学院学报，2002/4
51 车又向．滚动轴承的故障诊断实例．中国设备管理，2001.2：44～45
52 徐涛，张现清．旋转设备滚动轴承故障诊断实例．中国电力，2003.11.36(11)，85～86
53 成大先．机械设计手册[M](轴承失效和诊断部分)．北京：化学工业出版社，2001
54 张安华．机械设备状态监测及故障诊断技术[M]．北京：机械工业出版社，1998
55 梅宏斌．滚动轴承振动监测与诊断[M]．北京：机械工业出版社，1995
56 沈标正．电动机故障诊断技术[M]．北京：机械工业出版社
57 李婷，卢卯旺，龙诗颐．电动机振动的频谱分析．湖南科技学院学报[J]，2005
58 Yang Guoan, Shi Bin. A time-frequency distribution based on a moving and combined kernel and its application in the fault diagnosis of rotating machinery, KEY ENGINEERING MATERIALS, 2003, VL 245(2): 183～189
59 Yang Guoan, Wu Zhenhuan, Gao Jinji. A correlative method of machine condition monitoring based on the Choi-Williams distribution, KEY ENGINEERING MATERIALS, 2005, VL 294(6): 777～784
60 杨国安，高金吉．多分量振动信号时频分析与应用研究，振动工程学报，2003，16(2)：133～136
61 杨国安，许飞云，吴贞焕，高金吉．基于小波包和解调分析的多类故障综合诊断方法研究，东南大学学报，2004，(1)：42～45
62 杨国安，吴贞焕，高金吉．基于自适应滤波的机械故障诊断方法研究，振动与冲击，2003，22(4)：4～7
63 杨国安，钟秉林，黄仁，贾民平，许飞云．机械故障信号小波包分解的时域特征提取方法研究．振动与冲击，2001，20(2)：25～31
64 杨国安，钟秉林，黄仁，贾民平，许飞云．小波分析在钻井泵阀故障诊断中的应用．流体机械，2000，28(12)：18～22
65 杨国安，王亚锋，何新风，翟敏军．便携式采油设备状态监测与故障诊断智能维护系统，石油矿场机械，2005，34(3)：77～79
66 吴振生，杨国安，贾军峰．基于模糊多属性决策的旋转机械故障自动诊断系统，石油矿场机械，2005，35(5)：4～8

中国石化出版社设备类图书目录

书 名	定 价
石油化工设备维护检修规程	
第一册——通用设备	100
第二册——炼油设备	185
第三册——化工设备	95
第四册——化纤设备	300
第五册——化肥设备	110
第六册——电气设备	88
第七册——仪表	100
第八册——电站设备	90
第九册——供排水设备　空分设备	40
石油化工厂设备检修手册	
—基础数据(第二版)	120
—焊接(第二版)	80(估)
—土建工程(第二版)	23
—防腐蚀工程(第二版)	80(估)
—泵(第二版)	58
—压缩机组	100
—加热炉	38
—换热器	50
—工艺管线	60
—吊装工程	35
设备管理新技术应用丛书	
—基于风险的检验(RBI)实施手册	15
—石化装置风险管理技术应与应用	20(估)
炼油工业技术知识丛书	
—炼油厂动设备	35
—炼油厂静设备	35
—电气设备	25
石油化工设施风险管理丛书	
—设备风险检测技术实施指南	25
—石化装置定量风险评估指南	20
—HAZOP 分析指南	15
工业过程与设备丛书	
—分离过程与设备	50
—传热过程与设备	48
—设备检修与维护	48
—反应过程与设备	48
—输送过程与设备	48
—燃烧过程与设备	50
流量计应用指南丛书	
—质量流量计	18
—电磁流量计	35
—涡街流量计	35
油库设备设施实用技术丛书	
—油罐	25
—油库用泵	22
—油库防爆电气设备	19
—油库消防设备	19
—油品装卸设备	25
—油库阀门	15
现代塔器技术(第二版)	190
管式加热炉(第二版)	100
炼油设备工程师手册(第二版)	180
石油化工设备设计便查手册(第二版)	70

冷换设备工艺计算手册(第二版)	60
换热器技术及进展	48
换热器管束体力学与传热	25
喷嘴技术手册(第二版)	60
高塔基础设计与计算(修订版)	98
新型储罐盘设计与应用	58
非金属圆柱形储罐设计与计算	18
储罐基础工程手册	85
大型储罐基础设计与地基处理	45
大型立式圆柱形储液罐制造与安装	65
石油炼厂设备	80
炼油设备基础知识(第二版)	36
实用压力容器知识	25
石油化工设备维护检修技术(2004 版)	70
石油化工设备维护检修技术(2005 版)	70
石油化工设备维护检修技术(2006 版)	88
石油化工设备维护检修技术(2007 版)	88
石油化工设备维护检修技术(2008 版)	80
防爆电机长周期运行与检修	15
石油化工厂设备检查指南(第二版)	98
石油化工厂设备常见故障处理手册(第二版)	48
石油化工装置设备腐蚀与防护手册	90
防腐蚀涂料技术及设备应用手册	18
金属结构及建筑物防腐防水技术	25
机械设备故障诊断实用技术	48
工业泄漏与治理	20
石化装备流体密封技术	38
不停车带压密封技术	18
带压堵漏技术	18
焊接残余应力的产生与消除	35
压力容器安全评定技术基础	25
压力容器焊后热处理技术	22
自行式起重机吊装实用手册	30
设备检修安全	60
机泵维修钳工	68
环保设备原理与设计(第二版)	68
中国石化设备管理制度汇编—炼化销售分册	40
中国石化设备管理制度汇编—油田分册	55
石油化工设备技术问答丛书(20 余分册)	
【美】泵手册(第三版)	198
【美】压缩机手册	85
【美】工厂工程师手册	188
【美】管道风险管理手册(第二版)	60
【美】化工过程设备手册	65
【美】换热器设计手册	158
【美】配管数据手册	125
【美】阀门手册(第二版)	55
【美】压力容器设计手册(第三版)	100
【美】无损检测与评价手册	78
【美】管道手册(第七版)	280
【美】冲击与振动手册(第五版)	198